SERIES OF CONTEMPORARY ARCHITECTS STUDIO REPORT IN THE UNITED STATES

OBRA

OBRA ARCHITECTS

for Elda, Miguel, Jisoo and Chongdoo

OBRA：开放的工作   8页
耶胡达·E·沙夫兰

构思   12页
帕布罗·卡斯特洛

VIVIENDAS ACUEDUCTO   16页
瓜纳华托，墨西哥

自由公园博物馆和纪念碑   30页
比勒陀利亚，南非

两栋住宅   52页
皇后山庄和南安普敦，纽约

九宫格的天空   70页
智利

贫困建筑：教学墙   80页
罗得岛设计学院，普罗维登斯，罗得岛州

细部：纽约的工作   92页
布鲁克林，曼哈顿，长岛

葡萄园之屋   100页
圣胡安，阿根廷

琉园水晶艺术博物馆   110页
台北，中国台湾

OBRA建筑师   124页
纽约市，纽约州

OBRA: OPEN WORK 8
Yehuda E Safran

SPECULATIONS 12
Pablo Castro

VIVIENDAS ACUEDUCTO 16
Guanajuato, Mexico

FREEDOM PARK MUSEUM AND MEMORIAL 30
Pretoria, South Africa

TWO HOUSES 52
Queens Village and Southampton, New York

NINE SQUARE SKY 70
Chile

ARCHITETTURA POVERA: WALL OF LESSONS 80
Rhode Island School of Design, Providence, Rhode Island

IN DETAIL: NEW YORK WORKS 92
Brooklyn, Manhattan, Long Island

CASA EN LA FINCA 100
San Juan, Argentina

TITTOT GLASS ART MUSEUM 110
Taipei, Taiwan

OBRA ARCHITECTS 124
New York, New York

OBRA: Open Work

Among the new offices, which have been established in the City of New York in recent years there are very few who have nailed to their mast such clear colors. These involve an aesthetic based on a strong commitment to what they have called Architettura Povera, the name of OBRA's exhibition at the Rhode Island School of Design last year. The constituent elements of this aesthetic are inexpensive materials, building processes found and developed in situ, and a strong emphasis on a correspondence between architecture and specific forms of life. Here it is a matter more of their imagination of what this kind of architecture might be than of a reflection on the Italian tendency that became known as Arte Povera.

Latin America has given us so much of Modernismo, and if we are to believe Perry Anderson, the very concept of Postmodernism as well, that we are not really all that surprised when we find them involved as they are in a search for the qualities which transcend the culture in which we are. In this spirit they adopted the word in Spanish that means work rather than an acronym, which, as Brecht points out would invoke the magic power of corporations with its initials. Jennifer Lee and Pablo Castro, the two principals of OBRA, met at Steven Holl Architects. Their characteristic fascination with materiality and chiaroscuro was nourished by some years of experience in that office. Jennifer Lee studied very closely with John Hejduk at the Cooper Union and Pablo Castro ended his formal education at Columbia Graduate School. They have taken on the unenviable task of working against the grain of a consumerist society in which the pseudo-values of the glossy surface and of juxtaposition for its own sake, the prosthesis and the hybrid, seem preferable to the long durée of an afternoon light falling at an angle in prismatic space.

Although they are only four years old, the OBRA office has already embarked on a series of private houses, public housing schemes and other public projects. Aqueduct Housing, Guanajuato, Mexico (October 2002) was inspired by the fact that the economy of the region, one unusually rich in silver, required the diversion of most of the water of the local river to facilitate mining. To conserve water for other purposes, OBRA conceived of the entire roof surface as a funnel system, which collects the rainfall into a reservoir in the form of cavernous underground cisterns underneath the apartments in which water is stored at the center of the project. This fully functional feature has given the entire project its raison d'être

The beauty of the large curve against the straight verticals of the walls and the thin columns effectively evokes a sense of upward thrust. It is as if the housing project has been given wings. It has become part of the natural cycle. The territory is thus more fully understood, as the housing project is not merely planted in the landscape, but is conceived as part of a new way of inhabiting a difficult terrain. The end result is much more than an exercise in housing typology, since it reinvents the very process of occupying the place. The future residents are invited to participate in the very shape of their dwelling, as it is an integral part of the water cycle of the region. The age-old struggle with the river's course is thereby given a new solution.

OBRA: 开放的工作

纽约近年来所成立的事务所只有少数有其鲜明的特色。这其中包括了对"贫困建筑(Architettura Povera)"的美学思想进行实践的OBRA。"贫困建筑"也是他们去年在罗得岛设计学院进行的一个展览的名称。这种美学建筑思想所提倡的材料并不昂贵，建筑设计过程都是在当地进行的，突出强调了建筑与特定生命形式的一致。这种思想所表达的是建筑的可能性更胜于意大利"贫困艺术"(Arte Povera在英文中译作Poor Art)流派的表现。

拉丁美洲创造了众多的现代主义风格。如果我们相信后现代主义观念的主要提出者佩里·安德森(Perry Anderson)的思想，那么我们并不惊讶于发现他们所追寻的特性是超越我们所处文化本身的。在这种精神下，他们采用了OBRA。这个单词在西班牙语中意为工作而不是采用其首字母缩写。 布莱希特指出其首字母可以召唤出公司的魔力。OBRA的两个创立者：詹尼弗·李(Jennifer Lee)和帕布罗·卡斯特洛(Pablo Castro)是在斯蒂文·霍尔事务所结识的。他们对物质推崇的特性以及他们明暗结合的设计手法就是在那家事务所完善起来的。詹尼弗·李在库珀联盟(Cooper Union)与约翰·海杜克(John Hejduk)紧密合作过，而帕布罗·卡斯特洛则在哥伦比亚大学研究生院完成了他的正规教育。他们的事务所与消费社会背道而驰，并不是一个令人羡慕的任务，在这个社会中表面繁华的虚假价值由于其本身的原因混杂在一起，就像是下午的阳光长时间照射在多棱镜的一个角上。

虽然OBRA工作室成立只有四年,但他们已经着手从事私人住宅、经济适用房以及其他公共工程。墨西哥瓜纳华托的导水住宅的工程就考虑到这样一个事实：由于当地的经济一度依赖其富有的银矿，因此本地区大部分的水曾一度都被用来采矿。为了能够保存水用于其他用途，OBRA将屋顶设计成漏斗状，这样雨水就可以被收集到房屋下的巨大蓄水池中。功能性决定了整个工程的设计。

笔直竖起的墙所衬托的曲线和细细的圆柱所产生的美景给人以向上刺出的感觉，让人感觉这个房屋像是有了翅膀。它已经成为自然循环的一部分。住宅并不仅仅是简单地建造起来的，而是充分适应了整个地区的用水困难。这样整个住宅就不仅是一个简单的住宅工程，而是让整个地区恢复了可居住性。由于房屋本身已成为这个地区水循环的一个整体部分，将来的居民可以享受房屋的形状。进而长期的用水困难得到了解决。

从坐落于阿根廷安第斯山脉最高山峰的山脚下的葡萄园中心地带的多跨度住宅可以找到相类似的感觉。这是一个正方形的住宅，包括了四个向外伸展而弯曲的院落。院落不仅使房屋得到了充分的阳光和良好的通风，而且将房屋与邻居房屋间间隔拉大塑造了一个属于私人的空间。凸起院落内墙壁产生了一种明暗相间的效果。环绕的院子既是室内也是室外。传统的天井也是如此，正如OBRA所说的：一个人需要以进为退、以退为进。三根白杨木为梁支撑起来的藤席屋顶上覆盖着泥料。勃艮第红色的地板与钴蓝色的内墙壁对应起来，与远处安第斯山脉的水平线产生了共鸣。再一次地，简单的方法创造了处于干燥和充裕光照环境下的复杂的内部。院子里渐渐成长的树木成为季节周期变化的一种测量方法。通过不同的方法，房屋成为一种乐器，与居住者的生活产生共鸣。

也许所有设计中最好的是南非比勒陀利亚的自由公园(2003年7月)。在《小王子》中猴面包树被演绎成一片树林。这些树环绕着整个世界，树木的根茎翻露在地表之上。这一片片拥挤的树木仿佛预示着一个乌托邦似的世界。OBRA选择了一个多汁树木形状：这种形状可以让人联想到其中可能包含的汁液。由于公园坐落在干燥的土地上，并且考虑到这是为那些在为南非自由斗争中牺牲的人所修建的纪念性建筑。这个解决方案不仅仅刚好合适而且也预示着希望。在公园里，盘绕上升的斜坡可以让游客享受到不同水平高度的景色。四个椭圆形状组成的区域和一个圆形重叠的部分让人联想到类似于家庭的相互扶持与帮助。这样就显示出团结的效果。

OBRA对工程的深思熟虑在另一个工程中也得到了体现，这就是位于智利的名为"九宫格的天空"的住宅工程(2003年9月)。这个经济住宅工程主要是为从农村来到城市的新居民所建造的。考虑到这个原因，住宅区包括了大片的土地，这些土地可以被分割成一小块一小块的以便让新来的住户种植一些东西。预制构件以及大量柱子的存在使得将来有可能在屋顶上进一步发展空间。公共道路上的一系列带有大的开口的构件不需要完全模仿就可以让人隐约联想到拉丁美洲传统的殖民地建筑。建筑外表的正统图案与里面空隙的不规则的排列相互对应，这让整个工程细节上更加丰富但又不失其独特性。虽然这是一个稳妥的方案，它还是有可以让居民自己发挥的空间。这个工程体现了不完备性的一面，正是这个不完备性因素可以让居住者发挥创造一些东西，而这些都不是预先可以确定的。

今年春天OBRA被邀请在罗得岛设计学院展示他们的作品。他们认为20世纪60年代起源

Comparable understanding is to be found in the House of Multiple Horizons in the middle of an orchard on a remote vineyard at the foothill of the highest mountains of the Andes in Argentina. Square in plan, the project has four curved inner courtyards that are introduced off center. The courtyards provide not only light and ventilation, but also more intimate places away from other members of the household. Their convex interior sides create chiaroscuro along which the interior space flows from one space into others. The round courtyard is both exterior and interior. Very much in the tradition of a patio, as OBRA states, "One has to exit in order to enter and enter in order to exit." Curved roofs made of cane-reed mat to be covered with mud and supported by poplar three trunks as beams would complete the shelter. The burgundy red of the floor contrasts with the cobalt blue, resonating with the distant horizons at Andes Mountains on the interior walls. Yet again, relatively simple means provide for a complex interior which is well protected from the extremely dry and sun-drenched environment. The imperceptible growth of the trees in the courtyards will provide a measure of periodicity far away from the turning of the seasons. By different means the house become a complementary instrument, harmonizing with the life of its inhabitants.

Perhaps the finest of these projects is the Freedom Park, Pretoria, South Africa (July 2003). In the little Prince the Baobab tree is portrayed as a group of trees, which encircled the entire world, sending out rhizomes above ground, figuring in its clasp the utopian promise of other possible worlds. OBRA has chosen the shape of a succulent tree, a shape which inspires a belief in the liquid content as it were. Against the dry landscape and given that this is a monument for those who died in the struggle for freedom in South Africa, this solution seems not only appropriate but also full of promise. Inside, a spiral ramp enables a circulation path which allows the visitors a transversal, simultaneous view of a number of different levels. By grouping together the four tapering elliptical shapes in section and the circle in plan, their overlap gives the section its firmness and produces a family-like configuration with its association of support and mutual aid. The result is an effect of potent solidarity.

The thoughtfulness of OBRA's underlying approach is exemplified in another housing project, the Nine Square Sky, Chile (November 2003). This inexpensive housing scheme was conceived in order to accommodate newcomers from the agricultural land into the city. For this reason there is plenty of ground within the project to facilitate small plots to be cultivated by the newly arrived families. Provision is made for prefabricated parts to be assembled on site with plenty of columns that will allow for future development on the roof. The sequence of construction of members with larger openings in the public path provides an oblique echo of traditional settlements in Latin America without being overly mimetic. A clearly formalized pattern on the outside façade, in concert with a less formal sequence and dimensioning of the apertures in the inside squares, makes the project rich in detail without allowing for lapses in the picturesque. Though it is a modest proposal as it is, it has the capacity to grow with its inhabitants. Incompleteness is thereby built into the fabric of this project, a factor that suggests the improvised nature of habitat, and it encourages faith in an open future, a temporality that cannot be decided in advance.

In spring of this year OBRA was invited to present its work at the Rhode School of Design, Providence, Rhode Island. They have discovered a mirror image of their desire and modus operandi in the Italian movement of Arte Povera from the late sixties on. They decided to call their exhibition: Architettura Povera. Above all they have invented a screen, a bona-fide paravane ingeniously assembled from lesser-cut parts, which could produce infinite variations on the multiple square, shaped like an H in section, locked within a series of diamond-shaped vertical members. What was their specific intention in identifying themselves with this group of Italian artists?

Never before in twentieth-century art has a group of artists took it upon themselves to confine their operations to the most ordinary and essential materials. Indeed their subject matter as well was to be restricted to numerical and perceptual processes of elementary character. Take for instance Mario Merz's Igloo shaped domes which incorporate the Fibonacci sequence, Jannis Kounellis' beds, gas fires and glass, Giuseppe Penone with his wood contraptions as much as Michelangelo Pistoletto with his mirrors, frames and the invented Minus Objects. In these and similar works we are invited to consider our environment in a way which was not only new but which is spontaneously suggested by the openness of the given. This implied, above all, a new demand for an active role in imagining what it could be, rather than what was already there.

From this standpoint one can consider the House in Queens, New York, located minutes from Manhattan in the midst of suburban housing developed in the sixties. Forging a close relationship between the vectors of inside/out and outside/in, all of the spaces are located on the ground floor with the sole exception of the guest room. In its basic conception, the scheme involves a series of rectangular strips of interpenetrable sequence of interior and exterior spaces, which provide natural light and ventilation everywhere in the house. Moving through the house past the alternately advancing and receding walls, one is first confronted with hidden spaces which in their turn reveal the discreet places of habitation. The roof plane, of steel tube structure, metal deck, insulation and seamed copper, is folded to collect rainwater and to enhance a structural performance enabling relatively uninterrupted and extensive spans. The ceiling thus shaped defines areas of intimacy, gently sloping down over smaller spaces and reflecting natural light indirectly. Ambient neighborhood materials – beige vinyl siding, fake brick cladding, black asphalt shingle roofs – are in contrast, built into the house as part of its architectural response, with the luminosity of large divided glass panels, the opacity of rough tilt-up concrete walls without opening, the stained texture of rain-drained copper sheet. An entire texture is thus brought to life by the deep shadow of an afternoon light. Again the elementary geometry of the rectilinear volume acquires a rich series of implications by being handled with care and invention. Ultimately, the project articulates highly differentiated spaces due to slight shifts of the alignment of the section and the roof. Much is gained by these minimal means. Refinement is arrived at by the thoughtful deployment of relatively inexpensive materials and details.

All too often architects arrogate to themselves the role of the gods in other men's lives. For such figures, an immense grandeur can be inferred when a human being seems able to shoulder a quasi-divine

于意大利的贫困艺术运动反映了他们所追寻的东西和过程方法，于是他们决定把他们的展览命名为："贫困建筑"。最重要的是他们发明了一种屏幕，由小的切片很巧妙地组合起来，被一系列状似钻石的垂直构件包围起来，像一个H形，可以在多种空间中产生不同的变化。他们当初将自身与这些意大利艺术家联系起来的特殊用意是什么呢？

在20世纪之前从来没有一群艺术家将他们的活动限制在最普通和最本质的材料上。确实他们的主题元素被限制在数学以及基本特性的感知过程上了。比如马里奥·梅茨(Mario Merz)的符合斐波纳契序列的圆形屋顶；扬尼斯·考尼利斯(Jannis Kounellis)的床、煤气取暖器和玻璃；朱佩贝·佩农(Giuseppe Penone)的木制的奇妙装置以及米开郎琪罗·皮斯托莱托(Michelangelo Pistoletto)的镜子、框架和其发明的缺陷物体。通过这些以及类似的作品我们认识到我们所处的环境不仅是陌生的而且是开放的。这与其说是意味着对既有事物的需要，不如说是意味着对可能性的积极思考的需要。

从这个观点可以考虑纽约皇后区的住宅离曼哈顿只有几分钟的路程。这些住宅建于20世纪60年代。这些外部区域和内部区域有着紧密关系，除了客房之外，所有的活动空间都位于一层，他们紧密的编织着由里而外和由外而里的向量关系。它的最基本的观念就是：住宅由一系列矩形空间组成，住宅的内部空间和外部空间是相通的，这样房屋就有良好的光照和通风。进入房屋，人们首先看到的是隐藏的空间，这些空间显示了住宅的所处位置精巧。由钢制筒体结构、金属平台和绝缘无缝铜组成的屋顶用来收集雨水并且可以提高其结构性能以得到相对连续的扩展的跨度。微斜的屋顶间接地将阳光反射出去，屋顶的形状把各个区域紧密联系在一起。周围的材料——浅褐色的塑胶板壁、页岩砖覆层黑色的沥青屋顶——与巨大的明亮玻璃隔板、没有开口的毛坯水泥墙以及被雨水腐蚀的铜薄板相互对应起来，使得房屋成为建筑的一部分。下午阳光深深的阴影赋予整个结构以生命。通过精巧地处理设计，正规的初等几何形状具有了丰富的含义。最后，由于截面排列和屋顶的轻微偏移，工程联接了高度分化的空间。通过这些小的技巧获得了很好的效果。同样的通过对相对廉价材料和细节的精心部署取得了精致的效果。

建筑师们经常把自己作为人们生活中的神来看待。对于他们来说，当其他的力量不存在时应当有一个人来承担这个伟大的责任，这种感觉使他们觉得自己很伟大。这种尝试是很自然的，但它不可能完全成功。在Pico della Mirandola关于人的尊严的演讲中这样写道：上帝告诉亚当他既可以是野兽也可以成为天使。考虑到没有一个住所或形式只是属于我们自己的，也没有任何功能只是我们自己独享的，那么只根据我们的要求和判断来设计房屋的形式并确定房屋的功能就显得我们只是追求自己的目的而已了。我们被我们自己的心愿所限制，而其他人的天性则被我们所制定的法律所限制。当然我们可以根据我们的喜好来确定形式以及我们的时尚。

作为自我的创造者和塑造者，詹尼弗·李和帕布罗·卡斯特洛作出了一个明确的选择。在他们颠覆传统建筑语言的尝试中，他们显示了他们作品的灵活性。在他们所设计建造的工程中都是选用有本地特色的材料或者与本地文化相关的材料，在他们不断把自己推向一个又一个高峰的同时不断地创造着自己的风格。他们的作品更像是戏剧中的自由发挥，不墨守成规的灵活作品。他们总是很乐意去创造方案，根据所处的环境来找到相应的方案而不是随意地设计方案。从他们的观点以及实际的观点出发认为生活的需要是不断变化的，因此他们根据这种需求来设计、创造作品的形式。很少能在一个年轻的建筑师身上看到这种与以往不同的一些东西，而这些也让我们看到一个新时代来临的希望。这是真正的反传统建筑，它基于一种文化，而不是理所当然。我们只能希望他们的人性化的远景能够崭露头角。

纽约，2004年9月29日

耶胡达·E·沙夫兰

responsibility of this kind in the absence of other powers. Such an attempt cannot, however, by its very nature, be entirely successful. Man alone, the creator tells Adam in Pico della Mirandola's Oration On the Dignity of Man, has no definite place assigned him in the universe between the beast and the angel. Given neither a fixed abode nor a form that is ours alone – nor for that matter any function peculiar to ourselves – we are condemned to a telos, that, according to our desires and our judgment, makes us construct our home, its form and what functions we come to desire. While the nature of all other beings is limited and constrained within the bounds of laws prescribed by us, we are constrained by our own free will. We may shape and fashion ourselves in whatever shape we prefer.

As the makers and molders of themselves Jennifer Lee and Pablo Castro have made a clear choice. In their effort to subvert the foundation of conventional architectural languages they reveal the indeterminacy at the heart of their work. Again and again they weave their projects from materials that either are physically close or are otherwise culturally related to the site, reinventing their idiom as they move on from one climate to another. Theirs is an opera aperta in the strong sense of the term, an open work rather than an axiomatic demonstration, fully enclosed in itself. Always ready to come up with solutions, their approach elicits responses from the circumstances at hand rather than claiming to be an a priori box of tools, without being completely aleatory. Their inventions of form and shape are guided by a desire to create appropriate vessels for life, which in their view and in reality as well is always susceptible to metamorphosis. Seldom in a young practice does one find so many signs of the dark times in which we live and yet also the promise of other times to come. Theirs is a genuine architecture of resistance, composed through a construction, which to their mind is always a cultural act, where nothing is taken for granted. We can only hope for their human vision to prevail.

New York, 29 September 2004

Yehuda E Safran

SPECULATIONS

SUBJECT

Architecture is not a thing. Subject to perpetual transformation, architecture exists in time and lacks the completeness characteristic of things. The city, as architecture's "natural" milieu, expands its unfinished quality to the entire space of human existence. Architecture may be instead what allows for things to be. Appealing to our attention upon the background of reality, things demand to be held by a void. Architecture's essential emptiness provides the void in which we perceive the things that are. Architecture may have originally developed as a second thought, not meant for its own sake, it may have grown out of the desire for emptiness needed to support all other things. This we can sense in the architecture by subtraction of ancient cave buildings. Lacking the simple constant presence of things but providing the condition of their being, we can think of architecture not as an object but instead as a subject, the one human creation that most accurately resembles ourselves. This intuition was present in Louis Kahn's desire: "I want to give the wall a consciousness."

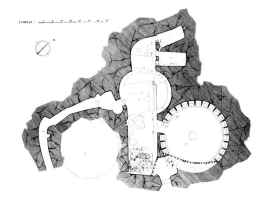

Emptiness allows things to be: Greek baths at Piraeus

If there is a consciousness of architecture, perhaps architecture differs from construction in similar measure to how we differ from animals, by virtue of a self-awareness that confronts us with the precariousness of being. Construction is the discipline through which we master all building techniques. These techniques are applied to the resolution of pragmatic problems, and construction exists for the resolution of those problems: it finds its reason for being in them and is, because of this, unaware of itself. Architecture is presented with the resolution of its own set of tasks, and its value will be commensurate to the importance of the tasks undertaken. But in trying to satisfy, it will transcend the tasks themselves, creating meaning and in this way becoming its own reason for being. We can say that it stands mediating between us and the world, and by doing so it speaks to us about our lives with a unique ineffable voice.

Animals, plants and even rocks and minerals, in their dormant vitality, enjoy an existence that is given. A swallow endures no responsibility for being itself; aware neither of past or future, its existence unfolds in the perpetual certainty of the present. Those with consciousness enjoy no such privilege; their being is always incomplete and granted only through the constant effort to become. Consciously or not, every lived moment is an investment made towards the creation of tomorrow. Albert Camus described this condition in The Rebel by affirming that "Man is the only creature who refuses to be what he is." Such refusal, the desire to become, is a promise made to ourselves, a promise that we can only

构思

主题

建筑不是一件简单的事物。由于需要不断地进行创新，又依赖于特定的时代，因此它不具有一件事物的完整的特性。城市作为建筑所处的自然环境，将它不断发展的特性拓展到了人们的整个生存空间。然而建筑可以改变事物。由于我们对事实背景的关注，事物本身是无意义的。建筑本质上的空洞性提供了我们观察事物的这种无意义性。建筑开始可能是经过深思熟虑才发展起来的，而不是根据建筑需要本身发展的。它可能已经摆脱了其他所有事物的空洞性的束缚。这样我们就可以来理解除去古代洞穴建筑之外的建筑。没有了事物所具有的简单的持久性，而是展现了它们自身的状况，我们可以将建筑看作是一个反映我们自身的主题而不是一件事物。路易斯·康(Louis Kahn)的"我想赋予墙壁以意识"这句话体现了这种直觉。

假如建筑是有意识的，那么可能这就是它区别于建造的地方，正如对生命不确定性的自我意识使我们和动物区分开来一样。建造学只是指导我们建造技术的学科。这些技术被用于解决实际问题，建造学的目的就是为了解决这些实际存在的问题，正因为这样，它本身并没有意义。建筑学是用来解决一个任务的，它的价值与任务本身的重要性是相对应的。为了满足这种需求，建筑是超越任务本身的，它本身具有一定的意义，正因为这样，它有了生命。我们可以说建筑是我们与世界之间的一种媒介，通过这种媒介作用，它以一种独特的、难以形容的声音对我们讲诉着我们的生活。

动物、植物，甚至岩石与矿物以它们固有的生命力享受着存在的意义。燕子并不需要懂得自身存在的意义，它也意识不到过去或者将来，它只知道自己目前的存在。而有意识的生命却没有(燕子般的)特权，它们的生命总是不完整的，而且只有通过不断的努力才能体会到生命的意义。无论是否意识到这一点，每一个活着的时刻都是为了明天的创造而准备的。阿尔伯特·加缪(Albert Camus)在他的《叛逆者》中描绘了这种状况："人类是惟一不愿成为其自身的生物"。这种拒绝是我们对自己的一种承诺，一种只有我们通过时间才能实现的承诺。

逝去

时间的本质在于它的流逝性。哈利·伯格森(Henri Bergson)在《物质与记忆》中写道：所有的过去都可能勾起我们的回忆。这看起来有点矛盾，因为我们对于任何一段时间只能有有限的一些回忆。但是如果我们要意识到过去的完整性时，我们必须忍受我们过去的罪恶、悔恨或者那些令我们难以入睡的时刻。

即使意识到我们已经忘掉了过去的很多事情，但我们还是在梦里或冥冥中猛然回忆起我们所自认为已经彻底忘记的或者我们不可能再完全所了解的。

但是时间只是意味着现在，过去的一切只是存在于意识之中，只有在那里它们才可能占有一席之地。过去的时间与意识的形式是相匹配的，由此我们也可以得到下面的等式：建筑＝意识＝时间。

逝去的时间与建筑的关系是相互的：建筑存在于特定的时间内，并且建筑赋予时间空间上的概念。在他的短篇小说《富内斯的回忆》中，伯格森讲述了这样一个故事。一个年轻人由于意外坠马而失去了记忆，醒来后他发现自己有完美的观察力并且过目不忘。由于他不能忘掉一些琐碎的需要归纳整理的细节，他不能进行思考。他把他的时间用于将无法抑制的幻想用自己创作的语言来进行归纳整理。为了将过去每天的记忆降低70 000个，它给每个记忆进行编号，但很快他就发现计划无法进行下去，因为他认识到他需要比整个下半生还要多的时间来进行这个计划。过去的经验累积起来使我们的生活变得有意义，但是富内斯知道仅仅有回忆是不够的，要使过去变得有意义需要一个有组织的形式：这就是建筑。

假如忘却是一种自我保护机制的话，那么为了能够达到更深层次的记忆，我们必须放弃理性地去控制它，而是把它作为一种幻像，就像我们在劳累了一天进入睡眠一样。在建筑的设计初期，思想不断涌出，整个进展显得很不确定，即使可能的方案也是不确定的。可能的形式看起来太多了，以至于变得不可控制。但是整个工程不可能这样等待下去，因此需要采取行动而不止是单纯的思考，这样行动就可以从不断的思考中解放出来，这就好比做梦的状态一样：既是很理性的又是不可琢磨且自由的。在这个时刻工程根据自己的生命形式有了确定性的转变。它们渐渐脱离了我们所意识到的要求以及最初的期望，慢慢地开始变得具体化了。

深度

建筑作品总是处于过程状态，而这过程会超越其建造时间。由于一个过程的成果是看不到尽头的，因此我们选择它们的发展作为重点反而总是得到结果。同样的原因，建筑由于关注于其自身，因而没有风格上的连续性。过去的顺序依赖于建筑的回忆，正像一个时刻紧接着另一个时刻一样，每一项工程都有其独特的意义层次。由这个条件产生的

fulfill in time.

Transcending given being: Letatlin flying machine, Vladimir Tatlin, 1932

LACUNAE

The essence of time is its own passing, Henri Bergson writes in Matter and Memory that all of our past is potentially available to our remembrance. This seems paradoxical, since at any time we only have access to a limited number of memories. But were we to be constantly aware of the past in its entirety, we would have to endure constant confrontation with all of our guilt, regrets and perhaps even an inability to fall asleep.

Aware of having hopelessly forgotten many things, we are sometimes suddenly able to remember, while dreaming or during moments of penetrating reverie, what we thought irretrievably forgotten, or even what we were never even fully aware we knew.

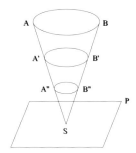

Bergson's Cone of Memory: "S" is the point of current perception on "P" the plane of the present.

But time is always now, the not-yet's and no-longer's do not exist except inside consciousness, where they find a field propitious to their peculiar being. The passing of time coincides with the form of consciousness, and we could advance the equation:

Architecture = consciousness = time

The relationship between passing time and architecture is reciprocal, not only does time provide a realm for architecture to be, but architecture also endows time with spatial intelligibility. In his short story "Funes el Memorioso," Borges tells us of a young man who, after falling from a horse and momentarily losing consciousness, finds himself entrapped by perfect perception and an inability to forget. Unable to ignore unnecessary details to be able to generalize, he cannot think. He commits his time to an attempt at harnessing the overwhelming reveries into a private language. Resolving to reduce each lived day in his past to approximately 70,000 memories, he assigns numbers to each of them, but soon, he surrenders the plan realizing it would consume more time than he has left in his life. Past experience constitutes a layering upon which our lives are made meaningful, but

Funes understands that memories do not suffice, and that to become meaningful they demand an organizing armature, an architecture. If forgetting is a defense mechanism, then to reach deep into the pocket of memory we must relinquish rational control and give in to reverie as we give in to sleep after a hard day of work. Early in the design of an architectural project, ideas are in flux, progress remains erratic and possible outcome uncertain. Forms seem too diffuse and unstable to be effectively handled by efforts of the intelligence. But the project does not wait and encourages a way forward that puts action in the place of thinking, action then is freed from thinking, and enters a realm similar to that of dream, both rationally incomprehensible and liberating. It is at such moments that the projects undergo decisive transformations, assuming lives of their own. Becoming increasingly independent from our conscious desires and original hopes, they begin to incarnate the future.

Confronting death with the contents of memory, Andrei Tarkovsky's Mirror, 1974

DEPTH
Works of architecture are always in progress, their becoming extending beyond the time of their construction. As the results of a process with no end in sight, we can choose to think of their development as co-substantial with their being and therefore, paradoxically, always finished. For the same reasons, architecture, aware of itself, is faced with the impossibility of stylistic consistency. The accumulated sequence of past moments lies in the memory of architecture, and as one moment precedes the next, each lends a unique layer of meaning to every project. The changing milieu resulting from this condition suggests that an architecture that repeats itself without substantial change must be either dead or inhuman.

Meaning as accumulated time emanates from site and project brief as aural emissions suggesting the consistent structure of things of the world but never congealing as concrete form. In the same way we expect the face of everyone we know to include a nose and a mouth, but we cannot assume that their personalities will be identical. The moment of incarnation of each project presents both a vista into a continual unfolding–vulnerable to the encounters with things of the world–and a unique manner of coming to be.

Architecture's void and its willingness to clarify life by interposing itself between us and the world are both dependent on a crucial quality of space, its depth. Because they constitute our point of view of the world, our bodies remain unknown to ourselves; they remain only partially included in the field of what we perceive. Because of this, we are typically surprised by our own appearance when we first see ourselves in film or hear our voice on tape, and we fail to recognize ourselves.

The body of architecture is similarly limited, either present as an exterior or as an interior, and in both cases partially unavailable as

变换的环境揭示了一个没有任何实质变化的建筑不是死气沉沉的就是非人性化的。

作为源自本地的时间积累的意义和作为听觉传播的工程纲要揭示了世界上事物结构的连续性但从未定下具体的形式。同样地，我们虽然知道我们认识的每一个人都是有鼻子有脸的，但每个人的个性不可能是相同的。一个项目的具体实现不仅展现了与世界上现有事物的不断碰撞，也展现了即将到来的独特风格。

建筑的空洞性以及作为我们和世界的联系纽带能否阐明生活都依赖于空间的一个重要性质：即深度。由于我们的身体构成了我们关于世界的视点，它们对于我们来说仍是未知的：只是部分地存在于我们所观察到的视野。正因为如此，我们才会在第一次从电影中看到我们的形象或从磁带中听到我们的声音时感到惊奇，我们并没有认识我们自己。

同样地，具体的建筑也是有限的。它们或是作为外部展现的或是作为内部而展现的，在两种状况下都只能是局部的深度，或"前"或"后"，只有通过不断的研究才能了解它们。

设计过程试图抓住这种不确定性并将可能的影响因素表现出来。在这里，物理模型为深度的变化莫测的性质提供了最相近的展现。数字表现及动画都是基于将完全了解的几何关系投射到平面上，这样虽然对其他目的是有用的，但由于缺少深度和不确定性而不能尽量可靠地来表达真实状况。

反射镜
建筑自身的矛盾性在于它不能被完全理解。在追求目标的过程中迷失了其自身，建筑间接地表现了时间层面。这个奇怪的性质使得建筑在熟悉与具体中表现世界。有了陌生感，我们可以全新地认识世界上的事物。在《艺术即技术》中维克特·什克拉维斯基 (Viktor Shklovsky)主张应"增加难度以及观察的长度，因为观察的过程本身即是一种美学，所以应该被延长。"

制造陌生感或者人为的困难都被严格控制在宗教、法律或习俗的许可范围内。建筑形式的陌生感只能被限定在能够接受的限度内，超过了这个界限，我们就处于幻想的状态，事实就不存在了，陌生感也变成了空谈。被限定的陌生感只有依赖准确的应用方法才能有效，陌生感太少了就好比没有了，太多了就会变质。这种现象就好比是熟悉与陌生之间的那种莫可名状的相近性。

重新发现建筑中的奇异性就好像是重新塑造

了世界，把世界变成了镜子或反射镜，通过镜子我们可以看到我们自己，也可以对这种重新发现进行思考。在描述映像跨越意识的世界的方法时，莫里斯·梅洛·庞蒂(Maurice Merleau Ponty)在《观察现象学》中写道："作为整个世界的基石，反射现象不会从世界到意识完整性的过程中消失。它可以通过后退看到超越的形式的突然出现，就好像火中突然冒起的火花。"建筑是这个反射镜的空间上的载体。当它成为思想的具体现实时，它为我们展现了我们的生活场景，当我们忘记它的时候它会让我们回想起我们自身的存在。

布卢姆菲尔德,密歇根州,2005 年2月 13 日

帕布罗·卡斯特洛

depth, a "beyond" or a "behind," only knowable through a movement of endless investigation.

The design process tries to capture this indeterminable nature of reality and envision the repercussions of possible interventions. Here, physical models provide the best approximation to the mystery of the changing experience of depth. Digital renderings and animations are based on precisely known geometric relationships projected on a flat surface and, although useful for other purposes, fail to provide a reliable approximation of the real by virtue of lacking both depth and indeterminacy.

The body of architecture, only knowable through endless investigation, Carl Dreyer's Gertrud, 1964

SPECULUM

The paradoxical life of architecture is a void made present by a body that cannot be totally apprehended. Losing itself to the pursuit of objects, it becomes indirectly present as a layering of time. This strange quality gives architecture the ability to suggest the universal in the immediacy of the familiar and concrete. De-familiarized, the things of the world are handed back to us free of the obscuring varnish of accumulated habit, and we can then see them for the first time. In Art as Technique Viktor Shklovsky advocates an "increase [in] the difficulty and length of perception because the process of perception is an aesthetic end in itself and must be prolonged."

De-familiarizing or the act of "making difficult" critically depends on the observance of limits. The de-familiarization of architectural form must, by necessity, stop at the threshold of the unrecognizable. Beyond that point we enter the realm of fantasy, reality disappears and de-familiarization becomes pointless. An arrested strangeness can only become demiurgic by relying on the precise measure of its application: too little and the trivial remains as such, too much and the strange becomes idiosyncratic. The significance of the resulting phenomenon relies on the inexplicable similarity between the familiar and the strange.

Rediscovering strangeness in architecture is like making the world anew, turning it into mirror or speculum, where we see ourselves and wonder at the rediscovery. Describing the way reflection straddles consciousness and the world, Maurice Merleau-Ponty writes in The Phenomenology of Perception: "Reflection does not withdraw from the world towards the unity of consciousness as the world's basis; it steps back to watch the forms of transcendence fly up like sparks from a fire." Architecture is the spatial vehicle of this speculation. It presents us with a vista of our life and reminds us of our own existence as we proceed to forget it, while becoming, in our image, the incarnation of an idea.

Bloomfield Hills, Michigan, 13 February 2005

Pablo Castro

16 - 29

VIVIENDAS ACUEDUCTO
Guanajuato, Mexico

VIVIENDAS ACUEDUCTO
瓜纳华托，墨西哥

VIVIENDAS ACUEDUCTO is a proposal for a housing development as a physical expression of collective efforts towards sustainability and urbanization. Each home retains its independence and privacy while engaging in communal rainwater harvesting. Water the pragmatic element for survival becomes emblematic of a form of cooperation that engenders community. The built architecture is a shared means of reinforcement of a defined form of social interaction, a physical model of a community effort. Seeking to overcome prevailing modes of suburban development whereby the primacy of the private renders the public as a series of incoherent and disjointed residual spaces, here public and private are joined as an integrated whole whereby interior of the house is simply the counterpart of exterior public space, materializing in the presence of its curved mass.

The town of Guanajuato is 2000 meters above sea level, built along the banks of the Rio Guanajuato. Constant flooding from the river forced the settlers to re-route the river, and using revenues from silver mining, the government built arches over the original riverbed and paved them over. These massive 17th century structures hold parts of the city overhead, creating a twisted array of little alleys, streets and tunnels set in the midst of a mountainous topography along the old riverbed. The force of this river, of the flows of water, are not only evidenced by the built up city, with its twisting underground streets and subterranean arches, but can be experienced on the Santa Teresa site where the natural topography has been shaped by this meandering force.

Located on 74 acres outside of Guanajuato, the site s existing small valleys once had potential to return water to human use and the ground through small dams. The project recalls this past state through the proposed system for collective capture of water.

SITE SCHEME WITH FINGER PARKS AND URBAN PROMENADE
手指公园和市镇地形走势平面

VIVIENDAS ACUEDUCTO是一个可持续化的城市住宅发展计划。在共同收集雨水的同时，各个家庭保持其独立性和私密性。作为生存的一个基本元素，水成为合作的一种象征形式，而这种合作就发展成为了社区。所建造的建筑是社会交互作用的一种形式上的加强，是社区成就的一个物质上的模型。为了摆脱当前流行的郊区发展模式，即对隐私的强调使得公共空间成为了互不联接的剩余空间，这里公共空间与私密空间结合为一个有机的整体，公共空间的外部与私人住宅的内部通过弯曲的表现形式相互对应。

沿着里奥瓜纳华托堤岸建立的瓜纳华托镇海拔有2 000m。经常发生的河潮迫使居民改变河道。利用银矿带来的税收，当地政府在原有河道上先修建了拱盖，然后将其铺平。这些17世纪的巨大结构消耗了城市的一部分开销。沿着原河道建造了弯曲的小路、街道以及山地隧道。河道的转移不仅使得城市得以建造，包括城市的地下街道和地下拱形结构，而且也改变了圣特雷莎地区原有的自然面貌。

基地位于瓜纳华托外部的74个拱形结构之上，原有的小山谷可以引入水以供人使用，以及穿过水坝的地区使用。这个工程通过其集水系统让人们回想起过去的这些状况。

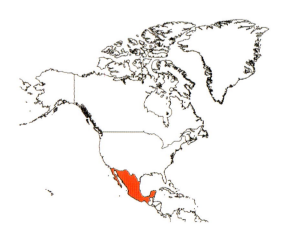

GUANAJUATO VALLEYS: SHAPING OF A TOWN BY THE FORCES OF WATER
瓜纳华托山谷：一个缺水城镇的景象

LA CALLE DE PADRE HIDALGO
LA CALLE教堂

RECUERDO DE GUANAJUATO
瓜纳华托的小镇

ALLEY STREETS
镇上小街

原有的自然地形被转变成为可以利用的元素，包括原来沿着斜坡修建的道路也可以被新建的道路加以重新利用。现有的山谷保留下来，作为城市公园的一部分，在山谷中可以种植桃树、橘树、牧豆树林以及桉树林。这些山谷公园与山上的住宅相互交织，组成了一个有机的整体。

Respect for natural topography translates into a logical use of existing site elements, including reuse of old roadways following natural slopes which become the footprint for the proposed street layouts. Existing valleys are preserved and integrated as urban parks, where peach and orange trees, mesquite fields and eucalyptus groves can be planted. Alternating with townhouse quarters on the hills, these valley parks create an urban topography whereby green space is defined and configured as an integral presence interlaced with the residential fabric.

位于居住区和公园之间的水渠为城镇自由市场提供了庇护
AQUEDUCT AT EDGE BETWEEN RESIDENTIAL AREA AND PARKS PROVIDES SHELTER FOR URBAN PROMENADE STREET MARKETS

CISTERN PLAZA LEVEL SHOPS AND FACILITIES WITH APARTMENTS ABOVE
蓄水池广场的下部是商店及其他服务设施，上部是公寓

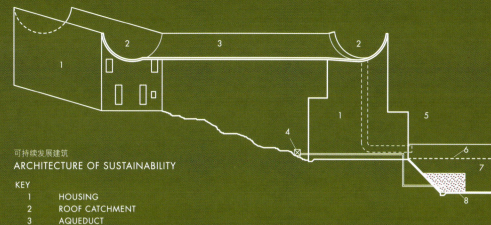

可持续发展建筑
ARCHITECTURE OF SUSTAINABILITY
KEY
1 HOUSING
2 ROOF CATCHMENT
3 AQUEDUCT
4 PUMP
5 PLAZA
6 WATER LEVEL
7 UNDERGROUND CISTERN
8 FILTER

1 住宅
2 屋顶
3 水渠
4 水泵
5 广场
6 水平面
7 地下蓄水池
8 过滤器

At the end of each row of WATER COLLECTOR TOWNHOUSES, water is gathered and directed to cisterns via an aqueduct which defines a covered park walkway below, the URBAN PROMENADE. This promenade forms a ring of shaded paths connecting housing rows around the parks, providing areas that can be utilized for outdoor markets or simply as shaded places to rest at the edge of the park.

Water is collected in large underground cisterns below the town plazas surrounded by apartment units with stores and community spaces on the ground floor.

在每一排的这些集水住宅的末端，水被收集起来并通过水管输送到蓄水池，水管的下方有一个有顶盖的公园小道。这个环形的林荫小道将公园的房子联接起来，既可以当作露天市场，也可以作为一个休息的场所。

水被集中到位于城市广场底下的巨大蓄水池中，广场周围是带有商店的住宅区以及社区空间。

KEY
1 ACCESS ROAD
2 WATER COLLECTOR TOWNHOUSE DISTRICT
3 AQUEDUCT
4 CISTERN APARTMENTS
5 TOWN PLAZA & UNDERGROUND CISTERN
6 FINGER PARK
7 PARKING
8 FUTURE SPORTS PARK

1 小道
2 集水住宅
3 水渠
4 蓄水公寓
5 城镇广场和地下蓄水池
6 手指公园
7 停车场
8 未来体育公园

城市化的可持续发展的地形平面规划
SITE PLAN OF SUSTAINABLE URBANIZATION

KEY		
1	ENTRY	入口
2	DINING	餐厅
3	KITCHEN	厨房
4	LIVING	起居室
5	BEDROOM	卧室
6	GARDEN	花园
7	PARKING	停车场
8	OPEN	上空

GROUND FLOOR
底层平面

SECOND FLOOR
二层平面

STREET ELEVATION
面向大街的立面

GARDEN ELEVATION
面向花园的立面

SECTION
剖面

A型集水住宅
WATER COLLECTOR TOWNHOUSE TYPE A

0   5

WATER COLLECTOR TOWNHOUSES
集水住宅

蓄水公寓
CISTERN APARTMENTS

VIEW FROM RESIDENTIAL STREET TOWARDS FINGER PARK
面向手指公园的住宅大街

这种带蓄水池的公寓是城市中心发展计划一个大的配套项目的一部分。这种住宅形成了这样一个结构，既包含了广场、商店和区域商业和活动的城市空间，也包含了储存水的地下蓄水池。这种结构可以依靠其自身运作起来。在每一个这样的住宅中心都可以向外眺望到城市广场以及公园的美景。

不同的住宅样式反映了不同的城市生活风格，这种带蓄水池的住宅建立在独特的自然环境下，反映了城市生活空间的一种规划。

GROUND FLOOR
底层平面

SECOND FLOOR
二层平面

KEY		
1	ENTRY	入口
2	DINING	餐厅
3	KITCHEN	厨房
4	LIVING	起居室
5	BEDROOM	卧室
6	GARDEN	花园
7	PARKING	停车场
8	OPEN	上空
9	TERRACE	平台

Cistern apartment houses are part of larger complexes within the urban plan of social centers. The cistern housing forms a structure which, circling in on itself, defines both an urban space with plaza, stores, local commerce and activity and the underground cistern itself where water is stored. Each section of cistern apartment units overlooks the town plaza at the cistern center and looks outward to views of the finger parks beyond.

The different housing prototypes suggest variation in urban lifestyle, with water collector housing composed of more privatized units within natural yet distinct land plots and cistern housing for a more urban clustered arrangement of living.

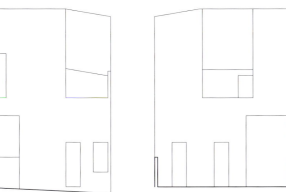

STREET ELEVATION
面向大街的立面

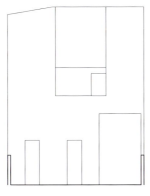

GARDEN ELEVATION
面向花园的立面

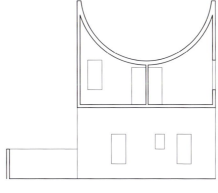

SECTION
剖面

B型集水住宅
WATER COLLECTOR TOWNHOUSE TYPE B

建造环保的街区
- 地点和设计：对自然的影响比较低
- 环保景观：使用本地的耐旱种子并采用滴水灌溉方法
- 道路：低反射的碎石路
- 遮荫：植被、输水管道提供的遮荫空间
- 隔热状况：高的屋顶可以隔热，窗户和通风孔可以让空气对流
- 热惰性：采用厚的墙壁
- 雨水的收集：本地水的收集及废水的处理
- 水的流动：降低水的流动性
- 内部的环保：简单的易于维护的内部涂料
- 经济设计：简单的设计方案
- 本地材料的循环使用：节省了处理、储存、批发和运输费用
- 本地种植的食物、燃料及建筑：草地、桃树、橘树和牧豆树林

BUILDING BLOCKS OF SUSTAINABILITY
- **SITING AND DESIGN:** natural low-impact planning
- **SUSTAINABLE LANDSCAPE:** use of drought-resistant native species and drip irrigation
- **SITE PAVING:** low-albedo gravel hardscapes
- **SHADE:** vegetation, aqueducts provide promenade shading
- **PASSIVE THERMAL CONDITIONING:** high ceilings allow heat to rise; windows and vents for cross-ventilation
- **THERMAL INERTIA:** thick-wall construction
- **RAIN HARVESTING:** on-site water collection and waste disposal
- **WATER CONSCIOUSNESS:** low-flow fixtures
- **INTERIOR SUSTAINABILITY:** simple easily-maintainable interior finishes
- **ECONOMICAL DESIGN:** simple layouts
- **RECYCLING AND USE OF LOCAL MATERIALS:** saves processing, storage, wholesaling, transporting costs
- **ON-SITE GROWTH OF FOOD, FUEL, BUILDING MATERIALS:** gardens, peach and orange trees, mesquite fields

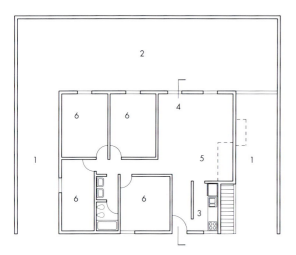

GROUND FLOOR TYPE D HANDICAP
D型无障碍住宅底层平面

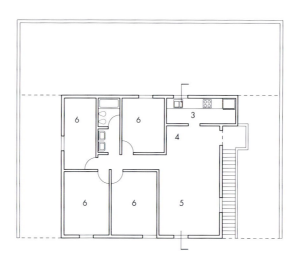

SECOND FLOOR TYPE C
C型住宅二层平面

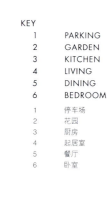

KEY
1 PARKING
2 GARDEN
3 KITCHEN
4 LIVING
5 DINING
6 BEDROOM

1 停车场
2 花园
3 厨房
4 起居室
5 餐厅
6 卧室

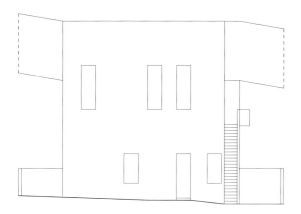

STREET ELEVATION
面向大街的立面

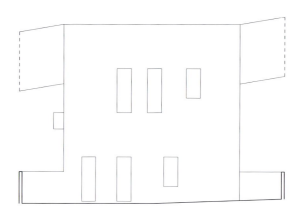

GARDEN ELEVATION
面向花园的立面

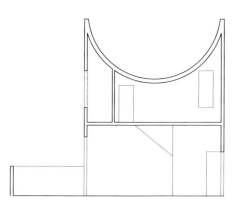

SECTION
剖面

C型和D型蓄水公寓
WATER COLLECTOR TOWNHOUSE TYPES C & D

PROGRESSIVE STAGES OF GROWTH

Home expansions are defined by adding walls to already-built roofed terraces, minimizing necessary construction expertise and allowing inhabitants to execute their own expansions. Brick masonry walls provide excess humidity absorption and the material's thermal inertia preserves comfortable heat level ranges. The material is whitewashed to further protect buildings from unwanted solar radiation. Sliding formwork can be utilized to lower the cost of construction and speed up the progress of development.

空间的阶段性拓展

通过在已有的屋顶上加盖可以拓展住宅空间，这样就降低了一些必要的建造物，让居民自己去进行拓展。砖墙可以吸收过量的潮气以及材料的隔热性，将室内的温度控制在适宜的水平。这些材料用石灰水刷白，这样就可以减少无用的太阳辐射。滑动模板可以被用来降低建造的成本，加快工程进度。

GAPS BETWEEN HOUSES AS URBAN WINDOWS
房屋之间的豁口是城市的窗户

FLEXIBLE GROWTH DIAGRAMS:
空间灵活拓展示意图：

KEY
1   OUTDOOR TERRACE
2   BEDROOM
1   户外露台
2   卧室

STAGE 1 阶段1   STAGE 2 阶段2   STAGE 3 阶段3

底层平面 GROUND FLOOR
二层平面 SECOND FLOOR
立面 ELEVATION

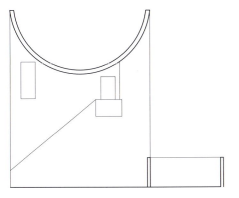

SIDE ELEVATION
侧立面

TOWN SQUARE WITH CAVE-CISTERN BELOW
城镇广场的地下蓄水池

地形剖面
SITE SECTION   0 10

KEY
1 COLLECTOR TOWNHOUSES   1 集水住宅
2 AQUEDUCT   2 水渠
3 FINGER PARKS   3 手指公园
4 CISTERN APARTMENT HOUSES   4 蓄水公寓
5 COMMUNITY FACILITIES   5 社区设施
6 URBAN LIVING   6 城镇
7 TOWN PLAZA   7 广场
8 UNDERGROUND CISTERN   8 地下蓄水池
9 SHOPS AND RESTAURANTS   9 商店和餐馆

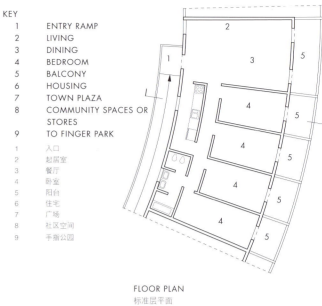

KEY
1 ENTRY RAMP
2 LIVING
3 DINING
4 BEDROOM
5 BALCONY
6 HOUSING
7 TOWN PLAZA
8 COMMUNITY SPACES OR STORES
9 TO FINGER PARK

1 入口
2 起居室
3 餐厅
4 卧室
5 阳台
6 住宅
7 广场
8 社区空间
9 手指公园

FLOOR PLAN
标准层平面

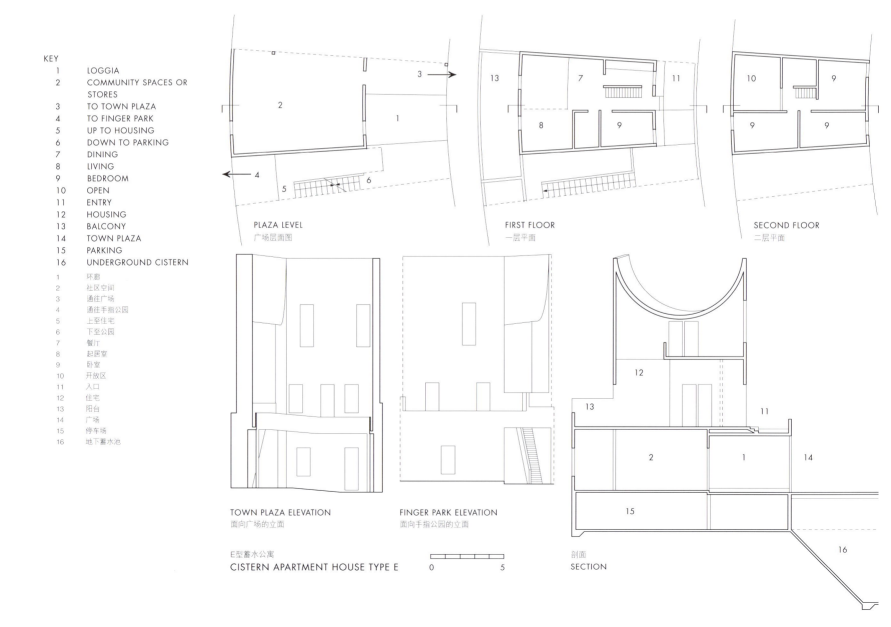

KEY
1 LOGGIA
2 COMMUNITY SPACES OR STORES
3 TO TOWN PLAZA
4 TO FINGER PARK
5 UP TO HOUSING
6 DOWN TO PARKING
7 DINING
8 LIVING
9 BEDROOM
10 OPEN
11 ENTRY
12 HOUSING
13 BALCONY
14 TOWN PLAZA
15 PARKING
16 UNDERGROUND CISTERN

1 环廊
2 社区空间
3 通往广场
4 通往手指公园
5 上至住宅
6 下至公园
7 餐厅
8 起居室
9 卧室
10 开放区
11 入口
12 住宅
13 阳台
14 广场
15 停车场
16 地下蓄水池

PLAZA LEVEL 广场层面图
FIRST FLOOR 一层平面
SECOND FLOOR 二层平面

TOWN PLAZA ELEVATION 面向广场的立面
FINGER PARK ELEVATION 面向手指公园的立面

E型蓄水公寓
CISTERN APARTMENT HOUSE TYPE E

剖面
SECTION

FINGER PARK ELEVATION
面向手指公园的立面

CISTERN APARTMENT HOUSE TYPE F HANDICAP
F型无障碍蓄水公寓

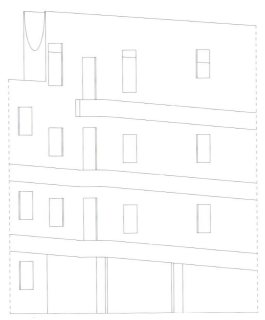

TOWN PLAZA ELEVATION
面向城镇广场的立面

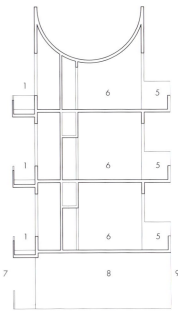

SECTION
剖面

创新和重复

为了克服普遍的误解,即绿色和环保与优秀的设计是不相容的。这项工程采用可以再循环的环保方案:通过建筑物的造型处理来收集雨水用于灌溉或家用,采用节水的盥洗室和洗衣室。面对自来水公司的局限性、社会的停滞以及来自制度、技术或者法律上的壁垒,这种尝试找到了一个新颖而又简单的方案,不仅具有有效的环保效果而且有着新颖的适于居住的外形,这种方案可以被采用到其他地方。

Viviendas Acueducto工程利用自然地貌和气候条件通过简单的水收集系统将建筑创新与城市创造有机地结合起来,取得了惊人的效果。

INNOVATION AND REPLICATION

To challenge the general misconception that "greenness" or sustainability is incompatible with design excellence, this project seeks to explore a sustainable design solution for recycling in which rainwater is harvested, physically captured by the built form and collected to be reused agriculturally and domestically in water-efficient toilets and laundry. Confronted by limitations of water utility, social stagnation, and barriers often encountered on institutional, technical or legal fronts, this exploration seeks to develop an inspired and simple solution that can be easily adapted and replicated, encouraging not only simple sustainable effort but innovative habitable forms for all those in need of shelter.

The example of Viviendas Acueducto integrates the creation of spaces of both architectural and urban innovation through the simple implementation of a communal water harvesting system taking advantage of natural topography and climatic conditions, attaining the sublime through the practical.

30 - 51

FREEDOM PARK MUSEUM AND MEMORIAL
Pretoria, South Africa

自由公园博物馆和纪念碑
比勒陀利亚，南非

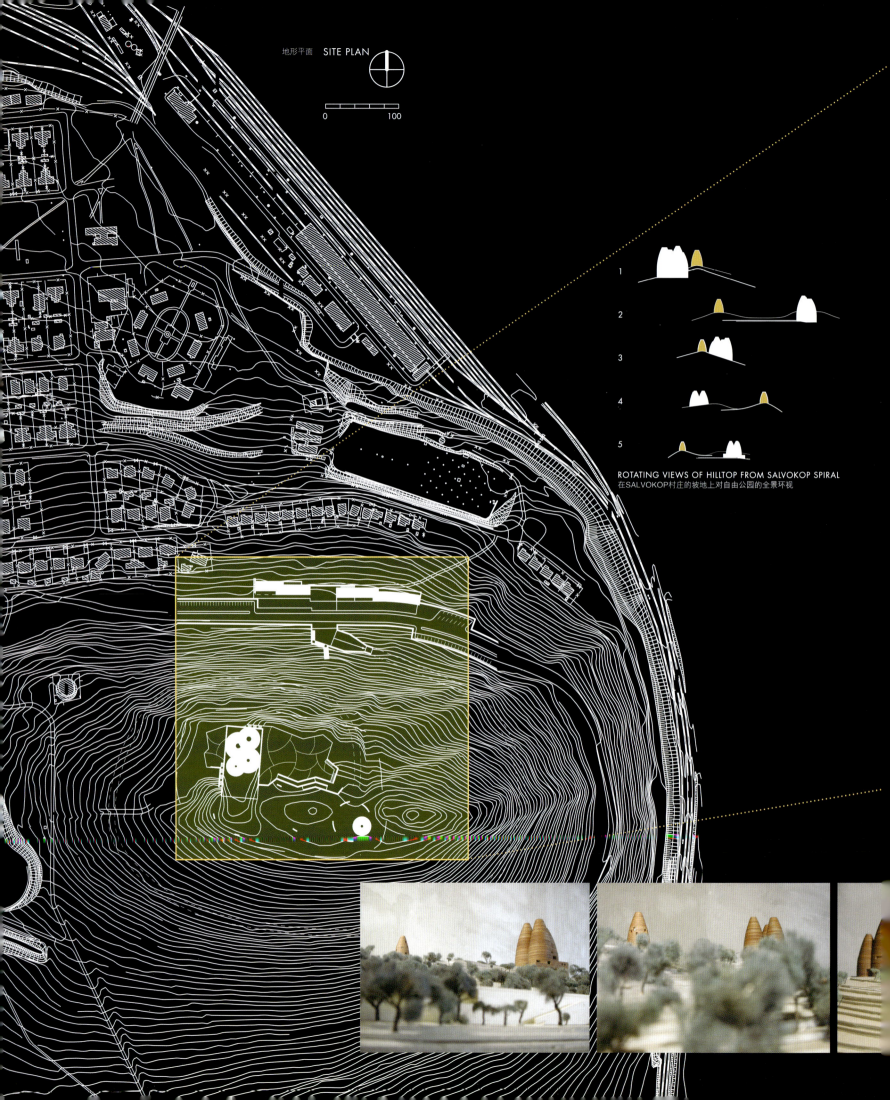

The vision of Freedom Park is linked to the inexhaustible and everchanging experience of the present, informed by our learning from the experiences and traditions of the past to project our hopes and desires to shape the future. Freedom Park will launch a new era, a time for construction of new material infrastructures, but more importantly, a time for re-constructing and renewal of a culture and cultural resources, re-addressing issues of economic development, social growth, and the physical well-being of all South Africans.

Attending to and nurturing the positive development of mind and spirit, Freedom Park will complete a vision of the historical continuum of the nation played out on the horizon of Pretoria. Its ascending verticality from the summit of Salvokop Hill will take its place against the sky amongst the other landmarks to the south and balance the horizontal presence of Sir Herbert Read's Union Buildings to the north. Freedom Park will transform the physical skyline of the city as a new landmark, and fill a gap in the psychological skyline of the whole country, becoming a beacon of the struggle for the humanistic ideal throughout the world.

The Freedom Park complex is sited at the summit of Salvokop Hill, surrounded on all sides by the Garden of Remembrance which extends to the site boundaries. Visitors approach from the base of the koppie, on a broad path gently encircling the hill. As the spiral path rises, the Witness Memorial and Freedom Museum are revealed in constantly shifting perspectives.

AREA DETAIL
地域环境细部

		KEY	
1	Salvokop村庄的入口	1	GATEWAY TO SALVOKOP VILLAGE
2	自由公园管理处	2	FREEDOM PARK TRUST ADMINISTRATION
3	Salvokop坡地	3	SALVOKOP SPIRAL
4	纪念花园	4	GARDEN OF REMEMBRANCE
5	见证者纪念碑	5	WITNESS MEMORIAL
6	纪念碑庭院	6	MEMORIAL COURT
7	雕塑花园	7	SCULPTURE GARDEN
8	集会地	8	GATHERING SPACE
9	自由博物馆	9	FREEDOM MUSEUM
10	水池	10	WATERING HOLE POND

INTERIOR VIEW OF FREEDOM PARK WITNESS MEMORIAL
自由公园博物馆见证纪念碑室内

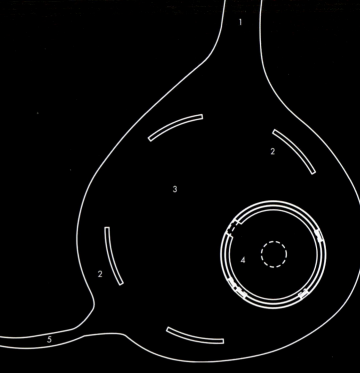

KEY
1 ENTRY FROM SPIRAL PATH   1 坡地小道的入口
2 BENCH   2 长凳
3 MEMORIAL COURT   3 纪念碑庭院
4 MEMORIAL   4 纪念碑
5 GARDEN PATH   5 花园小道

WITNESS MEMORIAL & COURT PLAN
见证者纪念碑和庭院平面图

非洲猴面包树
THE AFRICAN BAOBAB TREE

自由公园是与现实的永无休止的变化联系在一起的，可以让我们把过去的习惯和经验折射为我们所企求的将来。自由公园标志着一个新的时代，一个新的材料基础设施建设时代。但更为重要的是一个对文化和文化资源重新塑造的时代，对经济发展问题，社会增长问题和所有南非人的物质福利问题重新定位的时代。

专注于精神与心灵的发展，自由公园在比勒陀利亚的地平线上展现了南非历史的连续性。矗立在Salvokop山峰上直插云霄，与南面的其他地标一同对应着蓝天，北面与赫伯特·里德(Herbert Read)爵士联合建筑相呼应。自由公园将城市的地平线转化为一个新的地标，同时也填补了整个国家心理地平线的空白，成为世界范围内为人文思想而斗争的一个标志。

自由公园坐落在Salvokop山峰上，被接壤的纪念花园所环绕。游客可以从山底通过舒缓的环山路到达自由公园。沿着盘旋的山路往上走就可以隐隐看到见证者纪念碑和自由博物馆。

穿越纪念碑的西剖面
SITE SECTION THROUGH MEMORIAL LOOKING

WITNESS MEMORIAL SILENCE BATHED IN LIGHT
见证者纪念碑／沐浴在灯光下的寂静

OCULUS WITH SUNLIT IMAGES HONORING THOSE WHO HAVE CONTRIBUTED TO THE STRUGGLE FOR FREEDOM
被灯光照耀的人物形象是那些为自由作出贡献的人们

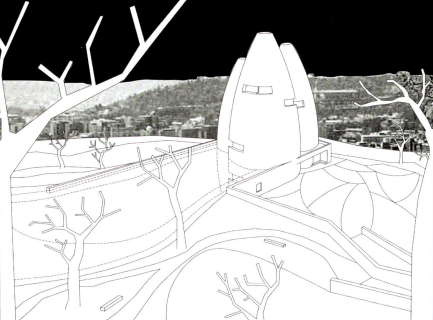

TRUTH IS LIKE A BAOBAB TREE; ONE PERSON'S ARMS CANNOT EMBRACE IT
African proverb
真相就像猴面包树一样，一个人的手臂无法抱住它——非洲格言

Set in a clearing near the Sculpture Garden, the Witness Memorial is surrounded by indigenous sugarbush trees at the end of the trajectory of the spiral path. Scheduled to be built in the first phase of the development of Freedom Park, the Witness Memorial will anchor the site as a pilgrimage destination, while the other buildings undergo continued development.

Inspired by the African tradition of carving a grave from within a Baobab trunk as repository for the remains of important community members, The Witness Memorial can be seen as a hollowed-out tree trunk. Its voided interior 30 meters high, 20 meters in diameter and open to the elements through an oculus 5 meters in diameter, it is more suggestive of a womb than a grave,

At the top of the entry spiral a bifurcation in the path leads to the Gathering Space, a vast 4,500 square meters clearing destined as a place for the commemoration of national holidays, ceremonial events, and all types of communal festivities. It is a place to gather in the spirit of unity and consensus.

The Gathering Space is symbolic in its configuration and central location, an empty expanse flanked by Witness Memorial to the east, and by Freedom Park Museum to the west. The only distinctive aspect of the Gathering Space, otherwise simple and unadorned, is its pavement, indented into shallow depressions, as if the earth had developed scars from the violence and injustice of past events. Accessible to all, the Gathering Space celebrates reconciliation and communion as its central theme in the Freedom Park complex.

在盘山公路的顶端有一个岔路口，岔路通向一个 4 500m² 的集会广场，用于举办国家节日、正式事件及各种公共节日的活动。广场象征着精神上的统一。

集会广场处于中央位置，这种格局决定了它的象征性。它的东面就是见证者纪念碑，西面是自由公园博物馆。除了简单朴素之外，广场的一个重要特性是它的道路是锯齿状的，象征着过去的暴力以及不公正在地球上产生的伤疤。广场是对外开放的，作为自由公园的一个中心主题，它象征着和谐与交流。

1	主厅入口	16	长凳
2	入口陈列窗	17	电梯
3	博物馆大厅	18	电话
4	长凳	19	AV画廊
5	售票和问讯处	20	投影位
6	博物馆商店	21	交互展览服务区
7	商店储藏室	22	AV画廊和储藏间
8	男女厕所	23	上空
9	母婴室		
10	残疾人厕所		
11	员工厕所		
12	讲解等候区		
13	员工房间		
14	图书馆和陈列室		
15	接待处		

KEY
1 MAIN ENTRY
2 ENTRY DISPLAY CASE
3 MUSEUM LOBBY
4 BENCH
5 TICKETS / INFO
6 MUSEUM SHOP
7 SHOP STORAGE
8 M/F TOILET
9 BABY CHANGE
10 HANDICAPPED TOILET
11 STAFF M/F TOILET
12 GUIDES WAITING AREA
13 STAFF ROOM
14 LIBRARY & ARCHIVE
15 RECEPTION
16 BENCH
17 ELEVATORS
18 PHONES
19 AV GALLERY
20 PROJECTION BOOTH
21 INTERACTIVE EXHIBIT SERVICE SPACE
22 AV GALLERY & STORAGE
23 OPEN

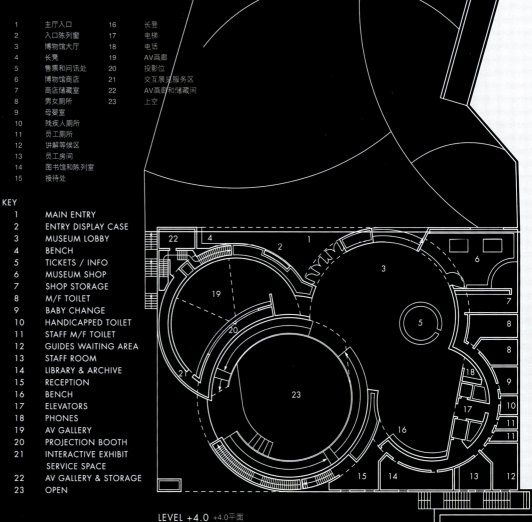

LEVEL +4.0　+4.0平面

KEY
1 LOWER ENTRY
2 TEMPORARY EXHIBIT
3 CAFETERIA
4 CAFETERIA TERRACE
5 DUMBWAITER TO MOSHATE KITCHENETTE
6 KITCHEN
7 KITCHEN STORAGE
8 AUDITORIUM
9 AV PROJECTION BOOTH
10 BENCH
11 ELEVATORS
12 M/F TOILET
13 MECHANICAL SERVICES
14 AV GALLERY
15 STORAGE
16 DELIVERIES
17 STORAGE

1	低地入口
2	临时展示区
3	自助餐厅
4	自助餐厅露台
5	食品架
6	厨房
7	厨房储藏室
8	观众席
9	AV画廊投影位
10	长凳
11	电梯
12	男女厕所
13	机械服务设备
14	AV画廊
15	储藏室
16	传送带
17	储藏室

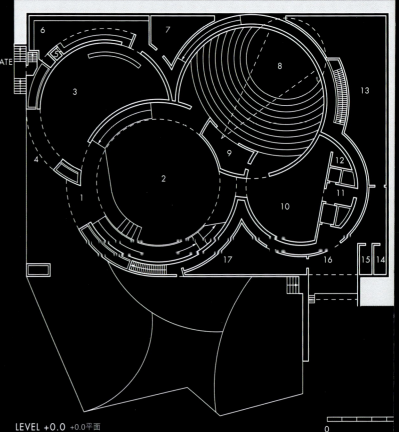

LEVEL +0.0　+0.0平面

纪念花园／反抗的历程

GARDEN OF REMEMBRANCE JOURNEY OF REFLECTION

KEY
1 TERRACE
2 MOSHATE
3 DUMBWAITER TO CAFE KITCHEN
4 KITCHENETTE
5 PRIVATE ROOM
6 ABLUTIONS
7 NETWORK
8 BOOKKEEPING
9 CURATOR
10 MEETING
11 WAITING
12 TEMPORARY EXHIBITS
13 M/F TOILET
14 ELEVATORS
15 GALLERY STORAGE & SERVICE
16 OPEN

1 露台
2 Moshate
3 咖啡厨房食品架
4 自助餐厅
5 私人间
6 沐浴处
7 网络室
8 阅览室
9 馆长室
10 会客室
11 等候室
12 临时展览区
13 男女厕所
14 电梯
15 画廊储藏间和服务处
16 上空

LEVEL +9.0 +9.0平面

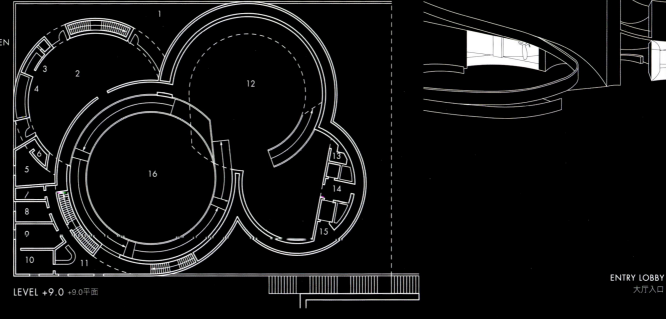

ENTRY LOBBY
大厅入口

FREEDOM PARK MUSEUM EDUCATION FOR THE FUTURE   自由公园博物馆／为未来而教育

STRUGGLE GALLERY +19.5   奋争画廊(+19.5)

MUSEUM LOBBY +4.0   博物馆大厅(+4.0)

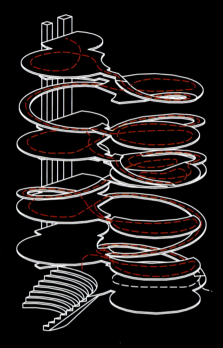
HISTORICAL SPATIAL CONTINUUM
历史空间的连续

博物馆最上端的3层是建筑中的建筑，在闭馆时有着灵活的用途。一个坡道将听众席与博物馆的大厅连接起来并延伸到第三层的临时展览馆。在博物馆中可以进行展览、文化及筹款活动。

位于底层入口处的平台可以用来进行室外就餐或者室外表演活动。在博物馆大厅所处的那一层有商店、书店、图书馆、档案室以及用于支持当地艺术的南非工艺美术品店。这种设计可以使得晚上其他保安区关闭时，这些还可以对公众开放。

LEVEL +16.5: FROM ANY ONE GALLERY TWO OTHERS ARE ALWAYS VISIBLE
+16.5平面：相互呼应的两个画廊

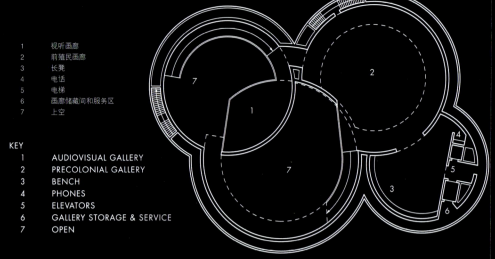

1	视听画廊
2	前殖民画廊
3	长凳
4	电话
5	电梯
6	画廊储藏间和服务区
7	上空

KEY
1 AUDIOVISUAL GALLERY
2 PRECOLONIAL GALLERY
3 BENCH
4 PHONES
5 ELEVATORS
6 GALLERY STORAGE & SERVICE
7 OPEN

LEVEL +16.5 +16.5平面

KEY
1 AUDIOVISUAL GALLERY
2 GALLERY STORAGE & SERVICE
3 OPEN

1 视听画廊
2 画廊储藏间和服务区
3 上空

LEVEL +15.0 +15.0平面

GALLERY SEQUENCE +22.5 连续的画廊空间(+22.5)

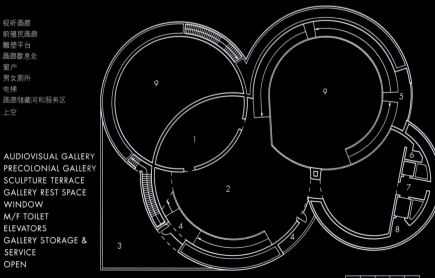

1 视听画廊
2 前殖民画廊
3 雕塑平台
4 画廊歇息处
5 窗户
6 男女厕所
7 电梯
8 画廊储藏间和服务区
9 上空

KEY
1 AUDIOVISUAL GALLERY
2 PRECOLONIAL GALLERY
3 SCULPTURE TERRACE
4 GALLERY REST SPACE
5 WINDOW
6 M/F TOILET
7 ELEVATORS
8 GALLERY STORAGE & SERVICE
9 OPEN

LEVEL +13.0 +13.0平面

自由公园博物馆试图通过一种唤醒的感觉来达到教育目的。照射在博物馆的石灰墙上的不断变化的明暗光线，穿过整个空间的斜道以及博物馆的曲形的内壁共同产生了一个只有通过全身才能体验的精神上的升华。

整个建筑物就好像是四个向上竖起的树干，所包含的十个陈列室可以依次参观。所有的展览馆好像是一个整体，就好像附近的树随着时间会长到一起一样。

参观者可以通过螺旋形坡道进入博物馆。当你在博物馆参观时，就仿佛进入了一个连接着过去、现在和将来的时空统一体，一个个故事也随之展开。不同层之间的垂直落差使得连接各博物馆的斜坡长度不一，这样就为参观者在各博物馆追寻历史连续性的过程中提供了多种不同的视线。参观者也可以通过捷径：双层墙之间的楼梯或者电梯来浏览博物馆。这就提供了多种不同的参观顺序以吸引游客反复参观。

博物馆包括了面积从100m²到400m²不等,高度从4m到10m不等的10个陈列室。在高25m的顶端是后种族隔离陈列室。陈列室独特的几何形状使得它有着灵活的用途，赋予博物馆策展人多种选择的可能性。不同陈列室的墙壁可以根据展览的要求有着不同的等级。这种曲面方案以及宽阔的坡道方便了参观者，避免了交通阻塞。曲形墙壁上的悬吊链可以调节光线，避免了强光及紫外线对展览品的破坏。

连续的画廊空间(+26.0)
GALLERY SEQUENCE +26.0

The Freedom Park Museum aspires to create an educational experience brought about by a "summoning of the senses". The everchanging chiaroscuro of light played out on the plastered walls of the galleries, the ramps reminding bodies of their own weight as they move through space, and the curved surface of the cavernous interior, subtly invoke a spiritual transcendence only understood with the whole body.

The building is configured as four soaring "trunks," containing ten gallery spaces that can be traversed in sequence as if they were fused into one. Just as trees in close proximity would, with time, grow into one.

The Museum visitor can access the galleries by ascending a spiraling ramp, traversing a space-time continuum that links the past, present and future, creating a comprehensive experience of the story unfolding. Vertical displacements of the different floors vary the length of the ramps that connect the galleries, providing the visitor multiple sight lines looking forward or back into other galleries tracing a historical continuity. The visitor can also circulate the galleries using short-cuts and stairs provided within the double layered walls or the elevators. This allows for a multiplicity of individual viewing sequences while visiting the exhibits that should appeal to returning patrons.

The Museum includes ten different galleries with sizes ranging from 400 to 100 square meters and ceiling heights from 4 to 10 meters within the gallery sequence and approaching 25 meters high to the oculi of the symbolic Post-Apartheid Gallery at the top. The unique geometry of the gallery spaces allows for flexible use offering a wealth of curatorial possibility. The enclosures of the different galleries can be graduated according to exhibition requirements. The curved geometry of the plans and generous width of the ramp facilitate a smooth flow of visitors to avoid traffic congestion. The curving forms of the walls, defined by catenary shapes, modulate the light, preventing glare on exhibits and their harmful exposure to ultraviolet rays.

To provide relief from gallery fatigue, openings in the double wall are covered in glass, creating small chamber balconies with views to the city beyond. These relief spaces provide moments of quietude for reflection and contemplation.

The building's curved exterior walls are proposed as a double layered enclosure. The interior layer, made of reinforced concrete frame and infill brick, supports the floors of the Museum. The exterior layer is a thin shell structure of reinforced brick that supports itself. The cavity space between the walls becomes an artery essential to the life of the building; providing space for air distribution and economical passive heating and cooling systems, emergency egress, and for the storage, installation and maintenance of gallery multi-media equipment and exhibition fixtures. The cavity space also provides a branching network of utility spaces that can serve the galleries without overlapping visitor paths.

The thermal mass of the masonry building and the high diurnal temperature swing in Pretoria make a good combination for the use of passive cooling in the Freedom Park Museum. Daily temperature swings of up to 23 °F are typical of summer months; this swing allows "coolth" from the night to be stored in the building's mass. During a summer day, air is drawn into the building from the cooler south side, which receives little direct solar radiation. Masonry surfaces provide a cooling source for the building during the day. Air can also be supplied into the building via a back-up cooling coil in the case of insufficient "coolth" storage. Thermostatically controlled terminal units deliver the tempered air to each zone. The air is exhausted from the building through the east and west sides. The masonry walls cool down during the night through natural convection. Heat is flushed out of the building by drawing in cooler outdoor night air from the north and south sides, passing it through the building and exhausting it through the east and west. The building then stores the "coolth" for use in the following day.

On a winter's day, the north trombe wall is used as a heat collector for the building. Single glazed punch openings on the exterior wall of the cavity allow heat to be captured from the low angle winter sun and absorbed by the dark colored, thermally massive insulated interior layer of the cavity. The openings are designed to carefully exclude solar radiation from the high angle summer sun. Outdoor air is drawn into the building from the warmer north side, collecting heat captured by the trombe wall. A back-up heating coil is provided in the event of inadequate heat levels. Thermostatically controlled terminal units deliver the warm tempered air to each zone. No night flush cycle is desirable in winter, since the intent is

MECHANICAL STRATEGIES ENGAGING THE NATURAL WITH TECHNOLOGICAL EASE
MECHANICAL ENGINEER: ARUP NEW YORK 机械动力策略／借助自然和工艺上的易操纵

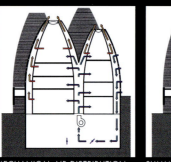
MECHANICAL AIR DISTRIBUTION: SUMMER NIGHT
机械性空气传输：夏季夜晚

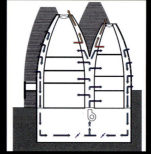
SUMMER DAY
夏季白天

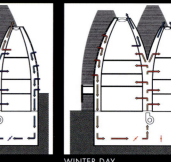
WINTER DAY
冬季白天

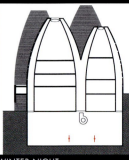
WINTER NIGHT
冬季夜晚

STRUCTURAL EFFICIENCY ENGAGING THE STRENGTH OF NATURAL RESOURCES
STRUCTURAL ENGINEER: GUY NORDENSON AND ASSOCIATES 结构的有效性／自然资源的源动力

外层：自助支撑加强型中空砖墙

EXTERIOR LAYER: SELF-SUPPORTING REINFORCED

INTERIOR LAYER: REINFORCED CONCRETE

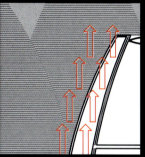
MASONRY WALLS COOL DOWN DURING THE NIGHT THROUGH NATURAL CONVECTION
MASONRY墙体通过夜间的自然通风对流达到冷却

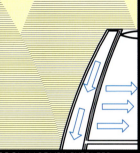
COOL MASONRY SURFACES PROVIDE A COOLING SOURCE FOR THE BUILDING DURING THE DAY
冷的MASONRY墙体是建筑白天的降温资源

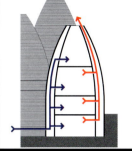
STACK EFFECT NATURAL VENTILATION ALLOWS FOR AIR RENEWAL & DISTRIBUTION IN CASE OF POWER FAILURE
当电力不足时,自然通风的烟囱效应可以保持空气的更新与流动

TROMBE WALL WINDOW CONFIGURATION EXCLUDES SUMMER RADIATION
TROMBE 墙体窗户可抵挡夏日阳光辐射

The structure of the Freedom Park Museum has been conceived as a double shell of masonry and concrete. The inner walls of the conical domes are a composite structure of reinforced concrete and infill brick masonry. Narrow concrete fin-columns are arranged radially and support concrete slabs and flat concrete beams at the floor and ramp levels. These serve to support the inner masonry walls built tight to the concrete fins and slabs. The completed inner structure is ultimately monolithic though it can be constructed sequentially: concrete frame followed by masonry.

The outer wall is made of two wythes of brick sandwiching a 10 cm wide lightly reinforced concrete filled cavity. This outer wall is self-supporting and tied back to the fins and slabs. This allows the outer wall to be quite slender for its height since the core of the inner wall structure provides good buckling and lateral load resistance.

The resulting structure is a constructed composite of different orders of structure and material—frame, infill wall and outer shell, concrete and brick—that registers both its own construction and a clear progression of an outer lightness to an inner core of strength and resilience.

The use of locally produced brick provides another opportunity to foster a sense of codependence, involving the citizens directly. With the encouragement of jobs created for newly trained masons, individual participation will create a sense of responsibility and involvement in the growth and development of the Freedom Park complex. As the bricks connect the buildings to the red dirt of Salvokop Hill, they can realize an integration to place and community, quite literally an organic relationship growing out of the soil.

The construction of a thin brick structural shell of this dimension is an engineering achievement utilizing the latest structural technologies available to the profession. Its construction will mark the present moment of South African history, as a bridge between tradition and the future.

The oculi skylights are proposed as inflated pillows made out of self-cleaning ETFE (ethyltetrafluoroethylene) film. This system will be considerably less expensive than glass and allow transparent colorless frameless skylights cleaned by rainfall and immune to air pollution and UV radiation.

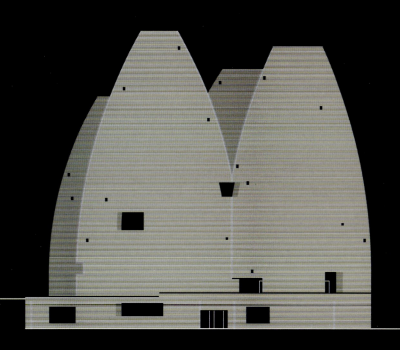

EAST ELEVATION
东立面

0   10

INTERIOR LAYER:
内层:加强型混凝土垂弧弓架结构

INTERIOR LAYER:
砖体填充墙

INTERIOR LAYER:
内表面石灰剥离层

POST-TENSIONED REINFORCED
平衡后期收缩力的混凝土地板和环形隔膜

PROCESS DIGITAL + PHYSICAL DESIGN DEVELOPMENT 过程／数码＋物理性设计开发

LARGE-SCALE MODEL STUDIES
大比例模型研究

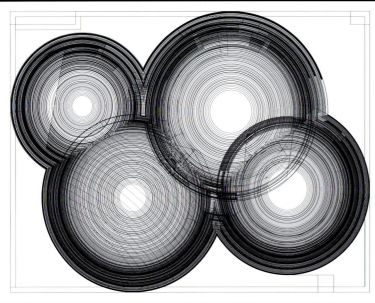

VIEW OF HORIZONTAL SECTIONS AT 50CM INTERVALS   50cm间隔记录下的水平断面图

The method of design and development for the project involved a reliance on both modelmaking and computer drafting and calculation. Plan sections of the building drawn in sequence defined with precision cut pieces of wood and paper whose assemblage enabled construction of the physical models.

The project was studied using large models to facilitate the design process, enabling the perception of spatial interiority to become primary over an object-focused exteriority. This was accomplished through a hybrid method of model building that included computer drafting, handcutting and lasercutting, and manual assembly.

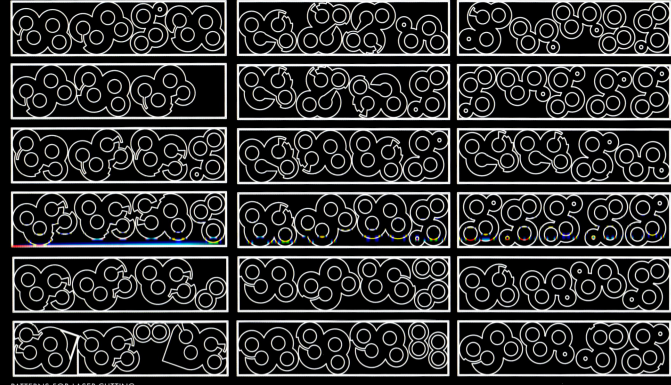

PATTERNS FOR LASER-CUTTING
雷射剪板

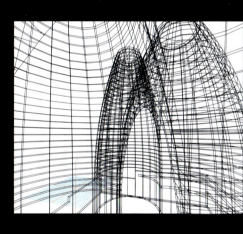

LARGE-SCALE STUDY MODEL AXONOMETRIC VIEWS
大比例结构模型研究

PEACE OCULI PROMISE OF THE FUTURE
和平OCULI／未来许诺

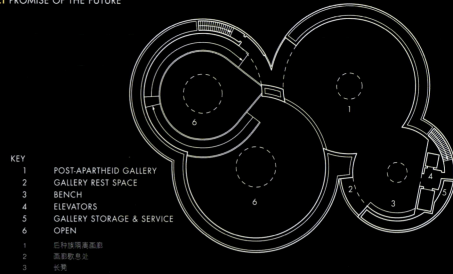

APPROACHING POST-APARTHEID GALLERY SPACE AT FINAL RAMP IN HISTORICAL CONTINUUM　后种族隔离制度画廊

KEY
1　POST-APARTHEID GALLERY
2　GALLERY REST SPACE
3　BENCH
4　ELEVATORS
5　GALLERY STORAGE & SERVICE
6　OPEN

1　后种族隔离画廊
2　画廊歇息处
3　长凳
4　电梯
5　画廊储藏间和服务区
6　上空

LEVEL +26.0　+26.0平面

KEY
1　STRUGGLE GALLERY
2　GALLERY REST SPACE
3　BENCH
4　ELEVATORS
5　M/F TOILET
6　GALLERY STORAGE & SERVICE
7　OPEN

1　奋争画廊
2　画廊歇息处
3　长凳
4　电梯
5　男女厕所
6　画廊储藏间和服务区
7　上空

LEVEL +22.5　+22.5平面

KEY
1　STRUGGLE GALLERY
2　GALLERY REST SPACE
3　OPEN

1　奋争画廊
2　画廊歇息处
3　上空

为了让游客在参观过程中得到暂时的休息，在双层墙壁的开口处有一些小的阳台，从那里可以看到城市的景色。这些休息空间为回想与思考提供了安静的环境。

建筑物的外墙是双层围墙的一部分。由钢筋混凝土和实心砖建成的内层墙壁支撑着博物馆的每一层地板。外层是用配筋砖组成的薄壳结构。两层墙壁之间的空隙是博物馆重要的干道，为空气的流通、隔热制冷系统、紧急出口、博物馆多媒体设备和展览设备的储存，安装和维护提供了空间。这也可以成为与参观通道区别开来的博物馆专用的通道空间。

砖石结构建筑物的隔热性以及比勒陀利亚较大的昼夜温差为自由公园博物馆中的自然冷却提供了最佳的组合。夏季的每天温差可以达到23°F(约13°C)，这样就可以把晚上较冷的空气储存在建筑物中。夏天里空气由较冷的南面流进室内，这是因为南面接受的光照比较少。石砌墙面在白天有降温的作用。假如屋子不够凉爽的话，也可以利用备用的冷却管输入空气。中央空调将适宜的空气输送到每一个角落。空气由东西两面排出。由于自然对流，石砌墙面在晚上冷却下来。通过从南北两面吸入晚上较冷的空气，空气流经整个建筑，然后从东西两面排出，这样室内的热量就可以被排出。通过这种方法建筑物就可以储存较冷的空气以供第二天使用。

冬天，北面的太阳能墙壁可以为整个建筑吸收热量。

外层墙壁上的每一个开口都可以捕捉冬日里的低角度太阳的热量，然后这些热量被暗色的隔热内层墙壁所吸收。这些开口经过仔细的设计同时又可以避免吸收夏天的高角度阳光辐射。室外空气由较暖的北面进来，并通过太阳能墙壁来吸收热量。在室内温度不够时，可以通过备用的输暖管来采暖。中央空调将热空气带到建筑的每一个角落。冬天晚上是不需要空气对流的，这样可以防止室内热量的流失。

自由公园博物馆是石砌与混凝土的混合结构。锥形穹顶的内壁是钢筋混凝土和实心石砖混合结构。地板上依次排列的细窄混凝土支柱支撑着混凝土平板、水平的混凝土横梁以及斜坡。这些都是为了支撑与垂直稳定面和平板面紧密结合的内石壁。虽然整个内部结构是顺序建成的，先建混凝土框架，然后建石砌墙，但是整个内部结构是一个完整的整体。

外墙由两个砖混隔板组成，隔板中间是宽10cm的轻配筋混凝土充填。外墙是自承重的并且与稳定板和平板紧密连接。这样使得外墙与自身的高度比起来显得比较细长，这是因为内墙结构已经承受了大部分的纵向和横向负荷。

最后的结构就是多种结构的复合体，并且由多种材料组成：框架、填充墙、外壳、混凝土和砖。这赋予了它独特的结构并且有了从外部的轻盈到内部的强度和弹性这样一个明显的递进过程。

使用本地砖还可以让市民立刻产生一种互相依存的感觉。通过为新培训的石匠提供就业机会，自由公园增长和发展过程中的个人参与会产生一种责任感和参与感。由于使用的砖将建筑物与Salvokop山的泥土联系在一起，使得建筑物与本地和社区连成一个整体，它们之间有了一种有机的关系。

这种尺寸细砖结构壳的建造是将最新的结构技术实用化的一个工程上的成就。作为传统与将来的一个桥梁，它的建造将成为南非历史上的一个里程碑。

天窗是由乙基四氟乙烯薄膜建成的，它看上去就像一个膨胀的枕头。这一系统比玻璃相对要便宜，而且雨水就可以将透明的无框架天窗冲洗干净，同时还可以防止空气污染和紫外线辐射。

工程的设计方法和进展依赖于模型的制作和计算机绘图及计算。建筑的规划具有精确的物理模型，模型所用的木头和纸张都是十分精确的。

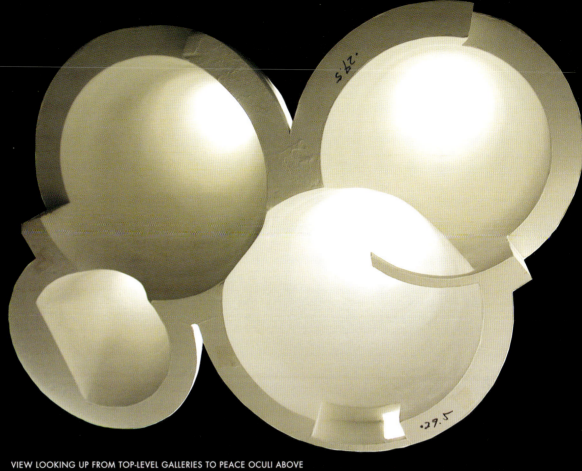

VIEW LOOKING UP FROM TOP-LEVEL GALLERIES TO PEACE OCULI ABOVE
和平画廊仰视

工程利用了大比例模型以加快设计过程，使得对内部的空间视线的考虑优先于一般情况下受到关注的外立面。这是通过包括计算机绘图、手工裁剪、激光裁剪和手工装配在内的模型建造方法完成的。

建筑具有传递精神精髓的能力，可以挖掘人的所有潜力。建筑的作用不仅是人类居住的空间，同时也用其他艺术所不能达到的方法讲述了人类成就的故事。这个建筑对南非人民的自由所产生的独特的激励作用就是一个例子，由于它的传播和庆祝仪式具有必要性和紧迫性，这种激励是很重要的。

SIMUNYE／博物馆连续视点

SIMUNYE VIEW OF MUSEUM CONTINUUM

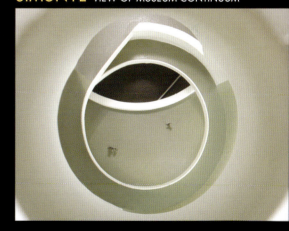

Architecture has the ability to convey a spiritual essence, to transcend and elevate the human condition to its full potential. The role of architecture is not only to create meaningful spaces for human inhabitation, but also to tell the story of man's achievements in a way no other art can. The uniquely inspiring outcome of the liberation of the South African people is one such story, one of universal significance, its dissemination and celebration both necessary and urgent.

52 - 69

TWO HOUSES
Queens Village and Southampton, New York

两栋住宅
皇后山庄和南安普敦,纽约

HOUSE IN QUEENS

Located 15 minutes from Manhattan in the midst of suburban housing developed in the 1960's, the site is tightly flanked by existing small residences with gabled roofs on each side. The house faces South-West where a drop in the landscape reveals forested views of Cunningham Park 200 yards away.

To create a close relationship of occupation and simple presence between interior and exterior, all spaces except for guest rooms are on the ground floor. This initial impulse generates a dense impenetrable footprint which is cut into strips and then displaced, creating an interdependent sequence of interior and exterior spaces and providing abundant natural light and ventilation everywhere in the house. The resulting volume, disjoined by misalignment glass surfaces, is held together by the floor surface itself which smoothly extends throughout allowing the use of the whole as a large party space as well as the intimate occupation of corners for daily personal use. The constantly shifting views generated by moving through the house past the alternatively advancing and receding walls, first hide and then reveal the spaces of inhabitation.

East-West facades are glazed for permeability of light and air. North-South facades are tilt-up concrete for structural support and privacy from neighbors and have cavities for utility distribution throughout the house. The roof plane, of steel tube structure, metal deck, insulation and seamen copper, is folded to direct water drainage and to strengthen structural performance enabling uninterrupted long spans. The ceilings define areas of intimacy, gently sloping down over smaller spaces and baffling incoming natural light.

To the materials of the neighborhood—beige vinyl siding, fake brick cladding and black asphalt shingle roofs—this house responds with the smooth luminosity of large glass, the hermetic roughness of tilt-up concrete walls uninterrupted by openings, and the splotched texture of rain-stained copper sheet, all of these dirty with runoff streaks and full of the deep shadows of the afternoon.

位于皇后区的住宅

离曼哈顿有15分钟的路程，住宅的周围是20世纪60年代开发的有着人字形屋顶的低矮住宅。住宅面向西南，距离住宅200码就是坎宁安森林公园。

为了在内外之间创造一种居住与简单存在的紧密关系，除了客房之外所有的空间都位于一层。这种最初的构想产生了一个紧凑的不可穿透的区域，区域被分割开来然后进行变换；这样在内部与外部空间之间产生了相互联系，为房间的每一个角落都提供了充足的阳光和通风。被偏移的玻璃面分离开来所产生的空间被底层联系在一起。这个底层空间既可以用来举行大型的宴会，也可以通过将角落空间隔离开来以作为私人日常空间使用。沿着错落有致的墙壁穿过房间，可以看见隐藏的卧室。

家并许洛,吞巴蜀,而令吾君与贞盟,不亦辱乎!'因涕泣横流。贞闻之,谓其旅曰:'江东将相如此,非久下人者也。'"①这一事件预示着曹操与孙权之间的联盟关系迟早要破裂,也就是说,曹操吞并孙权领地是早晚的事。

需要补充的是,孙权与刘备联盟关系破裂的前因是争夺荆州。史称:"十九年五月,权征皖城。闰月,克之,获庐江太守朱光及参军董和,男女数万口。是岁刘备定蜀。权以备已得益州,令诸葛瑾从求荆州诸郡。备不许,曰:'吾方图凉州,凉州定,乃尽以荆州与吴耳。'权曰:'此假而不反,而欲以虚辞引岁。'遂置南三郡长吏,关羽尽逐之。权大怒,乃遣吕蒙督鲜于丹、徐忠、孙规等兵二万取长沙、零陵、桂阳三郡,使鲁肃以万人屯巴丘以御关羽。权住陆口,为诸军节度。蒙到,二郡皆服,惟零陵太守郝普未下。会备到公安,使关羽将三万兵至益阳,权乃召蒙等使还助肃。蒙使人诱普,普降,尽得三郡将守,因引军还,与孙皎、潘璋并鲁肃兵并进,拒羽于益阳。未战,会曹公入汉中,备惧失益州,使使求和。权令诸葛瑾报,更寻盟好,遂分荆州长沙、江夏、桂阳以东属权,南郡、零陵、武陵以西属备。备归,而曹公已还。权反自陆口,遂征合肥。合肥未下,彻军还。兵皆就路,权与凌统、甘宁等在津北为魏将张辽所袭,统等以死扞权,权乘骏马越津桥得去。"②裴松之补充道:"《献帝春秋》曰:张辽问吴降人:'向有紫髯将军,长上短下,便马善射,是谁?'降人答曰:'是孙会稽。'辽及乐进相遇,言不早知之,急追自得,举军叹恨。《江表传》曰:权乘骏马上津桥,桥南已见彻,丈余无版。谷利在马后,使权持鞍缓控,利于后著鞭,以助马势,遂得超度。权既得免,即拜利都亭侯。谷利者,本左右给使也,以谨直为亲近监,性忠果亮烈,言不苟且,权爱信之。"③正当孙权与刘备争夺荆州时,因曹操入汉中震动益州(治所在今四川成都),孙、刘重新修好,并分荆州。孙权在荆州得利后,乘势对曹操发动了合肥(今安徽合肥)之役,不料,大败而归。这样一来,孙权采取了韬晦之策,向曹操称臣。

关羽荆州之败后,孙权占领了荆州的大部地区。出于形势上的需要,孙权和刘备很快认识到:要想对抗强大的曹魏,两家必须恢复同盟关系。重新结盟后,形势再度发生变化:两家形成东西呼应之势,孙权可随时从荆州和淮南等两个方向征伐曹魏;刘备则可以随时出汉中入关中,从西面威胁曹魏。为了应对这些威胁,曹操需要建立战略纵深,以同时应对孙权和刘备发起的进攻。与许都和邺城相比,洛阳更具有兼顾西北和东南两个方向的条件。进而言之,曹操有意经营洛阳,主要是由军事形势决定的:一是许都地近淮南和荆州,缺少战略纵深,随时会面临孙吴的威胁;二是如果将军事斗争的大本营建在邺城,明显地不利于经营关中。如果关中震动的话,蜀汉挥师出关,同样会动摇曹魏的根基。相比之下,洛阳有漕运之

---

① 晋·陈寿《三国志·吴书·徐盛传》(裴松之注),北京:中华书局1959年版,第1298页。
② 晋·陈寿《三国志·吴书·吴主传》(裴松之注),北京:中华书局1959年版,第1119—1120页。
③ 同②,第1120页。

钦承。卜之守龟,兆有大横,筮之三易,兆有革兆,谨择元日,与群寮登坛受帝玺绶,告类于尔大神;唯尔有神,尚飨永吉,兆民之望,祚于有魏世享。'遂制诏三公:'上古之始有君也,必崇恩化以美风俗,然百姓顺教而刑辟厝焉。今朕承帝王之绪,其以延康元年为黄初元年,议改正朔,易服色,殊徽号,同律度量,承土行,大赦天下;自殊死以下,诸不当得赦,皆赦除之。'"①从"议改正朔,易服色,殊徽号,同律度量,承土行"等语中当知,曹丕以禅让的手段夺取了汉家政权,继续奉行邹衍的"五德终始"这一宗教神学理论②,同时又关注到汉儒发明的五行相生的原理,如董仲舒《春秋繁露》一书有"五行相生""五行相胜"等篇。由于刘秀建立东汉时以"火德"自称,故曹丕以"土德"强调相生的原理,然而,土生木,自然会担心"土"压不住"火",为了解决这一宗教理论中的矛盾,又在刘秀改洛阳为"雒阳"以后,将其改回到"洛阳"。

裴松之注"十二月,初营洛阳宫,戊午幸洛阳"等语云:"臣松之案:诸书记是时帝居北宫,以建始殿朝群臣,门曰承明,陈思王植诗曰'谒帝承明庐'是也。至明帝时,始于汉南宫崇德殿处起太极、昭阳诸殿。《魏书》曰:以夏数为得天,故即用夏正,而服色尚黄。《魏略》曰:诏以汉火行也,火忌水,故'洛'去'水'而加'隹'。魏于行次为土,土,水之牡也,水得土而乃流,土得水而柔,故除'隹'加'水',变'雒'为'洛'。"③这虽然是讲曹魏代汉及改制度时遵循了五行相胜及相生的原理,然而,改"雒"为"洛",从一个侧面透露了洛阳水资源丰富的信息。从这样的角度看,曹丕代汉建都洛阳有两个关键点:一是与曹操晚年刻意经营洛阳相关;二是与洛阳有战略纵深相关。如洛阳有方便运兵运粮的漕运通道,在此基础上居中调度,完全可应对来自孙吴和蜀汉的威胁。

迁都洛阳后,为加强洛阳建设,曹丕采取了一系列的措施。具体地讲,主要集中在五个方面。

其一,采取了人口内迁及减免田租之策。如裴松之注"改许县为许昌县。以魏郡东部为阳平郡,西部为广平郡"语,引《魏略》指出:"改长安、谯、许昌、邺、洛阳为五都,立石表,西界宜阳,北循太行,东北界阳平,南循鲁阳,东界郯,为中都之地。令天下听内徙,复五年,后又增其复。"④这一政策实施后,为人口迁徙至洛阳提供了优惠。

其二,采取了迁徙百姓以实洛阳的措施。如迁徙冀州士家五万户至洛阳。史称:"帝欲徙冀州士家十万户实河南。时连蝗民饥,群司以为不可,而帝意甚盛。毗与朝臣俱求见,帝知其欲谏,作色以见之,皆莫敢言。毗曰:'陛下欲徙士家,其计安出?'帝曰:'卿谓我徙之非

---

① 晋·陈寿《三国志·魏书·文帝纪》(裴松之注),北京:中华书局1959年版,第75页。
② 详细论述参见张强《阴阳五行说的历史与宇宙生成模式》,《湖北大学学报》2001年第5期;张强《道德伦理的政治化与秦汉统治术》,《北京大学学报》2003年第2期。
③ 同①,第76页。
④ 同①,第77页。

邪?'毗曰:'诚以为非也。'帝曰:'吾不与卿共议也。'毗曰:'陛下不以臣不肖,置之左右,厕之谋议之官,安得不与臣议邪!臣所言非私也,乃社稷之虑也,安得怒臣!'帝不答,起入内,毗随而引其裾,帝遂奋衣不还,良久乃出,曰:'佐治,卿持我何太急邪!'毗曰:'今徙,既失民心,又无以食也。'帝遂徙其半。"①这里所说的"河南"实为洛阳,当时,河南与洛阳同治。司马光在《资治通鉴》中也记载了此事,但文字略有不同。为了论述的方便,现移录如下:

> 帝欲徙冀州士卒家十万户实河南,时天旱,蝗,民饥,群司以为不可,而帝意甚盛。侍中辛毗与朝臣俱求见,帝知其欲谏,作色以待之,皆莫敢言。毗曰:"陛下欲徙士家,其计安出?"帝曰:"卿谓我徙之非邪?"毗曰:"诚以为非也。"帝曰:"吾不与卿议也。"毗曰:"陛下不以臣不肖,置之左右,厕之谋议之官,安得不与臣议邪?臣所言非私也,乃社稷之虑也,安得怒臣!"帝不答,起入内;毗随而引其裾,帝遂奋衣不还,良久乃出,曰:"佐治,卿持我何太急邪!"毗曰:"今徙,既失民心,又无以食也,故臣不敢不力争。"帝乃徙其半。②

司马光将这一事件发生的时间定在黄初元年十二月,如史有"十二月,初营洛阳宫。戊午,帝如洛阳"③之说。此举迁徙共有五万户人家,其人口当在十五万至二十五万之间,这些人口充实到洛阳,对于恢复洛阳经济起到了至关重要的作用。在这中间,司马光改《三国志·辛毗传》"帝欲徙冀州士家十万户实河南"语为"帝欲徙冀州士卒家十万户实河南",当有所本,同时也是有深意的。具体地讲,在迁徙冀州人口充实洛阳的过程中,将戍边士卒纳入其中,应包含了加强洛阳戍守的意图。

其三,用屯田即民屯和军屯的方式,恢复洛阳的农业经济秩序。经过战火的摧残,洛阳已呈现出荒芜破败的景象。史称:"文帝践阼,徙散骑侍郎,为洛阳典农。时都畿树木成林,昶斫开荒莱,勤劝百姓,垦田特多。"④从表面上看,王昶担任洛阳典农一职后,主要是"勤劝百姓",进行屯垦。其实,除了民屯外,洛阳典农还负有军屯及卫戍洛阳的职能。具体地讲,洛阳典农是"洛阳典农中郎将"的省称。后来,司马昭曾任洛阳典农中郎将,如史有"正始初,为洛阳典农中郎将"⑤之说可证。此外,曹操以任峻为典农中郎将时,此职除了负责屯田外,还负有征伐、漕运等职。裴松之引《魏略》时,有"卿别营近在阙南,洛阳典农治在城外,

---

① 晋·陈寿《三国志·魏书·辛毗传》(裴松之注),北京:中华书局1959年版,第696—697页。
② 宋·司马光《资治通鉴·魏纪一》(邬国义校点),上海:上海古籍出版社1997年版,第603页。
③ 同②。
④ 晋·陈寿《三国志·魏书·王昶传》(裴松之注),北京:中华书局1959年版,第744页。
⑤ 唐·房玄龄等《晋书·文帝纪》,北京:中华书局1974年版,第32页。

呼召如意。今诣许昌,不过中宿,许昌别库,足相被假;所忧当在谷食,而大司农印章在我身"①等语。司马光交代这一事件的原委时写道:"范至,劝爽兄弟以天子诣许昌,发四方兵以自辅。爽疑未决,范谓羲曰:'此事昭然,卿用读书何为邪! 于今日卿等门户,求贫贱复可得乎! 且匹夫质一人,尚欲望活;卿与天子相随,令于天下,谁敢不应也!'俱不言。范又谓羲曰:'卿别营近在阙南,洛阳典农治在城外,呼召如意。今诣许昌,不过中宿,许昌别库,足相被假;所忧当在谷食,而大司农印章在我身。'羲兄弟默然不从,自甲夜至五鼓,爽乃投刀于地曰:'我亦不失作富家翁!'范哭曰:'曹子丹佳人,生汝兄弟,犊犊耳! 何图今日坐汝等族灭也!'"②撇开嘉平元年(249)司马懿准备抓捕曹爽和曹羲等夺取兵权一事不论,可进一步证明洛阳典农为"洛阳典农中郎将"的省称。在这中间,洛阳典农除了屯田外,还负有卫戍京师的职责。

其四,重视商贸在繁荣经济中的作用,采取措施,重造洛阳的商业繁荣。裴松之注《三国志·魏书·文帝纪》"元年二月"云:"《魏书》载庚戌令曰:'关津所以通商旅,池苑所以御灾荒,设禁重税,非所以便民;其除池籞之禁,轻关津之税,皆复什一。'"③黄初元年二月,通过"轻关津之税"等举措,给洛阳带来了商业上的繁荣。曹魏发展商贸,主要继承了王符的"务本"思想。王符论述道:"凡为治之大体,莫善于抑末而务本。……夫富民者,以农桑为本,以游业为末。百工者,以致用为本,以巧饰为末。商贾者,以通货为本,以鬻奇为末。三者守本离末则民富,离本守末则民贫。"④所谓"务本",实为各司其职,不忘本色。随后,王符又论述道:"今举俗舍本农,趋商贾,牛马车舆,填塞道路,游手为巧,充盈都邑。治本者少,浮食者众。商邑翼翼,四方是极。今察洛阳,浮末者什下什于农夫,虚伪游手者什于浮末。是则一夫耕,百人食之。一妇桑,百人衣之,以一奉百,孰能供之? 天下百郡千县,市邑万数,类皆如此,本末何足相供?"⑤王符所说的"本末",主要是反对"浮食",强调农、工、商"以致用为本,以巧饰为末"。在"轻关津之税,皆复什一"的过程中,为恢复洛阳商贸创造了必要的条件。

其五,曹丕在洛阳旧渠阳渠的基础上兴修了五龙渠。曹丕是如何兴修五龙渠的? 遗憾的是,因文献缺载,已无法详细论述。然而,可以作出推论的是,当东汉末年洛阳遭受严重破坏时,势必会波及洛阳一带的航道,在缺少管理和维修的情况下,洛阳阳渠势必会处于瘫痪的状况。在这样的前提下,曹丕迁都洛阳后,重修阳渠即五龙渠是必然的。如后人研究《水经注》时,提出了曹丕兴修五龙渠的观点。此外,从曹丕下令减少"关津之税"等情况看,当时洛阳的水上交通是畅通的,因洛阳商贸主要是沿水路进行的。可以得到的推论是:曹丕迁

---

① 晋·陈寿《三国志·魏书·诸夏侯曹传》(裴松之注),北京:中华书局1959年版,第291页。
② 宋·司马光《资治通鉴·魏纪一》(邬国义校点),上海:上海古籍出版社1997年版,第659页。
③ 晋·陈寿《三国志·魏书·文帝纪》(裴松之注),北京:中华书局1959年版,第58页。
④ 汉·王符《潜夫论·务本》,《诸子集成》第8册,上海:上海书店影印1986年版,第6页。
⑤ 汉·王符《潜夫论·浮侈》,《诸子集成》第8册,上海:上海书店影印1986年版,第50页。

都洛阳后,为发展商贸进行了水上交通建设,在这中间,应有兴修五龙渠之举。

总之,迁都洛阳后,曹丕积极采取了一系列措施,在稳定洛阳社会秩序的同时,扩充了洛阳的经济实力,为重造洛阳的繁荣奠定了坚实的基础。

第二节 贾侯渠与漕运及屯戍

黄初元年六月,贾逵接受魏文帝曹丕的重托,出任豫州刺史。

豫州南部与孙吴统治区接壤,贾逵到任后,采取了一系列的治军治民措施,其中,为发展豫州农业及漕运,他采取了兴修贾侯渠的措施。史称:"州南与吴接,逵明斥候,缮甲兵,为守战之备,贼不敢犯。外修军旅,内治民事,遏鄢、汝,造新陂,又断山溜长溪水,造小弋阳陂,又通运渠二百余里,所谓贾侯渠者也。"①又称:"贾逵之为豫州,南与吴接,修守战之具,竭汝水,造新陂,又通运渠二百余里,所谓贾侯渠者也。当黄初中,四方郡守垦田又加,以故国用不匮。"②如果将这两则记载综合到一起,当知贾逵任豫州刺史以后,主要做了四件大事:一是加强豫州军备,积极应对孙吴随时有可能发动的战争;二是以鄢水、汝水等为补给水源,兴修小弋阳陂等水利工程,重点消除豫州农业的瓶颈,提高整体的农田灌溉水平;三是利用新建的水利设施进行屯田,取得了广积粮草的丰硕成果,在一定程度上解决了军需中的困难,如"四方郡守垦田又加,以故国用不匮"等叙述表明,贾逵的屯田之举之所以在不同的区域得到推广,是因为贾逵屯田为保证国用需求作出了重要的贡献,有向四方推广的价值;四是在境内兴修贾侯渠,改善了豫州的漕运条件。史称:"豫州吏民追思之,为刻石立祠。青龙中,帝东征,乘辇入逵 196 祠,诏曰:'昨过项,见贾逵碑像,念之怆然。古人有言,患名之不立,不患年之不长。逵存有忠勋,没而见思,可谓死而不朽者矣。其布告天下,以劝将来。'"③傅泽洪亦记载道:"贾逵为豫州刺史,州南与吴接。逵外修军旅,内治民事,遏鄢、汝造新陂,又断山溜长溪水造小弋阳陂,又通运渠二百余里,所谓贾侯渠者也(《三国志·贾逵传》:逵黄初中刺豫州,考绩二千石以下不如法。文帝称为真刺史,布告天下,以豫州为法。逵卒,吏民追思,为刻石立祠。见《一统志》)。"④贾逵在豫州积极地兴建水利设施,既为屯田及提高当地的农业生产水平奠定了坚实的基础,同时为兴修贾侯渠及加强漕运提供了补给航道水位的资源。从这样的角度看,贾逵受到豫州人民的爱戴,受到魏文帝曹

---

① 晋·陈寿《三国志·魏书·贾逵传》(裴松之注),北京:中华书局1959年版,第482页。
② 唐·房玄龄等《晋书·食货志》,北京:中华书局1974年版,第784页。
③ 同①,第484页。
④ 清·傅泽洪《行水金鉴·运河水》,《四库全书》第581册,上海:上海古籍出版社1987年版,第435—436页。

丕、魏明帝曹叡的表彰,是必然的。

那么,贾逵祠建在什么地方呢? 郦道元认为,建在项城(今河南项城)故城。郦道元记载道:"颍水又东,右合谷水,水上承平乡诸陂,东北径南顿县故城南,侧城东注。《春秋左传》所谓顿迫于陈而奔楚,自顿徙南,故曰南顿也。今其城在顿南三十余里。又东径项城中,楚襄王所郭,以为别都。都内西南小城,项县故城也,旧颍州治。谷水径小城北,又东径刺史贾逵祠北。王隐言祠在城北,非也,庙在小城东。"①按照这一说法,贾侯渠东至项城故城时,与颍水相通。据此可知,长二百多里的贾侯渠建成后,向东延长到项城一带,与颍水相通。如郦道元注《水经》"又东南至新阳县北,㵎荡渠水,从西北来注之"语云:"《经》云㵎荡渠者,百尺沟之别名也。南合交口,新沟自是东出。颍上有堰,谓之新阳堰,俗谓之山阳堨,非也。新沟自颍北东出,县在水北,故应劭曰:县在新水之阳。今县故城在东,明颍水不出其北,盖《经》误耳。颍水自堰东南流,径项县故城北。《春秋·僖公十七年》,鲁灭项是矣。"②此时,项城是曹魏防范孙吴的屯兵之处。据此可知,在贾逵"缮甲兵,为守战之备"的过程中,贾侯渠在运兵运粮中扮演了重要的角色。

问题是,贾侯渠是何时建成的? 兴修的过程中主要利用了哪些现成的河道? 建成后在征伐孙吴中发挥了什么样的作用? 为此,有必要先看一看豫州的辖区。

曹魏时期的豫州政区主要沿袭两汉旧制,但略有调整。据《汉书·地理志》记载,豫州刺史部负责颍川郡、汝南郡、沛郡、梁国、鲁国等区域的监察,其中,颍川郡、沛郡、梁国、鲁国等为秦郡,如史有梁国"故秦砀郡,高帝五年为梁国。莽曰陈定。属豫州"③之说,同时又有鲁国"故秦薛郡,高后元年为鲁国。属豫州"④之说。汝南郡是汉高祖刘邦析分梁国、沛郡旧地以后建立的新郡,如史有"高帝置。莽曰汝汾。分为赏都尉。属豫州"⑤之说。

东汉时期的豫州基本上保持了西汉的建制。如史有"豫州部郡国六"⑥之说,检索《后汉书·郡国志二》,当知豫州刺史部下辖颍川郡、汝南郡、梁国、沛国、陈国、鲁国。史家叙述豫州刺史部的沿革时指出:"地界,西自华山,东至于淮,北自济,南界荆山。秦兼天下,以为三川、河东、南阳、颍川、砀、泗水、薛七郡。汉改三川为河南郡,武帝置十三州,豫州旧名不改,以河南、河东二郡属司隶,又以南阳属荆州。先是,改泗水曰沛郡,改砀郡曰梁,改薛曰鲁,分

---

① 北魏·郦道元《水经注·颍水》,杨守敬、熊会贞疏,段熙仲点校,陈桥驿复校《水经注疏》中册,南京:江苏古籍出版社1989年版,第1820—1822页。
② 同①,第1820页。
③ 汉·班固《汉书·地理志下》,北京:中华书局1962年版,第1636页。
④ 同③,第1637页。
⑤ 汉·班固《汉书·地理志上》,北京:中华书局1962年版,第1561页。
⑥ 刘宋·范晔《后汉书·百官志五》(唐·李贤等注),北京:中华书局1965年版,第3619页。

梁沛立汝南郡，分颍川立淮阳郡。后汉章帝改淮阳曰陈郡。魏武分沛立谯郡，魏文分汝南立弋阳郡。"①西汉后期，刺史部演变为州牧以后，遂成为地方军事行政长官。几经沿革，时至东汉末年，州牧已成为掌管数郡的军政大员，在此基础上，变两级政区管理为州、郡、县三级政区管理。

曹魏时期，先是曹操析沛郡立谯郡，后是曹丕分汝南郡立弋阳郡，经此，豫州刺史的辖区虽有变化，但基本上沿袭了东汉时期的州牧制度。如胡渭叙述豫州政区沿革时指出："汉复置豫州（领郡国五，其今河南府、陕郡、弘农之地，则属司隶。陈留、济阴之地，则属兖州）。后汉为司隶（治河阳）、豫州（治谯，领郡国六）。魏因之。"②按照这一说法，曹魏时期的豫州治所是在谯县（今安徽亳州），其政区主要由今天的河南东部、安徽北部、山东西南部及江苏北部等构成。

检索文献，贾侯渠应于黄初二年以前建成。如史有"黄初中，与诸将并征吴，破吕范于洞浦，进封阳里亭侯，加建威将军"③之说，"黄初"是魏文帝曹丕的年号，共七年，"黄初中"似表明，贾逵与诸将一同征吴为黄初四年。不过，史又有"三年，征东大将军曹休临江在洞浦口"④之说，还有"帝征孙权，以休为征东大将军，假黄钺，督张辽等及诸州郡二十余军，击权大将吕范等于洞浦，破之"⑤之说，这里所说的"三年"为黄初三年。因贾逵随曹休东征发生在贾侯渠投入使用后的时间，如以黄初三年为下限，那么，贾侯渠建成的时间应在黄初三年以前。此外，贾侯渠长二百余里，是豫州水利工程的一部分，且贾逵于黄初元年六月到任，不可能在农忙之时兴修水利，这样一来，只能等到秋收以后。综合这些情况，贾侯渠建成的时间当在黄初二年。

贾侯渠长二百余里，施工时又有"遏鄢、汝，造新陂"等配套工程，一般来说，不可能在短期内完成。那么，贾逵为什么能在很短的时间里建成贾侯渠呢？

检索文献，贾侯渠能迅速地建成，应与利用豫州境内的沙水、汝水、颍水等自然河道相关。今本《水经注·渠水》记载道："沙水又东南径东华城西，又东南，沙水枝渎西南达洧，谓之甲庚沟，今无水。沙水又南与广漕渠合，上承庞官陂，云邓艾所开也。虽水流废兴，沟渎尚多。昔贾逵为魏豫州刺史，通运渠二百里余，亦所谓贾侯渠也。而川渠径复，交错畛陌，无以辨之。沙水又东径长平县故城北，又东南径陈城北，故陈国也。"⑥这一文本实际上是清人审

---

① 唐·房玄龄等《晋书·地理志上》，北京：中华书局1974年版，第420页。
② 清·胡渭《禹贡锥指》（邹逸麟整理），上海：上海古籍出版社2006年版，第241页。
③ 晋·陈寿《三国志·魏书·贾逵传》（裴松之注），北京：中华书局1959年版，第482页。
④ 晋·陈寿《三国志·魏书·程郭董刘蒋刘传》（裴松之注），北京：中华书局1959年版，第441页。
⑤ 晋·陈寿《三国志·魏书·诸夏侯曹传》（裴松之注），北京：中华书局1959年版，第279页。
⑥ 北魏·郦道元《水经注·渠水》，杨守敬、熊会贞疏，段熙仲点校，陈桥驿复校《水经注疏》中册，南京：江苏古籍出版社1989年版，第1913—1914页。

订后的文本。如根据明黄省曾刊刻的《水经注》本,在钩沉考证的基础上,沈炳巽论述道:"沙水又东南径东华城西,又东西(宋本作南)沙水枝渎西南达洧,谓之甲更沟(宋本作甲庚沟),今无水。沙水又南,与广漕渠合,上承庞官陂,云邓艾所开也。虽水流废兴,沟渎尚多,昔贾逵为魏豫州刺史,通运渠二百里余,亦所谓贾侯渠也,而川渠径复,交错畛陌,无以辨之。沙水又东径长平县故城北,又东南径陈城北故陈国也。"①几乎是与此同时,赵一清广采文献作《水经注释》,刊误后的文字与今本《水经注》大体一致。如经赵一清订讹,相关文字与上引今本《水经注·渠水》的文字完全相同②。进而言之,清人审订《水经注》不仅仅是纠正了通行本中的错误,更重要的是,澄清了沙水的历史水文。综合前人的记载,可知沙水是贾侯渠的重要补给水源和运道,沿途经长平县(汝南郡属县)、陈城即陈国(今河南淮阳)等地。

陈国即后世所说的陈县,陈县境内有淮河支流颖水经过,颖水通运,并与鸿沟南流沙水相会。如郦道元有"颖水又东南径陈县南"③之说,胡渭有"鸿沟南流兼沙水之目,沙水枝津又为睢水、涡水,名称不一"④之说,又有"鸿沟又兼沙水之目。沙水东南流,至新阳县为百尺沟,注于颖水"⑤之说。史家叙述贾侯渠的地理方位时指出:"在州西,后汉贾逵所开运渠也,今藉以泄众水。"⑥所谓"在州西",是指贾侯渠在陈州西,陈州的治所是陈县。"蔡水"是沙水的别称,是鸿沟的南枝。所谓"蔡水南合广漕渠即贾侯渠也",是说蔡水在南面与贾侯渠相合。据此可知,蔡水是贾侯渠的一部分。北宋张洎叙述唐德宗一朝的旧事时,有"德宗朝,岁漕运江、淮米四十万石,以益关中。时叛将李正己、田悦皆分军守徐州,临涡口,梁崇义阻兵襄、邓,南北漕引皆绝。于是水陆运使杜佑请改漕路,自浚仪西十里,疏其南涯,引流入琵琶沟,经蔡河至陈州合颖水,是秦、汉故道,以官漕久不由此,故填淤不通,若畎流培岸,则功用甚寡"⑦之说。据此可知,沙水和颖水在陈州一带构成错综复杂的水网。

按照郦道元的说法,庞官陂是由邓艾建造的。其实,邓艾建庞官陂与贾逵"造新陂"有某

---

① 清·沈炳巽《水经注集释订讹·颖水洧水滍水溴水》,《四库全书》第574册,上海:上海古籍出版社1987年版,第401页。
② 清·赵一清记载道:"沙水又东南,径东华城西,又东南沙水枝渎西南达洧,谓之甲庚沟,今无水。沙水又南,与广漕渠合。上承庞官陂,云邓艾所开也。虽水流废兴,沟渎尚多,昔贾逵为魏豫州刺史,通运渠二百里余,亦所谓贾侯渠也。而川渠径复,交错畛陌,无以辨之。沙水又东径长平县故城北,又东南径陈城北(故陈国也)。"(赵一清《水经注释·颖水洧水溴水滍水渠水》,《四库全书》第575册,上海:上海古籍出版社1987年版,第392页)。
③ 北魏·郦道元《水经注·颖水》,杨守敬、熊会贞疏,段熙仲点校,陈桥驿复校《水经注疏》中册,南京:江苏古籍出版社1989年版,第1819页。
④ 清·胡渭《禹贡锥指》(邹逸麟整理),上海:上海古籍出版社2006年版,第454页。
⑤ 同④,第597页。
⑥ 清·王士俊等监修《河南通志·水利下》,《四库全书》第535册,上海:上海古籍出版社1987年版,第529页。
⑦ 元·脱脱等《宋史·河渠志三》,北京:中华书局1985年版,第2320页。

种内在的联系。具体地讲,史家虽然没有明说贾逵"造新陂"包括哪些新陂,但因"遏鄢、汝,造新陂,又断山溜长溪水,造小弋阳陂,又通运渠二百余里"①是连续性工程,因此"新陂"实际上是一项蓄水工程。更重要的是,前人在考察贾侯渠的水文时,较为一致的看法是,贾侯渠是邓艾广漕渠的基础。如清人引录《水经注》时,刻意强调了"蔡水南合广漕渠即贾侯渠也,水上承宠官陂,云邓艾所开"②这一内容。进而言之,贾逵"造新陂"应是邓艾建庞官陂的基础,与此同时,贾侯渠是以鄢水和汝水为主要补给水源的。

不过,前人认为,在建造的过程中,贾侯渠是以汝水为基本补给水源的。如《晋书·食货志》记载道:"贾逵之为豫州,南与吴接,修守战之具,竭汝水,造新陂,又通运渠二百余里,所谓贾侯渠者也。"③这一记载与《三国志·魏书·贾逵传》"遏鄢、汝,造新陂"的说法多有不同,旨在强调汝水在兴修贾侯渠中的作用。应该说,这一观点对后世产生了重要的影响。如王应麟叙述贾侯渠时,先引录《晋书·食货志》,后引录《三国志·魏书·贾逵传》④,在这一叙述顺序中,王应麟悄然地表达了赞成《晋书·食货志》的观点。清人叙述贾侯渠水文时,在以《晋书·食货志》为依据的同时,关注到鄢水。史称:"在县东,魏贾逵为刺史,遏鄢、汝之水,造新陂,通运渠二百余里,以修水战之具,人因以为利。"⑤所谓"在县东"是指贾侯渠在汝南县(今河南汝南县)的东面。这一叙述省略了《三国志·贾逵传》中的"又断山溜长溪水,造小弋阳陂"等语。

在这里,先且不论鄢水的作用,当知汝水应是贾侯渠最大的补给水源,甚至可以说,汝水是贾侯渠运道的一部分。具体地讲,汝南郡境内有高陵山,高陵山是汝水的发源地,如史有"高陵山,汝水出,东南至新蔡入淮,过郡四,行千三百四十里"⑥之说。由于贾侯渠与沙水、汝水、颍水等相通,又由于春秋开鸿沟时已形成"以通宋、郑、陈、蔡、曹、卫,与济、汝、淮、泗会"⑦的航线,据此可知,贾侯渠开通时引入汝水:一是建立了与汝水互通的航线;二是建立了与鸿沟及沙水相通的航线;三是建立了与淮河、颍水、涡水、泗水等相通的航线;四是建立了与黄河相接的航线,如汴渠是鸿沟的一部分,东汉王景、王吴重开汴渠时,已打通了这一航线。

---

① 晋·陈寿《三国志·魏书·贾逵传》(裴松之注),北京:中华书局1959年版,第482页。
② 清·和珅等奉敕撰《大清一统志·陈州府》,《四库全书》第477册,上海:上海古籍出版社1987年版,第433页。
③ 唐·房玄龄等《晋书·食货志》,北京:中华书局1974年版,第784页。
④ 王应麟记载道:"《晋食货志》:贾逵为豫州刺史,南与吴接,修水战之具,遏汝水,造新陂,又通运渠二百余里,所谓贾侯渠也。《魏志》:遏鄢、汝,造新陂,又断山溜长溪水,造小弋阳陂,又通运渠云云。"(宋·王应麟《玉海·地理·河渠》,南京:江苏古籍出版社1990年版,第426页)。
⑤ 清·王士俊等监修《河南通志·水利中》,《四库全书》第535册,上海:上海古籍出版社1987年版,第503页。
⑥ 汉·班固《汉书·地理志上》,北京:中华书局1962年版,第1562页。
⑦ 汉·司马迁《史记·河渠书》,北京:中华书局1982年版,第1407页。

贾侯渠建成后,在运兵运粮中发挥了重要作用。具体地讲,豫州南部与孙吴统治区域的荆州接壤,东南方向与曹魏与孙吴重点争夺的淮南接壤。史称:"黄初中,与诸将并征吴,破吕范于洞浦,进封阳里亭侯,加建威将军。"①洞浦(在今安徽和县南)又称"洞口",两者均为"洞口浦"的省称。洞浦濒临长江,曹魏一旦夺取了洞浦,将可饮马长江,直接威胁孙吴的安全,因此,洞浦成为两家重点争夺的战略要地。如郑樵以《三国志》本传为依据记载道:"州南与吴接,逵明斥候,缮甲兵,为战守之备,贼不敢犯。外修军旅,内治民事,遏鄢、汝,造新陂,又断山溜长溪水,造小弋阳陂,又通运渠二百余里,所谓贾侯渠者也。黄初中,与诸将并征吴,破吕范于洞浦,进封阳里亭侯,加建威将军。"②在征伐孙吴的过程中,贾侯渠在运兵运粮中发挥了重要的作用。

稍后,为解除孙吴的威胁,快速地运兵运粮,贾逵提出了修直道的建议。史称:"明帝即位,增邑二百户,并前四百户。时孙权在东关,当豫州南,去江四百余里。每出兵为寇,辄西从江夏,东从庐江。国家征伐,亦由淮、沔。是时州军在项,汝南、弋阳诸郡,守境而已。权无北方之虞,东西有急,并军相救,故常少败。逵以为宜开直道临江,若权自守,则二方无救;若二方无救,则东关可取。乃移屯潦口,陈攻取之计,帝善之。"③魏明帝曹叡即位后,孙权"辄西从江夏,东从庐江"等两个方向威胁曹魏。为应对这一局面,曹魏主要从水路即"由淮、沔"调遣大军。据此可知,曹魏与孙吴之间的战争主要在淮南和荆江两个方向展开。

对于孙吴来说,庐江(今安徽合肥)的战略支撑点是东关(故址在今安徽巢县东南濡须山),东关北控巢湖,南扼长江,隔濡须水与七宝山上的西关相对。如乐史记载道:"东关,在县西九十里。按《舆地记》云:南谯郡郸县界有巢湖,湖东南有石梁,凿开渡水,名东关,古老相传夏禹所凿,高峻崄狭,实守扼之所。吴、魏相持于此,南岸吴筑城,北岸魏置栅。魏武帝祠,在县西南九十里。按《魏志》:建安十八年,'曹公侵吴,楼船东泛巢湖,将逼历阳,至濡须口,登东关以望江山。'后人因立祠焉。江水,在县南一百七十里"。④ 所谓"在县西九十里",是指东关在含山县(今安徽含山)西九十里处。顾祖禹交代东关和西关的地点及地理形势时指出:"县东南四十里。即濡须山麓也,与无为州、和州接界。又西关,在县东南三十里七宝山上。三国时为吴、魏相持之要地。又有三关屯,即东关也。关当三面之险,故吴人置屯于此。《吴志》'曹公出濡须,朱然备大坞及三关屯'皆东关矣。"⑤这里所说的"县东南",是指孙吴控制的东关在庐州府巢县(今安徽巢县)的东南。与此同时,与东关对峙的西关在巢县

---

① 晋·陈寿《三国志·魏书·贾逵传》(裴松之注),北京:中华书局1959年版,第482页。
② 宋·郑樵《通志·列传下·魏》,杭州:浙江古籍出版社1988年版,第1730页。
③ 同①,第482—483页。
④ 宋·乐史《太平寰宇记·淮南道二·和州》(王文楚等校点),北京:中华书局2007年版,第2458—2459页。
⑤ 清·顾祖禹《读史方舆纪要·南直八》(贺次君、施和金点校),北京:中华书局2005年版,第1289页。

东南的三十里处。从表面上看,乐史和顾祖禹所述不同,其实是因所取不同坐标造成的,他们两个所述为同一地点。

为了解除威胁,稳定淮南,曹魏希望夺取东关这一要塞,并在七宝山上建西关与孙吴对峙。七宝山与濡须山相距十里,如顾祖禹有"与含山县界之濡须山对峙,相距十里,魏人筑西关于此以拒吴处也"①之说。然而,直道虽是独立的陆路交通,但在征战中只有与漕运相互配合才能发挥最大的作用。在这中间,贾侯渠在运兵运粮至淮南前线的过程中发挥了重要的作用。从这样的角度看,贾逵修直道的建议之所以会受到魏明帝曹叡的重视,是因为直道与贾侯渠有相互补充的作用,可扩大漕运的范围。

那么,孙吴征伐曹魏时,为什么要同时开辟两条战线？顾祖禹论述道:"欲固东南者必争江、汉,欲规中原者必得淮、泗;有江、汉而无淮、泗国必弱,有淮、泗而无江、汉之上游国必危。孙氏东不得广陵,西不得合肥,故终吴之世不能与魏人相遇于中原。"②这一认识是有道理的,较为准确地提示了孙吴从东西两个方向征伐曹魏的原因。根据当时的形势,贾逵认为应开凿一条陆路直抵江边,将漕运补给线延长到长江,重点解除来自东关的威胁,致使孙吴无法同时从东西两线发起进攻。

自提出修直道的建议后,贾逵"移屯潦口",防范来自豫州南部即孙吴"西从江夏"的威胁。顾祖禹论述南阳府的战略地位时指出:"府南蔽荆、襄,北控汝、洛,当春秋时已为要地。"③此说可说明贾逵屯兵潦口的原因。

潦口在什么地方？史书记载不明。不过,潦口指与潦河交汇的河口当不成问题。检索史料,潦口应在镇平县(今河南镇平)与新野县(今河南新野)交界的地方。顾祖禹叙述潦河时考证道:"县东四十里。志云:源出南阳县之马峙坪,西流经县西北五十里之杏花山,又南流至新野县界入淯河矣。"④所谓"县东南",指在镇平县东南。淯河俗称"白河"。顾祖禹叙述淯河时指出:"俗名白河。源出河南府卢氏县南山中,经内乡县东境,又东南流至府城东,绕城南而达于新野,府境诸水悉会焉。"⑤根据这一情况,潦口当指潦河与白河交汇的河口,其地点很可能是在今河南南阳新乡樊集潦口村。在这中间,因沙水至南阳,又因贾侯渠与沙水相通,故贾逵"移屯潦口"主要是利用沙水及贾侯渠运兵运粮。

在《三国志·魏书·贾逵传》中强调了"国家征伐,亦由淮、沔"的内容,这一叙述表明,曹魏征伐孙吴时兵分两路:一是出淮,至庐江一带与孙吴角逐;二是出沔(汉江),至襄樊(今湖北襄

---

① 清·顾祖禹《读史方舆纪要·南直八》(贺次君、施和金点校),北京:中华书局2005年版,第1288页。
② 清·顾祖禹《读史方舆纪要·南直方舆纪要序》(贺次君、施和金点校),北京:中华书局2005年版,第869页。
③ 清·顾祖禹《读史方舆纪要·河南六》(贺次君、施和金点校),北京:中华书局2005年版,第2397页。
④ 同③,第2406页。
⑤ 同③,第2404页。

阳)一带与孙吴对垒。应该说,两条战线同等重要,没有什么主次之分。然而,萧常纂《续后汉书》时,有意将"国家征伐,亦由淮、沔"这一叙述改为"而魏之出师,亦由淮、沛",应该说,这一改动是有深意的,经此,强调了曹魏与孙吴对峙的主战场是在淮南。如萧常记载道:"州南与吴接,逵明斥候,缮甲马,为守战备,敌不敢犯。外修军政,内治民事,遏鄢、汝,造新陂,又断山溜长溪水,造小弋阳陂,又通运渠二百余里,所谓贾侯渠是已。俄与诸将攻孙权,破吕范于洞浦,封阳里亭侯,加建威将军。曹叡时,孙权在东关,东关当豫州南,去江四百余里。权每出兵攻魏,辄西从江夏,东从庐江。而魏之出师,亦由淮、沛。是时,州军在项、汝南、弋阳诸郡守境而已。权无北方之虞,东西有急,并军相救,故常少败。逵以为宜开直道临江,若权自守,则二方无救。若二方无救,则东关可取。乃移屯潦口,陈攻取之计,叡善之。"①萧常一改《三国志》叙述时以曹魏为正统的做法,并通过文字改动表明了自己的观点。

从另一个层面看,萧常做这样的改动当有所本。如郝经作《续后汉书》时记载道:"州南与吴接,逵明斥堠,缮甲兵,为守战之备,敌不敢犯。外修军旅,内治民事,遏鄢、汝,造新陂,又断山溜长溪水,造小弋阳陂,又通运渠二百余里。所谓贾侯渠者也。黄初中,与诸将并伐吴,破吕范于洞浦,进封阳里亭侯,加建威将军。曹叡立增邑二百户,并前四百户。时,孙权在东关,当豫州南,去江西四百余里,每出兵为寇,辄西从江夏,东从庐江,北方征伐,亦由淮、沛(谨案:《陈志》作淮、沔通。《通志》作淮、沛。与此合),时州民在项、汝南、弋阳诸郡守境而已。权无北方之虞,东西有急,并军相救,故常少败。逵以为宜开直道临江,若权自守,则二方无救。若二方无救,则东关可取,乃移屯潦口,陈攻取之计,叡善之。"②这里所说的"《陈志》"自然是指陈寿的《三国志》;至于"《志》作淮、沛"中所说的"《志》",是指裴松之引录的《魏志》还是其他,已不太清楚。尽管如此,这里先且不论曹、孙两家之间的角力,究竟是以东线为主,还是以西线为主,但当时的势态是:曹魏在东线主要采取进攻的策略,西线主要是采取防守之策当不成问题。之所以这样说,是因为从贾逵"移屯潦口"的举动中可从一个侧面证明西线以防守为主。在这中间,贾侯渠在西线防守及运兵运粮中发挥了重要的作用。

综上所述,贾侯渠是一条具有军事价值和战略价值的航线。这条航线建成后,进一步密切了豫州与曹魏其他统治区域之间的政治、经济等方面的联系,主要表现在四个方面:一是贾侯渠加强了豫州与黄河以南的联系,扩展了漕运的战略空间,如自贾侯渠进入沙水可入汴渠,自汴渠可入黄河航线,经黄河入阳渠可抵洛阳;二是加强了豫州与黄河以北的联系,如自贾侯渠沿黄河入白沟可深入到河北的腹地,又沿曹操兴修的河北诸渠可远及幽州、辽东等

---

① 宋·萧常《续后汉书·魏载记八》,《四库全书》第384册,上海:上海古籍出版社1987年版,第672页。
② 元·郝经《续后汉书·列传第四十·魏臣》,《四库全书》第385册,上海:上海古籍出版社1987年版,第408—409页。

地;三是豫州是曹魏防御孙吴的重镇,以贾侯渠为漕运通道在快速运兵运粮的过程中加强了淮北与淮南之间的联系,如贾侯渠与汝水、沙水等重建互通关系后,同时又与颍水、泗水、涡水等相通,沿这些水道从不同的区域进入淮河,进而可有效地支援淮北、淮南等地,应对来自孙吴的威胁,甚至可以此为漕运通道,在必要的时候向孙吴发起进攻,经邗沟可远及长江流域;四是贾侯渠有灌溉、排涝、漕运等一系列的功能,通过屯田,可以就地建立一支强大的寓兵于农的军队,可以震慑孙吴,如沿贾侯渠等航线可抵达陈州,自陈县可抵达淮南重镇寿春(今安徽寿县),在这一广袤的区域内屯田和发展农业,从而开创了"引水浇溉,大积军粮,又通运漕之道"①新局面。可以说,贾侯渠在淮河流域建立屯垦秩序后,为开发和提升两淮地区的农业经济整体水平作出了重要的贡献,与此同时,为曹魏征伐孙吴沿水路调兵运粮等提供了便利的条件。

第三节　讨虏渠与曹丕伐吴

为亲征孙吴,黄初六年(225)三月,魏文帝曹丕兴修了讨虏渠。史称:"三月,行幸召陵,通讨虏渠。乙巳,还许昌宫。……辛未,帝为舟师东征。五月戊申,幸谯。"②兴修讨虏渠后,曹丕又回到许昌宫,随后在许昌率舟师出征,五月来到谯郡(治所在今安徽亳州),由此揭开了东征的序幕。

其实,东征孙吴是曹丕蓄谋已久的大事,起码说,黄初五年(224)已着手实施。史称:"秋七月,行东巡,幸许昌宫。八月,为水军,亲御龙舟,循蔡、颍,浮淮,幸寿春。"③顾祖禹进一步总结道:"三国魏黄初五年,曹丕为水军,亲御龙舟,循蔡、颍浮淮,如寿春,将以伐吴。"④黄初五年七月,曹丕东巡许昌。同年八月,曹丕在许昌集结水军,并亲率舟师,沿蔡河(沙水)入颍入淮,抵达淮南重镇寿春。然而,在这一节骨眼上,曹丕却突然地从寿春返回,做了两件匪夷所思的事。史称"六年春二月,遣使者循行许昌以东尽沛郡,问民所疾苦,贫者振贷之。三月,行幸召陵,通讨虏渠。乙巳,还许昌宫。……辛未,帝为舟师东征。五月戊申,幸谯。"⑤很显然,这一作为标志着曹丕改变了东征路线,改从谯郡出征。李吉甫指出:"秦并天下,为泗水郡。……汉改泗水郡为沛郡,又分沛郡立楚国。"⑥入汉以后,泗水郡改称"沛郡",

---

① 晋·陈寿《三国志·魏书·邓艾传》(裴松之注),北京:中华书局1959年版,第775页。
② 晋·陈寿《三国志·魏书·文帝纪》(裴松之注),北京:中华书局1959年版,第84—85页。
③ 同②,第84页。
④ 清·顾祖禹《读史方舆纪要·河南一》(贺次君、施和金点校),北京:中华书局2005年版,第2113页。
⑤ 同②,第84—85页。
⑥ 唐·李吉甫《元和郡县图志·河南道五》(贺次君点校),北京:中华书局1983年版,第223页。

曹魏时期的谯郡旧属沛郡。因为改从谯郡出征,故有"遣使者循行许昌以东尽沛郡,问民所疾苦,贫者振贷之"之举。从这样的角度看,开挖讨虏渠与改变出征路线有直接的关系。

然而,不管是自寿春东征,还是自谯郡东征,出征的路线虽有所改变,均需要以许昌为支撑点。由此提出的问题是,曹丕为什么要到许昌筹划征伐孙吴的大事,进而将军事斗争的矛头指向江淮呢?其实,道理很简单。顾祖禹论述江淮的战略地位时指出:"至于江、淮之间,五方之所聚也,百货之所集也,田畴沃衍之利,山川薮泽之富,远近不能及也。汉吴王濞以铸山煮海,国用富饶,招致亡命,倡为七国之祸。太史公曰:'夫吴东有海盐之饶,章山之铜,三江、五湖之利,江东一都会也。'魏、晋之际,戍守淮南,用刘馥、邓艾之策,兴陂堰,事耕屯,则转输不劳,而军用饶给。"①从形势上看,孙吴占据长江中下游地区,境内水网密布,且有长江为天然屏障。此时曹魏要想深入到孙吴腹地并夺取最后的胜利,需要有一支强大的擅长水战的军队,也需要有一个便于集结水军的地点出征,并能顺利地抵达江淮一带,进而决战于长江。具体地讲,有三个方面值得关注。

其一,许昌是适合集结水军的理想之地,有四通八达的水上交通,既有自颍水、涡水等入淮的航线,又有颍水与蔡河相合——入汴渠及远通黄河的漕运通道。在许昌集结水军,有利于调动不同区域的资源。顾祖禹论述道:"颍水源出河南登封县东二十五里阳乾山,流经开封府禹州北入许州界,经襄城县北亦谓之渚河,又东经临颍县北,又东经西华县北、陈州之南,又东经项城县南、沈丘县北,接归德府鹿邑县南境而合于蔡河。蔡河首受汴,自祥符县东南,通许县西,尉氏、扶沟县之东境,太康县之西境,至鹿邑县南而合于颍河,谓之蔡河口。……沙即蔡也,颍水合蔡亦兼有沙河之称。自鹿邑县东南流入南直凤阳府界,经太和县及颍州之北,颍上县之东南,当寿州西北正阳镇而入淮,谓之颍口。"②许昌为曹丕集结水军提供了方便,在这中间,曹丕把曹操早年在邺城训练的水军集结到了许昌③,并率领这支水军抵达淮南前线寿春。

其二,经过长期的经营,许昌既是曹魏抵御孙吴入侵的重要防线,同时也是征伐孙吴时的前进基地。具体地讲,一是许昌是曹操迎立汉献帝的旧都,有长期经营的历史,同时又是曹魏的陪都,列"五都"之中。裴松之引录《魏略》,有曹丕"改长安、谯、许昌、邺、洛阳为五都"④之说。李吉甫记载道:"黄初元年,以先人旧郡,又立为谯国,与长安、许昌、邺、洛阳,号

---

① 清·顾祖禹《读史方舆纪要·南直方舆纪要序》(贺次君、施和金点校),北京:中华书局2005年版,第870页。
② 清·顾祖禹《读史方舆纪要·河南一》(贺次君、施和金点校),北京:中华书局2005年版,第2113页。
③ 史有"十三年春正月,公还邺,作玄武池以肄舟师"(晋·陈寿《三国志·魏书·武帝纪》(裴松之注),北京:中华书局1959年版,第30页)之说。建安十三年(208),曹操在邺城建立训练水军的基地。这一基地建成后,为曹魏征伐江淮创造了必要的条件。
④ 晋·陈寿《三国志·魏书·文帝纪》(裴松之注),北京:中华书局1959年版,第77页。

为'五都'。"①五都之中,许昌、邺城和洛阳的地位尤其重要。如王鸣盛论述道:"《文帝纪》黄初二年注引《魏略》:'改长安、谯、许昌、邺、洛阳为五都。'其实长安久不为都,谯特因是太祖故乡,聊目为都,皆非都也。真为都者,许、邺、洛三处耳。"②王鸣盛的这一说法道出了当时的实情。具体地讲,邺城是曹操重点经营的根据地,同时是曹操封"魏公""魏王"以后的都城。洛阳是曹丕建魏后的新都,其地位自然高于其他四都。此外,许昌有长期经营的历史,是曹丕代汉以前的旧都。曹丕迁都洛阳后,许昌的政治地位虽然下降,但因地处与孙吴接壤的前沿,得到了不同程度的维护。特别是许昌是水陆交通的枢纽,有着其他地区无法比拟的漕运条件,可以满足大军及水军集结的必要条件。更重要的原因:一是许昌是曹魏储藏军用物资的基地,有提供后勤保障的设施,屯积了大量的精良武器及装备,如史有"汉献帝都许。魏禅,徙都洛阳,许宫室武库存焉,改为许昌"③之说,这里军事器械可为征伐孙吴提供必要的武备支持;二是许昌是屯田的重点区域,经过长期的经营成为曹魏的重要粮仓,如为积聚粮草,曹魏曾在许昌颍阴设典农都尉,专门负责屯田事务。郦道元记载道:"颍水又南径颍乡城西。颍阴县故城在东北,旧许昌典农都尉治也。"④许昌蓄积了大量的粮草,这些粮草为曹魏经营许昌及从水路调配军需物资等提供了方便。

其三,许昌位于自洛阳至淮南前线的中点,同时位于自洛阳至襄阳的中点,可谓是洛阳的门户。如果曹魏在淮南、襄阳等战线失利的话,孙吴顺势而为,势必会把军事斗争的锋芒直指许昌。在这中间,如果许昌动摇的话,势必会威胁到洛阳。出于战略布局等方面的考虑,曹丕筹划征伐孙吴的事务时,势必要重视守卫许昌的人选。如史有"帝征吴,以畿为尚书仆射,统留事。其后帝幸许昌,畿复居守"⑤之说,黄初五年八月,曹丕率舟师奔赴寿春前线,先是任命深受信赖的尚书仆射杜畿总理朝政,随后,又令杜畿至许昌,具体负责许昌的防务。史称:"六年,天子复大兴舟师征吴,复命帝居守,内镇百姓,外供军资。临行,诏曰:'吾深以后事为念,故以委卿。曹参虽有战功,而萧何为重。使吾无西顾之忧,不亦可乎!'天子自广陵还洛阳,诏帝曰:'吾东,抚军当总西事;吾西,抚军当总东事。'于是帝留镇许昌。"⑥黄初六年,曹丕与司马懿的两番谈话,深刻地揭示出经营许昌的重要性。进而言之,许昌水上交通发达,是训练水军、集结军队、补给粮草的理想场所,在这样的前提下,许昌势必会成为曹魏

---

① 唐·李吉甫《元和郡县图志·河南道三》(贺次君点校),北京:中华书局1983年版,第184页。
② 清·王鸣盛《十七史商榷·〈三国志〉二》(黄曙辉点校),上海:上海书店出版社2005年版,第282页。
③ 唐·房玄龄等《晋书·地理志上》,北京:中华书局1974年版,第421页。
④ 北魏·郦道元《水经注·颍水》,杨守敬、熊会贞疏,段熙仲点校,陈桥驿复校《水经注疏》中册,南京:江苏古籍出版社1989年版,第1812页。
⑤ 晋·陈寿《三国志·魏书·杜畿传》(裴松之注),北京:中华书局1959年版,第497页。
⑥ 唐·房玄龄等《晋书·宣帝纪》,北京:中华书局1974年版,第4页。

刻意经营的战略要地。

综合诸方面的条件,曹丕在许昌集结水军,在此谋划东征,主要是由许昌的战略地位决定的。在这中间,如果许昌不是曹魏屯田的重要区域,没有便利的漕运条件,没有充足的武器装备,要想以许昌为基地是不可能的。可以说,以许昌为前进基地,主要是由当时的政治形势、军事形势和漕运形势等决定的。

黄初六年三月,曹丕兴修讨虏渠。史称:"三月,行幸召陵,通讨虏渠。乙巳,还许昌宫。……辛未,帝为舟师东征。五月戊申,幸谯。"①王应麟亦记载道:"《文帝纪》:黄初六年三月,行幸召陵,通讨虏渠。"②胡三省论述道:"召陵县,汉属汝南郡;《晋志》属颍川郡。贤曰:召陵故城在今豫州郾城县东,通讨虏渠以伐吴也。"③这里所说的"召陵故城"是指汉县召陵(今河南漯河郾城)的治所。顾祖禹记载道:"讨虏渠,在县东五十里。曹魏黄初六年行幸召陵,通讨虏渠,谋伐吴也。"④"在县东五十里"指讨虏渠在召陵故城,即郾城(今河南郾城)东面五十里的地方。召陵是汉县,因避讳,西晋时一度改称"邵陵",后又复为召陵。在东征已经拉开序幕的背景下,曹丕已率大军抵达寿春,反而撇开寿春现成的漕运通道不用,要到召陵兴修讨虏渠,究竟有什么用意呢?

从春秋战国起,召陵已成为各诸侯国反复争夺的战略要地。如李吉甫记载道:"邵陵故城,在县东四十五里。《春秋》齐桓公帅诸侯之师盟于召陵,即此处也。汉置邵陵县,属汝南郡,隋废入郾城。"⑤春秋时,召陵一度属于楚国,如史有"昭公六年,齐桓公败蔡,遂至楚召陵"⑥之说。战国时期,围绕着召陵,魏、楚、秦等展开激烈的争夺,苏秦游说魏襄王时进言道:"大王之地,南有鸿沟、陈、汝南、许、郾、昆阳、召陵、舞阳、新都、新郪,东有淮、颍、煮枣、无胥,西有长城之界,北有河外、卷、衍、酸枣,地方千里。"⑦又如秦惠文王十四年(前311)伐楚,取召陵,如史有"十四年,伐楚,取召陵"⑧之说。在南北争霸称雄的过程中,召陵成为各国争夺的战略要地。郦道元交代召陵一带的水文时记载道:"陂水东北入八里沟,八里沟水又南径石仓城西,又南径兔氏亭东,又南径召陵亭西,东入沙水。沙水南径扶沟县故城东,县即颍

---

① 晋·陈寿《三国志·魏书·文帝纪》(裴松之注),北京:中华书局1959年版,第84—85页。
② 宋·王应麟《玉海·地理·河渠》,南京:江苏古籍出版社1990年版,第426页。
③ 元·胡三省《资治通鉴音注》,宋·司马光《资治通鉴·魏纪二》("标点资治通鉴小组"校点),北京:中华书局1956年版,第2222页。
④ 清·顾祖禹《读史方舆纪要·河南二》(贺次君、施和金点校),北京:中华书局2005年版,第2191页。
⑤ 唐·李吉甫《元和郡县图志·河南道五》(贺次君点校),北京:中华书局1983年版,第243页。
⑥ 汉·司马迁《史记·管蔡世家》,北京:中华书局1982年版,第1571—1572页。
⑦ 汉·司马迁《史记·苏秦列传》,北京:中华书局1982年版,第2253—2254页。
⑧ 汉·司马迁《史记·秦本纪》,北京:中华书局1982年版,第207页。

川之谷平乡也。有扶亭,又有洧水沟,故县有扶沟之名焉。"①召陵境内河网密布,既与沙水、洧水等相通,又与颍水等相通,可以入淮;同时可经沙水(鸿沟南流)入黄河。

兴修讨虏渠以后,曹丕改变了率舟师东征时的航线。如黄初五年八月,曹丕曾"亲御龙舟,循蔡、颍,浮淮,幸寿春"。如果走这一条航线的话,曹丕东征根本不需要自许昌南下入讨虏渠,随后从召陵东行入淮。那么,曹丕为什么还要动员人力、物力和财力兴修讨虏渠呢?与此同时,胡三省、顾祖禹等为什么要将开挖讨虏渠与"谋伐吴"联系在一起呢?具体地讲,有六个方面的原因值得关注。

其一,征伐孙吴是举国家之力的大事,需要战略纵深的支持,需要从更大的区域调集粮草及军用物资,这样一来,仅仅依靠许昌及周边的资源是不够的,还需要从其他地区调集更多的物资。与此同时,仅有一条运兵运粮的通道是不够的,还需要建设不同的漕运复线。如郦道元记载道:"汝水又东南,径定陵县故城北。汉成帝元延三年,封侍中、卫尉淳于长为侯国,王莽更之曰定城矣。《东观汉记》曰:光武击王莽二公,还到汝水上,于涯,以手饮水,澡颒尘垢,谓傅俊曰:今日疲倦,诸君宁备也?即是水也。水右则濆水左入焉,左则百尺沟出矣。沟水夹岸层崇,亦谓之为百尺堤也。自定陵城北,通颍水于襄城县,颍盛则南播,汝泆则北注。"②定陵(汉县,治所在今河南漯河郾城西北)属颍川郡,距离召陵不远。讨虏渠开通后,建成了汝水与颍水互通的航线,通过开辟一条复式漕运通道,初步实现了从不同水路转运军需物资到淮南前线的目标。

其二,运兵运粮须讲究效率和降低成本。在兴修讨虏渠以前,河南腹地的军需物资要想运往淮南前线,须走曲折迂回的水路。讨虏渠开通后,可与鸿沟及沙水、贾侯渠等相接,沿这一航线既可进入黄河流域,又可自汝水入颍水等,将不同区域的军需物资从不同的方向运往淮南前线。郦道元记载道:"又东径西华县故城南,又东径汝阳县故城北,东注于颍。"③汝水与颍水及其支流互通后,扩大了屯田范围和漕运范围,为曹魏征伐孙吴,从水路运兵运粮及调集军需物资提供了新的路径。胡渭论述道:"及荥阳下引河东南与济、汝、淮、泗会,则阴沟、汳水、鸿沟、沙水、涡水、睢水诸川,或自入淮,或由颍、泗以达淮,而淮之所纳愈多矣。"④在召陵兴修的讨虏渠,实际上建立自黄河流域入淮的复式航线,为即将开始的征伐孙吴战争服务。

---

① 北魏·郦道元《水经注·渠水》,杨守敬、熊会贞疏,段熙仲点校,陈桥驿复校《水经注疏》中册,南京:江苏古籍出版社1989年版,第1905—1906页。
② 北魏·郦道元《水经注·汝水》,杨守敬、熊会贞疏,段熙仲点校,陈桥驿复校《水经注疏》中册,南京:江苏古籍出版社1989年版,第1764页。
③ 北魏·郦道元《水经注·瀙水》,杨守敬、熊会贞疏,段熙仲点校,陈桥驿复校《水经注疏》下册,南京:江苏古籍出版社1989年版,第2625页。
④ 清·胡渭《禹贡锥指》(邹逸麟整理),上海:上海古籍出版社2006年版,第619页。

其三,讨虏渠有辐射汝南、颍川等郡的漕运能力,可充分调用曹魏在许昌、汝南、颍川等地屯田时聚积的粮草。曹魏建都洛阳后,许昌属颍川,汝南、颍川相邻,同属豫州,是曹魏战争资源的主要供给地。如史家叙述汝南水文时有"高陵山,汝水出,东南至新蔡入淮,过郡四,行千三百四十里"①之说;叙述颍川阳城水文时有"阳城山,洧水所出,东南至长平入颍,过郡三,行五百里。阳乾山,颍水所出,东至下蔡入淮,过郡三,行千五百里,荆州浸"②之说,新蔡(今河南新蔡)与下蔡(今安徽凤台)同在淮河沿岸,本身有曲折迂回的水道相通。讨虏渠开通后,可自汝水入新蔡,自召陵入上蔡(今河南上蔡)、西平(今河南西平)、西华(今河南西华)、汝阳(今河南汝阳)等地,同时又可入颍水、洧水等,还可联系郾城、郏县(今河南郏县)、舞阳(今河南舞阳)、颍阴(旧治在今河南许昌)等地。

其四,汝南、颍川农业经济发达,是曹魏攫取战争资源的基地。如汉平帝元始二年(2),汝南已是三十多万户的大郡。裴松之注陈群上疏"禹承唐、虞之盛,犹卑宫室而恶衣服,况今丧乱之后,人民至少,比汉文、景之时,不过一大郡"语云:"《汉书·地理志》云:元始二年,天下户口最盛,汝南郡为大郡,有三十余万户。则文、景之时不能如是多也。案《晋太康三年地记》,晋户有三百七十七万,吴、蜀户不能居半。以此言之,魏虽始承丧乱,方晋亦当无乃大殊。长文之言,于是为过。"③王鸣盛亦指出:"元始二年,天下户口最盛,汝南郡为大郡,有三十余万户,则文、景之时不能如是多也。《晋太康三年地记》:晋户有三百七十七万,吴、蜀户不能居半。以此言之,魏虽始承丧乱,方晋亦当无大殊。陈群之言,于是为过。"④东汉末年,汝南人口虽然锐减,但到了曹魏时期依旧是屈指可数的大郡,并在三国之争中为曹魏提供了充足的兵员和粮草。除了汝南外,颍川也为曹操确立其政治军事优势,提供了强有力的支持。如裴松之注"初令郡国口满十万者,岁察孝廉一人;其有秀异,无拘户口。辛巳,分三公户邑,封子弟各一人为列侯。壬午,复颍川郡一年田租"语云:"《魏书》载诏曰:'颍川,先帝所由起兵征伐也。官渡之役,四方瓦解,远近顾望,而此郡守义,丁壮荷戈,老弱负粮。昔汉祖以秦中为国本,光武恃河内为王基,今朕复于此登坛受禅,天以此郡翼成大魏。'"⑤减免颍川一年的田租的原因是,颍川曾在官渡之战作出了巨大的贡献,为此,曹魏将颍川视为固国之本的根据地,进而认为是颍川成就了曹魏大业。更重要的是,许昌属颍川,任峻屯田许昌后,曹操又设颍川典农中郎将,负责颍川的屯田事务,故可知颍川是曹魏财赋的重要征收地。李吉甫记载道:"汝水,西南自蔡州新蔡县界流入,又东南入淮。"⑥兴修讨虏渠的

---

① 汉·班固《汉书·地理志上》,北京:中华书局1962年版,第1562页。
② 同①,第1560页。
③ 晋·陈寿《三国志·魏书·桓二陈徐卫卢传》(裴松之注),北京:中华书局1959年版,第637页。
④ 清·王鸣盛《十七史商榷·〈三国志〉二》(黄曙辉点校),上海:上海书店出版社2005年版,第292页。
⑤ 晋·陈寿《三国志·魏书·文帝纪》(裴松之注),北京:中华书局1959年版,第77页。
⑥ 唐·李吉甫《元和郡县图志·河南道三》(贺次君点校),北京:中华书局1983年版,第189页。

目的,旨在开辟与汝水、颍水等相连的漕运新通道,在深入汝南、颍川等地的过程中,及时地从两地调运军粮及物资支援战争,形成新的战略纵深,为东征服务。

其五,讨厙渠在联系汝水、颍水等的过程中,又与谯梁水道相通,建立了从不同方向入淮的漕运通道。具体地讲,讨厙渠在与汝水、颍水等相通过程中,重新建立了向东北连接谯梁水道的航线。这条从召陵入谯梁水道的新航线投入使用后:一是缩短了自黄河流域入淮的航程;二是建立了从不同的方向入淮的复式航线,从而避免了漕路不畅的局面。

其六,讨厙渠连通谯梁水道有着特殊的战略意义。谯梁水道是一条古老的运道,这条航线既可从梁郡(治所睢阳,今河南商丘)到谯郡,又可经沙水及颍水进入黄河流域,是自黄河流域进入淮河流域的快捷通道。其中,沿谯梁水道至谯郡入淮,可裁弯取直最大限度地减少至寿春入淮的航程,可谓是一条从黄河流域至江淮的经济航线,可加速运兵运粮。如曹操征伐孙权时,曾利用这一古运道深入淮河流域的腹地。如建安十四年(209)三月,曹操至谯县造船和训练水军,随后泛舟自涡水入淮,至合肥一线与孙权展开激战,如史有"军至谯,作轻舟,治水军。秋七月,自涡入淮,出肥水,军合肥"①之说;建安十八年一月,曹操以谯梁水道为通道运兵运粮,至濡须口(巢湖口,巢湖与长江交汇口,在今安徽含山境内)与孙权对峙,在保证后勤补给的基础上大胜而归。史称:"十八年春正月,进军濡须口,攻破权江西营,获权都督公孙阳,乃引军还。"②曹操以谯郡为前进基地,率领大军自谯梁水道入淮河,随后又转战至长江流域的巢县等地。如李吉甫记载道:"濡须坞,在县西南一百十里。濡须水,源出巢县西巢湖,亦谓之马尾沟,东流经亚父山,又东南流注于江。建安十八年,曹公至濡须,与孙权相拒月余。权乘轻舟,从濡须口入偃月坞。坞在巢县东南二百八里濡须水口。初,吕蒙守濡须,闻曹公将来,夹水筑坞,形如偃月,故以为名。"③所谓"县西南",是指含山县西南。濡须水与淮河水系相通。讨厙渠与谯梁水道相接,为曹魏征伐孙吴提供了必要的战略纵深,扩大了运兵和转输粮草及后勤辎重的范围。进而言之,谯梁水道所建立的自淮河入邗沟入江的大通道,有着很高的军事价值和经济价值,这条连接淮河、黄河和长江流域的大通道是当时重要的交通线,乃至于后世多有利用。

黄初六年八月,曹丕自谯县沿涡水入淮河;十月,率舟师入淮河,随后入邗沟,率大军抵达广陵(今江苏扬州)。史称:"八月,帝遂以舟师自谯循涡入淮,从陆道幸徐。九月,筑东巡台。冬十月,行幸广陵故城,临江观兵,戎卒十余万,旌旗数百里。是岁大寒,水道冰,舟不得入江,乃引还。"④"帝遂以舟师自谯循涡入淮",是指曹丕在豫州治所谯县集结新的舟师及壮

---

① 晋·陈寿《三国志·魏书·武帝纪》(裴松之注),北京:中华书局1959年版,第32页。
② 同①,第37页。
③ 唐·李吉甫《元和郡县图志·淮南道》逸文卷二(贺次君点校),北京:中华书局1983年版,第1078页。
④ 晋·陈寿《三国志·魏书·文帝纪》(裴松之注),北京:中华书局1959年版,第85页。

大队伍后,率大军自谯县沿涡水进入淮河。秦蕙田记载道:"六年春二月,遣使者循行许昌以东,尽沛郡,问民所疾苦,贫者振贷之。三月行幸召陵,通讨虏渠。乙巳,还许昌宫。辛未,帝为舟师东征。五月戊申,幸谯。八月,帝遂以舟师自谯循涡入淮,从陆道幸徐。九月,筑东巡台。冬十月,行幸广陵故城,临江观兵,戎卒千余万,旌旗数百里。是岁大寒,水道冰,舟不得入江,乃引还,十二月行自谯过梁。"①很有意味的是,在描述黄初六年曹丕谋划东征事务的始末时,秦蕙田先从曹丕派遣使者循行许昌、沛郡(旧治在相县,今安徽淮北相山)等地写起,将"问民所疾苦,贫者振贷之"作为征伐孙吴前的必要举措,客观地讲,这一叙述在一定程度上表达了攘外先安内的意图,同时有助于进一步认识曹丕征吴的艰巨性。

那么,曹丕率舟师入淮后,为什么要舍舟登陆后"从陆道幸徐"? 其目的与"六年春二月,遣使者循行许昌以东尽沛郡,问民所疾苦,贫者振贷之"②多有一致。那么,"徐"在什么地方? 裴松之注《三国志·魏书·文帝纪》"帝遂以舟师自谯循涡入淮,从陆道幸徐"等语时,引录曹丕诗记载道:"《魏书》载帝于马上为诗曰:'观兵临江水,水流何汤汤! 戈矛成山林,玄甲耀日光。猛将怀暴怒,胆气正从横。谁云江水广,一苇可以航? 不战屈敌虏,戢兵称贤良。古公宅岐邑,实始翦殷商。孟献营虎牢,郑人惧稽颡。充国务耕植,先零自破亡。兴农淮泗间,筑室都徐方。量宜运权略,六军咸悦康;岂如东山诗,悠悠多忧伤。'"③从"筑室都徐方"等语中可知,曹丕"从陆道幸徐"时,到了徐方即古徐国的旧都。丁福保编辑《全汉三国晋南北朝诗》时,以《至广陵于马上作》为题收录了曹丕的这一诗作。从题解"《魏志》,黄初六年十月,行幸广陵故城,临江观兵,戎卒十余万,旌旗娄百里,帝于马上为诗曰"④情况看,曹丕"幸徐"的地点发生应在"淮泗间"。

不过,宋人王钦若等辑录这一诗作时,将"兴农淮泗间,筑室都徐方"改写为"兴农淮西间,筑室都徐方"⑤,这一改动似表明曹丕"幸徐"发生在"淮西"。其实,这一说法不对,因为曹丕"幸徐",是从泗水入淮河的。此外,"淮西"这一称谓始见于宋代,是新政区"淮南西路"的省称,因此当以"兴农淮泗间"为准,不应轻易地改作"淮西"。史称:"淮南路。旧为一路,熙宁五年,分为东西两路。东路。州十:扬,亳,宿,楚,海,泰,泗,滁,真,通。军二:高邮,涟水。县三十八。……西路。府:寿春。州七:庐,蕲,和,舒,濠,光,黄。军二:六安,无为。县三十三。"⑥熙宁五年(1072),宋神宗将淮南路析分为淮南东路和淮南西路,至此,始有"淮

---

① 清·秦蕙田《五礼通考·嘉礼五十二》,《四库全书》第139册,上海:上海古籍出版社1987年版,第303页。
② 晋·陈寿《三国志·魏书·文帝纪》(裴松之注),北京:中华书局1959年版,第84页。
③ 同②,第85页。
④ 丁福保《全汉三国晋南北朝诗》,北京:中华书局1959年版,第133页。
⑤ 宋·王钦若等《册府元龟·帝王部·巡幸》,北京:中华书局1960年版,第1335页。
⑥ 元·脱脱等《宋史·地理志四》,北京:中华书局1985年版,第2178—2182页。

西"之称。

然而,宋代将曹丕《至广陵于马上作》诗中的"淮泗"改为"淮西"虽多有不妥,但又是有认识价值的。具体地讲,古部族徐夷活动的主要区域是淮泗,这一区域与宋代的淮南西路大体相当,因为淮南东路这一区域主要是淮夷活动的区域。此外,曹丕"循涡入淮"后,首先要经过宋代区划的行政区域淮南西路。综合这些情况,曹丕"幸徐"的地点应该在宋代淮南西路的境内,这一地点只能在临淮境内的徐城。

徐方是指上古时期的部族徐夷建立的国家,徐夷是夷部族的一支,主要生活在淮河中下游地区,历史上曾联合东夷的另一支淮夷多次抗击周王朝。结合史述的内容看,曹丕率舟师入淮后,中途停泊靠岸时拜谒了徐方旧都这一遗址。郑樵交代徐方旧都时记载道:"今泗州临淮有徐城,又有偃王庙,徐君墓。"①临淮县是唐县,后为泗州治所。李吉甫叙述临淮县沿革时记载道:"本汉徐汉地,长安四年分徐城南界两乡于沙墩村置临淮县,南临淮水,西枕汴河。开元二十三年,自宿迁移于今理。"②顾祖禹"徐城废县"条云:"州西北五十里。古徐子国。《春秋》庄二十六年:'齐人伐徐。'自是徐屡见于《春秋》。昭三十年吴灭徐,徐子章禹奔楚。汉置徐县,为临淮郡治。"③所谓"州西北",指在泗州的西北。综合郑樵和顾祖禹的说法,当知徐方旧都即徐城在唐县临淮县(在今江苏盱眙淮河镇)的境内。

临淮是曹丕率舟师自泗水入淮河的必经之处,入淮河下行至洪泽浦以后,有两条航线可入邗沟:一是东行至淮阴,从淮阴末口(今江苏淮阴码头镇)入邗沟,中经高邮(今江苏高邮)至广陵;一是自洪泽浦东南行,至高邮入邗沟,抵达广陵。东征失利后,曹丕采取了"分半烧船于山阳池中"④的措施,因"山阳池"在临淮属县射阳境内,故曹丕率舟师东征的航线是,从盱眙入淮至淮阴末口入邗沟至广陵。如胡渭论述道:"自广陵出山阳白马湖,径山阳城西,又东谓之山阳浦,又东入淮,谓之山阳口是也。山阳本汉射阳县,属临淮郡。晋义熙中,改曰山阳县,射阳湖在县东南八十里,县西有山阳渎,即古邗沟,其县北五里之北神堰,即古末口也。"⑤曹丕之所以自末口入邗沟,主要是在陈敏改造邗沟航线以前,传统的邗沟旧道是自末口至山阳,如郦道元有"旧道东北出,至博芝、射阳二湖。西北出夹邪,乃至山阳矣"⑥之说可证。

在东征的途中,曹丕为什么要弃舟登陆拜谒徐方旧都呢?要回答这一问题,有必要从古

---

① 宋·郑樵《通志·都邑略·周诸侯都》,杭州:浙江古籍出版社1988年版,第554页。
② 唐·李吉甫《元和郡县图志·河南道五》(贺次君点校),北京:中华书局1983年版,第231页。
③ 清·顾祖禹《读史方舆纪要·南直三》(贺次君、施和金点校),北京:中华书局2005年版,第1037页。
④ 晋·陈寿《三国志·魏书·蒋济传》(裴松之注),北京:中华书局1959年版,第452页。
⑤ 清·胡渭《禹贡锥指》(邹逸麟整理),上海:上海古籍出版社2006年版,第192—193页。
⑥ 北魏·郦道元《水经注·淮水》,杨守敬、熊会贞疏,段熙仲点校,陈桥驿复校《水经注疏》下册,南京:江苏古籍出版社1989年版,第2557—2558页。

代礼制说起。《周礼·地官司徒·小司徒》云:"凡国之大事,致民;大故,致余子。"贾公彦疏:"'凡国之大事'者,谓有兵戎之大事,出征之时。云'致民'者,谓有兵戎大事,于六乡之内发起民徒。云'大故,致余子'者,谓有灾寇之事。余子,卿大夫之子弟。当大故之时,则致余子与大子,使宿卫也。"①《周礼》是记载古代礼制的重要典籍,东征是曹魏倾一国之力的大事,需要争取各方的支持。更重要的是,东征大军出发后,指挥中心前移,徐方一带已成为战略要地。然而,徐方地处军事的前沿,人心浮动,在这样的前提下,如何稳定徐方,及时地动员徐方参与到征伐之中已成为当务之急。《左传·成公十三年》:"国之大事,在祀与戎。"孔颖达疏:"'国之大事,在祀与戎',宗庙之祀,则有执膰;兵戎之祭,则有受脤,此是交神之大节也。"②以此结合"兴农淮泗间,筑室都徐方"以及"筑东巡台"等记载看,曹丕拜谒徐方旧都的目的主要有两个:一是通过祭祀拜谒徐方旧都,表达对徐方先祖的尊崇之情,以此来安定徐方的民心,动员徐方的民众为东征提供必要的支持;二是通过拜谒和建东巡台宣示东征的正当性,稳定军心,鼓舞士气。

十分不幸的是,经过长期准备且声势浩大的东征,居然因水路狭窄,再加上航道结冰等因素,前锋到达广陵以后,后续舟师无法入江而归于失败。《三国志》本传称:"车驾幸广陵,济表水道难通,又上《三州论》以讽帝。帝不从,于是战船数千皆滞不得行。议者欲就留兵屯田,济以为东近湖,北临淮,若水盛时,贼易为寇,不可安屯。帝从之,车驾即发。还到精湖,水稍尽,尽留船付济。船本历适数百里中,济更凿地作四五道,蹴船令聚;豫作土豚遏断湖水,皆引后船,一时开遏入淮中。"③司马光亦记载道:"八月,帝以舟师自谯循涡入淮。尚书蒋济表言水道难通,帝不从。冬,十月,如广陵故城,临江观兵,戎卒十余万,旌旗数百里,有渡江之志。吴人严兵固守。时大寒,冰,舟不得入江。帝见波涛汹涌,叹曰:'嗟乎,固天所以限南北也!'遂归。孙韶遣将高寿等率敢死之士五百人,于径路夜要帝,帝大惊。寿等获副车、羽盖以还。于是战船数千皆滞不得行,议者欲就留兵屯田,蒋济以为:'东近湖,北临淮,若水盛时,贼易为寇,不可安屯。'帝从之,车驾即发。还,到精湖,水稍尽,尽留船付济。船连延在数百里中,济更凿地作四道,蹴船令聚;豫作土豚遏断湖水,皆引后船,一时开遏入淮中,乃得还。"④曹丕东征归于失败,主要是两个原因造成的:一是确定从水路进军的线路后,没能及时了解入淮以后的航线情况,乃至于数千战船涌入狭窄的水道后,陷入了"水道难通"的困境;二是虽然经过努力解决了战船滞留不前等问题,但此时又遇到了"是岁大寒,水道冰,舟不得入江"⑤等突发事件,舟师前进不得,后退不得,再加上不能及时地得到粮草补给

---

① 清·阮元《十三经注疏·周礼注疏》,北京:中华书局1980年版,第711页。
② 清·阮元《十三经注疏·春秋左传正义》,北京:中华书局1980年版,第1911页。
③ 晋·陈寿《三国志·魏书·蒋济传》(裴松之注),北京:中华书局1959年版,第451页。
④ 宋·司马光《资治通鉴·魏纪二》(邬国义校点),上海:上海古籍出版社1997年版,第615页。
⑤ 晋·陈寿《三国志·魏书·文帝纪》(裴松之注),北京:中华书局1959年版,第85页。

等,这样一来,曹丕不得不放弃东征,被迫返回洛阳。

蒋济在《三州论》中都有哪些内容已不得而知。不过,其基本要点应与《三国志》本传"济表水道难通"一致,如郦道元引蒋济《三州论》时留下的"淮湖纡远,水陆异路,山阳不通"①等语。在随曹丕东征的过程中,熟悉江淮水文的蒋济已注意到"水道难通"的情况,为此,他向曹丕提出了放弃水路进攻的建议,如史有寿春人胡质"少与蒋济、朱绩俱知名于江、淮间"②之说可证。

此外,蒋济曾长期在江淮之间任职。如司马光记载道:"初,曹操在谯,恐滨江郡县为孙权所略,欲徙令近内,以问扬州别驾蒋济,曰:'昔孤与袁本初对军官渡,徙燕、白马民,民不得走,贼亦不敢钞。今欲徙淮南民,何如?'对曰:'是时兵弱贼强,不徙必失之。自破袁绍以来,明公威震天下,民无他志,人情怀土,实不乐徙,惧必不安。'操不从。既而民转相惊,自庐江、九江、蕲春、广陵,户十余万皆东渡江,江西遂虚,合肥以南,惟有皖城。济后奉使诣邺,操迎见,大笑曰:'本但欲使避贼,乃更驱尽之!'拜济丹杨太守。"③蒋济曾任扬州别驾,对邗沟及江淮水文、气候及风土民情等有深入的了解。然而,曹丕不愿轻言放弃,因为为筹划东征,他已进行长达一年之久的准备。这样一来,当曹丕举全国之力进行东征时,自然是希望与孙吴决战于长江,夺取平定孙吴的全面胜利。然而,终因气候水文变化等因素致使舟师无法行进,乃至于在损失大量的军备物资以后,被迫撤兵。史称:"帝还洛阳,谓济曰:'事不可不晓。吾前决谓分半烧船于山阳池中,卿于后致之,略与吾俱至谯。又每得所陈,实入吾意。自今讨贼计画,善思论之。'"④北人不懂水文,不习水战,再加上又遇到特殊天气,结果不战而败。

曹魏建立舟师可上溯到建安十三年(208)正月——曹操至邺城训练舟师的时间。如史有"十三年春正月,公还邺,作玄武池以肄舟师"⑤之说,曹操到邺城训练舟师是为发动赤壁之战作准备。赤壁之战虽使曹操训练的舟师遭遇惨败,但精锐还在。然而,好景不长,时至曹丕东征,只因不习水道及气候变化致使舟师精锐丧失大半。由此造成的严重后果是,在后来与孙吴对垒的战争中,曹魏主要是进行陆战,基本上不再从水上发动进攻,即便是偶尔发生水战,也只是小规模的战斗。

极为有趣的是,曹丕东征失利后重新回到许昌时,竟然因其南城门坍塌,将东征不利归

---

① 北魏·郦道元《水经注·淮水》,杨守敬、熊会贞疏,段熙仲点校,陈桥驿复校《水经注疏》下册,南京:江苏古籍出版社1989年版,第2558页。
② 晋·陈寿《三国志·魏书·胡质传》(裴松之注),北京:中华书局1959年版,第741页。
③ 宋·司马光《资治通鉴·汉纪五十八》(邬国义校点),上海:上海古籍出版社1997年版,第584页。
④ 晋·陈寿《三国志·魏书·蒋济传》(裴松之注),北京:中华书局1959年版,第451—452页。
⑤ 晋·陈寿《三国志·魏书·武帝纪》(裴松之注),北京:中华书局1959年版,第30页。

罪于许昌,进而丧魂落魄地回到洛阳。史称:"七年春正月,将幸许昌,许昌城南门无故自崩,帝心恶之,遂不入。壬子,行还洛阳宫。"①又称:"魏文帝黄初七年正月,幸许昌。许昌城南门无故自崩,帝心恶之,遂不入,还洛阳。"②史家强调"许昌城南门无故自崩,帝心恶之"一事表明,在以"五德终始"即五行相胜的宗教神学理论为基本信仰的年代,本属自然现象的"灾异"往往制约着人的思想行为。尽管如此,许昌作为曹魏长期经营的根据地,在支持曹魏征伐孙吴方面却有着不可替代的作用。

---

① 晋·陈寿《三国志·魏书·文帝纪》(裴松之注),北京:中华书局1959年版,第86页。
② 唐·房玄龄等《晋书·五行志上》,北京:中华书局1974年版,第829页。

第二章 曹魏汴渠与两淮河渠

在建兴六年(228)诸葛亮伐魏以前,曹魏重点进攻和防范的对象是孙吴。这一战略布局的形成主要是由三个因素决定的:一是孙吴在淮河一线及荆州一带与曹魏接壤,无险可守,随时可发动战争;二是蜀汉地偏一隅,只有崎岖不平的山路及栈道与关中相通,只要在关中的西部凭险据守,便可有效地化解来自蜀汉的攻势;三是三国之中,曹魏实力最强,孙吴次之,蜀汉最弱,要想谋求统一,需要把孙吴列为进攻的主要对象。根据这一形势,为打通从洛阳到黄河的运道,打通自黄河中下游地区远及江淮的漕运大通道,重点重修了汴渠及石门。与此同时,为筹建淮河防线,在淮河流域兴修了有漕运、灌溉等综合功能的河渠如广漕渠、淮阳渠、百尺渠等。进而言之,政治中心多元化的格局形成后,兼并与反兼并战争结合在一起,给河渠建设打上了为不同政权服务的烙印:一方面,河渠建设带动了相关区域社会经济的发展;另一方面,在社会动荡不安的前提下,河渠建设直接表现出为军事斗争服务的鲜明特征。

第一节 石门与汴渠及黄河漕运

曹魏发达的农业经济区主要集中在黄河两岸,为了充分地发挥黄河漕运的作用,拓展黄河漕运的空间,曹魏重点兴修了汴渠受河口——石门。

石门是曹魏河渠建设的重要组成部分,既是汴渠的受河口,同时也是黄河漕运的咽喉。重建石门可自洛阳经阳渠入洛水再入黄河,入黄河以后:一是可横渡黄河,经白沟北上进入以邺城(今河北临漳西南)为区域政治中心的河北地区;二是可溯流而上经三门峡入渭水进入关中;三是可沿石门入汴渠东行抵达许昌、谯国等地,也可自汴渠入沙水、颍水、泗水及淮河,经邗沟入长江。

曹魏汴口石门与东汉汴口石门在同一地点。郦道元记载道:"明帝永平十五年,东巡至无盐,帝嘉景功,拜河堤谒者。汉灵帝建宁四年,于敖城西北,垒石为门,以遏渠口,谓之石门。故世亦谓之石门水。门广十余丈,西去河三里。石铭云:建宁四年十一月黄场石也。而主吏姓名,磨灭不可复识。魏太和中,又更修之。撤故增新,石字沦落,无复在者。"①敖城是因敖山建造的军事要塞,具有守卫汴渠的功能。因这一要塞在荥阳的西境,扼守黄河入汴渠的河口,故汴口石门又有"荥口"之称。

荥口既是汴渠的受河口,同时也是沿黄河西行入白沟北上进入河北地区的重要渡口。程大昌考证道:"《水经》:'渠水即蒗荡渠也。'《经》但言其受河,而不言受河之地,何在也?臣案:《水经》:'河流至于荥阳之北,乃曰蒗荡渠出焉。'而荥阳受河之口,古今不一,虽知不出荥阳邑境之内,亦莫能的指。何地也?史迁之记鸿沟也,曰:'三代以后,荥阳下引河东南为鸿沟,以通楚地四面之漕'。此时古荥阳地,未有河阴、荥泽二县,则自成皋以东,卷县以西,皆荥阳地也。汉建宁石门,《水经》谓在敖城西北。以地望言之,则正荥阳也。贾让欲建大河水门,以泄河怒。而援引漕渠为证曰:'荥阳漕渠,足以卜之,其水门但用木与土尔,今作石堤当必坚安。'如淳释之曰:'今砾溪口,水门是也。'砾溪口者,正在荥阳敖山西北,而水门适与相当,则既与《水经》契应矣。砾溪之西,故济虽有枯渎,而河水不应北至砾溪,南来北注,然后此渠乃始有水。故《水经》谓'济流既断,漕渠所承'。惟此水为始者,指砾溪、索水言之也。故知砾溪注济之地,正汉世汴口与之相对也。此臣得参众说,以言也。贾让之言曰:水门但用木土。建宁之前,水门未用石,而用土也。夫惟渠口,既有其地,而汴水之自砾溪北注者,又为此渠有水之始。则臣谓:汴名因下而得,非臆说也。"②程大昌言之凿凿,荥口石门的地点在敖城的西北当不成问题。进而言之,自周定王五年(前602)黄河南徙截断并侵占济水河道以后,鸿沟的受河口蒗荡渠虽然多有变化,但基本上在荥阳境内,且距敖城即敖山不远。

重点兴修汴口既可消除黄河水患,又可在重开黄河连接淮泗航线的基础上提升黄河漕运的价值。针对这一情况,为保证黄河漕运和江淮漕运,东汉多次兴修汴口,其中,较大的工程主要有四次。

具体地讲,自从汉安帝永初七年(113)、汉顺帝阳嘉三年(134)、汉灵帝建宁四年(171)多次重建后,汴口一带的堤坝已由土质改造成石质,在此基础上,汴口有了"石门"这一新称。如史有"灵帝建宁四年,于敖城西北垒石为门,以遏渠口,故世谓之石门。渠外东合济水,济与河、渠浑涛东注,至敖山北,渠水至此又兼邲之水,即《春秋》晋、楚战于邲"③之说。这里所说的"渠外东合济水,济与河、渠浑涛东注,至敖山北",是指在黄河截断济水以前,"渠"即鸿

---

① 北魏·郦道元《水经注·济水一》,杨守敬、熊会贞疏,段熙仲点校,陈桥驿复校《水经注疏》上册,南京:江苏古籍出版社1989年版,第650页。
② 宋·程大昌《禹贡论·禹贡山川地理图·蒗荡渠口辨》,《四库全书》第56册,上海:上海古籍出版社1987年版,第164—165页。
③ 元·脱脱等《宋史·河渠志三》,北京:中华书局1985年版,第2318—2319页。

沟(蒗荡渠)已经存在。鸿沟与济水相合后东行,自敖山北接纳邲水。因蒗荡渠"又兼邲之水",又因邲水有"汳水"之称,汳水又写作"汴水",故蒗荡渠有了"汴水"等称谓。然而,任何一项水利工程都不可能一劳永逸,汉代兴修石门虽然解决了眼面前的河口堤坝坍塌等问题,但随着时间的推移,受黄河变迁、水文变化及黄土高原土质疏松等多种因素的影响,势必会再度出现了损坏的情况。可以说,曹魏重修石门就是在这一背景下进行的。

魏文帝曹丕定都洛阳后,黄河漫溢直接破坏了黄河漕运及汴渠漕运,为此,黄初(220—226)中,邓艾撰写《济河论》,提出了重修石门的构想。稍后,在关注邓艾兴修石门主张的基础上,荥阳太守傅祗专门建造了有加固石门及石门渠功能的沈莱堰。史称:"自魏黄初大水之后,河济泛溢,邓艾尝著《济河论》,开石门而通之,至是复浸坏。祗乃造沈莱堰,至今兖豫无水患,百姓为立碑颂焉。"①沈莱堰是治河、疏通运道、防洪排涝等的大工程,它的建成增强了石门的防洪和漕运能力,从而结束了兖州、豫州等地因黄河泛滥或漫溢经常发生水患的历史。

此后,太和(227—233)中,魏明帝在邓艾、傅祗的基础上再度兴修石门。如郦道元记载道:"魏太和中,又更修之。撤故增新,石字沦落,无复在者。水北有石门亭,戴延之所云:新筑城周城三百步,荥阳太守所镇者也。"②此次重修,除了继续加固石门兼顾治河、疏通运道外,最重要的成果是筑城——建造了石门要塞。建造石门要塞表达了两方面的意思:一方面,表达了加强石门管理和防卫能力的诉求;另一方面,传达了石门是汴渠畅通的关键的信息,曹魏在同时防御孙吴、蜀汉有可能发动的进攻时,需要这一战略大通道承担运兵运粮等后勤补给的重任。

曹魏重修石门,对于恢复漕运有着特殊的意义。

其一,兴修石门,维护了沿黄河东行入汴及远接淮、泗的水上通道,加强了洛阳与黄河流域、淮南、淮北之间的政治、经济等方面的联系。具体地讲,这一时期蜀汉政权衰败,来自关中的威胁基本解除,因此,曹魏需要重点应对来自孙吴的威胁。在这样的前提下,要想及时地调集河南、河北的粮草及物资支持淮南前线,需要重建水上交通秩序,加强洛阳与河南、河北及淮南、淮北的联系,由于石门位于洛水与黄河相接的关键航段上,又由于石门多次受到黄河改道、河济合流毁堤、航道淤沙和干浅及坍塌等威胁,为了提升洛阳与河南、河北、淮南、淮北之间的水运能力,石门势必会成为曹魏政权重点兴修的水利工程。

其二,以石门为渡口,可加强与曹魏河北根据地魏郡(治所邺城)等地的联系。在长期的经营过程中,河北及邺城已成为曹魏最稳固的根据地。政治中心迁往洛阳后,河北依旧是曹

---

① 唐·房玄龄等《晋书·傅祗传》,北京:中华书局1974年版,第1331页。
② 北魏·郦道元《水经注·济水一》,杨守敬、熊会贞疏,段熙仲点校,陈桥驿复校《水经注疏》上册,南京:江苏古籍出版社1989年版,第650—651页。

魏的可靠大后方。如沿黄河北上,经雍榆(今河南浚县西南)、内黄(今河南内黄)等可入漳水,自漳水可抵达邺城。又如早在建安九年(204),曹操开白沟已建成沿黄河到浚县(今河南浚县)等地,远及邺城的漕运通道。史称:"九年春正月,济河,遏淇水入白沟以通粮道。"①乐史亦记载道:"白沟起在卫县,南出大河,北入魏郡。"②自白沟南下可入黄河,自白沟北上可进入魏郡及邺城以远,如史有"又东北至浚县西南古宿胥口,大伓山在其东北,其南岸则滑县"③之说,又有"禹河既自宿胥口北行至邺"④之说。

其三,重修石门可进一步完善水上交通线,为威慑及征伐孙吴和蜀汉提供后勤支持。在重修石门之前,曹操已在黄河北建成了以邺城为中心的远通洛阳的水上通道。在这样的前提下,重点修复石门可保证汴渠漕运,以进一步加强洛阳与河南、河北、淮北、淮南等之间的水上交通,以快速运兵运粮等方式保持军事斗争中的优势。进而言之,由于曹魏需要同时应对孙吴和蜀汉两个政权的同时夹击,需要建立一条快捷的水上交通线,需要将兴修石门放在重要的位置上。

汉魏石门在洛阳东北洛汭(又称洛口,洛水入黄河处)的东面,同时又在荥阳境内,因此汉魏石门又有"荥口石门"之称。胡渭论述道:"荥泽至周时已导为川,与陶丘复出之济相接,然河、济犹未通波。及周之衰,有于荥阳下引河东南为鸿沟,与济、汝、淮、泗会者,而河始与济乱。鸿沟首受河处一名蒗荡渠(《水经》:河水合氾水,又东过荥阳县,蒗荡渠出焉),亦名汴渠(《后汉·明帝纪》修汴渠注云:即蒗荡渠也。汴自荥阳首受河,所谓石门,在荥阳山北一里),又名通济渠(《元和志》:汴渠在河阴县南二百步,亦名蒗荡渠。大业元年更开导,名通济渠),即今河阴县西二十里之石门渠也。……此济分河东南流,即王景所修故渎也。渠流东注浚仪,故复谓之浚仪渠。"⑤在荥阳开鸿沟(蒗荡渠、汴渠)引黄河入渠后,由于水位落差的缘故,河水下泄湍急,从而增大了河口坍塌的危险。结合胡渭"蒗荡渠首受河处,即今河阴县西二十里之石门渠"⑥等说,当知自洛口入黄河,经平皋(汉县,治所在今河南温县赵堡镇北平皋村)、怀县(今河南武陟)等地,自怀县南在黄河与济水交汇的地方,沿济水可入蒗荡渠。黄河改道截断济水后,蒗荡渠形成了以黄河为主要补给水源的结构。

历史上的石门有狭义和广义之分。狭义石门,指在汴口兴修的石门工程;广义石门,包括汴口和自汴口东行至浚仪(今河南开封)的渠道即石门渠。因此,东汉时期的石门渠又有

---

① 晋·陈寿《三国志·魏书·武帝纪》(裴松之注),北京:中华书局1959年版,第25页。
② 宋·乐史《太平寰宇记·河北道五》(王文楚等校点)第3册,北京:中华书局2007年版,第1156页。
③ 清·胡渭《禹贡锥指》(邹逸麟整理),上海:上海古籍出版社2006年版,第456页。
④ 同③,第460页。
⑤ 同③,第592—593页。
⑥ 同③,第454页。

"浚仪渠"之称。汴口是鸿沟的受河口,自然是开鸿沟的产物。起初,开鸿沟的目的是加强漕运,后来,黄河改道引发"河始与济乱"的事件,汴口出现了经常处于黄河水患的威胁之下的情况。如每年发大水时从黄河上游带来的泥沙淤积汴口,给恢复汴口功能淘浚泥沙带来了沉重的负担,从而给以鸿沟为漕运通道增加了许多意想不到的困难。从某种意义上讲,后世不断地重修汴口及淘浚泥沙,实际上是在黄河改道及乱济的大背景下进行的。进而言之,鸿沟有连接黄河水道和远接江淮的能力,可以通过水上交通线联系受山川阻隔的区域,为此,后世为恢复这一航线出现了不断重修石门的情况。

前人在叙述汉魏石门时,往往将其与成皋(汉县,治所在今河南荥阳西北的汜水镇)联系在一起。问题是,成皋与洛水及黄河有什么样的关系?从洛阳跨越黄河,北连河北地区及东连淮、泗,是否必经汉魏石门?是否需要以汉魏石门为航段节点?由于汉魏时期的黄河、洛水与今天的黄河、洛水走向及水文有很大的差异,故需要专门地提出并进行辨析。

水文是历史的,不同时期有不同的变化。郦道元论述汉魏时期的黄河、洛水等水文情况时记载道:"河水自洛口又东,左径平皋县南。又东,径怀县南,济水故道之所入,与成皋分河。河水右径黄马坂北,谓之黄马关。孙登之去杨骏,作书与洛中故人处也。河水又东,径旋门坂北,今成皋西大坂者也。升陟此坂而东趣成皋也。曹大家《东征赋》曰:望河洛之交流,看成皋之旋门者也。河水又东,径成皋大伾山下,《尔雅》曰:山一成谓之伾。许慎、吕忱等并以为丘一成也。孔安国以为再成曰伾,亦或以为地名。非也。《尚书·禹贡》曰:过洛汭至大伾者也。郑康成曰:地肱也。沇出伾际矣。在河内修武、武德之界。济沇之水与荥播泽出入自此,然则大伾即是山矣。"①汉魏时期,黄河、洛水等水文变化不大,这一记载基本上道出了当时的真实情况。胡渭亦考辨道:"河水自洛口,又东,左径平皋县南,又东径怀县南,济水故道之所入,与成皋分河水。按平皋废县在今温县东。怀县故城在今武陟县西南……成皋县故城萦带伾阜,绝岸峻周,河水南对玉门,昔汉祖与滕公潜出济于是处也。按大伾山在汜水县西一里,有大涧九曲,一名九曲山,西去洛口裁四十里,非《禹贡》之大伾明甚。"②平皋县撤销建制后并入温县(今河南温县),怀县撤销建制后并入武陟(今河南武陟)。战国时期,成皋先属韩,后属秦。如秦"使蒙骜伐韩,韩献成皋、巩"③,这一事件发生在秦庄襄王元年(前249)。根据郦道元、胡渭等人的考证及诠释,结合《汉书·地理志上》记录平皋县和温县隶属河内郡、成皋隶属河南郡等情况④,当知曹魏时期平皋、怀县、成皋等均在黄河南岸。黄河几经改道及左右摇摆后,原先在黄河南岸的平皋、怀县等已到了黄河的北岸。如胡渭进

---

① 北魏·郦道元《水经注·河水五》,杨守敬、熊会贞疏,段熙仲点校,陈桥驿复校《水经注疏》上册,南京:江苏古籍出版社1989年版,第393—396页。
② 清·胡渭《禹贡锥指》(邹逸麟整理),上海:上海古籍出版社2006年版,第453页。
③ 汉·司马迁《史记·秦本纪》,北京:中华书局1982年版,第219页。
④ 汉·班固《汉书·地理志上》,北京:中华书局1962年版,第1554—1556页。

一步考释道:"以今舆地言之,河水自孟津县北,又东径巩县北,洛水入焉。其北岸则温县,济水入焉。"①尽管如此,曹魏以前的济水自温县境内入黄河当不成问题。在这中间,黄河改道后成皋继续留在黄河南岸。

汉魏时期,成皋水资源丰富,是洛水和黄河交汇的水网地带。《山海经·海内东经》记载道:"洛水出(上)洛西山,东北注河,入成皋[之]西。"②沿洛水北上入黄河后,可抵成皋西境。除此之外,成皋(今河南巩义)与巩县隔洛水相望,如李吉甫叙述巩县的地理形势时有"与成皋中分洛水,西则巩,东则成皋"③之说。综合这些情况:一是成皋北濒临黄河,二是成皋西也濒临黄河。从曹魏到隋唐两代,黄河进入相对稳定期,没有发生大的改道事件。如唐代有"巩县置洛口仓,从黄河不入漕洛,即于仓内安置"④之说,以此为参照坐标,当知汉魏时期从洛阳经洛口入黄河之前必经成皋。成皋在洛水的东岸,以成皋为黄河、洛水漕运的节点,向南经洛水可进入洛阳;向北沿洛水跨黄河继续北上,经曹操开挖的白沟可远及河北及邺城诸地;向东自洛水经黄河入汴渠可及淮、泗。依据这一地理及水文形势,汉魏石门实际上是在洛水、黄河与汴渠的交汇口。

成皋境内有大伾山,沇水出自大伾山,济水、黄河经过大伾山一带可抵修武(今河南修武)、武德(秦县,治所在今河南武陟圪垱店大城村)等地。不过,郦道元、胡渭所说的成皋大伾山与《尚书·禹贡》所说的大伾山(今浚县大伾山)没有必然的联系,两者名称虽同但不是同一地点。如郦道元记载道:"伾北即《经》所谓济水从北来注之者也。今沇水自温县入河,不于此也。所入者奉沟水耳,即济沇之故渎矣。成皋县之故城在伾上,萦带伾阜,绝岸峻周,高四十许丈,城张翕崄,崎而不平。《春秋传》曰:制,岩邑也,虢叔死焉。即东虢也。鲁襄公二年七月,晋成公与诸侯会于戚,遂城虎牢以逼郑,求平也。盖修故耳。《穆天子传》曰:天子射鸟猎兽于郑圃,命虞人掠林,有虎在于葭中。天子将至,七萃之士高奔戎,生擒虎而献之。天子命之为柙,畜之东虢,是曰虎牢矣。然则虎牢之名,自此始也。秦以为关,汉乃县之。城西北隅有小城,周三里,北面列观,临河,苕苕孤上。景明中,言之寿春,路值兹邑,升眺清远,势尽川陆,羁途游至,有伤深情。河水南对玉门,昔汉祖与滕公潜出,济于是处也。门东对临河,泽岸有土穴,魏攻宋司州刺史毛德祖于虎牢,战经二百日,不克。城惟一井,井深四十丈,山势峻峭,不容防捍,潜作地道取井。余顷因公至彼,故往寻之,其穴处犹存。河水又东,合汜水。水南出浮戏山,世谓之曰方山也。北流合东关水。水出嵩渚之山,泉发于层阜之上,一源两枝,分流泻注,世谓之石泉水也。东流为索水,西注为东关水。西北流,杨兰水注之。

---

① 清·胡渭《禹贡锥指》(邹逸麟整理),上海:上海古籍出版社2006年版,第455页。
② 袁珂校注《山海经校注》,上海:上海古籍出版社1980年版,第333页。
③ 唐·李吉甫《元和郡县图志·河南道一》(贺次君点校),北京:中华书局1983年版,第134页。
④ 后晋·刘昫等《旧唐书·食货志下》,北京:中华书局1975年版,第2114页。

水出非山,西北流,注于东关水。又西北,蒲水入焉。水自东浦西流,与东关水合,而乱流注于汜。汜水又北,右合石城水。水出石城山,其山复涧重岭,欹叠若城。山顶泉流,瀑布悬泻,下有滥泉,东流泄注。边有数十石畦,畦有数野蔬。岩侧石窟数口,隐迹存焉,而不知谁所经始也。又东北流,注于汜水。汜水又北,合鄤水。水西出娄山,至冬则暖,故世谓之温泉。东北流,径田鄤谷,谓之田鄤溪水,东流注于汜水。汜水又北,径虎牢城东。汉破司马欣、曹咎于是水之上。汜水又北流,注于河,《征艰赋》所谓步汜口之芳草,吊周襄之鄢馆者也。余按昔儒之论,周襄所居在颍川襄城县,是乃城名,非为水目。原夫致谬之由,俱以汜、郑为名故也,是为爽矣。又按郭缘生《述征记》、刘澄之《永初记》,并言高祖即帝位于是水之阳,今不复知旧坛所在。卢谌、崔云亦言是矣。余按:高皇帝受天命于定陶汜水,又不在此也,于是求坛,故无仿佛矣。河水又东,径板城北,有津,谓之板城渚口。河水又东,径五龙坞北。坞临长河,有五龙祠,应劭云:昆仑山庙,在河南荥阳县。疑即此祠,所未详。"[1]胡渭进一步指出:"自大伾山西南,折而北为宿胥口,又东北径邺县东,至列人、斥章县界合漳水,是为北过降水。"[2]曹魏时期,自洛阳到黄河以北的基本航线是这样的:自洛口入黄河后,沿黄河经河阴石门折向东北,沿途经平皋、怀县、淇县、滑县、浚县等地可远及邺城。其中,淇县东临淇水,自淇水可通浚县。除此之外,自成皋向东沿洛水进入黄河航线以后,经过成皋北面的河阴石门(汴口)继续向东可至荥阳北,随后自荥阳北继续向东经汴渠可进入淮泗水系。与此同时,自成皋向北沿黄河东行经平阴(河阴)、怀县等地后,再沿黄河北行途经淇县、滑县、浚县等可抵古宿胥口(今河南浚县西南),从宿胥口出发向北可抵邺城。进而言之,因河阴石门位于洛阳东向和北向航线的节点上,故成为曹魏重点修缮的工程。

温县与武陟境内有济水(清水)、沁水等汇入黄河。郦道元记载道:"沁水南径石门,世谓之沁口。《魏土地记》曰:河内郡野王县西七十里,有沁水,左径沁水城西,附城东南流也。石门是晋安平献王司马孚之为魏野王典农中郎将之所造也。按其《表》云:臣孚言:臣被明诏,兴河内水利。臣既到,检行沁水,源出铜鞮山,屈曲周回,水道九百里。自太行以西,王屋以东,层岩高峻。天时霖雨,众谷走水,小石漂迸,木门朽败,稻田泛滥,岁功不成。臣辄按行,去堰五里以外,方石可得数万余枚。臣以为累方石为门,若天亢旱,增堰进水;若天霖雨,陂泽充溢,则闭防断水。空渠衍涝,足以成河。云雨由人,经国之谋。暂劳永逸,圣王所许。愿陛下特出臣《表》,敕大司农府给人工,勿使稽延,以赞时要。臣孚言。诏书听许,于是夹岸累石,结以为门,用代木门枋,故石门旧有枋口之称矣。溉田顷畮之数,间关岁月之功,事见门侧石铭矣。水西有孔山。山上石穴洞开,穴内石上,有车辙牛迹。《耆旧传》云,自然成着,

---

[1] 北魏·郦道元《水经注·河水五》,杨守敬、熊会贞疏,段熙仲点校,陈桥驿复校《水经注疏》上册,南京:江苏古籍出版社1989年版,第396—402页。

[2] 清·胡渭《禹贡锥指》(邹逸麟整理),上海:上海古籍出版社2006年版,第459页。

非人功所就也。其水南分为二水,一水南出,为朱沟水。"①此处所说的石门是指沁水石门,与荥口石门即汴口石门没有关系。如胡渭考证道:"沁水源出山西沁州沁源县之绵山,穿太行而东南流,历济源、河内、修武,至武陟县东一里入河,名南买口。"②南买口又称"沁口",经过后世的改造,出现了"累方石为门"的情况,因此又有了"沁口石门"之称。黄河在温县与济水相连,在武陟与沁水相通。黄河折北后经淇县等地经宿胥口抵邺城的东面。

曹魏兴修汴口石门后,加强了洛阳与河北、淮泗之间的水上交通。这一时期,黄河水文虽然没有发生大的变化,但因黄河淤沙堆积汴口,汴口一带的淤沙不但要不断清理,更重要的是,需要根据这些新情况清理受河口的淤沙,由此势必要引起汴口的变化。由于这样的情况存在,故汉魏汴口石门或称荥口石门与隋唐以后的汴口石门不在同一个地点。又由于这里面涉及黄河与汴渠之间的关系,涉及汉魏以前和隋唐汴渠航线的变化,前人从地理水文沿革及变化入手,对这一问题进行了充分的论述。

隋唐的汴口石门在板渚口(今河南荥阳汜水东北),板渚口是隋代通济渠(汉魏汴渠)的受河口。问题是,板渚口在什么地方?是否与汉魏汴渠的受河口荥口石门在同一地点?程大昌论述道:"世言隋炀帝始凿汴渠,此不考首末,而概言之者也。古汴,凡莨荡渠皆得据以为称,不可泛推。惟《水经》正名以为汳。派者,在大梁城北(亦在城南,其正渠,本在北也),已而东行,以入于徐,经泗者,古汳也。至炀帝之汴,上既受河,暨至大梁,又即城之西南,合琵琶沟水,以大其流。既贯大梁,遂南径宋、宿、泗以入于淮,而古汳之在徐者遂废,此其更易之因也。隋汴受河在板城渚口而板渚之,在《水经》。古来自有分水故道,亦非炀帝之所创为也。《隋史》记文帝尝令梁睿增筑汉石堰,遏河入汴。既增筑汉之石堰,则增筑者文帝。而故堰亦自汉迹也。汉世缘河上下为石门,以入河水。而可以推考者二:其在板渚之上,则为建宁石门。此门与砾溪对,当在荥阳西北,是其一也;其在板渚之下,则为阳嘉石门。《水经》记其所自,曰:自汴口以东,缘河积石为堰,通淮古口,时人亦目为金堤,计其地似在荥阳之东,是又其一也。《隋史》:炀帝凿汴,自板城渚口为始。而板城渚口,在唐隶河阴县也。唐之河阴,在汉荥阳之东,而后世荥泽县之西,则隋之汴口。所因于汉之石堰者,岂建宁石堰也邪?然建宁石门比板渚又在上,稍远,岂其别有一堰者?不可究也。又李吉甫言:板渚,在汜水东北三十五里,而汴口乃去汜水五十里,则汴口犹在板渚之下也。其后叙载河阴县汴渠,又曰:隋自板渚引河以入汴口,详求其言,当是板渚。虽已受河,而渚有垠岸,未用堤遏至河阴汴口,乃为平地,必筑岸立门,乃得束水入渠,不至散漫。于是东去板渚二十五里,乃始得为汴口也。盖隋汴首末大略其此,而唐及本朝皆仍隋故。本朝河阴已属孟州州,名虽与唐异,而

---

① 北魏·郦道元《水经注·沁水》,杨守敬、熊会贞疏,段熙仲点校,陈桥驿复校《水经注疏》上册,南京:江苏古籍出版社1989年版,第826—828页。
② 清·胡渭《禹贡锥指》(邹逸麟整理),上海:上海古籍出版社2006年版,第455页。

地则同也。"① 程大昌详细地论述了汉魏汴口石门与隋唐汴口石门之间的区别,归纳其内容,有四个要点。一是古汴口有别于隋代汴口,板渚有"分水故道",因此,隋代汴口利用了旧有水道。二是所谓"汉世缘河上下为石门,以入河水",是说汉代以后黄河迁徙改道无常。东汉王景、王吴采用筑堤的方式将汴渠从黄河水道中剥离出来后,汴渠形成了与黄河大体平行的水道。在这一基础上,东汉阳嘉年间(132—135)和建宁年间(168—171)改造了石门,并在汴渠受河口建石门及石门渠。与此同时,根据水文变化,每年在汴渠即石门渠开受河口,因此形成了"建宁石门"和"阳嘉石门"。三是唐代河阴石门是在隋代汴口(梁公堰)的基础上兴修的,两个石门在同一地点。四是宋代石门虽然有不同于隋唐石门的名称,但地点相同。程大昌的论述有重要的参考价值,研究汉魏石门和隋唐石门时需要关注。

程大昌以后,顾祖禹亦注意到隋代板渚口与汉魏荥口石门之间的不同。如他指出:"隋开通济渠,自西苑引谷、洛水达河,又自板渚引河通淮,而水道复一变。"② 顾祖禹敏锐地发现,隋代黄河"水道复一变",已不同于汉魏。隋代利用汴渠开通济渠,自板渚受河,其受河口已不同于汉魏。具体地讲,因石门渠东行水道与黄河东行水道大体平行,再加上隋唐黄河水文多有变化,为此,需要根据新情况在石门渠这一古堰选择新的地点开受河口,在此基础上引黄河入汴。换言之,因黄河水文变化引起水道变化等,经过选择,将其建在了板渚口。

继程大昌、顾祖禹之后,胡渭进一步辨析了汉魏与隋唐汴口的区别。他指出:"汉平帝之世,河、汴决坏,未及得修,汴渠东侵,日月弥广,水门故处,皆在水中。明帝永平十二年,议治汴渠。乃诏王景与将作谒者王吴,筑堤修堨,起自荥阳,东至千乘海口,千有余里。景乃商度地势,凿山开涧,防遏冲要,疏决壅滞,十里一水门,更相洄注,无复溃漏之患。顺帝阳嘉中,又自汴口以东,缘河积石为堰,通古淮口,咸曰金堤。灵帝建宁中,又增修石门,以遏渠口,水盛则通注津,耗则辍流。按古荥阳今为荥泽、河阴二县地,蒗荡渠首受河处,即今河阴县西二十里之石门渠是也。《河渠书》言荥阳下引河。东南为鸿沟,亦即其处。班《志》河南荥阳县下云:有浪汤渠,首受泲。泲即河也。汉人谓济水。截河而南,故曰首受泲。京相璠所谓出河之济,宋张洎云即鸿沟也。蒗荡渠东南流为荥渎、济水,为官渡水,为阴沟、汳水、浚仪渠,其在大梁城南者为鸿沟,鸿沟南流兼沙水之目,沙水枝津又为睢水、涡水,名称不一,要皆河阴石门河水为之,委别而原同也。志家不晓,系鸿沟于今荥阳县汉京县地,系蒗荡于荥泽县,系石门渠于河阴县,似各为一水,原委不相贯者,而又以河阴石门与荥口石门混为一处,故详辨之。若隋炀引板渚口水入汴,则在氾水县东北二十里汉成皋

---

① 宋·程大昌《禹贡论·禹贡山川地理图·隋汴首末》,《四库全书》第56册,上海:上海古籍出版社1987年版,第165—166页。
② 清·顾祖禹《读史方舆纪要·河南三》(贺次君、施和金点校),北京:中华书局2005年版,第2231页。

县地,其非古荥阳引河处亦明矣。"①胡渭的论述有三个要点。一是自汉平帝刘衎元始年间(1—5)"河、汴决坏"以后,汴渠已陷入黄河之中,并成为黄河的水道。为了解除河患和恢复汴渠运道,王景、王吴通过"筑堤修碣",将汴渠从黄河水道中剥离出来。从地理位置上看,汴渠受河口(即荥口)沿用了先秦蒗荡渠(鸿沟)的受河口,具体的位置"即今河阴县西二十里之石门渠"。二是历史上的蒗荡渠和鸿沟虽然"委别而原同",甚至可以混称或互指,但不同的航段有不同的开挖时间,有不同的受河口。进而言之,后世蒗荡渠和鸿沟虽然合二为一,但当其各自独立时有不同的受河口,故不可以将"河阴石门与荥口石门混为一处"。三是唐代河阴石门的基础是隋代的荥口石门,其受河口在黄河与济水的交汇处板渚口,与王景、王吴恢复的汴渠受河口即"古荥阳引河处"不在同一地点,汴渠受河口地理位置在"汜水县东北二十里汉成皋县地"。进而言之,汉代荥口石门即曹魏河阴石门与隋代荥口石门及唐代河阴石门是两个地方。

后世将汉魏石门与隋唐石门混为一谈,除了有胡渭所说的原因外,还有五个方面值得注意。

其一,汉魏汴渠受河口与隋唐汴渠受河口均在古荥阳县的境内,因此,两者均可以"荥口"相称。如汉魏石门"在荥阳山北一里"②,因此有"荥口石门"之称。开皇四年(584),隋文帝析荥阳县建广武县,仁寿元年(601)又改广武县为荥泽县(治所在今河南郑州西北古荥镇),如史有荥泽"开皇四年置,曰广武。仁寿元年改名"③之说。行政区划虽然发生变化,但旧称得到保留。更重要的是,唐袭隋制,因石门在古荥阳县及荥泽县境,因此可继续以"荥口"相称。

其二,黄初间,曹魏曾经把汉县平阴(治所在今河南孟津东北)改为河阴县,这样一来,荥口石门又有了"河阴石门"之称。唐王朝建立以后,为了加强关中漕运,因河阴仓地处黄河漕运要冲,析荥阳县建河阴县。李吉甫叙述河阴县沿革时指出:"本汉荥阳县地,开元二十二年以地当汴河口,分汜水、荥泽、武陟三县地于输场东置,以便运漕,即侍中裴耀卿所立。"④开元二十二年(734),因河阴仓唐玄宗析荥阳县建河阴县(治所在今河南荥阳东北)。这样一来,两座石门虽然不在一地,但因县名相同,故均有"河阴石门"之称。进而言之,两个石门即受河口虽然不在同一地点,但因均可以"河阴石门"相称,故容易混为一谈。

其三,隋代兴修的汴口即受河口在板渚口,这一河口在汉县成皋县境内,成皋撤销建制及并入荥阳县以后,板渚口遂有了"荥口"之称。从历史的角度看,由于隋代在板渚口一带改造汉魏石堰时,有破堰引河入汴之举,这样一来,板渚口遂有了"荥口石门"之称。由于汉魏时期的石门亦有"荥口石门"之称,这样一来,因名称相同,很容易出现把两个不同地点的石

---

① 清·胡渭《禹贡锥指》(邹逸麟整理),上海:上海古籍出版社2006年版,第453—454页。
② 同①,第592页。
③ 唐·魏徵等《隋书·地理志中》,北京:中华书局1973年版,第835页。
④ 唐·李吉甫《元和郡县图志·河南道一》(贺次君点校),北京:中华书局1983年版,第136页。

门混为一谈的情况。

其四,汉魏时期的石门与隋唐时期的石门地理位置相近,很容易引起两者间混淆,关于这点,前人有充分的认识。如李吉甫记载道:"隋炀帝大业元年更令开导,名通济渠,自洛阳西苑引谷、洛水达于河,自板渚引河入汴口,又从大梁之东引汴水入于泗,达于淮,自江都宫入于海。"①司马光亦记载道:"自西苑引谷、洛水达于河,复自板渚引河历荥泽入汴,又自大梁之东引汴水入泗,达于淮。"②板渚又称"板渚口""板城渚口",与汉魏荥口石门虽然相近,但却是两个不同的地点。

其五,将汉魏石门和隋唐石门混为一谈久已有之,具体地讲,唐代已出现将两者混淆的情况。如杜佑记载道:"其汴口堰在县西二十里,又名梁公堰。隋文帝开皇七年,使梁睿增筑汉古堰,遏河入汴也。"③李吉甫亦指出:"汴口堰,在县西二十里。又名梁公堰,隋文帝开皇七年,使梁睿增筑汉古堰,遏河入汴也。"④杜佑、李吉甫所说的"县西",是指在河阴县西。杜佑、李吉甫均声称汴口堰在河阴县西二十里,无意间将曹魏石门与隋唐石门等同起来,从而给后世造成不必要的误解。

石门的地理位置十分特殊,一直是漕运咽喉,因此,后世围绕着石门及石门渠爆发了多次战争。如东晋穆帝永和八年(352),后赵发生内乱,殷浩乘机发动北伐战争。史称:"中军将军殷浩帅众北伐,次泗口,遣河南太守戴施据石门,荥阳太守刘遂戍仓垣。"⑤戴施驻扎石门,是为了扼守这一咽喉,保证漕运通道的畅通。关于这点,还可以从桓温三次北伐中得到进一步的证明。如桓温北伐时充分认识到石门的重要性,将攻占或控制石门视为运兵运粮及保证后勤补给的必然之举。史有"时亢旱,水道不通,乃凿巨野三百余里以通舟运,自清水入河。暐将慕容垂、傅末波等率众八万距温,战于林渚。温击破之,遂至枋头。先使袁真伐谯梁,开石门以通运。真讨谯梁皆平之,而不能开石门,军粮竭尽"⑥之说。

桓温北伐时,其部将袁真与前燕守将慕容德在石门一带展开激战。后来,石门为慕容德占领,因掐断了桓温的后勤补给线,为此,桓温不得不率领大军从枋头(今河南淇县东)一带撤退,导致北伐失利。史称:"慕容德屯于石门,绝温粮漕。豫州刺史李邦率州兵五千断温馈运。温频战不利,粮运复绝,及闻坚师之至,乃焚舟弃甲而退。"⑦又称:"温伐慕容暐,使穆之监凿巨野百余里,引汶会于济川。及温焚舟步归,使穆之督东燕四郡军事。"⑧

---

① 唐·李吉甫《元和郡县图志·河南道一》(贺次君点校),北京:中华书局1983年版,第137页。
② 宋·司马光《资治通鉴·隋纪四》(邬国义校点),上海:上海古籍出版社1997年版,第1632页。
③ 唐·杜佑《通典·州郡七·河南府》,杭州:浙江古籍出版社1988年版,第940页。
④ 同①。
⑤ 唐·房玄龄等《晋书·穆帝纪》,北京:中华书局1974年版,第198—199页。
⑥ 唐·房玄龄等《晋书·桓温传》,北京:中华书局1974年版,第2576页。
⑦ 唐·房玄龄等《晋书·慕容暐传》,北京:中华书局1974年版,第2853页。
⑧ 唐·房玄龄等《晋书·毛穆之传》,北京:中华书局1974年版,第2125页。

对东晋而言,能否有效地控制石门及石门渠,开辟与石门相接的运道,已关系到北伐的成功与否;对于北朝而言,能否攻占石门及掐断东晋的后勤补给线,则关系到一代王朝的安危。

从另一个层面看,石门及石门渠实际上是曹魏运兵运粮的咽喉,可以说,其畅通与否直接关系到曹魏漕运及为征伐提供后勤保障的大事。如太和四年(230)八月,魏明帝曹叡率大军东征孙权,因黄河暴涨,被迫滞留许昌,为此,只得诏令曹真班师回朝,如史有"乙未,幸许昌宫。九月,大雨,伊、洛、河、汉水溢,诏真等班师。冬十月乙卯,行还洛阳宫"①之说。从表面上看,被迫"班师"的原因是大雨造成的,实际上是大雨引起"伊、洛、河、汉水溢"以后,威胁到石门及石门渠,致使漕运中断。因为航线不通,曹叡只得滞留许昌。进而言之,石门及石门渠是曹魏的漕运襟要,一旦不通,后勤补给将难以维持,可以说,石门在曹魏漕运中占有重要的地位,同时可以用来说明曹魏多次兴修石门及石门渠的原因。

第二节　广漕渠与屯田及漕运

自诸葛亮去世后,蜀汉基本上处于守势,与此同时,为反对曹魏兼并,孙吴将淮南视为重点争夺区域。为应对"今三隅已定,事在淮南"②的局面,邓艾奉司马懿之命,巡视陈(今河南淮阳)、项(今河南项城)以东至寿春(今安徽寿县)等地。巡视以后,邓艾提出了在这一区域兴修河渠的建议。

这一建议的要点是,以兴修河渠为先导,在此基础上就地屯田及广积军粮,通过其水道运兵运粮,如史有"艾以为田良水少,不足以尽地利,宜开河渠,可以大积军粮,又通运漕之道。乃著《济河论》以喻其指"③之说。兴修河渠的主要目的是,通过屯田可以有效地减少国用支出,进而取得"每大军征举,运兵过半,功费巨亿,以为大役。陈蔡之间,土下田良,可省许昌左右诸稻田,并水东下"④的成果。邓艾的这一建议提出后,立即得到了司马懿的支持,如史有"宣帝善之,皆如艾计施行。遂北临淮水,自钟离而南横石以西,尽沘水四百余里,五里置一营,营六十人,且佃且守"⑤之说。

邓艾在淮南、淮北兴修河渠,率先建成了广漕渠。广漕渠是一条兼有灌溉和漕运等功能

---

① 晋·陈寿《三国志·魏书·明帝纪》(裴松之注),北京:中华书局1959年版,第97页。
② 晋·陈寿《三国志·魏书·邓艾传》(裴松之注),北京:中华书局1959年版,第775页。
③ 唐·房玄龄等《晋书·食货志》,北京:中华书局1974年版,第785页。
④ 同③。
⑤ 同③。

的河渠,投入使用后,陈州(治所陈县,今河南淮阳)成为黄河流域和淮河流域之间的水陆交通枢纽。史有广漕渠"在州南,邓艾所开"①之说,所谓"州南"是指在陈州南。陈州治所是陈县。陈州古称"陈国",其都城又称"陈城"。郦道元注《水经》"东南过陈县北"语云:"沙水又南与广漕渠合,上承庞官陂,云邓艾所开也。虽水流废兴,沟渎尚多。昔贾逵为魏豫州刺史,通运渠二百里余,亦所谓贾侯渠也。而川渠径复,交错畛陌,无以辨之。沙水又东径长平县故城北,又东南径陈城北,故陈国也。"②杭世骏注"贾逵又通运渠二百余里,所谓贾侯渠者也"时叙述道:"《水经注》曰:沙水又南与广漕渠合,上承庞官陂,云邓艾所开也,虽水流废兴,沟渎尚多。昔贾逵为魏豫州刺史,通运渠二百里余,亦所谓贾侯渠也。而川渠径复,交错畛陌,无以辨之。"③在史述中,杭世骏以注释的方式进一步重申了郦道元的观点。

从郦道元的记载中当知,邓艾兴修广漕渠时,利用了贾侯渠的旧道。史称:"在淮宁县西北,三国魏初,贾逵为豫州刺史,开运渠二百里,谓之贾侯渠。又《水经注》:蔡水南合广漕渠即贾侯渠也,水上承宠官陂,云邓艾所开。"④所谓"在淮宁县西北",是指贾侯渠自淮宁县(今河南淮阳县)的西北经过。淮宁县是清县,又是陈州的治所,清雍正十二年(1734)建。"宠官陂"当为"庞官陂",系刊刻所误。所谓"水上承宠官陂",自然是说广漕渠的补给水源上承庞官陂。从"广漕渠即贾侯渠"的说法中,当知广漕渠的基础是贾侯渠,同时亦可知,因"川渠径复,交错畛陌",已无法辨别哪条水道原属贾侯渠,哪条水道原属广漕渠。那么,广漕渠在恢复贾侯渠运力的基础上,又有哪些新的拓展?

其一,贾侯渠长二百余里,广漕渠长三百余里,两者长度不一,有不同的漕运及屯田能力。如果以"邓艾行陈、项以东,至寿春地"⑤为参照的话,当知广漕渠向东至项城、寿春一带。如果以"上引河流,下通淮颍,大治诸陂于颍南、颍北,穿渠三百余里,溉田二万顷,淮南、淮北皆相连接"⑥为参照的话,那么,广漕渠主要是以颍水为航线,重新开通了淮南与淮北之间的漕运通道。

其二,广漕渠在古代交通史上有着不可忽略的价值。如白寿彝先生论述道:"这个三百

---

① 清·王士俊等监修《河南通志·水利下》,《四库全书》第535册,上海:上海古籍出版社1987年版,第529页。
② 北魏·郦道元《水经注·渠水》,杨守敬、熊会贞疏,段熙仲点校,陈桥驿复校《水经注疏》中册,南京:江苏古籍出版社1989年版,第1913—1914页。
③ 清·杭世骏《三国志补注·魏书》,《四库全书》第254册,上海:上海古籍出版社1987年版,第985页。
④ 清·和珅等奉敕撰《大清一统志·陈州府》,《四库全书》第477册,上海:上海古籍出版社1987年版,第433页。
⑤ 唐·房玄龄等《晋书·食货志》,北京:中华书局1974年版,第785页。
⑥ 同⑤。

余里的长渠,连接颍淮南北,可以说是渭渠以后的第一个大渠了。此渠以后,历晋南北朝,都无可以相仿的工程出现。"①从交通史的角度,白寿彝先生充分肯定了广漕渠的作用。可以说,这条"历晋南北朝,都无可以相仿的工程",有力地改变了淮南、淮北的交通。

其三,广漕渠的基础是贾侯渠,在邓艾开广漕渠以前,贾侯渠已建立与汝水、沙水、颍水、涡水、泗水等相通的航线,与汴渠及黄河相通的航线;广漕渠开通后,进一步扩大了贾侯渠的漕运范围,强化了颍水的漕运能力,如自广漕渠入颍水等可抵淮南前线,自淮南入淮可抵长江;同时可南下至襄樊一带。

其四,在突出漕运功能的过程中,广漕渠把军屯放在了重要的位置上。从表面上看,在淮北和淮南建立一支屯戍大军,从不同方向入淮及运兵运粮,在与孙吴对峙中发挥了重要的作用。但更重要的是,此举为进一步地开发淮南、淮北的农业作出了贡献,同时也为后世淮河流域的开发起到了不可忽视的作用。

从军事形势上看,邓艾兴修广漕渠后,主要实现了四个大的战略目标:一是淮北是淮南的战略支撑点,兴修淮北河渠可提高农业产出,为支援淮南服务;二是可在淮北和淮南就地实行军屯,通过寓兵于农,闲时训练,可以打造一支粮草充足、训练有素的军队,以便加强防守并在适当的时机出击孙吴;三是可以建立复式的漕运航线,打通中原与江淮之间的漕运通道,在降低转输成本的基础上缩短后勤补给线,为统一战争服务;四是建立屯田及漕运秩序,可以有效地瓦解孙吴自荆州等方向发起的攻势。具体地讲,邓艾开渠后,加强了中原地区与淮南、淮北之间的经济联系,提升了沿岸城市的政治地位:如陈县原为县级建制,邓艾渠开凿后,陈县的经济地位得到提升,由此带动其政治地位的提升,出现了晋惠帝一朝"分梁国立陈郡"②的情况;又如地处淮南的谯郡(治所谯县,今安徽亳州)凭借水上交通,快速发展为淮南最繁华的城市;再如"及太康元年,复分下邳属县在淮南者置临淮郡"③,是因为水上交通促进了沿岸地区的商品流通,造就了临淮一带的经济繁荣,在此基础上建临淮郡(郡治徐县,治所在今江苏泗洪南),从而使一些不起眼的小城市开始成为区域政治的中心。

耐人寻味的是,前人叙述邓艾开广漕渠的情况时提出了三个时间节点,为了准确地反映漕运在曹魏后期军事斗争中的作用,揭示司马懿执掌曹魏军政大权以后的政治形势,有必要针对前人提出的广漕渠开挖时间的三个节点进行辨析,通过澄清兴修广漕渠的时间,可以重新发现在淮北兴修河渠即兴修有灌溉和漕运等综合功能的河渠的战略意义。

---

① 白寿彝《中国交通史》,上海:商务印书馆1937年版,第88页。
② 唐·房玄龄等《晋书·地理志上》,北京:中华书局1974年版,第422页。
③ 同②,第451页。

其一，陈寿等人将邓艾开广漕渠的时间，定在正始二年（241）。陈寿记载道："正始二年，乃开广漕渠，每东南有事，大军兴众，泛舟而下，达于江、淮，资食有储而无水害，艾所建也。"①陈寿的记载出现后，得到了司马光、郝经、傅泽洪等人的赞同。如司马光记载道："是岁，始开广漕渠，每东南有事，大兴军众，泛舟而下，达于江、淮，资食有储而无水害。"②司马光编年时，将邓艾开广漕渠的时间定在正始二年闰六月。郝经为邓艾作传时记载道："正始二年乃开广漕渠，每东南有事，大军兴众，泛舟而下，达于江淮，资食有储而无水害。"③从司马光、郝经的论述看，开广漕渠主要的目的是为了运兵运粮，建立一条畅达的后勤补给线，主要是为来自江淮即淮南的战事服务。其实，邓艾开广漕渠并及两面：一是屯田，广积军粮；一是为战争服务，及时地运兵运粮。因此，以《三国志·邓艾传》为依据，傅泽洪进一步叙述道："邓艾迁尚书郎时，欲广田蓄谷为灭贼资，使艾行陈、项以东至寿春，艾以为'田良水少，不足以尽地利，宜开河渠，可以引水浇溉，大积军粮，又通运漕之道'。乃著《济河论》，以喻其指。又以为'昔破黄巾，因为屯田积谷许都，以制四方。今三隅已定，事在淮南，每大军征举运兵过半功，费巨亿'。以为'大役陈、蔡之间，上下田良，可省许昌，左右诸稻田，并水东下。令淮北二万人，淮南三万人，十二分休，常有四万人且田且守，水丰常收三倍于西，计除众费，岁完五百万斛，以为军资。六七年间，可积三十万余斛于淮北，此则十万之众五年食也。以此乘敌，无不克矣'。宣帝善之，事皆施行。正始二年，乃开广漕渠。每东南有事，大军兴举泛舟而下，达于江淮，资食有储，而无水患，艾所建也。"④按照邓艾的构想，在淮北开渠：一是可以建立一条自黄河流域深入淮河流域的漕运补给线；二是可以"屯田积谷"及建立一支"且田且守"的军队。在这里，陈寿、司马光、郝经、傅泽洪等人的共同观点是：邓艾开广漕渠始于正始二年，其目的是为了加强东南防务，通过屯田及训练军队，为进攻孙吴选择适当的时机。

其二，房玄龄等修《晋书》时将邓艾开广漕渠的时间定在正始三年（242）三月。房玄龄等叙述正始三年司马懿事迹时记载道："三月，奏穿广漕渠，引河水入汴，溉东南诸陂，始大佃于淮北。"⑤这一观点提出后，得到了郑樵等人的肯定。从叙述的内容看，参与编撰《晋书》的人员将开广漕渠的时间定在正始三年三月，而不是正始二年，很可能与当时发生的两个事件相关。一是正始二年五月至六月，司马懿率军南下解樊城（今湖北襄阳）之围。史称："夏五月，吴将朱然等围襄阳之樊城，太傅司马宣王率众拒之。六月辛丑，退。"⑥因襄阳战事吃紧，

---

① 晋·陈寿《三国志·魏书·邓艾传》（裴松之注），北京：中华书局1959年版，第776页。
② 宋·司马光《资治通鉴·魏纪六》（邬国义校点），上海：上海古籍出版社1997年版，第652页。
③ 元·郝经《续后汉书·邓艾传》，《四库全书》第386册，上海：上海古籍出版社1987年版，第193页。
④ 清·傅泽洪《行水金鉴·运河水》，《四库全书》第581册，上海：上海古籍出版社1987年版，第435—436页。
⑤ 唐·房玄龄等《晋书·宣帝纪》，北京：中华书局1974年版，第14页。
⑥ 晋·陈寿《三国志·魏书·三少帝纪》（裴松之注），北京：中华书局1959年版，第119页。

在双方攻防处于胶着的紧要关头,司马懿不可能分身有术,也就不可能在这一节骨眼上立即将经营淮北及屯田、开渠等事宜提到议事日程;二是从史述的基本内容看,《晋书》强调邓艾开广漕渠及屯田的时间点,是将这一事件与孙吴诸葛恪守皖及屡屡犯境联系在一起的。从这样的角度看,此时最为急迫的事情是以淮北支援淮南,因此,不可能在这一时间节点上在淮北从容地兴修河渠,并实施军屯以及训练军队之策。史称:"先是,吴遣将诸葛恪屯皖,边鄙苦之,帝欲自击恪。议者多以贼据坚城,积谷,欲引致官兵。今悬军远攻,其救必至,进退不易,未见其便。帝曰:'贼之所长者水也,今攻其城,以观其变。若用其所长,弃城奔走,此为庙胜也。若敢固守,湖水冬浅,船不得行,势必弃水相救,由其所短,亦吾利也。'四年秋九月,帝督诸军击诸葛恪,车驾送出津阳门。军次于舒,恪焚烧积聚,弃城而遁。帝以灭贼之要,在于积谷,乃大兴屯守,广开淮阳、百尺二渠,又修诸陂于颍之南北,万余顷。自是淮北仓庾相望,寿阳至于京师,农官屯兵连属焉。"①司马懿督师击诸葛恪发生在正始四年(243)九月,为了强调邓艾开渠与孙吴诸葛恪屯皖的对应关系及强调广漕渠在战争中的作用,《晋书》帝纪的编撰者史述时将开广漕渠的时间定在正始三年三月。

其三,《晋书》的编撰者房玄龄等,除了有正始三年邓艾开广漕渠的说法外,同时又有将开广漕渠的时间定在正始四年的提法,两者之间的矛盾性似乎可以进一步证明兴修广漕渠应有其他的时间。如《晋书·食货志》记载道:"正始四年,宣帝又督诸军伐吴将诸葛恪,焚其积聚,恪弃城遁走。帝因欲广田积谷,为兼并之计,乃使邓艾行陈、项以东,至寿春地。艾以为田良水少,不足以尽地利,宜开河渠,可以大积军粮,又通运漕之道。乃著《济河论》以喻其指。又以为昔破黄巾,因为屯田,积谷许都,以制四方。今三隅已定,事在淮南。每大军征举,运兵过半,功费巨亿,以为大役。陈蔡之间,土下田良,可省许昌左右诸稻田,并水东下。令淮北二万人、淮南三万人分休,且佃且守。水丰,常收三倍于西,计除众费,岁完五百万斛以为军资。六七年间,可积三千万余斛于淮土,此则十万之众五年食也。以此乘敌,无不克矣。宣帝善之,皆如艾计施行。遂北临淮水,自钟离而南横石以西,尽沘水四百余里,五里置一营,营六十人,且佃且守。兼修广淮阳、百尺二渠,上引河流,下通淮颍,大治诸陂于颍南、颍北,穿渠三百余里,溉田二万顷,淮南、淮北皆相连接。自寿春到京师,农官兵田,鸡犬之声,阡陌相属。每东南有事,大军出征,泛舟而下,达于江淮,资食有储,而无水害,艾所建也。"②自《晋书·食货志》提出正始四年邓艾开广漕渠的观点后,得到了杜佑、马端临、丘浚等人的肯定,进而受到后世的充分关注。如杜佑记载道:"魏齐王正始四年,司马宣王使邓艾行陈、项以东至寿春(自今淮阳郡以至于今寿春郡)。艾以为'田良水少,不足以尽地利,宜

---

① 唐·房玄龄等《晋书·宣帝纪》,北京:中华书局1974年版,第14—15页。
② 唐·房玄龄等《晋书·食货志》,北京:中华书局1974年版,第785—786页。

开河渠,可以大积军粮,又通运漕之道'。宣王从之,乃开广漕渠,东南有事,兴众泛舟而下,达于江淮。资食有储而无水害,艾所建也。"①同时又记载道:"废帝齐王芳正始四年,司马宣王督诸军伐吴,时欲广田畜谷,为灭贼资。乃使邓艾行陈、项以东至寿春(自今淮阳郡项城县以东至寿春郡)。艾以为田良水少,不足以尽地利,宜开河渠,可以大积军粮,又通漕运之道,乃着济河论以喻其指。"②杜佑言之凿凿,其观点对后世产生了深远的影响。如马端临亦记载道:"魏齐王正始四年,司马宣王使邓艾行陈、项以东至寿春(今淮阳郡至寿春郡)。艾以为田良水少,不足以尽地利,宜开河渠,可以大积军粮,又通运漕之道。宣王从之,乃开广漕渠。东南有事,兴众泛舟而下,达于江淮,资食有储而无水害,艾所建也。"③这一记载完全可视为杜佑之说的翻版,入明以后,丘浚肯定了杜佑、马端临等人的说法,并择其大要地记载道:"魏正始四年,邓艾行陈、项以东至寿春,开广漕渠。东南有事,兴众泛舟而下,达于江淮,资食有储而无水害。"④《晋书·食货志》的编撰者及杜佑等将邓艾开广漕渠的时间定在正始四年。

其实,广漕渠开挖于何时,前人一直有不同的说法。自陈寿以后,史家叙述广漕渠兴修时间时,出现了在同一部著作有不同记载的相互矛盾的情况。如房玄龄等编撰《晋书》时,一方面在《宣帝纪》称广漕渠开挖于正始三年,另一方面又在《食货志》中称广漕渠开挖于正始四年。

时至南宋,郑樵干脆以存疑的方式,把前人所述的邓艾开广漕渠的三个时间点,同时收录在《通志》中。如郑樵记载道:"正始二年,乃开广漕渠。每东南有事,大军兴举,泛舟而下,达于江淮,资实有储而无水害。艾所建也。"⑤又记载道:"三年春,天子追封谥皇考,京兆尹为舞阳成侯。三月奏穿广漕渠,引河入汴,溉东南诸陂,始大佃于淮北。"⑥又记载道:"废帝齐王芳正始四年,司马懿督诸军伐吴,时欲广田蓄谷,为灭贼资,乃使邓艾行陈、项以东至寿春。艾以为:'田良水少,不足以尽地利。宜开河渠,可以大积军粮,又通运漕之道。'乃著《济河论》,以喻其指。又以为:'昔破黄巾,因为屯田积谷于许都,以制四方。今三隅已定,事在淮南,每大军征举,运兵过半,功费巨亿,以为大役。陈、蔡之间,土下田良,可省许昌左右诸稻田,并水东下。令淮北屯二万人,淮南三万人,十二分休,常有四万人,且田且守,水丰常收三倍于西。计除众费,岁得五百万斛,以为军资。六七年间,可积三千万斛于淮上,此则十万之众五年食也。以此乘吴,无往而不克。'懿善之,如艾计。遂北临淮水,自钟离西南横石以西,尽沘水四百余里,五里置一营,营六十人,且佃且守。兼修广淮阳、百尺二渠,上引河

---

① 唐·杜佑《通典·食货十·漕运》,杭州:浙江古籍出版社1988年版,第55页。
② 唐·杜佑《通典·食货二·屯田》,杭州:浙江古籍出版社1988年版,第18页。
③ 元·马端临《文献通考·国用考三·漕运》,杭州:浙江古籍出版社1988年版,第240页。
④ 明·丘浚《大学衍义补·漕挽之宜上》(林冠群、周济夫校点),北京:京华出版社1999年版,第303页。
⑤ 宋·郑樵《通志·列传三十》,杭州:浙江古籍出版社1988年版,第1771页。
⑥ 宋·郑樵《通志·晋纪》,杭州:浙江古籍出版社1988年版,第174页。

流,下通淮、颍。大治诸陂于颍南北,穿渠三百余里,溉田二万顷。淮南、淮北皆相连接。自寿春到京师,农官兵田,鸡犬之声,阡陌相属。每东南有事,大军兴众,泛舟而下,达于江淮,资食有储,而无水害,艾所建也。"①在叙述同一个事件时,一个人在同一部著作中提出三个时间,可谓是罕见。

这里提出的问题是,如果说房玄龄提出两个开广漕渠的时间,可能与《晋书》出自众人之手及不同的人有不同的观点和认识相关,也可能与统稿时有意存疑或疏忽相关的话,那么,郑樵在《通志》中同时提出三个兴修时间的节点则不能简单地视为是行文时的疏忽。从这样的角度看,一个本来很简单的问题,因为不同的时间节点同时出现在同一部著作,遂使人产生了诸多的疑问,同时也可以从不同的侧面证明,前人在认识广漕渠兴修的时间时,多有分歧。

史家叙述邓艾开广漕渠的时间时提出不同的时间点,主要是由三个方面的原因造成的:一是史家叙述开广漕渠时间时,采用了不同的史料,由于认识的逻辑起点不同,因而产生了分歧;二是提出开广漕渠的不同时间,与后人认识司马氏篡魏的时间节点有着密切的联系:邓艾开广漕渠与司马懿同曹氏集团争夺权力之间有着什么样的内在联系,进而在此基础上形成不同的观点;三是后世学者关注到前人记载中的矛盾性,更愿意以存疑的方式著录前人的观点,如王应麟叙述邓艾开挖广漕渠的时间时,同时提出了正始二年和正始四年两个时间点②,这一情况恰好说明了后世学者转录前代史料时持审慎的态度。如果以正始二年为上限,以正始四年为下限,那么,开广漕渠的时间仅相差两年。从表面上看,无论是说正始二年或三年抑或四年开广漕渠,似乎没有什么本质上的区别,不必作进一步的追究。其实不然,这里面不仅仅是涉及开广漕渠的时间,涉及曹魏后期战略方向转移的时间节点,更重要的是,涉及司马懿采用什么样的手段掌控曹魏军政大权的大问题,因此,有必要作进一步的论述和澄清。

---

① 宋·郑樵《通志·选举略·杂议论上》,杭州:浙江古籍出版社1988年版,第736页。
② 王应麟记载道:"《通鉴》:正始二年(《晋志》作四)司马宣王督诸军伐吴,时欲广置蓄谷于扬、豫之间,使尚书郎汝南邓艾行陈、项以东至寿春。艾以为,昔太祖破黄巾因为屯田积谷许都,以制四方。今三隅已定,事在淮南。每大军出征,运兵过半,功费巨亿。陈蔡之间,土下田良,可省许昌左右诸稻田,并水东下。令淮北屯二万人、淮南三万人什二分休,常有四万人,且田且守,益开河渠以增漕灌,通漕运,计除众费,岁完五百万斛,以为军资。六七年间,可积三千万斛于淮上,此则十万之众五年食也,以此乘吴,无不克矣。宣王善之(《邓艾传》:积谷强兵,值岁早旱,又为区种,身被乌衣,手执耒耜,以率将士)是岁(《晋纪》:三年三月)始开广漕渠引河入汴溉东南诸陂,每东西有事,大兴军众泛舟而下,达于江淮,资食有储而无水害。《晋志》(载邓艾事云云),宣王善之,皆如艾计施行,遂北临淮水,自钟离以南,横石以西,尽沘水四百余里。五里置营,营六十人,且田且守(《晋纪》:四年九月击诸葛恪以灭贼之要在积谷,乃大兴屯守),兼修广淮阳、百尺二渠,上引河流,下通淮颍,大治诸陂,于颍南、颍北穿渠三百里,溉田二万顷,淮南、淮北皆相连接(淮北仓庾相望),自寿春至京师农官屯兵鸡犬之声,阡陌相属,每东南有事,大兵出征,泛舟而下,达于江淮,资食有储而无水害。艾所建也。"(宋·王应麟《玉海·食货·屯田》,南京:江苏古籍出版社1990年版,第3247页。)

比较三种说法,可能陈寿的观点更有参考价值,以此为逻辑起点,很可能邓艾开广漕渠的时间是在正始二年以前,即齐王曹芳即位之时。

其一,陈寿(233—297)是西晋人,其生活年代虽然略晚于邓艾(197—264),但与邓艾的生活年代多有交叉,如邓艾兴修广漕渠时,陈寿已经出生,以当代人的身份记录当代人的活动,所述时间应更为准确。不过,陈寿叙述开广漕渠的时间之前,有邓艾奉司马懿之命巡行淮北、淮南等地,如史有"时欲广田蓄谷,为灭贼资,乃使邓艾行陈、项以东至寿春。艾以为'田良水少,不足以尽地利,宜开河渠,可以引水浇溉,大积军粮,又通运漕之道'。乃著《济河论》以喻其指"①之说。邓艾撰《济河论》发生在正始二年以前,因魏明帝曹叡景初三年(239)一月去世后,齐王曹芳即位后改元,并将景初三年改为正始元年(240)。这一时刻,邓艾上书开渠屯田的主张立即得到了司马懿的支持,如史有"宣王善之,事皆施行"②之说。从这样的角度看,开挖广漕渠的时间应在正始二年以前。然而,陈寿又言之凿凿地说,广漕渠兴修的时间是在正始二年。其实,要回答这一问题并不复杂,很可能是正始元年邓艾开始兴修广漕渠并完成其主体工程,扫尾工程有可能延续到了正始二年,故陈寿有广漕渠正始二年建成之说。

其二,陈寿以后,率先提出邓艾开挖广漕渠时间的是房玄龄(579—648)。房玄龄是唐初人,其生活年代晚于陈寿二百三十多年。从这样的角度看,陈寿的记载应该比房玄龄的更为可靠。更重要的是,从当时的军事斗争形势看,蜀汉建兴十二年(234)即曹魏青龙二年,诸葛亮病死五丈原(在今陕西宝鸡岐山县境内)后,曹魏的主要对手是孙吴,因军事斗争的主战场转移到淮南、襄樊一带,这样一来,如何加强淮北防务及为战争提供必要的支援便成了当务之急。由于在淮北兴修河渠及屯田既可以建立一条快捷的漕运通道,又可达到以战养战的目的,这样一来,改善淮北的漕运条件及进行屯田便显得尤为重要,从这样的角度看,兴修广漕渠应有更早的时间。

其三,陈寿虽然没有明确地交代邓艾"正始二年,乃开广漕渠"的前因后果,但邓艾开广漕渠及实施屯田及漕运之策,实际上是与司马懿以亲信掌控军权紧密相连的。早在司马懿派邓艾巡行淮北、淮南以前,寿春已是曹魏掌控的军事重镇。如建安五年(200),扬州刺史刘馥"兴治芍陂及茹陂、七门、吴塘诸堨以溉稻田"③;建安十四年(209),曹操"开芍陂屯田"④。芍陂在寿春境内,是春秋时(即公元前6世纪)楚庄王的令尹(宰相)孙叔敖在楚都寿春兴建的水利工程,如史有"郡界有楚相孙叔敖所起芍陂稻田"⑤之说。这一水利工程兴修后,提升了淮南一带的农业生产水平。此后,经过长期的经营,以寿春为中心的淮南(芍陂一带)已成为曹魏的重要粮仓。在这样的前提下,司马懿令亲信邓艾巡视淮北、淮南,并开广漕渠及实

---

① 晋·陈寿《三国志·魏书·邓艾传》(裴松之注),北京:中华书局1959年版,第775页。
② 同①,第776页。
③ 晋·陈寿《三国志·魏书·刘馥传》(裴松之注),北京:中华书局1959年版,第463页。
④ 晋·陈寿《三国志·魏书·武帝纪》(裴松之注),北京:中华书局1959年版,第32页。
⑤ 刘宋·范晔《后汉书·王景传》(唐·李贤等注),北京:中华书局1965年版,第2466页。

行军屯之策,这虽然与防范孙吴相关,但主要是为了将一支强大的军队牢牢地控制在手中,以此来应对曹魏政权内部可能发生的变故。史称:"时欲广田畜谷,为灭贼资,使艾行陈、项已东至寿春。艾以为'田良水少,不足以尽地利,宜开河渠,可以引水浇溉,大积军粮,又通运漕之道'。乃著《济河论》以喻其指。又以为'昔破黄巾,因为屯田,积谷于许都以制四方。今三隅已定,事在淮南,每大军征举,运兵过半,功费巨亿,以为大役。陈、蔡之间,土下田良,可省许昌左右诸稻田,并水东下。令淮北屯二万人,淮南三万人,十二分休,常有四万人,且田且守。水丰常收三倍于西,计除众费,岁完五百万斛以为军资。六七年间,可积三千万斛于淮上,此则十万之众五年食也。以此乘吴,无往而不克矣。'宣王善之,事皆施行。"①司马光亦记载道:"朝廷欲广田畜谷于扬、豫之间,使尚书郎汝南邓艾行陈、项已东至寿春。艾以为:'昔太祖破黄巾,因为屯田,积谷许都以制四方。今三隅已定,事在淮南,每大军出征,运兵过半,功费巨亿。陈、蔡之间,土下田良,可省许昌左右诸稻田,并水东下,令淮北屯二万人,淮南三万人,什二分休,常有四万人,且田且守。益开河渠以增溉灌,通漕运。计除众费,岁完五百万斛以为军资,六、七年间,可积三千万斛于淮上,此则十万之众五年食也。以此乘吴,无不克矣。'太傅懿善之。是岁,始开广漕渠,每东南有事,大兴军众,泛舟而下,达于江、淮,资食有储而无水害。"②邓艾在淮北开渠屯田及发展漕运,是在实现司马懿进一步掌控曹魏军权的过程中进行的,作为非常时期的非常之举,这一事件的发生应有更早的时间,很可能在正始二年以前的某一时段。

其四,邓艾开广漕渠的时间可能在正始二年以前,还可以找到的证据是:景初三年(240),魏明帝曹叡去世,齐王曹芳登基。这一时期,曹魏统治集团内部的政治斗争发生了微妙变化:一方面曹魏的军政大权呈现出向司马懿集团转移的势态;另一方面以曹爽为首的曹魏皇室成员高度警惕司马懿,其戒备和防范心理空前地强化。为了化解危机,司马懿需要以开广漕渠及屯田为理由派亲信到淮北,通过军屯将一支训练有素的军队掌控在手中。郑樵记载道:"先是吴遣将诸葛恪屯皖边鄙,苦之。帝欲自击恪,议者多以贼据坚城积谷。欲引致官兵,今悬军远攻其救必至进退不易,未见其便。帝曰:贼之所长者,水也。今攻城以观其变,若用其所长,弃城奔走,此为庙胜也。若敢固守湖水,冬浅船不得行,势必弃水相救,由其所短。亦吾利也。四年秋九月,帝督诸军击诸葛恪,车驾送出津阳门,军次于舒,恪焚烧积聚,弃城而遁。帝以灭贼之要,在于积谷,乃大兴屯守广开淮阳、百尺二渠。又修诸陂于颍之南北万余顷,自是淮北仓庾相望,寿阳至于京师,农官屯兵连属焉。"③孙吴屯皖始于魏明帝即位之时,如史有"明帝即位,进封长平侯。吴将审德屯皖"④之说,此后,诸葛恪继续屯田于

---

① 晋·陈寿《三国志·魏书·邓艾传》(裴松之注),北京:中华书局1959年版,第775—776页。
② 宋·司马光《资治通鉴·魏纪六》(邬国义校点),上海:上海古籍出版社1997年版,第651—652页。
③ 宋·郑樵《通志·晋纪》,杭州:浙江古籍出版社1988年版,第174页。
④ 晋·陈寿《三国志·魏书·诸夏侯曹传》(裴松之注),北京:中华书局1959年版,第279页。

皖,这一寓兵于农的做法给曹魏造成极大的威胁,在针锋相对的过程中,曹魏需要在淮北兴修河渠并屯田。更重要的是,在政治斗争的紧要关头,司马懿需要以防范孙吴为借口,令亲信邓艾巡视淮北、淮南并控制军权,以此来架空曹爽和削弱其军权。从这样的角度看,邓艾兴修广漕渠应有更早的时间,至少应发生在司马懿南征之前(正始二年六月以前)。

其五,正始二年五月,孙吴发三路大军进攻曹魏。在这中间,司马懿率大军南下解襄阳樊城之围需要淮北的支持,与此同时,淮南也是孙吴和曹魏厮杀的主战场,同样需要淮北的支持。因此,在这一节骨眼上,不可能从容地派邓艾率领五万大军到淮北开广漕渠,并安心地屯田。史称:"二年夏五月,吴将全琮寇芍陂,朱然、孙伦围樊城,诸葛瑾、步骘掠柤中,帝请自讨之。议者咸言,贼远来围樊,不可卒拔。挫于坚城之下,有自破之势,宜长策以御之。帝曰:'边城受敌而安坐庙堂,疆场骚动,众心疑惑,是社稷之大忧也。'六月,乃督诸军南征,车驾送出津阳门。帝以南方暑湿,不宜持久,使轻骑挑之,然不敢动。于是休战士,简精锐,募先登,申号令,示必攻之势。吴军夜遁走,追至三州口,斩获万余人,收其舟船军资而还。"①裴松之注《三国志·魏志》"夏五月,吴将朱然等围襄阳之樊城,太傅司马宣王率众拒之"②等语云:"干宝《晋纪》曰:吴将全琮寇芍陂,朱然、孙伦五万人围樊城,诸葛瑾、步骘寇柤中;琮已破走而樊围急。宣王曰:'柤中民夷十万,隔在水南,流离无主,樊城被攻,历月不解,此危事也,请自讨之。'议者咸言:'贼远围樊城不可拔,挫于坚城之下,有自破之势,宜长策以御之。'宣王曰:'军志有之:将能而御之,此为縻军;不能而任之,此为覆军。今疆场骚动,民心疑惑,是社稷之大忧也。'六月,督诸军南征,车驾送津阳城门外。宣王以南方暑湿,不宜持久,使轻骑挑之,然不敢动。于是乃令诸军休息洗沐,简精锐,募先登,申号令,示必攻之势。然等闻之,乃夜遁。追至三州口,大杀获。"③因司马懿"督诸军南征"时,须同时应对"朱然、孙伦五万人围樊城,诸葛瑾、步骘寇柤中",当知此次南征的兵力不会低于十万。此外,曹魏的淮南粮仓芍陂成为吴将全琮掠取的对象,与此同时,曹魏还面临着蜀汉趁机从关中发起进攻的危险,综合这些情况,在可用兵力有限(淮南、荆襄吃紧及需要淮北支援)的背景下,司马懿不可能在这一时刻让邓艾率五万大军在淮北兴修广漕渠及屯田。即便是到了六月,因司马懿率军南征樊城,在大战在即的紧要关头也不可能将兴修广漕渠一事提到议事日程。

从历时的角度看,孙吴分三路大军进攻曹魏,主要是为了抓住曹芳新立及曹魏内部人心浮动的时机,试图用以攻为守的方式来削弱曹魏的军事力量,进而赢得苟延残喘的时间。没有想到的是,孙吴的这一举动反而帮了司马懿的大忙。对于司马懿来说,抓住这一时机请缨出征,无疑是避祸全身的解脱良法。进而言之,此时司马懿亲率大军救援樊城,好处不言自

---

① 唐·房玄龄等《晋书·宣帝纪》,北京:中华书局1974年版,第14页。
② 晋·陈寿《三国志·魏书·三少帝纪》(裴松之注),北京:中华书局1959年版,第119页。
③ 同②,第119—120页。

明,主要表现在两个方面:一是率军南征可以远离政治斗争的旋涡,转移斗争的视线,进而向曹魏表示忠心;二是可以名正言顺地把军权掌控在手中,以应对将来可能发生的事变。"吴将全琮寇芍陂,朱然、孙伦五万人围樊城,诸葛瑾、步骘寇柤中",虽然给曹魏带来了巨大的压力,但化解了司马懿自身的政治危机。进而言之,在急急如漏网之鱼的紧要关口,司马懿不可能派邓艾到淮北一带兴修河渠,也就是说,开广漕渠的时间应发生在正始二年五月之前,很可能发生在齐王曹芳即位之时。

第三节　淮阳渠和百尺渠与屯田及漕运

继兴修广漕渠以后,邓艾兴修了淮阳渠和百尺渠,如史有"兼修广淮阳、百尺二渠,上引河流,下通淮颍,大治诸陂于颍南、颍北,穿渠三百余里,溉田二万顷"①之说,广漕渠与淮阳渠和百尺渠串连后,出现了"淮南、淮北皆相连接。自寿春到京师,农官兵田,鸡犬之声,阡陌相属"②的局面。

史家叙述兴修淮阳渠和百尺渠的前因后果时,特意强调了正始四年九月这一时间节点。史称:"四年秋九月,帝督诸军击诸葛恪,车驾送出津阳门。军次于舒,恪焚烧积聚,弃城而遁。帝以灭贼之要,在于积谷,乃大兴屯守,广开淮阳、百尺二渠,又修诸陂于颍之南北,万余顷。自是淮北仓庾相望,寿阳至于京师,农官屯兵连属焉。"③按照这一说法,淮阳渠和百尺渠兴修的时间,应以正始四年九月为起点。这一事件发生在邓艾开广漕渠以后,广漕渠建成后,使执掌曹魏军政大权的司马懿充分地认识到开河渠建立屯田和漕运秩序的重要性,进而有了"广开淮阳、百尺二渠"之举。应该说,强调正始四年九月司马懿挫败孙吴诸葛恪这一时间节点是有深意的。与上引《晋书·宣帝纪》中的记载相比,《晋书·食货志》中的记载更为详细,现移录如下:

> 正始四年,宣帝又督诸军伐吴将诸葛恪,焚其积聚,恪弃城遁走。帝因欲广田积谷,为兼并之计,乃使邓艾行陈、项以东,至寿春地。艾以为田良水少,不足以尽地利,宜开河渠,可以大积军粮,又通运漕之道。乃著《济河论》以喻其指。又以为昔破黄巾,因为屯田,积谷许都,以制四方。今三隅已定,事在淮南。每大军征举,运兵过半,功费巨亿,以为大役。陈蔡之间,土下田良,可省许昌左右诸稻田,并水

---

① 唐·房玄龄等《晋书·食货志》,北京:中华书局1974年版,第785页。
② 同①。
③ 唐·房玄龄等《晋书·宣帝纪》,北京:中华书局1974年版,第15页。

东下。令淮北二万人、淮南三万人分休,且佃且守。水丰,常收三倍于西,计除众费,岁完五百万斛以为军资。六七年间,可积三千万余斛于淮土,此则十万之众五年食也。以此乘敌,无不克矣。宣帝善之,皆如艾计施行。遂北临淮水,自钟离而南横石以西,尽沘水四百余里,五里置一营,营六十人,且佃且守。兼修广淮阳、百尺二渠,上引河流,下通淮颍,大治诸陂于颍南、颍北,穿渠三百余里,溉田二万顷,淮南、淮北皆相连接。自寿春到京师,农官兵田,鸡犬之声,阡陌相属。每东南有事,大军出征,泛舟而下,达于江淮,资食有储,而无水害,艾所建也。①

在修淮阳渠和百尺渠以前,广漕渠以屯田和漕运等方式为曹魏与孙吴在淮南、襄樊等地对垒发挥了重要的作用。正始四年九月,司马懿在淮南取得打败孙吴诸葛恪的胜利后,进一步认识到屯田和漕运在经营淮南的作用。因此,这坚定了司马懿以兴修河渠为先导,实现"兼并之计"的信心。从这样的角度看,司马懿令邓艾兴修淮阳渠和百尺渠实际上是与平定孙吴的战略联系在一起的。

从《晋书·宣帝纪》"广开"一词中不难发现,邓艾兴修淮阳渠和百尺渠的重点是:进一步改善淮北至淮南的漕运条件,利用其河渠进行屯田和戍守。在这中间,充分地利用了旧有的河渠及运道,兴修工程主要涉及三个方面:一是淮阳渠和百尺渠是广漕运的续修工程,通过兴修两渠,进一步改善了自陈县经项城至寿春入颍的漕运条件;二是淮阳渠和百尺渠的基础是贾侯渠,在整修旧道的过程中,进一步确立了以淮阳为中心的漕运秩序;三是兴修淮阳渠和百尺渠时,"大治诸陂",重点修复颍南、颍北之间的水利工程,扩大了屯田规模,成功地开发了淮南、淮北的农业,为征伐孙吴蓄积了大量的粮草。

邓艾淮阳渠的基础是贾侯渠。如顾祖禹论述贾侯渠、淮阳渠及广漕渠的地理方位时强调道:"在城西。《水经注》:'后汉贾逵为豫州刺史所开运渠也,或谓之淮阳渠。'又州南有广漕渠,《水经注》以为邓艾所开。"②所谓"在城西",是指淮阳渠在陈州的城西经过。所谓"又州南有广漕渠",是指广漕渠在陈州的南面。按照这一说法,在邓艾兴修淮阳渠以前,从陈州城西经过的贾侯渠已有"淮阳渠"之称。两条河渠的地理方位一致,因此,贾侯渠是邓艾淮阳渠的基础当不成问题。

事实上,在邓艾修淮阳渠以前,贾侯渠有"淮阳渠"这一称谓。这与当时的淮阳成为水陆交通枢纽有着密切的关系。如房玄龄等叙述豫州历史沿革时记载道:"西自华山,东至于淮,北自济,南界荆山。秦兼天下,以为三川、河东、南阳、颍川、砀、泗水、薛七郡。汉改三川为河

---

① 唐·房玄龄等《晋书·食货志》,北京:中华书局1974年版,第785—786页。
② 清·顾祖禹《读史方舆纪要·河南二》(贺次君、施和金点校),北京:中华书局2005年版,第2177页。

南郡,武帝置十三州,豫州旧名不改,以河南、河东二郡属司隶,又以南阳属荆州。先是,改泗水曰沛郡,改砀郡曰梁,改薛曰鲁,分梁沛立汝南郡,分颍川立淮阳郡。后汉章帝改淮阳曰陈郡。"①元封五年(前106),汉武帝以《禹贡》九州为基本依据,将全国划分为十三个监察区,并置十三州部刺史。与此同时,析颍川郡建淮阳郡,淮阳郡属豫州部监察区。东汉后期,十三州部演变为行政区划,在此基础上形成了州、郡、县三级行政建制。

此时,豫州下辖淮阳郡等。史称:"建安初,关中百姓流入荆州者十余万家,及闻本土安宁,皆企望思归,而无以自业。于是卫觊议为'盐者国之大宝,自丧乱以来放散,今宜如旧置使者监卖,以其直益市犁牛,百姓归者以供给。勤耕积粟,以丰殖关中,远者闻之,必多竞还'。于是魏武遣谒者仆射监盐官,移司隶校尉居弘农。流人果还,关中丰实。既而又以沛国刘馥为扬州刺史,镇合肥,广屯田,修芍陂、茹陂、七门、吴塘诸遏,以溉稻田,公私有蓄,历代为利。"②汉献帝建安(196—220)初,刘馥任扬州刺史并"镇合肥",此时刺史已是州级行政建制的最高长官。在这一演变过程中,淮阳郡隶属豫州。

淮阳郡的基础是汉代淮阳国。汉高祖十一年(前196)刘邦析颍川郡建淮阳国,如史有"淮阳国,高帝十一年置"③之说。汉武帝时除国,淮阳国改称"淮阳郡";汉章帝时因淮阳郡是陈国的旧地,又改称"陈郡"。此后,行政区划多有变化,淮阳国即淮阳郡经历了复为陈国,又复为陈郡的历史。李吉甫叙述陈国即陈郡的历史沿革时记载道:"《禹贡》豫州之域。本太昊之墟,周武王封妫满于陈,春秋时楚灭之。秦灭楚,属颍川郡。汉高帝分颍川置淮阳国,后汉章帝改为陈国,献帝末陈王宠为袁绍所杀,国除,为陈郡。曹魏复为陈国,以东阿王植为陈王。植子志封济北,又为陈郡。"④在行政区划沿革的过程中,前后从淮阳国到陈国,再从淮阳郡到陈郡。时至曹魏时期,又出现了豫州陈郡降格为县的情况。王鸣盛论《汉书》及论述汉代行政建置变迁指出:"又如《志》列淮阳国而此国屡为郡,屡为县,注绝不及。"⑤尽管淮阳郡的行政区划多有变迁,名称也多有变化,但"淮阳"一词在后世得到认可和长期的沿用。从这样的角度看,贾侯渠有"淮阳渠"之称,是因为该渠以淮阳为水陆交通枢纽所致,同时又可证,邓艾修淮阳渠是以贾侯渠为基础的。

此外,陈县是先秦陈国的国都,又是汉代淮阳国的治所,"淮阳"作为表达地理方位的名词,是指在泗水北岸,与淮河主干道没有关系。如郦道元有"泗水又东南径淮阳城北,城临泗水"⑥之说,可以作为佐证。出现这样的情况是因为泗水是淮河的重要支流,古代一向有以

---

① 唐·房玄龄等《晋书·地理志上》,北京:中华书局1974年版,第420页。
② 唐·房玄龄等《晋书·食货志》,北京:中华书局1974年版,第784页。
③ 汉·班固《汉书·地理志下》,北京:中华书局1962年版,第1635页。
④ 唐·李吉甫《元和郡县图志·河南道四》(贺次君点校),北京:中华书局1983年版,第211页。
⑤ 清·王鸣盛《十七史商榷·〈汉书〉九》(黄曙辉点校),上海:上海书店出版社2005年版,第109页。
⑥ 北魏·郦道元《水经注·泗水》,杨守敬、熊会贞疏,段熙仲点校,陈桥驿复校《水经注疏》中册,南京:江苏古籍出版社1989年版,第2156页。

"泗"称"淮"的习惯,因此,泗水北岸的陈县遂有了"淮阳"之称。

杜佑交代淮阳郡地理形势及方位时记载道:"东至谯郡二百里。南至汝南郡平舆县二百五里。西至颍川郡二百八十里。北至陈留郡雍丘县二百二十里。东南到汝阴郡二百里。西南到汝南郡界二百六十里。西北到陈留郡二百三十里。东北到睢阳郡三百八十一里。去西京一千五百一十四里,去东京七百里。"①古今行政区划虽然多有变化,但唐代淮阳郡的辖区与曹魏时期的辖区大体相当。由于淮阳郡是析颍川郡而建的新郡,又由于淮阳郡与陈留郡以及淮河流域的汝阴郡、汝南郡、睢阳郡等毗邻,因此,淮阳渠在与淮河支流颍水、涡水、泗水、汝水等发生关系的过程中,建立了与淮河互通的关系。可以说,这条河渠兴修后加强了与周边地区的联系,建成了一条新的联系淮河水系的水上大通道。

古人一向有"渠""沟"互替的习惯,故百尺渠又称"百尺沟"。如王应麟记载道:"《晋食货志》:魏修广淮阳、百尺二渠,上引河流,下通淮颍,大治诸陂于颍南、颍北,穿渠三百余里,溉田二万顷,淮南、淮北皆相连接。《隋志》:颍川郡北舞县,有百尺沟。"②在这一叙述中,王应麟先引《晋书·食货志》,又引《隋书·地理志中》,从其话语中不难发现,百尺渠就是百尺沟。

从历史水文的角度看,百尺渠是蒗荡渠(即鸿沟)的一部分,自大梁(今河南开封)向南与颍水相接。如郦道元记载道:"《经》云蒗荡渠者,百尺沟之别名也。"③胡渭亦考证道:"蒗荡渠自大梁城南,南流为鸿沟,项羽与汉约中分天下,指是以为东西之别。故苏秦说魏曰'大王之地南有鸿沟'是也。"④所谓"修广"百尺渠,实际上是指重修蒗荡渠即鸿沟南段,恢复了这一航段与淮河水系相通的漕运能力。前人对这一问题多有说明。

顾祖禹论述百尺渠的情况时记载道:"在城东,本沙水也。《水经注》:'沙水自鄢陵城西北经州东而为百尺沟。沟水东南流,谷水自陈城南注之。其水上承涝陂,陂在陈城西北。百尺沟东南流注颍,谓之交口。'水次有大堰,即古百尺堰。曹魏嘉平三年王凌谋举兵寿帮讨司马懿,懿发军袭凌,自水道掩至百尺堨是矣。亦名八丈沟。"⑤这一论述有三个要点:一是百尺沟在陈州东;二是百尺沟是沙水的一部分;三是从鄢陵(今河南鄢陵)到陈州东的沙水,称"百尺沟"。

顾祖禹的说法得到同时代人胡渭的赞同。胡渭考证道:"鸿沟又兼沙水之目。沙水东南流,至新阳县为百尺沟,注于颍水(汉汝南郡有新阳县,当在今陈州界)。此即班固所谓'狼

---

① 唐·杜佑《通典·州郡七·淮阳郡》,杭州:浙江古籍出版社1988年版,第942页。
② 宋·王应麟《玉海·地理·河渠》,南京:江苏古籍出版社1990年版,第426页。
③ 北魏·郦道元《水经注·颍水》,杨守敬、熊会贞疏、段熙仲点校、陈桥驿复校《水经注疏》中册,南京:江苏古籍出版社1989年版,第1820页。
④ 清·胡渭《禹贡锥指》(邹逸麟整理),上海:上海古籍出版社2006年版,第597页。
⑤ 清·顾祖禹《读史方舆纪要·河南二》(贺次君、施和金点校),北京:中华书局2005年版,第2176页。

荡渠首受沛,东南至陈入颍'者也,其一水自百尺沟分出,东南流至义城县西,而南注淮(义城今怀远),谓之沙汭。"①顾祖禹叙述百尺沟行经的地点时只提到"州东",但"州东"是指什么地方,顾祖禹并没有说。通过考证,胡渭得出的结论是,沙水至新阳(秦县,治所在今安徽界首光武镇小黄尹城子南)之间的水道称"百尺沟"。应该说,这一考证补充了顾祖禹论述中的缺失。

胡渭的观点主要来自郦道元。如郦道元注《水经》"东南过陈县北"语记载道:"沙水又东南径东华城西,又东南,沙水枝渎西南达洧,谓之甲庚沟,今无水。沙水又南与广漕渠合,上承庞官陂,云邓艾所开也。虽水流废兴,沟渎尚多。昔贾逵为魏豫州刺史,通运渠二百里余,亦所谓贾侯渠也。而川渠径复,交错畛陌,无以辨之。沙水又东径长平县故城北,又东南径陈城北,故陈国也。……沙水又东而南屈,径陈城东,谓之百尺沟。又南分为二水,沙水出焉。沟水东南流,谷水注之,水源上承涝陂。陂在陈城西北,南暨莘城,皆为陂矣。陂水东流,谓之谷水,……谷水又东流径陈城南,又东南流入于沙水枝津,又东南流注于颍,谓之交口,水次大堰有,即古百尺堰也。《魏书》《国志》曰:司马宣王讨太尉王凌,大军掩至百尺堨,即此堨也。今俗呼之为山阳堰,非也。盖新水首受颍水于百尺沟,故堰兼有新阳之名也,以是推之,悟故俗谓之非矣。"②陈县一带"沟渎尚多",从而为兴修有综合功能的河渠,进行屯田和漕运提供了便利的条件。在这里,郦道元明确地指出"盖新水首受颍水于百尺沟,故堰兼有新阳之名也",完全可视为胡渭"沙水东南流,至新阳县为百尺沟,注于颍水"的依据。沙水自百尺沟分出后,有"东南流至义城县西,而南注淮"的航线。时至后世,这条航线虽然淤塞,但汉魏时期有良好的通航能力。

沙水自陈县与广漕渠和贾侯渠相接,因贾侯渠又称"淮阳渠",百尺渠"本为沙水",又称"百尺沟",据此可知,邓艾"兼修广淮阳、百尺二渠"③后,重建了沙水、贾侯渠和广漕渠之间的互通关系,拓展了漕运空间,加强了淮北与淮南的联系,开创了屯田新局面。如顾祖禹叙述邓艾兴修淮阳渠、百尺渠及屯田的情况时记载道:

> 正始四年,司马懿欲广田蓄谷于扬、豫间,使邓艾行陈、项以东至寿春。艾以为:"昔太祖破黄巾,因为屯田,积谷许都,以制四方。今三隅已定,事在淮南。每大军出征,运兵过半,功费巨亿。陈、蔡之间,土下田良,可省许昌左右诸稻田,并水东下(胡氏曰:'汝水、颍水、莨荡渠水、涡水,皆经陈、蔡间东入淮。')。令淮北屯二万人,淮南

---

① 清·胡渭《禹贡锥指》(邹逸麟整理),上海:上海古籍出版社2006年版,第597页。
② 北魏·郦道元《水经注·渠水》,杨守敬、熊会贞疏,段熙仲点校,陈桥驿复校《水经注疏》中册,南京:江苏古籍出版社1989年版,第1913—1919页。
③ 唐·房玄龄等《晋书·食货志》,北京:中华书局1974年版,第785页。

屯三万人,什二分休,常有四万人且田且守;益开河渠,以增灌溉,通漕运。计除众费岁合五百万斛,以为军资,六七年间,可积三千万斛于淮上。此则十万之众五年食也。以此乘吴,无不克矣。"懿善之,遂北临淮水,自钟离以南(钟离,今南直凤阳府治),横石以西(横石,一作"硖石",见寿州),尽沘水四百余里(沘水即淠水,见固始县及南直六安州、寿州境),五里置营,营六十人,且田且守。兼修广淮阳、百尺二渠(淮阳、百尺渠,俱在陈州),上引河流,下通淮、颍,大治诸陂,于颍南、颍北穿渠三百里,溉田二万顷。淮南、淮北仓庾相望,自寿春至京师农官屯兵,鸡犬之声,阡陌相属。每东南有事,大兵出征,泛舟而下达于江、淮,资食有储而无水害,艾所建也。①

所谓"兼修广淮阳、百尺二渠",应指在兴修广漕渠的基础上重修淮阳渠和百尺渠。通过在前人的基础上重修,疏通了水道,扩大了漕运及屯田的范围:一是解决了农田灌溉等问题,扩大了屯田范围;二是屯田时以军屯为主,保持一支寓兵于农的军事力量,起到威慑孙吴的作用;三是在广积粮草的前提下利用河渠进行漕运,掌握了军事斗争的主动权。进而言之,广漕渠、淮阳渠、百尺渠等三渠在曹魏漕运和屯田的过程中发挥了重要作用,具有明显的为战争服务的特点。在这中间,因兴修三渠促进了当地农业的发展,邓艾赢得了后人的尊敬。史称:"邓艾庙,在县西一百二十步。艾为魏将,作陂营屯田,后人赖其利,因为立祠。"②所谓"县西",是指在下蔡(今安徽凤台)的西面。

顾祖禹论述百尺渠变迁及后世水文沿革时考证道:

百尺沟,在城东,本沙水也。《水经注》:"沙水自鄢陵城西北经州东而为百尺沟。沟水东南流,谷水自陈城南注之。其水上承涝陂,陂在陈城西北。百尺沟东南流注颍,谓之交口。"水次有大堰,即古百尺堰。曹魏嘉平三年王凌谋举兵寿春讨司马懿,懿发军袭凌,自水道掩至百尺堨是矣。亦名八丈沟。《宋会要》:"熙宁二年遣大理丞陈世修经度陈、颍州八丈沟故迹。初,世修言:'陈州项城县界蔡河东岸有八丈沟,或断或续,迤逦东去,由颍及寿,绵亘三百五十余里。乞因故道浚治,兴复大江、次河、射虎、流龙、百尺等陂塘灌溉。数百里内复为稻田。'王安石以蔡河今赖以通漕,不能如邓艾时并水东下,功未可就,乃诏先行相度,议遂阻。元祐四年知陈州胡宗愈言:'本州地势卑下,夏秋之间许、蔡、汝、邓、西京及开封诸处大雨,则诸河之水并由陈州沙河、蔡水同入颍河,不能容受,故境内潴为陂泽。今沙河合入颍河

---

① 清·顾祖禹《读史方舆纪要·河南一》(贺次君、施和金点校),北京:中华书局2005年版,第2113—2114页。
② 唐·李吉甫《元和郡县图志·河南道三》(贺次君点校),北京:中华书局1983年版,第191页。

处有古八丈沟,可以开浚,分决蔡河之水,自为一支。由颍、寿界直入于淮,则沙河之水虽甚汹涌,不能壅遏矣。'诏可。功既成,谓之新河。政和初知陈州霍端友又言:'陈地污下,久雨则积潦害稼,比疏新河八百里,而去淮尚远,水不时泄。请益开二百里,起西华,循宛丘入项城以达于淮。'从之。"今皆堙废。①

百尺渠与广漕渠、淮阳渠互通后,重新打造了黄河和淮河水系相接的水上交通线。这一航线建立后,强化了陈县的交通枢纽地位。在此基础上,百尺渠入颍口"交口"(百尺堨)成为战略要地。时至北宋,百尺渠年久失修,出现了"或断或续,迤逦东去,由颍及寿,绵亘三百五十余里"的情况,为此,宋哲宗元祐四年(1089),胡宗愈开新河,解除了陈州一带的水患。清代王士俊监修《河南通志》时,再次记录此事,因叙述内容有所改动,故移录如下:

> 百尺沟,在州城东,本沙水也。上承涝陂,东南流注于颍水,次有大堰,即古百尺堰,又名百尺堨,亦名八丈沟。宋熙宁三年,大理丞陈世修陈州项城县界,有八丈沟,绵亘三百五十余里,乞因故道,浚治兴复大江次河,射虎、流龙、百尺等陂塘,灌溉数百里稻田。王安石以蔡河今赖以通漕,不能如邓艾时,并水东下功未可就,乃诏先行相度议遂阻。元祐四年,知陈州胡宗愈言:'陈州地势卑下,夏秋之间,许、蔡、汝、邓及开封诸河之水下,注并山、陈州,沙蔡同入颍河,不能容受,故境内潴为陂泽。今沙河合颍之处,有古八丈沟,可以开浚分决蔡河之水。自为一支由颍、寿入淮,则沙河不能壅遏矣。'诏可。功既成,谓之新河。政和初,知陈州霍端友又言:'陈地污下,久雨则积潦,害稼,比疏新河八百里而去淮尚远。水不能泄,请益开二百里,起西华,循宛丘入项城,以达于淮。使畎浍陂泽各有所归,自无伤稼之患矣。'从之"②

所谓"在州城东",是指在陈州治所陈县的东面。宋代在百尺沟的基础上开新河,可谓是一举多得,既解除了水患,又发展了当时农业。不过,结合两次修新河的情况看,如将"分决蔡河之水,自为一支。由颍、寿界直入于淮"与"请益开二百里,起西华,循宛丘入项城以达于淮"对照,不难发现,新河主要沿用了百尺渠的旧道,似恢复了百尺渠旧有的运道。

从大的方面讲,邓艾在陈州兴修淮阳渠、百尺渠以建立与广漕渠主要有五个方面的意义值得关注。

---

① 清·顾祖禹《读史方舆纪要·河南二》(贺次君、施和金点校),北京:中华书局2005年版,第2176页。
② 清·王士俊等监修《河南通志·水利下》,《四库全书》第535册,上海:上海古籍出版社1987年版,第529页。

其一，建立了以陈州为中心的水上交通枢纽，提升了陈州的战略地位。具体地讲，"修广"淮阳渠、百尺渠以后，此二渠与广漕渠实现了互通。三渠互通后：一是建立了一条自西向东的水上大通道，进一步密切了曹魏政治中心洛阳与淮北、淮南的关系；二是重建了黄河航线与淮河航线之间的互通关系，形成了以陈州为航段节点的交通枢纽。顾祖禹论陈州与广漕渠等河渠的关系时指出："又州南有广漕渠，《水经注》以为邓艾所开。"①所谓"州南"指陈州南。在这中间，淮阳渠、百尺渠、广漕渠虽行经不同的区域，但均以陈州为交汇点。如陈州有沙水通往淮南，郦道元有"淮水于寿阳县西北，肥水从城北西入于淮，谓之肥口。淮水又北，夏肥水注之。水上承沙水于城父县，右出东南流径城父县故城南"②之说。又如从陈州（淮阳）入沙水后可至涡水，郦道元有"阴沟始乱蒗荡，终别于沙而涡水出焉。涡水受沙水于扶沟县。许慎又曰：涡水首受淮阳扶沟县蒗荡渠，不得至沛方为涡水也"③之说，又有"涡水首受狼汤渠，东至向入淮，过郡三，行千里"④之说。胡渭考释道："蒗荡渠东南流为荥渎、济水，为官渡水，为阴沟、汳水、浚仪渠，其在大梁城南者为鸿沟，鸿沟南流兼沙水之目，沙水枝津又为睢水、涡水，名称不一，要皆河阴石门河水为之，委别而原同也。"⑤从大梁出发折向东南可进入涡水，从涡水向东可以入淮。王鸣盛注引杜预《释例》时说："睢水受汴，东经陈留、梁国、谯郡、沛国，至彭城县入泗。"⑥这条古老的航道自汉代以后受到重视，经邓艾重修后再度开通。在这中间，以陈州为漕运枢纽，沿淮阳渠、百尺渠和广漕渠东行，可以进入淮河支流汝水、颍水、涡水、泗水等，从而提高运兵、转输粮草及军需物资的效率。进而言之，凭借水上交通，陈州成为淮北屈指可数的重镇。

其二，经过兴修河渠及屯田，陈州成为曹魏最重要的后勤补给基地。具体地讲，建立以陈州为中心的淮北和淮南屯田区，提高了两淮农业的整体水平，为就近转运粮草征伐孙吴提供了便利，进而使曹魏在与孙吴的对峙中占据优势，即通过快速地运兵运粮等及时地瓦解孙吴发动的战争，如史有"时欲广田畜谷，为灭贼资，使艾行陈、项已东至寿春"⑦之说。丘浚论述道："凡漕运者，皆自南而运于北，而此则自北而运于南。"⑧在以陈州为中心的淮北地区重

---

① 清·顾祖禹《读史方舆纪要·河南二》（贺次君、施和金点校），北京：中华书局2005年版，第2177页。
② 北魏·郦道元《水经注·淮水》，杨守敬、熊会贞疏，段熙仲点校，陈桥驿复校《水经注疏》下册，南京：江苏古籍出版社1989年版，第2522—2523页。
③ 北魏·郦道元《水经注·阴沟水》，杨守敬、熊会贞疏，段熙仲点校，陈桥驿复校《水经注疏》中册，南京：江苏古籍出版社1989年版，第1936—1937页。
④ 汉·班固《汉书·地理志下》，北京：中华书局1962年版，第1636页。
⑤ 清·胡渭《禹贡锥指》（邹逸麟整理），上海：上海古籍出版社2006年版，第454页。
⑥ 清·王鸣盛《十七史商榷·〈汉书〉十二》（黄曙辉点校），上海：上海书店出版社2005年版，第128页。
⑦ 晋·陈寿《三国志·魏书·邓艾传》（裴松之注），北京：中华书局1959年版，第775页。
⑧ 明·丘浚《大学衍义补·漕挽之宜上》（林冠群、周济夫校点），北京：京华出版社1999年版，第303页。

点屯田和发展农业,改变了曹魏政权依靠黄河中下游流域和河北的经济布局。又如乐史记载道:"灌溉城在县东北二十里。隋《陈州图经》云:邓艾所筑也。《魏志》:邓艾为典农时,于陈、项以东至寿春,开广漕渠,溉良田,筑此城。"①因广漕渠、淮阳渠、百尺渠是支援淮南前线的后勤基地,出于安全方面的考虑,在陈州建造了保卫屯田的军事要塞及屯积粮食的仓城。

其三,重点建立以陈州为中心的屯田秩序,为进一步开发淮北、淮南,赶超黄河中下游地区的农业水平奠定了坚实的基础。史称:"上引河流,下通淮颍,大治诸陂于颍南、颍北,穿渠三百余里,溉田二万顷,淮南、淮北皆相连接。"②又称:"魏贾逵堰汝水为新陂,通运二百余里。人谓之贾侯渠。邓艾修淮阳、百尺二渠通淮、颍,大治诸陂于颍之南,穿渠三百余里,溉田二万顷,今河南郡县多古所开水田之地,收获多于陆地数倍。"③三渠兴修后,提升了两淮的农业生产水平,进而通过屯田加快了曹魏开发两淮的步伐。与此同时,又以水上交通这一形式促进了相关区域的经济发展和商贸往来。

其四,邓艾兴修广漕渠、淮阳渠、百尺渠的目的是屯田和发展漕运。具体地讲,通过屯田广积军粮,以低廉的水路运输成本代替运费高昂的陆路运输,为稳定淮河防线提供强有力的后勤支援。丘濬论述道:"今承平日久,生齿日繁,天下田价,比诸国初,加数十倍。水田惟扬州最贱。陆田惟颍寿为轻。且地在两京之间,相距略等。今天下一家,虽无魏人南征之役,然用其法,以行于今日,亦可赖以少宽民力,省岁漕。其于国用,不为无助。臣请于淮南一带,湖荡之间,沮洳之地,芦苇之场,尽数以为屯田。遣官循行其地,度地势高下,测泥涂浅深。召江南无田之民,先度地势,因宜制便,先开为大河,阔二三丈者,以通于海,又各开中河,八九尺者,以达于大河。又随处各开小河,四五尺者,以达于中河,使水有所泄。然后于其低洼不可耕作之处,浚深以为湖荡。及于原近旧湖之处,疏通其水,使有所潴,或为堤以限水,或为堰以蓄水,或为斗门以放水,俱如江南之制。民之无力者,给以食,田成之后,依官田以起科。民之有力者,计其庸,田成之后,依民田以出税。六七年间,其所得者,恐不减于魏人也。夫魏人以偏安之国,有外敌之患,犹能兼淮颍而尽田之,其后果赖其用,而有以成其功。矧今尽四海以为疆,而此地介两京间,而又为运道经行之路,有鱼盐之利,有莞蒲之用,古人所谓扬一之地者也。且去大江仅百里许,大江之南,民多而田少,居者佃富家之田,为之奴隶。出者逐什一之利,轻去田里。夫若此者,岂其所欲哉? 无可以为仰事俯育之资,不得已也。然民性愚而安,故常心多而无定见。倘朝廷颁方尺之诏,遣一介之臣,鼓舞而招徕之,

---

① 宋·乐史《太平寰宇记·河南道十》(王文楚等校点),北京:中华书局2007年版,第190页。
② 唐·房玄龄等《晋书·食货志》,北京:中华书局1974年版,第785页。
③ 清·嵇璜、刘庸等撰,纪昀等校订《钦定续通典·食货·水利田》《四库全书》第639册,上海:上海古籍出版社1987年版,第55页。

无不成者。既成之后,又于颍寿之间,召民开垦陆田,亦随地势以分田,因民力而定税,其功又易于水田者。考之唐史,上元中,于楚州(今淮安)古射阳湖置洪泽屯,于寿州置芍陂屯。厥田沃壤,大获其利,俱在此地,遗迹可考也。"[1]经学家丘浚一向以经世致用为己任,关心两淮农业经济在国家政治中的地位,自然是为明王朝的统治作长久打算。然而,丘浚注意到发展淮河流域的农业经济无疑是有认识价值的。假如此前没有邓艾在淮北、淮南屯田及发展漕运之举,那么,丘浚根本不可能认识到邓艾广漕渠等三渠的意义,也不可能从国家战略的高度来深刻地体察发展淮河流域农业经济的意义。从这样的角度看,邓艾兴修广漕渠、淮阳渠、百尺渠等三渠,积极地屯田及发展漕运,为后世进一步地开发两淮农业提供了成功的可借鉴的经验。

其五,广漕渠、淮阳渠、百尺渠等三渠建立的漕运水道,对后世兴修自黄河流域进入江淮的水道产生了深远的影响。隋炀帝兴修的通济渠主要由西段、东段和东南段等三个航段构成:西段以洛阳为起点,经阳渠(五龙渠)至偃师、巩县等地循洛水入黄河;东段西起荥阳西北的板渚口入汴渠,随后自汴渠东入大梁;东南段以大梁为起点,自大梁向东后再向东南,经陈留(今河南开封陈留镇)、梁(今河南商丘)、谯(今安徽亳州)、沛(今江苏沛县)等地抵达彭城(今江苏徐州)入泗水,随后向南经下邳(今江苏邳县)、泗州(故城在今江苏盱眙淮河镇境内)等进入淮河。从经过的区域和地点看,通济渠的东南段主要采用了汴渠及广漕渠、淮阳渠、百尺渠的部分航道。淮阳渠、百尺渠、广漕渠与黄河航线实现互通后,加强了洛阳与淮南、淮北的联系。具体地讲,自阳渠经洛水入黄河后再入汴渠,随后沿沙水、颍水航线可抵达寿春,自寿春入淮沿邗沟可远及长江。

一般认为,以晋室南渡为节点,中国的农业经济中心出现了由黄河中下游地区向长江流域及江浙地区转移的迹象。在这中间,因游牧民族入主中原及战争等,黄河中下游地区的农业经济走向衰败。这种说法虽然有它的道理,但实际情况是,在农业经济中心向东南转移的过程中,曾出现了淮河流域农业经济率先崛起的情况。

追溯淮河流域农业经济开发的历史,有三个时间节点值得注意。

其一,淮河流域的农业经济开发可上溯到春秋时代,具体地讲,楚国叔孙敖在淮南兴修芍陂等,率先开发了淮河流域的农业。

其二,在黄河中下游地区农业经济蓬勃发展的年代,与黄河流域相邻的颍川已得到初步的开发。颍川是秦郡,治所在阳翟(今河南许昌禹州),因淮河重要的支流颍水而得名。西汉时期,豪强地主纷纷到颍川兴修庄园,开发了颍水流域的农业。如史家叙述灌夫兴修颍川庄

---

[1] 明·丘浚《大学衍义补·屯营之田》(林冠群、周济夫校点),北京:京华出版社1999年版,第319页。

园时记载道:"家累数千万,食客日数十百人。陂池田园,宗族宾客为权利,横于颍川。颍川儿乃歌之曰:'颍水清,灌氏宁;颍水浊,灌氏族。'"①汉景帝时,灌夫(?—前131)在平定七国之乱的战争中立下了战功。灌夫在颍川营造庄园,可谓是开发淮河流域农业的一个缩影。时至东汉,颍川继续是豪强地主集中居住的区域,经过长期不间断的开发,颍川已成为天下最富庶的地区。如史有"后黄巾贼起,郡县饥荒,翊救给乏绝,资其食者数百人。乡族贫者,死亡则为具殡葬,嫠独则助营妻娶"②之说,颍川人刘翊凭借强大的财力在颍川赈灾救民,从一个侧面说明了颍川的农业经济已达到甚至超过东汉统治的核心区域河南的整体水平。

其三,曹魏后期即司马氏即将代魏的前夜,邓艾兴修广漕渠、淮阳渠、百尺渠等渠是开发淮河流域农业经济的重要环节。正是有了这样的环节及广泛地进行军屯和民屯,淮河流域的农业经济才能后来者居上。

综上所述,淮河流域即淮南、淮北的农业经济开发有着十分悠久的历史,起码说,在唐王朝以前,农业经济的整体水平已与中原地区大体持平。安史之乱(755—763)后,藩镇割据黄河中下游地区,再加上战争等多种因素,黄河中下游地区的农业经济处于衰败的状态,为解除政治危机,唐王朝不得不把漕运的起运点延长到江淮一线,乃至于出现了淮河流域的漕运岁额高于江浙及长江沿线的情况。这里诉说的道理是,淮河流域即淮南、淮北农业经济的崛起,是农业经济中心向吴越旧地及长江中下游地区转移的必要环节,在这中间,邓艾在淮南、淮北屯田,为全面地开发和提升淮河流域的农业经济作出了不可磨灭的贡献。与此同时,通过开渠,重新修整了淮南、淮北的运道,为后世进一步地建立从黄河到江淮一带的漕运通道打下了良好的基础。

---

① 汉·司马迁《史记·魏其武安侯列传》,北京:中华书局1982年版,第2847页。
② 刘宋·范晔《后汉书·独行传》(唐·李贤等注),北京:中华书局1965年版,第2696页

第三章　洛阳、关中、河北的河渠与漕运

洛阳是曹魏统治的核心区域,为加强黄河漕运和发展经济,魏文帝与魏明帝先后两次兴修了五龙渠。从形势上看,蜀后主建兴六年即魏明帝太和二年(228)诸葛亮倾一国之力伐魏以后,关中西部成为曹魏防御蜀汉的前线,为加强防御,卫臻利用汉代旧渠兴修了新的成国渠,并将其延长到陈仓(今陕西宝鸡)一带。此外,以邺城为中心的河北一直是曹魏的根据地,在经营河北的过程中,曹魏兴修了白马沟、鲁口渠、雁门渠(牵招渠)、戾陵渠(车箱渠)等。这些河渠建成及投入使用后,在改善当地农业生产条件的过程中建立了新的水上交通秩序。

第一节　五龙渠与洛阳漕运

黄初元年(220)十二月,魏文帝迁都洛阳。迁都洛阳是由多方面的因素造成的,其中一个重要因素与曹操长期坐镇洛阳有着密切的关系。洛阳成为曹魏的国都后,为改善洛阳漕运,曹魏在东汉阳渠的基础上兴修了五龙渠。

前人论述曹魏兴修五龙渠的时间时,提出了两个节点:一是魏明帝曹叡太和五年(231)二月,都水使者陈协兴修了五龙渠;一是魏文帝曹丕一朝兴修了五龙渠。

前一种说法,可以北魏郦道元为代表。如郦道元记载道:"《河南十二县境簿》曰:河南县城东十五里有千金堨。《洛阳记》曰:千金堨旧堨谷水,魏时更修此堨,谓之千金堨。积石为堨,而开沟渠五所,谓之五龙渠。渠上立堨,堨之东首立一石人,石人腹上刻勒云:太和五年二月八日庚戌,造筑此堨,更开沟渠,此水冲渠,止其水,助其坚也,必经年历世,是故部立石人以记之云尔。盖魏明帝修王、张故绩也。堨是都水使者陈协所修也。"[①]在引录文献的基础上,郦道元以"石人腹上刻勒"为证,明确地指出曹魏兴修五龙渠的断限发生在魏明帝一朝(太和五年)。

---

① 北魏·郦道元《水经注·谷水》,杨守敬、熊会贞疏,段熙仲点校,陈桥驿复校《水经注疏》中册,南京:江苏古籍出版社1989年版,第1378—1379页。

后一种说法,可以南宋王应麟为代表。如王应麟记载道:"《水经注》:河南县城东十五里,有千金堨。《洛阳记》曰:千金堨旧堰谷水,魏时更修此堰,谓之千金堨。积石为堨而开沟渠五所,谓之五龙渠。渠上立堨,堨之东首立一石人,腹上刻勒云:大和五年二月八日庚戌,造筑此堨,更开沟渠。盖魏文帝修王、张故绩也。堨是都水使者陈协所造。"①耐人寻味的是,王应麟以郦道元的记载为依据叙述兴修五龙渠时,为什么要将"盖魏明帝修王、张故绩也"一语改为"盖魏文帝修王、张故绩也"一语呢?由此提出的问题是,哪种说法更有道理呢?或者说,五龙渠究竟是什么时候兴修的?根据这一情况,现辨析如下。

其一,王应麟的《玉海》是一部类书,所引文字均有所本,故文中声称五龙渠"盖魏文帝修王、张故绩也"应有所本,不能简单地将其归结为"近刻讹作"。一般来说,"盖"用在句首主要有两种用法:一是指发语词,表示加强语气;二是指副词,表示推测或假设。如果此处的"盖"是指发语词的话,自然是说曹丕在东汉阳渠的基础上兴修了五龙渠。如果是后一种情况,自然是以不确定的口气宣称五龙渠是魏文帝兴修的,即五龙渠有可能是魏文帝一朝在东汉王梁、张纯阳渠的基础上兴修的。然而,不管是哪种说法,王应麟均将五龙渠兴修的时间上溯到魏文帝一朝。此外,《四库全书》收录《玉海》时采用的版本,为明代国子监刊本,今人的结论是,明代国子监刊本"就是元庆元路儒学刊本的修补本"②。以此推论的话,可进一步证明《玉海》"盖魏文帝修王、张故绩也"当有所本。进而言之,元代或元代以前的版本已将五龙渠兴修的时间上溯到魏文帝时代。从这样的角度看,在王应麟的生活年代以前,人们已有兴修五龙渠发生在魏文帝一朝的认识。

其二,《四库全书》选用的《水经注》版本为《永乐大典》本,该本夹注"盖魏明帝修王、张故绩也"一语时声称:"案:'明'近刻讹作'文'。"③这一论述明确地表达了此前的《水经注》版本叙述兴修五龙渠时,只有"盖魏明帝修王、张故绩也"之说,没有"盖魏文帝修王、张故绩也"的说法。其实,这一说法经不起推敲。众所周知,戴震奉召参与《四库全书》校理工作之前,曾校订了《水经注》。参与《四库全书》校理工作后,具体负责四库《水经注》本的校理事务。因此,四库《水经注》本夹注中的"近刻"等语当出自戴震的手笔。从夹注中当知,戴震以诸本参校永乐大典《水经注》本时,表明已注意到前代有"盖魏文帝修王、张故绩也"的说法。从叙述内容看,戴震所说的"近刻"当指清代,似可排除魏文帝兴修五龙渠的说法。然而,这一说法多有武断,因为这一说法无法证明魏文帝兴修五龙渠的观点是由"近刻讹作"的。退一步讲,即便"近刻"可以上溯到明代《水经注》的刻本,但也不能否定明代以前已有"盖魏文帝修王、张故绩也"的说法。据此,可进一步地动摇四库《水经注》本提出的"'明'近

---

① 宋·王应麟《玉海·地理·河渠》,南京:江苏古籍出版社1990年版,第426页。
② 杨万兵《〈玉海〉版本流传考述》,《大学图书情报学刊》2008年第2期。
③ 北魏·郦道元《水经注·谷水》,《四库全书》第573册,上海:上海古籍出版社1987年版,第258页。

刻讹作'文'"的观点。

其三，明代陈耀文编纂《天中记》时指出："五龙。《河南十二县境簿》曰：河南县城东十五里，有千金堨。《洛阳记》曰：千金堨，旧堰谷水，魏时更修此堰，谓之千金堨。积石为堨，而开沟渠五所，以谓之五龙渠。盖魏文帝修王、张故绩也。"①《天中记》是类书，所引《洛阳记》为郦道元《水经注》引用。此外，陈耀文辑录这段文字时，明确地说引自《水经》，综合这些情况，可知魏文帝兴修五龙渠的说法应该在郦道元撰《水经注》以前已经出现。

其四，清代顾祖禹、胡渭等在著述中进一步表达了魏文帝一朝兴修五龙渠的观点。顾祖禹在综合不同史书记载的基础上论述道："又千金堨一名五龙堨，亦曰九龙渠，亦曰九曲渎。后汉建武中司空王梁引谷水以溉京都，渠成而水不流。后张纯堰洛而通漕是渠，引谷水历堨东注。魏文帝使都水使者陈协更修此堰，谓之千金堨。积石为堨，而开沟渠五，因谓之五龙渠。"②陈协生卒年不详，阮籍任步兵校尉时依旧在世，如郦道元引《语林》有"陈协数进阮步兵酒，后晋文王欲修九龙堰，阮举协，文王用之"③之说。在这里，顾祖禹称"魏文帝使都水使者陈协更修此堰"当有所本。千金堨是东汉张纯修阳渠时的重要工程，以此为依据，可以证明魏文帝兴修了五龙渠。胡渭进一步考证道："道元曰：河南县城东十五里有千金堨，旧堰谷水。魏时更修此堰，开沟渠五所，谓之五龙渠。盖魏文帝修王、张故绩也。逮于晋世，沟渎泄坏。太始七年，更于西开泄，名曰代龙渠，即九龙渠也。又曰：陆机、刘澄之皆言城之西面有阳渠，周公制之也，亦谓之九曲渎。《河南十二县簿》云：九曲渎在河南巩县西，西至洛阳。傅畅《晋书》云：都水使者良凿运渠，从洛口入注九曲，至东阳门。阮嗣宗诗所谓'逍遥九曲间'者也。"④胡渭所引文献虽不同于顾祖禹，但结论一致，且两人的论述可互为补充。此外，清代学者倪涛、傅泽洪等人的著述均以前人的论述为依据，将兴修五龙渠上溯到魏文帝时代⑤。从这样的角度看，不能简单地否定"盖魏文帝修王、张故绩也"之说的正当性。

---

① 明·陈耀文《天中记·渠》，《四库全书》第965册，上海：上海古籍出版社1987年版，第456页。
② 清·顾祖禹《读史方舆纪要·河南三》（贺次君、施和金点校），北京：中华书局2005年版，第2231页。
③ 北魏·郦道元《水经注·谷水》，杨守敬、熊会贞疏，段熙仲点校，陈桥驿复校《水经注疏》中册，南京：江苏古籍出版社1989年版，第1380页。
④ 清·胡渭《禹贡锥指》（邹逸麟整理），上海：上海古籍出版社2006年版，第247页。
⑤ 如倪涛记载道："此水衡渠上其水助其坚也，必经年历世，是故部立石人以记之云尔，盖魏文帝修王、张故绩，堨是都水使者陈协所造也。"（清·倪涛《六艺之一录》卷五十六，《四库全书》第831册，上海：上海古籍出版社1987年版，第371页）。又如傅泽洪记载道："《河南十二县境簿》曰：河南县城东十五里，有千金堨。《洛阳记》曰：千金堨旧堰谷水，魏时更修此堰，谓之千金堨。积石为堨而开沟渠五所，谓之五龙渠。渠上立堨，堨之东首立一石人。石人腹上刻勒云：太和五年二月八日庚戌，造筑此堨，更开沟渠，此水衡渠上其水（此有误，当云'此水冲渠止其水'）助其坚也，必经年历世，是故部立石人以记之云尔。盖魏文帝修王、张故绩也。堨是都水使者陈协所造也。"（清·傅泽洪《行水金鉴·运河水》，《四库全书》第581册，上海：上海古籍出版社1987年版，第436页。）

其五，清代赵一清订正"盖魏文帝修王、张故绩也"时考证道："何氏曰：亭林云'文'当作'明'。全氏曰'太和'是明帝年号，亭林之言是也。王即王梁，张即张纯。"①《四库全书总目》交代赵一清《水经注释》采用版本时有"卷首列所据以校正者凡四十本"②，检索文献，在赵一清采用的四十种校勘版本中，其中，多有明代以前的版本。在这中间，尽管赵一清校订《水经注》时引用顾炎武（号林亭先生）等观点，得出了"魏文帝"当为"魏明帝"之误的结论，但这里可以提出的反证是：在顾炎武以前《水经注》的版本即明代以前的版本中，已一再地出现"盖魏文帝修王、张故绩也"的提法。根据这一情况，可以推论魏文帝一朝有兴修五龙渠的举措。

其六，沈炳巽《水经注集释订讹》订正《水经注》讹误时论述道："按：'太和'是魏明帝年号，'文'当作'明'。"③照此说来，似乎可以排除魏文帝兴修五龙渠的观点。然而，沈炳巽《水经注集释订讹》版本为"明嘉靖间黄省曾所刊《水经注》本"④。黄省曾的《水经注》刻本主要有两个来源：一是宋刻本，一是嘉靖以前的旧抄本。如胡适论述黄省曾刻本的来源时指出："黄省曾刻书时，大概用的是两种传钞宋本凑合起来的一部底本。"⑤沈炳巽虽然在订讹的过程中改动了黄省曾刻本，并坚持五龙渠为魏明帝时期兴修的观点，但无法拿出强有力的证据来反驳或动摇"盖魏文帝修王、张故绩也"的提法。除此之外，黄省曾的《水经注》刻本既然是"两种传钞宋本凑合起来的"，当以宋本为源，据此，可以进一步反驳四库《水经注》本夹注得出的"'明'近刻讹作'文'"的结论。

其七，郦道元记载此事时引录石文为证，据此，似乎可以确认太和五年是曹魏兴修五龙渠的时间节点。然而，如果从事理的角度进行分析的话，五龙渠的兴修时间完全可以上溯到魏文帝一朝。具体地讲，建安二十四年（219）十月，为应对蜀汉在关中、襄樊等地的进攻，曹操把军事斗争的指挥所迁往了洛阳。建安二十五年（220）三月曹操于洛阳去世，同年十二月曹丕代汉，在营造洛阳宫的基础上迁都洛阳。在这一过程中，为应对复杂的军事斗争形势及恢复洛阳的社会经济秩序，重修阳渠已是当务之急。进而言之，阳渠是横亘河洛一带的有综合性功能的河渠，及时地重修不但可以恢复洛阳地区的农田灌溉，还可以通过重建漕运秩序降低转输成本，给日趋严峻的军事斗争提供强有力的后勤支持。从这样的角度看，魏文帝建都洛阳后，为稳定错综复杂的政治、军事斗争形势，需要把重修阳渠

---

① 清·赵一清《水经注释·谷水》，《四库全书》第575册，上海：上海古籍出版社1987年版，第286页。
② 清·纪昀等《钦定四库全书总目》（四库全书研究所整理），北京：中华书局1997年版，第946页。
③ 清·沈炳巽《水经注集释订讹·谷水》，《四库全书》第574册，上海：上海古籍出版社1987年版，第300页。
④ 同②。
⑤ 胡适《黄省曾刻的〈水经注〉的十大缺陷》，《胡适全集》第17卷，合肥：安徽教育出版社2003年版，第457页。

（兴修五龙渠）提到议事日程，需要通过建立以洛阳为中心的漕运秩序，在向不同的区域调运粮草及战略物资的过程中保持对孙吴、蜀汉军事斗争中的优势。在这一节骨眼上，曹丕应有重修阳渠之举，以此来加强黄河漕运及保证洛阳的粮食安全。裴松之注《三国志·魏书·文帝纪》"元年二月"云："《魏书》载庚戌令曰：'关津所以通商旅，池苑所以御灾荒，设禁重税，非所以便民；其除池籞之禁，轻关津之税，皆复什一。'"①黄初元年二月，曹丕颁布"轻关津之税"的诏令是以洛阳有良好的漕运条件为前提的。根据这一情况，曹丕重修阳渠应发生在黄初元年二月以前。

综上所述，虽然可以根据石文将曹魏兴修五龙渠的下限定在太和五年，但不能由此得出魏文帝曹丕建都洛阳以后没有兴修河渠之举的结论。从这样的角度看，在没有找到充分的证据之前，不能轻易地否定魏文帝兴修五龙渠的可能性。进而言之，在承认魏明帝太和五年为陈协兴修五龙渠下限的前提下，不能排除魏文帝一朝陈协兴修五龙渠的可能性。很有可能的是：陈协分别在魏文帝、魏明帝时期两次兴修五龙渠。

五龙渠的基础是周阳渠和汉阳渠。光武帝建武五年（29），王梁在周阳渠的基础上揭开了兴修汉阳渠的序幕。遗憾的是，"及渠成而水不流"②，王梁虽有良好的愿望，但因与客观情况不符，导致修渠失败，没有实现预期的目标。建武二十四年（48），通过总结王梁失败的经验教训，张纯建成了同时具有灌溉、水运、防洪排涝等功能的阳渠。阳渠投入使用后，提高了洛阳一带的漕运能力，进一步改善了洛阳地区的农业生产条件。

耐人寻味的是，史家论述汉代兴修阳渠的时候，特意强调了何敞"修理洛阳四渠"这一环节。史称："周阳渠，在县西南，乃周公所制也。至汉，又名汉阳渠，亦谓九曲渎。建武二十三年张纯为大司空，明年上言穿阳渠，堰洛水为漕，公私获赡。章帝朝何敞为河南守，修理洛阳四渠，垦增田三万余顷。五龙渠，府城东十五里，有千金堨，魏时更修之而开渠五，所谓五龙渠也。"③按照这样的说法，曹魏兴修五龙渠及陈协修五龙渠时，利用了何敞兴修的洛阳四渠。其实，这一说法有误。

其一，据《后汉书·何敞传》，何敞没有任河南太守的经历，故不可能有"修理洛阳四渠"的举动。

其二，何敞兴修河渠的时间发生在汉和帝永元（89—105）间，不是在汉章帝（75—88年在位）一朝。具体地讲，永元年间何敞任汝南太守，为发展当地农业及提升农田灌溉水平，兴修了"鲖阳旧渠"。如《后汉书·何敞传》有"修理鲖阳旧渠，百姓赖其利，垦田增三万余顷"④之说，李贤等诠释时写道："鲖阳，县，属汝南郡，故城在今豫州新蔡北。《水经注》云：

---

① 晋·陈寿《三国志·魏书·文帝纪》（裴松之注），北京：中华书局1959年版，第58页。
② 刘宋·范晔《后汉书·王梁传》（唐·李贤等注），北京：中华书局1965年版，第775页。
③ 清·王士俊等监修，清·顾栋高等编纂《河南通志·水利上》，《四库全书》第535册，上海：上海古籍出版社1987年版，第477页。
④ 刘宋·范晔《后汉书·何敞传》（唐·李贤等注），北京：中华书局1965年版，第1487页。

'葛陂东出为铜水,俗为之三丈陂'。"①铜阳(汉县,旧治在今安徽临泉铜阳)远离洛阳,从名称看,"铜阳旧渠"应在铜阳境内,与洛阳无关。

其三,汝南郡始建于汉高祖刘邦一朝,如史有"汝南郡,高帝置"②之说。此后,汝南郡经历了废除郡制设汝南国、废除汝南国恢复郡制等多次变化。然而,不论发生什么样的变化,汝南郡的治所设在平舆(今河南平舆)从没改变。李吉甫记载道:"汉立汝南郡,领二十七县,理平舆。"③史称:"先是,改泗水曰沛郡,改砀郡曰梁,改薛曰鲁,分梁沛立汝南郡,分颍川立淮阳郡。后汉章帝改淮阳曰陈郡。魏武分沛立谯郡,魏文分汝南立弋阳郡。"④从地理方位上看,汝南郡远离洛阳,因此,时任汝南太守的何敞不可能超越管辖范围,跑到洛阳兴修河渠。

其四,清代编纂《河南通志》张冠李戴,有将何敞"修理铜阳旧渠,百姓赖其利,垦田增三万余顷"误解为"修理洛阳四渠,垦增田三万余顷"的情况。

其五,前人叙述这一事件时,出现了混淆的情况。很有可能把晋代汝南太守袁孚、汝阴太守李矩兴修千金堨一事与何敞"修理铜阳旧渠"混为一谈。史称:"矩勇毅多权略,志在立功,东海王越以为汝阴太守。永嘉初,使矩与汝南太守袁孚率众修洛阳千金堨,以利运漕。"⑤袁孚是汝南太守,在任上兴修千金堨。何敞也曾任汝南太守。由此提出的问题上,既然都曾担任汝南太守,为什么袁孚可以兴修千金堨,何敞不能"修理洛阳四渠"呢?其实不然,袁孚兴修洛阳千金堨是奉朝廷之命,何敞兴修则有越权之嫌。

综上所述,曹魏时期,在洛阳兴修五龙渠跟何敞没有任何的关系,只能与时任汝南太守袁孚、汝阴太守李矩相关。

五龙渠是阳渠的续建工程。因阳渠年久失修,其灌溉、防洪排涝、漕运等能力明显地下降,为恢复其功能和提高其利用效率,陈协兴修了五龙渠。顾祖禹论阳渠与五龙渠的关系时指出:"傅畅《晋书》《河南十二县簿》言陈协凿运渠从洛口入,经巩县西至九曲渎,又西至洛阳东阳门会于阳渠是也。"⑥陈协兴修五龙渠时,主要做了两项工作:一是采取"积石为堨"的方案,将千金堨改造为石堨(石质堤堰),增强了五龙渠在蓄水、引水、放水、排水等方面的能力;二是"开沟渠五所",通过建造五条有引水、分水、泄水等功能的渠道,增强了五龙渠的抗

---

① 刘宋·范晔《后汉书·何敞传》(唐·李贤等注),北京:中华书局1965年版,第1487页。
② 汉·班固《汉书·地理志上》,北京:中华书局1962年版,第1561页。
③ 唐·李吉甫《元和郡县图志·河南道五》(贺次君点校),北京:中华书局1983年版,第237页。
④ 唐·房玄龄等《晋书·地理志上》,北京:中华书局1974年版,第420页。
⑤ 唐·房玄龄等《晋书·李矩传》,北京:中华书局1974年版,第1706页。
⑥ 清·顾祖禹《读史方舆纪要·河南三》(贺次君、施和金点校),北京:中华书局2005年版,第2231页。

洪、泄洪等能力。具体地讲,或开渠引水入运,或分水灌溉农田,或导水下泄防止渠道水位过高时毁坏堤岸。

千金竭又称"千金堰",通过分水入洛,提高了五龙渠的灌溉、排洪防涝、漕运等综合功能。检索文献,千金竭建造的位置是在洛阳府治所河南县的东面(洛阳长分桥的西面)。杨衒之记载道:"出阊阖门城外七里长分桥(中朝时以谷水浚急,注于城下,多坏民家,立石桥以限之;长则分流入洛,故名曰长分桥),……长分桥西有千金堰(计其水利,日益千金,因以为名。昔都水使者陈勰所造。今备夫一千,岁恒修之)。"①为了泄水及防止谷水灌注洛阳,陈勰在洛阳阊阖门城外七里的地方建造了石桥。石桥有两大功能:一是方便行人;二是谷水上涨时有石桥的石柱可分水入洛,防止洪水灌入洛阳及损毁民宅。因此,石桥遂有"长分桥"之称。此外,长分桥的西面建有千金竭,千金竭可以有效地预防洪水的侵袭,可"日益千金",故称"千金堰"。因千金堰由堰和导水渠等两个部分构成,故有"千金渠"之称;又因重修阳渠时"开沟渠五所",故又有"五龙渠"之称。如郦道元记载道:"《语林》曰:陈勰数进阮步兵酒,后晋文王欲修九龙堰,阮举勰,文王用之。掘地得古承水铜龙六枚,堰遂成。水历竭东注,谓之千金渠。"②王应麟进一步记载道:"《水经注》:河南县城东十五里,有千金竭。《洛阳记》曰:千金竭,旧堰谷水,魏时更修,积石为竭。开沟渠五所,谓之五龙渠。渠上立竭,竭是都水使者陈协造。水历竭东注,谓之千金渠。"③前人记叙五龙渠开凿情况时,不约而同地强调了千金竭建造时"开沟渠五所"的情况,从这些叙述中当知,兴修千金竭(五龙渠)包括建堰和"开沟渠五所"两大工程,两个工程缺一不可。在恢复旧渠灌溉、排洪防涝、水运等综合功能时,陈协是从加固千金竭和"开沟渠五所"等两个方面入手的。

五龙渠是曹魏在改造阳渠的过程中兴修的水利工程,投入使用后主要有两个方面的作用:一是改善了洛阳的农业生产条件,扩大了洛阳地区农田灌溉的面积,建成了一批旱涝保收的高产稳产田,促进了洛阳地区的经济发展;二是通过建造引水、蓄水、补水、泄水等工程,既防止了航道干浅,同时又解决了水位过高航行不安全的难题,提升了洛阳对外的漕运能力,为建设洛阳这一水陆交通枢纽起到了奠基作用。自五龙渠入黄河可北上进入河北诸渠,

---

① 北魏·杨衒之《洛阳伽蓝记·城西》,杨勇校笺《洛阳伽蓝记校笺》,北京:中华书局2006年版,第201页。
② 北魏·郦道元《水经注·谷水》,杨守敬、熊会贞疏,段熙仲点校,陈桥驿复校《水经注疏》中册,南京:江苏古籍出版社1989年版,第1380页。
③ 宋·王应麟《困学纪闻·考史·历代漕运考》(栾保群、田松青、吕宗力校点),上海:上海古籍出版社2008年版,第1798页。

以水上交通加强了洛阳与河北之间的联系;自黄河东行入石门经汴渠后可进入淮河水系。如史有晋怀帝永嘉元年(307)九月"始修千金堨于许昌以通运"①之说,这虽然是叙述后代的情况,但可以反证兴修后的五龙渠已有远接许昌的漕运能力。

第二节 成国渠与关中漕运

为加强关中防务,魏明帝一朝在汉代成国渠的基础上重修了成国渠。汉代成国渠的补给水源主要来自渭水,自郿县(今陕西眉县)东北行,至上林苑入蒙笼渠。如班固叙述汉代成国渠时记载道:"郿,成国渠首受渭,东北至上林入蒙笼渠。"②经曹魏改造后,成国渠向西延长到陈仓东,并取汧水入渠。郦道元叙述曹魏成国渠时记载道:"其渎上承汧水于陈仓东。东径郿及武功、槐里县北。"③引汧水入渠后,扩大了曹魏成国渠行经的区域和农田灌溉的范围。

这里,先且撇开曹魏成国渠是如何在汉代成国渠基础上兴修的情况不论,前人叙述曹魏成国渠情况时,主要有两种观点。

其一,曹魏成国渠是在卫臻的主持下兴修的。郦道元记载道:"渭水又东会成国故渠。渠,魏尚书左仆射卫臻征蜀所开也。号成国渠,引以浇田。其渎上承汧水于陈仓东。东径郿及武功槐里县北。"④魏明帝太和二年,卫臻兴修了成国渠。这一观点后来得到了宋敏求、胡渭等人的赞同。如宋敏求记载道:"成国渠,在县北一里。西自武功县界流入县界,凡六十里,溉田二百四十余顷,东流入咸阳县界,即古白渠也。《水经注》曰:成国故渠,故魏尚书右仆射卫臻征蜀所开也。上承汧水于陈仓东,东过郿及武功槐里县。"⑤宋敏求重申了郦道元的观点。胡渭注《水经注》"又东会成国故渠"时亦指出:"魏尚书左仆射卫臻征蜀所开也。"⑥自郦道元提出卫臻开曹魏成国渠的观点后,受到后人的充分关注。

---

① 唐·房玄龄等《晋书·孝怀帝纪》,北京:中华书局1974年版,第117页。
② 汉·班固《汉书·地理志上》,北京:中华书局1962年版,第1547页。
③ 北魏·郦道元《水经注·渭水下》,杨守敬、熊会贞疏,段熙仲点校,陈桥驿复校《水经注疏》中册,南京:江苏古籍出版社1989年版,第1619页。
④ 同③,第1618—1619页。
⑤ 宋·宋敏求《长安志·县四·兴平》,《四库全书》第587册,上海:上海古籍出版社1987年版,第174—175页。
⑥ 清·胡渭《禹贡锥指》(邹逸麟整理),上海:上海古籍出版社2006年版,第627页。

其二，曹魏成国渠是在司马懿的主持下兴修的。房玄龄等记载道："青龙元年，穿成国渠，筑临晋陂，溉田数千顷，国以充实焉。"①魏明帝青龙元年(233)，为充实国力及加强关中防务，司马懿兴修了成国渠。这一观点同样得到了后人的赞同。如顾祖禹记载道："成国渠，在县东。《三国志》：'魏青龙元年司马懿开成国渠，自陈仓至槐里筑临晋坡，引汧水溉乌卤之地三千余顷。'《元和志》：'在郿县东北九里，首受渭水溉田，经武功县东北至上林入蒙笼渠'云。"②在这里，顾祖禹所说的《三国志》应指《晋书》，今本《三国志》不见其载，但出自《晋书》当不成问题。

郦道元和房玄龄等人的记载多有不同，由此引起的争论一直延续到今天。如李健超先生重申了曹魏成国渠由司马懿开挖的观点③，辛德勇先生亦表达了大体相同的看法。如辛德勇先生论述道："根据《晋书》的记载，这次司马懿开渠，也是为了灌溉农田，而不是用作运输通道。西魏大统十三年，又在成国渠上设置六门堰，以节制水量，显然还是用为农田水利设施④。直到唐代以前，成国渠一直只是一项农田水利工程，从来没有进行过航运。"⑤这一观点除了重申曹魏成国渠是由司马懿开挖的观点外，还有意识地强调了曹魏成国渠是一项农田灌溉水利工程。进而言之，辛德勇认为，曹魏兴修成国渠的目的是灌溉农田或屯田，与漕运没有关系。客观地讲，这一结论多少有些武断。

黄盛璋先生除了坚持曹魏成国渠是由卫臻兴修的观点外，亦注意到司马懿在兴修成国渠过程中的贡献。黄盛璋先生论述道："自汉末分裂到隋之统一，关中政局动荡不定，对灌溉事业无多建树。值得提出的，(一)是曹魏太和二年魏臻开成国渠，将此渠引长上承汧水，青龙元年司马懿复重开成国渠，自陈仓(宝鸡)至槐里(兴平)，筑临晋陂引汧水以溉田；……除成国渠是汉渠而西引伸上承汧水，另开一段新渠外，其余都不过因汉代基础加以重修。"⑥在这里"魏臻"应为"卫臻"，系笔误或印刷错误造成的。黄盛璋先生综合历史文献中的不同记载，得出了曹魏时期两次兴修成国渠的结论。在论述中，黄盛璋先生一方面维护了曹魏成国渠由卫臻兴修的观点，另一方面又关注到司马懿在兴修中的作用。相比较而言，黄盛璋先生的观点更为周密和全面，可能更符合曹魏兴修成国渠的实际情况。进而言之，忽略卫臻在开挖成国渠方面的贡献，认为曹魏成国渠完全是由司马懿主持开挖的观点多有武断之处。

---

① 唐·房玄龄等《晋书·宣帝纪》，北京：中华书局1974年版，第7页。
② 清·顾祖禹《读史方舆纪要·陕西四》(贺次君、施和金点校)，北京：中华书局2005年版，第2650页。
③ 李健超《成国渠及沿线历史地理初探》，《西北大学学报》1977年第1期。
④ 原注：据宋敏求《长安志》卷14武功县'六门堰'条引《十道志》。
⑤ 辛德勇《隋唐时期陕西航运之地理研究》，《陕西师范大学学报》2008年第6期。
⑥ 黄盛璋《关中农田水利的历史发展及其成就》，《历史地理论集》，北京：人民出版社1982年版，第115页。

黄盛璋先生的观点与李健超、辛德勇先生的观点虽多有不同,但三位学者又有着共同的认识是:曹魏时期的成国渠是一条灌溉渠,没有漕运能力。进而言之,曹魏兴修成国渠的意义是,在与蜀汉军事对抗的过程中,通过扩大灌溉面积,用就地屯田的方法,缩短了粮草及军需供应的补给线。曹魏成国渠兴修后:一方面通过引水灌溉,采用以水压碱的办法将盐碱地改造为良田;另一方面通过屯田及镇守陈仓,建立了一支寓兵于农、耕战结合的军队。这一局面形成后,有效地遏制了蜀汉进攻,夺取了军事斗争中的主动权,为曹魏经营关中及西北提供了强有力的保障。

但问题是,曹魏成国渠是否只有灌溉能力,没有漕运能力呢?前人及今人为什么众口一词认为曹魏成国渠只有灌溉能力呢?从文献的角度看,出现这样的情况应与历代史家只强调其灌溉能力有直接的关系。郦道元记载曹魏成国渠的情况时只提"引以浇田"的功能,房玄龄记载曹魏成国渠的情况时亦称"溉田数千顷",这些陈述方式,在一定程度上强化了曹魏成国渠只有灌溉功能的印象。其实不然,这一观点是片面的。曹魏成国渠除了有灌溉功能外,还有漕运功能。

曹魏成国渠的基础是汉代成国渠,汉代成国渠已有一定的漕运能力。从表面上看,曹魏将汉成国渠的起点延长到了陈仓,似有降低航道水位之嫌,然而,因及时地补入汧水,故其水位不但没有降低,反而得到了提高,并有利于通航。这一航线建成后,为后世发展关中漕运提供了先决条件。具体地讲,唐代利用汉魏成国渠兴修城国渠以后,设立了专门的管理机构,如史有唐德宗贞元十六年(800)十一月"以东渭桥纳给使徐班兼白渠、漕渠及升原、城国等渠堰使"①之说,这一记载完全可以证明曹魏成国渠是有漕运能力的。又如据宋敏求考证,曹魏成国渠行经咸阳时入白渠,汉代的白渠是有漕运能力的。再如曹魏成国渠东行入渭水,渭水是有漕运能力的。如果将这些情况综合到一起,当知曹魏时期的成国渠既有灌溉能力,同时又有漕运能力。

在这中间,后人省略曹魏成国渠的漕运功能不论,主要是因关注成国渠的灌溉能力造成的。或许正是因此,遂对成国渠的漕运能力多有遮蔽。胡渭描述曹魏成国渠行经的地点时论述道:"其渎上承汧水于陈仓东,东径郿及武功、槐里县北,又东径汉茂陵、平陵、延陵、渭陵、义陵、安陵,又东径渭城北,又东径长陵南,又东南径汉景帝陵南,又东南注于渭。"②这条自陈仓东行,沿途经郿县、武功、槐里(汉县,治所在陕西兴平东南),又经咸阳原茂陵、平陵、延陵、渭陵、义陵、安陵等抵渭城(治所在陕西咸阳南)北入渭河的漕运通道,在与蜀国的对峙及军事斗争中发挥了重要的作用。

---

① 宋·王溥《唐会要·疏凿利人》,北京:中华书局1955年版,第1621页。
② 清·胡渭《禹贡锥指》(邹逸麟整理),上海:上海古籍出版社2006年版,第627页。

第三节　白马沟与河北诸渠

在卫臻兴修成国渠的前后时间,曹彪兴修了白马沟。起初,白马沟是黄河南泆时形成的水道。如郦道元记载道:"河水旧于白马县南泆,通濮、济、黄沟,故苏代说燕曰:决白马之口,魏无黄、济阳。《竹书纪年》:梁惠成王十二年,楚师出河水,以水长垣之外者也。金堤既建,故渠水断,尚谓之白马渎。故渎东径鹿鸣城南,又东北,径白马县之凉城北。"①黄河迁徙自白马县(秦县,故城在今河南滑县东)南泆以后,与濮水、济水等河流相通。"金堤"是指黄河堤岸。从汉代治理黄河起,出现了将整修后的黄河千里长堤称之为"金堤"的说法。如胡渭明确地指出:"汉河堤率谓之金堤。"②金堤建成后,白马沟已与黄河水道实现分离,不再是黄河水道的一部分。

需要补充的是,郦道元所说的"金堤既建",是指汉顺帝阳嘉三年(134)在黄河沿岸及汴口一带兴修的石堤。郦道元记载道:"顺帝阳嘉中,又自汴口以东,缘河积石为堰,通渠,咸曰金堤。"③以此为节点,当知从汉顺帝阳嘉三年兴修汴口石堤起,黄河南泆后形成的白马沟已不再与黄河相通。尽管如此,白马沟依旧有自己的水道,并流经一定的区域。这样一来,遂成为曹彪兴修白马沟的基础。

白马沟除了称"白马渎"之外,又称"白马渠""白马渊""白马故沟"等。郦道元注《水经》"又东过阳武县南"语云:"济水又东北流,南济也。径阳武县故城南,王莽更名之曰阳桓矣。又东为白马渊。渊东西二里,南北一百五十步,渊流名为白沟。"④赵一清注释"白沟"语云:"当作白马沟,落'马'字。"⑤白马沟又称"白马渊",赵一清所辨甚明。秦汉以降,"沟""渠"同义,可以互称。至于"白马故沟"这一提法,则从一个侧面道出了白马沟与黄河的关系。

现存记载曹彪兴修白马沟的最早文献,出现在宋代。如乐史记载道:"枯白马渠,在县南,一名黄河,今名白马沟。上承滹沱河,东流入下博界。故渎,《注水经》云:'滹沱河又东

---

① 北魏·郦道元《水经注·河水五》,杨守敬、熊会贞疏,段熙仲点校,陈桥驿复校《水经注疏》上册,南京:江苏古籍出版社1989年版,第418—419页。
② 清·胡渭《禹贡锥指》(邹逸麟整理),上海:上海古籍出版社2006年版,第471页。
③ 同①,第404页。
④ 北魏·郦道元《水经注·济水一》,杨守敬、熊会贞疏,段熙仲点校,陈桥驿复校《水经注疏》上册,南京:江苏古籍出版社1989年版,第679—680页。
⑤ 清·赵一清《水经注笺刊误·汾水篇》,《四库全书》第575册,上海:上海古籍出版社1987年版,第785页。

自白马渠出。'李公渚《赵记》云:'此渠魏白马王彪所凿,俗谓黄河。'又《通典·州郡》云:'滹沱河旧在县南,即光武所渡处。魏武帝因饶河故渎决令北注新沟,所以今在县北。'后魏刺史杨贝改为清宁河是也。"①从"俗谓黄河"一语中可进一步证明,白马沟是在黄河故道的基础上兴修。这一记载虽然时间滞后,但有所本,基本史料主要来自《太平寰宇记》所说的"李公渚《赵记》"。那么,李公渚为何人?《赵记》真的是李公渚撰写的吗?

检索《太平寰宇记》,引征《赵记》,前后共出现九次,分别有"李公绪《赵记》""李穆叔《赵记》"和"《赵记》"等提法。在这中间,"李公渚《赵记》"的提法只出现一次。如果将乐史所引《赵记》及白马沟的相关记载排列到一起进行类比的话,则不难发现《太平寰宇记》所引征的《赵记》实为同一部著作。据此可知,"李公渚"应该为"李公绪"的笔误,主要因形似所致。李公绪的《赵记》问世后,受到宋代学者的广泛关注。此外,李昉交代编纂《太平御览》引征书目时,单列"李穆叔《赵记》"②条。这一情况表明,宋初,李公绪的《赵记》尚存,只是后世失传。

李公绪,字穆叔,是赵郡平棘(治所在今河北赵县南)人,生卒年不详,只知北齐文宣帝天保(550—559)初在世。如李百药(565—648)等介绍李公绪事迹时写道:"公绪字穆叔,性聪敏,博通经传。魏末为冀州司马,属疾去官,绝迹赞皇山。齐天保初,以侍御史征,不就。公绪沈冥乐道,又不闲时务,故誓心不仕。尤明天文,善图纬之学,尝谓子弟曰:'吾观齐之分野,福德不多,国家祚终四七。'及齐亡岁,距天保之元二十八年矣。公绪雅好着书,撰《典言》十卷、《礼质疑》五卷、《丧服章句》一卷、《古今略记》二十卷、《玄子》五卷、《赵记》八卷、《赵语》十二卷,并行于世。"③李公绪是赵人,《赵记》是记载赵地的历史著作,白马沟流经的区域以赵地为主,以当地人言当地事声称白马沟为曹彪所开,应有所本。

不过,魏徵(580—643)等编纂《隋书》着录书目时只提到"《赵记》十卷"④,没有明确地交代《赵记》的撰著者。李百药与魏徵生活年代大体相当,两个同为由隋入唐的人,不过,两人对《赵记》的认识多有不同。如李百药称李公绪撰著"《赵记》八卷",魏徵等撰《隋书·经籍志》时均不提撰著者,只称当时流传的文献有"《赵记》十卷",这些情况表明,唐王朝初期可以有两个版本的《赵记》同时存在。尽管如此,乐史所说的《赵记》为李公绪所撰当不成问题。从这样的角度看,乐史所说的曹彪开白马沟的相关记载,来自李公绪的《赵记》当不成问题。

---

① 宋·乐史《太平寰宇记·河北道十二》(王文楚等校点)第3册,北京:中华书局2007年版,第1292页。
② 宋·李昉等《太平御览·经史图书纲目》,《四库全书》第893册,上海:上海古籍出版社1987年版,第13页。
③ 唐·李百药等《北齐书·李公绪传》,北京:中华书局1972年版,第1211页。
④ 唐·魏徵等《隋书·经籍志二》,北京:中华书局1973年版,第986页。

延续李公绪白马沟由"魏白马王彪所凿"的观点,明代史家进一步指出:"白马沟,在深州城东三十里。三国魏白马王彪所凿,因名。"①按照这样的说法,曹彪兴修白马沟的时间是他在任白马王期间。曹彪徙封白马王始于魏文帝黄初七年(226),魏明帝太和六年(232)改封楚王②。如以太和六年为下限,当知曹彪兴修白马沟的时间应发生在黄初七年至太和六年之间,亦可知白马沟是曹彪受封白马王期间兴修的有漕运功能的河渠。由于深州(今河北衡水深州)是黄河南泆后白马沟经过的区域,又可知曹彪兴修白马沟时充分利用了黄河南泆的水道,沿曹彪白马沟南下,可从黎阳(汉县,治所在今河南浚县东)进入黄河。

在曹彪兴修白马沟以前,黄河南泆形成的白马沟已是南北交通的要道,进而成为各种政治势力反复争夺的战略要地。杜佑叙述黎阳历史沿革及地理位置时指出:"汉旧县。魏置黎州及黎阳。有白马津,即郦生所云'杜白马之津'是也。后魏改为黎阳津。"③所谓"白马津",是指白马沟渡口,这一渡口虽位于黎阳,但实际上是在白马县的境内。从这样的角度看,曹彪兴修白马沟只是利用黄河南泆形成的恢复漕运。

关于这点,完全可以从前人的记载中找到进一步的证明,白马津又有"鹿鸣津""白马济"等称,曾经是河北的门户及重要的漕运通道。如郦道元论述道:"余案:《竹书纪年》梁惠成王十三年,郑厘侯使许息来致地平丘、户牖、首垣诸邑,及郑驰地,我取枳道与郑鹿,即是城也。今城内有故台,尚谓之鹿鸣台,又谓之鹿鸣城。王玄谟自滑台走鹿鸣者也。济取名焉,故亦曰鹿鸣津,又曰白马济。津之东南,有白马城,卫文公东徙渡河,都之,故济取名焉。袁绍遣颜良攻东郡太守刘延于白马,关羽为曹公斩良以报效,即此处也。白马有韦乡、韦城,故津亦有韦津之称。《史记》所谓下修武,渡韦津者也。"④鹿鸣津的得名与鹿鸣城相关,早在梁惠成王十三年(前322)以前,鹿鸣津已是重要的渡口。

这一渡口即鹿鸣津(白马济)是战略要地,扼守自黄河进入河北的咽喉。如建安五年(200),袁绍攻刘延时,双方围绕着渡口及相关的漕运通道展开激烈的争夺,如史有"乃先遣颜良攻曹操别将刘延于白马,绍自引兵至黎阳"⑤之说。王应麟进一步论述道:"《后汉注》:县属东郡,今滑州白马县也。故城在今县东(《括地志》:白马故城,在滑州卫南县西南二十四里)白马山,在县东北三十四里,津与县取此山为名。《水经注》:黎阳东岸有故城。《竹书纪年》:梁取枳道与郑鹿。郑鹿即是城也。今城内有故台,谓之鹿鸣台,又谓鹿鸣城(《郡县志》:在白马县北三十里。王玄谟自滑台走鹿鸣)。亦曰鹿鸣津,又曰白马济。津之东南有白

---

① 明·李贤等《明一统志·真定府》,《四库全书》第472册,上海:上海古籍出版社1987年版,第78页。
② 史有黄初七年曹彪"徙封白马。太和五年冬,朝京都。六年,改封楚"之说(晋·陈寿《三国志·魏书·武文世王公传》(裴松之注),北京:中华书局1959年版,第586—587页)。
③ 唐·杜佑《通典·州郡八·汲郡》,杭州:浙江古籍出版社1988年版,第946页。
④ 北魏·郦道元《水经注·河水五》,杨守敬、熊会贞疏,段熙仲点校,陈桥驿复校《水经注疏》上册,南京:江苏古籍出版社1989年版,第416—418页。
⑤ 刘宋·范晔《后汉书·袁绍传》(唐·李贤等注),北京:中华书局1965年版,第2399页。

马城,卫文公东徙,渡河都之,故济取名焉。袁绍攻刘延于白马,即此处。《寰宇志》:黎阳县(浚州)东黎阳津,一名白马津。澶州临河县有白马城。《郡县志》:白马故关,在卫州黎阳县东一里五步(白马津即此地,后更名黎阳津,此白马津之北岸。慕容德徙滑台,至黎阳津,冰合,夜济,改为天桥津。高齐移石济关于此。造桥,改名白马关。周世宗北征,命学士为文祭白马祠。秉笔者疑其所出,访于尹拙。拙历数郡国祠白马者,凡十余处)。"①在白马济(白马津)成为重要的渡口以前,白马城一直是进入河北地区的重要门户,因此,成为各方势力争夺的要地。鹿鸣津(白马济)在白马县境内,位于白马县北三十里。在这中间,因白马城和白马津(白马济)渡口靠近白马山,故以"白马"相称。

此外,因白马津地理位置靠近黎阳,又因黎阳是黄河的重要渡口,故又有"黎阳津"之称。李吉甫论述道:"黎阳津,一名白马津,在县北三十里鹿鸣城之西南隅。郦食其说汉祖曰:'守白马之津,塞飞狐之口,以示诸侯,则天下知所归矣。'谓此津也。建安五年,曹公征先主,先主奔袁绍。曹公擒关羽,拜为偏将军。绍遣颜良攻刘延于白马,曹公使羽击之,羽刺杀良于万众之中,遂解白马之围。后慕容德为魏军所逼,率户四万余徙于鹿鸣,达黎阳津,昏而冰合,是夜济河讫,旦而魏师至,冰亦寻泮。德悦,以为神助,因改黎阳津为天桥津。"②所谓"达黎阳津,昏而冰合,是夜济河",是指自黎阳津渡黄河。进而言之,如果将上引文献对照的话,当知李吉甫与郦道元及杜佑的记载是指同一地点。

白马县是曹彪白马沟南下入黄河运道的重要节点城市,白马沟在濮阳(今河南濮阳)一带与黄河及黄河故道形成了错综复杂的关系。郦道元记载道:"故渎东径鹿鸣城南,又东北,径白马县之凉城北。《耆旧传》云:东郡白马县之神马亭,实中层峙,南北二百步,东西五十许步,状丘斩城也。自外耕耘垦斫,削落平尽。正南有躔陛陟上,方轨是由。西南侧城有神马寺,树上修整,西去白马津可二十许里,东南距白马县故城可五十里。疑即《开山图》之所谓白马山也。山上常有白马群行,悲鸣则河决,驰走则山崩。《注》云:山在郑北,故郑也。所未详。刘澄之云:有白马塞,孟达登之长叹,可谓于川土疏安矣。亭上旧置凉城县,治此。白马渎又东南,径濮阳县,散入濮水,所在决会,更相通注,以成往复也。河水自津东北,径凉城县,河北有殷祠。《孟氏记》云:祠在河中,积石为基,河水涨盛,恒与水齐。戴氏《西征记》曰:今见祠在东岸临河,累石为壁,其屋宇容身而已,殊似无灵,不如孟氏所记,将恐言之过也。河水又东北,径伍子胥庙南,祠在北岸,顿丘郡界,临侧长河,庙前有碑,魏青龙三年立。河水又东北,为长寿津。《述征记》曰:凉城到长寿津六十里。河之故渎出焉。"③这里所说的"故渎",是指黄河南泆后形成的水道白马沟(白马渎)。在拓宽拓深旧河道的基础上,曹彪

---

① 宋·王应麟《通鉴地理通释·三国形势考上》(傅林祥点校),北京:中华书局2013年版,第327—328页。
② 唐·李吉甫《元和郡县图志·河南道四》(贺次君点校),北京:中华书局1983年版,第199页。
③ 北魏·郦道元《水经注·河水五》,杨守敬、熊会贞疏,段熙仲点校,陈桥驿复校《水经注疏》上册,南京:江苏古籍出版社1989年版,第419—422页。

通过引入新的补给水源提高了白马沟的水位,建立了一条经濮阳、顿丘等地入黄河的航线。从这条航线出发可南下入黄河,渡河后至黄河南岸的汴口,随后自汴口入汴渠再入睢阳渠远接江淮。

与此同时,曹彪兴修的白马沟自白马县可与曹操兴修的长明沟相接,北上可将漕运延长到邺城以北和以东的区域。如白马沟与邺城一带的长明沟连通后,可"上承滹沱河,东流入下博界"①。在这中间,白马沟与漳河、滹沱河等相通,进而与曹操在河北兴修的河渠相通,并可经下博(今河北衡水深州东南)东流直入大海。与此同时,自白马沟折向东南与蔡沟相会,沿蔡沟东行可入长明沟。郦道元记载道:"长明沟水东入石涧,东流,蔡沟水入焉。水上承州县北白马沟,东分,谓之蔡沟,东会长明沟水,又东,径修武县之吴亭北,东入吴陂,次北有苟泉水入焉。"②经修武(今河南焦作修武)南下入黄河。

白马沟与滹沱河等北方水系连通后,通过开辟新航线加强了河北各政区之间的联系。胡渭论述滹沱河历史水文及地理时论述道:"滹沱,大川也。《水经》当自为一篇。顷阅《寰宇记》镇州真定县蒲泽下引《水经注》云:滹沱河水东径常山城北,又东南为蒲泽,济水有梁焉,俗谓之蒲泽口。又滋水下引《水经》云:滋水又东至新市县,入滹沱河。又深州饶阳县枯白马渠下引《水经》云:滹沱河,又东有白马渠出焉。……《汉志》代郡之卤城,常山郡之蒲吾、灵寿、南行唐、新市,信都国之信都,河间国之弓高、乐成,勃海郡之成平、东光、参户、东平舒、文安皆有滹沱,弓高、乐成、参户又有滹沱别水,而发源经过之地未悉。今据《元和志》所载以补《水经》之阙:滹沱水出代州繁畤县泰戏山(一名武夫山,在县东南九十里。繁畤,本汉葰人县。属雁门郡。汉末荒废。晋改置繁畤县。周省,隋复置。葰音璨。滹沱一名泒水,许氏《说文》:泒水出葰人县戌夫山。郭景纯以为卤城县武夫山,《括地志》以为孤阜山,《寰宇记》以为平山,盖皆泰戏之别名也),西南流径唐林县东(县东北至代州一百十里。本汉广武县,隋为五台、崞二县地。今州西有广武废县,盖即唐林县界也),又西南径崞县东(县东北至代州五十里,水去县二百步),又西南径秀容县东(县为忻州治。水去县三十二里),东转径定襄县北(县西至忻州四十五里。今治即阳曲故城,水去县五里),又东径五台县西南(县西北至代州一百二十里。水去县三十五里),又东径盂县北(县西南至太原府二百二十里。水西自五台县界流入,南去县百里),又东南径灵寿县西南,卫水注之(县东至恒州五十里。水去县二十里。《县志》云:卫水在县东十里,俗名雷沟河,源出县东北十四里良同村,南流至县东南,合滹沱河)。又东南径真定县北(县为恒州治。水去县一里),又东南径九门县西(县西至恒州三十里。水去县四十九里。今藁城县西北二十五里有九门城),又东南径藁城

---

① 宋·乐史《太平寰宇记·河北道十二》(王文楚等校点)第3册,北京:中华书局2007年版,第1292页。
② 北魏·郦道元《水经注·清水》,杨守敬、熊会贞疏,段熙仲点校,陈桥驿复校《水经注疏》上册,南京:江苏古籍出版社1989年版,第802页。

县东(县西北至州五十八里。水去县二十九里),又东径鼓城县北(县西至恒州九十五里。水去县十三里。《寰宇记》云:隋开皇六年,分藁城地置昔阳县,十八年改曰鼓城),又东径深泽县南(县西北至定州九十里。水去县二十五里,即冰合渡光武处,俗谓之危渡口),又东径无极县北(县北至定州八十里。水去县三十里),又东北径鹿城县西北(县东至深州二十五里。水去县四十二里,与博野县分水。《寰宇记》:滹沱河在博野县东南三十五里),又东径安平县南(县东南至深州五十三里。水去县二十三里。泒水今名礓河,西自定州义丰县界流入),又东北径饶阳县北,……自此以下当入瀛、莫二州境,而《元和志》亦阙。案《寰宇记》瀛州河间县西二十里,高阳县东北十四里,莫州鄚县南二里,霸州大城县北一百三十里,文安县西北三十里,皆有滹沱水。此即《汉志》所云'从(泒)河东至文安入海'者。"①滹沱河是北方的一条大河,曹彪兴修的白马沟与滹沱河相通后,不但扩大了漕运范围,从水上建立了黄河和黄河以北的交通,而且有力地促进了黄河以北及辽东社会经济的发展。

魏明帝景初二年(238),为征讨公孙渊,司马懿开凿了沟通漳河、滹沱河和泒水的鲁口渠。鲁口渠是在白马渠北面的饶阳(今河北饶阳)境内开挖的。李吉甫记载道:"滹沱河,北去县四十五里。州理城,晋鲁口城也。公孙泉叛,司马宣王征之,凿滹沱入派水以运粮,因筑此城。盖滹沱有鲁沱之名,因号鲁口。后魏道武帝皇始三年,车驾幸鲁口,即此城也。"②在这里,公孙泉指公孙渊,唐人为避唐高祖李渊讳,改之。"派水"应为"泒水"之误。胡渭注滹沱河"又东北径饶阳县北"语时记载道:"县西至深州三十里。水去县四十五里。县治晋鲁口城也。公孙渊叛,司马宣王征之,凿滹沱入泒水,以运粮,因筑此城。盖滹沱有鲁沱之名,因号鲁口。后魏道武皇始三年,车驾幸鲁口,即此地也。"③鲁口渠与曹彪白马沟及曹操兴修的平虏渠、泉州渠、长明沟等相通,形成了一条与漳水、滹沱、泒水、清水等相通的航线,这一航线开通后,将河北及幽州、辽东等地串连在一起,对巩固北部边防立下了汗马功劳。

此外,曹魏又在黄河以北(燕赵旧地)兴修了雁门渠(牵招渠)、戾陵渠(车箱渠)等河渠。其中,雁门渠兴修于魏文帝一朝,戾陵渠兴修于魏少帝一朝,如魏少帝嘉平二年(250),刘靖"修广戾陵渠大堨"④。从"修广"二字看,刘靖修戾陵渠(车箱渠)是在前人的基础上进行的。但问题是,戾陵渠始建于何时?因文献缺载,无法得知具体的情况。

从大的方面讲,兴修雁门渠的主要是为了解决雁门郡的饮水等问题,与漕运没有关系。不过,雁门郡境内有滹沱河,滹沱河有漕运能力,故需要关注。更重要的是,经过后世的改造,戾陵渠具有了漕运能力,这一问题将留到后面讨论。

---

① 清·胡渭《禹贡锥指》(邹逸麟整理),上海:上海古籍出版社2006年版,第54—55页。
② 唐·李吉甫《元和郡县图志·河北道二》(贺次君点校),北京:中华书局1983年版,第488页。
③ 同①,第55页。
④ 晋·陈寿《三国志·魏书·刘靖传》(裴松之注),北京:中华书局1959年版,第464页。

魏文帝一朝,为解决民众饮水时遇到的困难,雁门太守牵招开挖了雁门渠。史称:"郡所治广武,井水咸苦,民皆担辇远汲流水,往返七里。招准望地势,因山陵之宜,凿原开渠,注水城内,民赖其益。"①针对井水咸苦,"民皆担辇远汲流水,往返七里"等情况,牵招开凿了引水进入广武城(雁门郡治所,故城在今山西代县西十五里)的河渠。顾祖禹进一步论述道:"在州东南。《三国志》:'魏牵招为雁门太守,郡治广武,井水咸苦,民皆远汲,招准望地势,因山陵之宜,凿原开渠,注水城南,民赖其益。'今雁门山下有水,东南流经城外东关厢,名东关水,又南入于滹沱。或谓之常溪水。"②因雁门渠是一条解决生活用水的引水渠,兴修时自然不会把漕运作为建设的主要目标。然而,雁门渠引东关水,东关水南入滹沱河,历史上的滹沱河有良好的通航条件,并可直通雁门郡治所广武。从这样的角度看,牵招开山取水虽然是为了饮水,但雁门郡境内的滹沱河是有漕运能力的。王应麟记载道:"《牵招传》:'为雁门太守,郡所治广武,井水咸苦,民皆远汲,招准望地势,因山陵之宜,凿原开渠,注水城内,民赖其益。'胡质都督青、徐、广,农积谷有兼年之储,置东征台,且佃且守。又通渠诸郡,利舟楫。严设备以待敌,海边无事。"③胡质(?—250)生活年代略晚于牵招,官至荆州刺史、征东将军,奉曹操之命假节都督青州、徐州、广武军事时,为发展农业、鼓励耕种、广积军粮等,采取了屯田、开通河渠等措施。从"又通渠诸郡,利舟楫"中当知,雁门渠以滹沱河为漕运通道可以远通河北各郡。

---

① 晋·陈寿《三国志·魏书·牵招传》(裴松之注),北京:中华书局1959年版,第732页。
② 清·顾祖禹《读史方舆纪要·山西二》(贺次君、施和金点校),北京:中华书局2005年版,第1852页。
③ 宋·王应麟《玉海·地理·河渠》,南京:江苏古籍出版社1990年版,第426页。

第四章 孙吴的河渠建设与漕运

赤壁之战(208),标志着三国鼎立的正式形成。此后,孙吴与蜀汉虽有冲突,但基本上处于结盟的状态。为应对曹魏的威胁,孙吴分别建设了以淮南为中心的淮河防线、以荆襄为中心的江汉防线和以武昌及丹徒(今江苏镇江)京口为支撑点的长江防线。在这三道防线中,长江是孙吴安身立命的最后一道,如史有"吴为京口戍"①之说,"为京口戍"表明,在防止曹兵南下的过程中,孙吴已充分地认识到京口在江防及守卫建业中的特殊地位。

建安十六年(211),孙吴移治秣陵(今江苏南京),次年,改秣陵为"建业"。定都建业后,漕运形势发生了变化。围绕着建业,孙权下令兴修了运渎、东渠、潮沟及秦淮河等漕运通道。稍后,为避开长江漕运中的风险,兴修了自方山埭至丹徒云阳西城(今江苏镇江丹阳延陵)的破冈渎。兴修破冈渎是孙吴兴修河渠的大事,万一淮南、荆襄及武昌防线失守的话,破冈渎可以避免长江运道处于曹魏威胁之下时带来的危机。此后,在加强建业漕运,孙吴又兴修了直渎和云阳西城以东的运道等。

第一节 建业河渠建设与漕运

孙吴定都建业以后,赋税主要取自三吴(吴越旧地),与此同时,三吴地区的漕粮主要是自丹徒水道进入长江。为了改善建业的漕运环境及维护其粮食安全,孙吴围绕着建业兴修了运渎、青溪和潮沟三条河渠。

赤乌三年(240)十二月,御史郗俭奉吴大帝孙权之命,兴修了与内外秦淮河相连的运渎。如周应合记载道:"古苑仓,吴大帝赤乌三年,使御史郗俭凿城西南,自秦淮北抵仓城,名运渎。"②郗俭奉命监凿运渎,改善了建业原有的漕运条件。起初,长江至建业西北入外秦淮

---

① 后晋·刘昫等《旧唐书·地理志三》,北京:中华书局1975年版,第1583页。
② 宋·周应合《景定建康志·城阙志四》,《四库全书》第489册,上海:上海古籍出版社1987年版,第186页。

河,随后经内秦淮河进入建业。兴修运渎后,改善了内秦淮河至苑仓一带的运道,提高了漕运能力。许嵩诠释赤乌三年"十二月,使左台侍御史郄俭监凿城,西南自秦淮,北抵仓城,名运渎"等语时论述道:"建康宫城,即吴苑城,城内有仓,名曰苑仓,故开此渎,通转运于仓所,时人亦呼为仓城。晋咸和中,修苑城为宫,惟仓不毁,故名太仓,在西华门内道北。"①这条漕运通道时至晋成帝咸和(326—334)中,依旧发挥着重要的作用,不过,晋成帝筑宫城以后,苑仓成为宫城的一部分。

运渎建成后,改变了建业的交通秩序。宋代周应合记载道:"运渎,在上元县西北一里半。吴大帝赤乌三年,使左台侍御史郄俭监凿城,西南自秦淮,北抵仓城,通运渎于苑仓。今所凿城在西门近南,其水东行,过小新桥而南,经斗门桥流入秦淮。又东北过西虹桥,循宋行宫城西,迤逦向北,乃其故道。其自闪驾桥经天津桥而东者,合于青溪。"②元代张铉亦记载道:"运渎,在上元县西北一里。吴大帝赤乌三年,使左台侍御史郄俭监凿城西南,自秦淮北抵仓城,通运渎于苑仓。今所凿城在西门,近南,其水东行过小新桥而南,经斗门桥流入秦淮;又东北过西虹桥,循宋行宫城西迤逦向北,乃其故道。其自闪驾桥,经天津桥而东者合于青溪(案,建康宫城即吴苑城城内之仓曰苑仓,故开此渎通运仓,所时人亦呼为仓城。晋咸和中修苑城为宫,惟仓不毁,是名太仓,在西华门内道北)。"③如作一对比,张铉的记载实际上是抄录周应合的。之所以要继续引录,主要的原因有二:一是运渎开通后,所建立的水上交通线为宋元两代所用;二是孙吴以后,建业(建康)的城市规模虽发生某些变化,但时至宋元,运渎的运道基本上没有发生大的变化。

不过,运渎的运道到了明代开始发生变化。如明万历五年(1577)刊刻的《应天府志》云:"运渎,吴凿,引秦淮,抵仓城,以通运道。今自斗门桥南,引秦淮北流至北乾道桥,遂东经太平、景定至内桥,与青溪合,北经鼎新、崇道桥,又西连武卫桥,从铁窗棂出城。"④与宋元两代相比,明代运渎的河道,在大规模城建的过程中发生了明显的变化。如顾起元在《客座赘语》一书中记载道:"留都自秦淮通行舟楫外,惟运渎与青溪古城壕可容舴艋往来耳。然青溪自淮清桥入,至四象桥而阻。运渎自斗门桥入,西至铁窗棂,东亦至四象桥而阻。以其河身原狭,又民居侵占者多,亦为堙塞也。顷工部开浚青溪、运渎,其意甚甚。然此河之开塞,仅城中民家利搬运耳。"⑤顾起元(1565—1628)的《客座赘语》成书于明万历四十五年(1617),

---

① 唐·许嵩《建康实录》(张忱石点校),北京:中华书局1986年版,第45—46页。
② 宋·周应合《景定建康志·山川志三》,《四库全书》第489册,上海:上海古籍出版社1987年版,第89页。
③ 元·张铉《至正金陵新志·山川志》,南京:南京出版社2011年版,第117—118页。
④ 明·程嗣功修,汪宗伊、王一化等纂《万历应天府志·山川志》,南京:南京出版社2011年版,第343—344页。
⑤ 明·顾起元《客座赘语·城内外诸水》(孔一校点),上海:上海古籍出版社2012年版,第188—189页。

其时间比明万历五年刊刻的《应天府志》迟四十年,对比两段文字,当知明代运渎经过的地点与宋元时期的运渎多有不同。出现这样的情况,应与明代应天府(今江苏南京)的城市建设发生变化相关。此外,检索清代《康熙江宁府志》《乾隆上元县志》《道光上元县志》等,其记载与万历五年刊刻的《应天府志》大体相同,亦可知明清两代运渎行经的区域大体相同。

继郗俭兴修运渎以后,孙吴又兴修了东渠。许嵩记载道:"冬十一月,诏凿东渠,名青溪,通城北堑潮沟。"①周应合记载道:"青溪,吴大帝赤乌四年凿东渠,名青溪,通城北堑。潮沟阔五丈,深八尺,以泄玄武湖水。"②张敦颐记载道:"《建康实录》:吴赤乌四年冬,凿东渠,名为青溪。《寰宇记》云:青溪,在县东六里,阔五丈,深八尺,以泄玄武湖水。《舆地志》云:青溪发源钟山,入于淮,连绵十余里。溪口有埭,埭侧有神祠,曰青溪姑。今县东有渠,北接覆舟山,以近后湖,里俗相传此青溪也。其水迤逦西出,至今上水闸相近,皆名青溪。陶季直《京都记》云:京师鼎族多在青溪埭,尚书孙玚、尚书令江总宅,当时并列溪北。又《南史》:齐永明元年,望气者言,新林、娄湖有王者气,帝乃筑青溪旧宫,作新林、娄湖苑,以厌之。又《建康实录》云:郗僧施泛舟溪中,每经一曲,作诗一首。"③顾祖禹记载道:"在上元县六里。溪发源钟山,下入秦淮,逶迤九曲,有七桥跨其上。《实录》:'吴赤乌四年凿东渠通北堑以泄玄武湖水,南接于秦淮,逶迤十五里,名曰青溪。其接秦淮处有青溪闸口。自杨吴城金陵,青溪遂分而为二,在城外者由城濠达于淮,在城内者堙塞仅存一线耳。'郡志:青溪引秦淮水而成。今府城北太平门下,由潮沟南流入旧内,又出西安门外之竹桥,入濠而绝,又绕出旧内旁,至淮清桥与秦淮河合者,是其遗迹也。"④又记载道:"引江潮抵青溪接秦淮水,西通运渎,北连后湖。"⑤如果将这五则记载联系起来看,可以得到的信息有六个方面:一是青溪兴修的时间发生在赤乌四年(241)十一月,因运渎建于赤乌三年十二月,因此,可以把运渎和东渠视为两个连续性的工程;二是东渠在建业的东面,"阔五丈,深八尺",与潮沟的宽度和深度相同,具备漕运能力;三是青溪发源于钟山(今江苏南京紫金山),兴修东渠时利用了青溪,故东渠有"青溪"之称;四是青溪是秦淮河支流,拓宽拓深河道后,与运渎相接,进而与秦淮河一道构筑了建业的漕运体系;五是东渠"通城北堑潮沟",与潮沟一道构筑了建业的防卫体系;六是东渠既有泄玄武湖(后湖、真武湖)水的功能,同时又有引玄武湖水行运的功能。丰水季节来临时,可泄玄武湖水保证建业的安全;枯水季节来临时,率武湖水可补给东渠及运渎,以保证漕运。

---

① 唐·许嵩《建康实录》(张忱石点校),北京:中华书局1986年版,第49页。
② 宋·周应合《景定建康志·山川志二》,《四库全书》第489册,上海:上海古籍出版社1987年版,第81页。
③ 宋·张敦颐《六朝事迹编类·青溪》(张忱石点校),北京:中华书局2012年版,第77—78页。
④ 清·顾祖禹《读史方舆纪要·南直二》(贺次君、施和金点校),北京:中华书局2005年版,第954—955页。
⑤ 同④,第958页。

潮沟是运渎和东渠的重要补给水源,关于其兴修于何时,前人有不同的看法。顾祖禹叙述潮沟的水文时指出:"上元县西四里。吴赤乌中所凿。引江潮抵青溪接秦淮水,西通运渎,北连后湖。"①顾祖禹认为,潮沟兴修的时间发生在"赤乌中"。"赤乌"作为吴大帝孙权的年号共十四年,按照这一说法,兴修潮沟当发生在赤乌七年(244)前后。这一说法多有不妥,潮沟兴修的时间应与兴修东渠的时间大体相当。

许嵩释"冬十一月,诏凿东渠,名青溪,通城北堑潮沟"等语时论述道:"潮沟亦帝所开,以引江潮,其旧迹在天宝寺后,长寿寺前。东发青溪,西行经都古承明、广莫、大夏等三门外,西极都城墙,对今归善寺西南角,南出经闻阖、西明等二门,接运渎,在西州之东南流入秦淮。其北又开一渎,在归善寺东,经栖玄寺门,北至后湖,以引湖水,至今俗为运渎。其实古城西南行者是运渎,自归善寺门前东出至青溪者,名曰潮沟。其沟东头,今已湮塞,才有处所,西头则见通运渎。北转至后湖,其清溪北源,亦通后湖,出钟山西,今建元寺东南角。度溪有桥,名募士桥,吴大帝募勇士处。其桥西南角过沟有埭,名鸡鸣埭。齐武帝早游钟山,射雉至此,鸡始鸣,因名焉。其沟是吴郗俭所开,在苑陵,后晋修苑城为建康宫,即城北堑也。东自平昌门西出,经闻阖门,注运渎。东自平昌门西出,经闻阖门,注运渎。今东头见在建元寺门,西头出今夏公亭前蓦路西,至孝义桥入运渎。"②根据这一记载,可以作出的推论有四:一是东渠兴修的时间发生在赤乌四年十一月,以此为参照坐标,兴修潮沟的时间应与兴修东渠的时间大体相当;二是许嵩明确地说潮沟为"吴郗俭所开",联系赤乌三年十二月郗俭有开运渎之举,这样一来,潮沟兴修的时间不会迟至赤乌七年;三是许嵩详细叙述潮沟的起点和终点时,刻意强调潮沟东与东渠相接,西与运渎相接的情况,由此可推断出潮沟应该是运渎和东渠的后续工程,三者在时间上多有衔接;四是潮沟兴修以后"北连后湖",为运渎和东渠提供了必要的补给水源。运渎和东渠的高程(航道底部的海拔高度)略高于秦淮河,为此,需要引玄武湖水补给运渎和东渠。综合这些情况,潮沟兴修的时间应不会迟于赤乌四年。

然而,后湖即玄武湖储水能力有限,很难满足补给运渎和东渠航道水位的需求。顾祖禹叙述玄武湖时记载道:"在府城北太平门外。旧志:在上元县北十里。一名蒋陵湖,一名秣陵湖,亦曰后湖,以在故台城后也。湖周四十里,东西有沟流入秦淮,春夏水深七尺,秋冬四尺,灌田百余顷。"③后湖水资源有限,在灌溉农田的同时,补给航道水位的能力受到制约。如潮沟"阔五丈、深八尺,以泄玄武湖"④,后湖"春夏水深七尺,秋冬四尺",虽有周四十里的水面,

---

① 清·顾祖禹《读史方舆纪要·南直二》(贺次君、施和金点校),北京:中华书局2005年版,第958页。
② 唐·许嵩《建康实录》(张忱石点校),北京:中华书局1986年版,第49页。
③ 同①,第952页。
④ 宋·周应合《景定建康志·山川志二》,《四库全书》第489册,上海:上海古籍出版社1987年版,第82页。

但无法担负起补给运渎、东渠、潮沟和城北濠沟的重任。这样一来,在引后湖之水济运时,还需要引入其他的水源。

检索文献,潮沟引入的其他补给水源主要来自江潮。如周应合论述道:"潮沟,吴大帝所开,以引江潮接青溪,抵秦淮。西通运渎,北连后湖,其旧迹在天宝寺后(天宝寺故基在今城东北角外,更西一里长寿寺前)。《事迹实录》云:潮沟,东发青溪,西行经古承明、广莫、大夏等三门外,西极都城墙,对今归善寺西南角,南出归善寺,故基在今城北鸡笼山,东经阊阖、西明二门接运渎,在西州之东,今笪桥西南流入秦淮干道,南北桥河是也。其北又开一渎,经栖元寺门(栖元寺,在覆舟山西南,鸡笼山东北)至后湖,以引湖水,至今俗亦呼为运渎。其实,古城西南行者是运渎。自归善寺门前东出,至青溪者名曰潮沟。其沟东头已堙塞,才有处所。西头则见,通运渎。《京都记》:京师鼎族在潮沟北。石迈《古迹编》曰:按《建康实录》所载皆唐事,距今数百年,其沟日以堙塞,未详所在。今城东门外,西抵城濠,东出曲折,当报宁寺之前,亦名潮沟,此今世所开,非古潮沟也。案:徐铉有《和钟大监泛舟》诗云'潮沟横去北山阿',张忠定公亦有诗云'潮沟一曲已生蒲',则是南唐及宋初潮沟古迹犹在也。《东南利便书》曰:'古城向北,秦淮既远,其漕运必资舟楫,而濠堑必须水灌注,故孙权时引秦淮,名运渎,以入仓城。开潮沟以引江水,又开渎以引后湖,又凿东渠名青溪,皆入城中。由城北堑而入后湖,此其大略也。自杨溥夹淮立城,其城之东堑,皆通淮水。其西南边江以为险。然春夏积雨,淮水泛溢,城中皆被其害,及盛冬水涸河流往往干浅。"①周应合以前人的文献为依据主要说明了四点:一是强调了兴修潮沟时引入了江潮,因江潮主要是通过后湖引入,故后湖与长江相通;二是潮沟有独立存在的价值,在为运渎、东渠提供补给水源的同时,像运渎、东渠那样,有各自的行经地点;三是有意识地强调了运渎、东渠、潮沟是三个连续性的工程,即建业漕运离不开潮沟的支持;四是以吴杨为节点,注意到不同历史时期的潮沟变化,以及潮沟与城濠及漕运的关系。应该说,这一认识是有见地的。从这样的角度看,兴修潮沟的目的是引江潮及湖水补给运渎和青溪的航道水位,作为后续工程,潮沟在时间上与兴修运渎和东渠之间有着连续性。进而言之,潮沟引江潮等济运,重点解决了运渎、东渠航道水位干浅不利于漕运的难题。可以说,潮沟在完善建业漕运体系方面,有着非同一般的意义。

潮沟既有为运渎、东渠补给航道水位的功能,同时也是建业漕运通道建设的一部分。周应合引录旧志记载道:"潮沟阔五丈、深八尺,以泄玄武湖。水发源钟山,而南流经京出。今青溪闸口接于秦淮,及杨溥城金陵,青溪始分为二,在城外者,自城壕合于淮,今城东竹桥西北。接后湖者,青溪遗迹固在,但在城内者,悉皆堙塞。惟上元县治南迤逦而西,循府治东南

---

① 宋·周应合《景定建康志·山川志三》,《四库全书》第 489 册,上海:上海古籍出版社 1987 年版,第 87—88 页。

出,至府学墙下,皆青溪之旧,曲水通秦淮,而钟山水源久绝矣。"①如果以五代十国时吴睿帝杨溥在位时(921—937)为下限,当知此前的东渠漕运与孙吴孙权时的情况大体相同,此后,东渠在城内的运道虽出现了"湮塞",但大部分的运道继续存在。

在这一过程中,"阔五丈、深八尺"的潮沟除了有泄水功能外,还有漕运的功能。之所以这样说,是因为前人叙述潮沟时,有将其称之为"运渎"的情况。如许嵩记载道:"其北又开一渎,在归善寺东,经栖玄寺门,北至后湖,以引湖水,至今俗为运渎。其实古城西南行者是运渎,自归善寺门前东出至青溪者,名曰潮沟。其沟东头,今已湮塞,才有处所,西头则见通运渎。"②所谓"其北又开一渎",是指在运渎的北面开潮沟。所谓"其沟东头",是指潮沟的东头。所谓"西头则见通运渎",是指潮沟西通运渎。因潮沟西通运渎,且有漕运功能,故出现了"至今俗为运渎"的情况。此外,后湖即玄武湖与长江相通,积潴之水主要来自江潮,故新开的运道时有"潮沟"之称。根据这一说法,潮沟的起点在城北,引江潮及玄武湖水入运后,可通往吴苑城中的粮仓苑仓,同时沿潮沟运道西行可与运渎连接。在这中间,潮沟和运渎、东渠结合在一起,共同构筑了建业的漕运体系和防卫体系,如:通过引玄武湖及江潮补给青溪和运渎航道的水位,潮沟建立了仓城与玄武湖之间的联系;潮沟本身是城濠的一部分,有补给城濠水位的功能,运渎、东渠与潮沟相通后,在健全建业城西向东再向北的漕运体系时,有效地增加了建业的防卫能力。

前人叙述建业漕运时,出现了将运渎、东渠、潮沟等合称为"运渎"的情况。张敦颐记载道:"《舆地志》:潮沟,吴大帝所开,以引江潮。《建康实录》云:其北又开一渎,北至后湖,以引湖水,今俗呼为运渎。其实自古城西南行者是运渎,自归善寺门前东出至青溪者名潮沟。其沟向东已湮塞,西则见通运渎。按:《实录》所载皆唐事,距今数百年,其沟日益湮塞,未详所在。今府城东门外,西抵城濠有沟,东出曲折,当报宁寺之前,里俗亦名潮沟,比(此)近世所开,非古潮沟也。"③这一说法在一定程度上给研究运渎、东渠、潮沟带来了困扰,然而,运渎、东渠、潮沟有各自的起点和终点,只要略加留意,便可以有所区别。

不过,在后人的表述中,似乎更愿意将东渠、潮沟视为运渎的一部分。顾祖禹叙述运渎行运的情况时论述道:"在上元县治西北。三国吴赤乌八年,发屯兵三万凿句容中道至云阳西城以通吴会船舰,号破冈渎。又使郗俭凿城西南自秦淮北抵仓城以达吴、越运船。盖引破冈渎由方山埭接于秦淮,以避大江之险,又自秦淮而东北达于苑仓也。《金陵事实》:'运渎引江水而成,在故台城西南。旧有六桥跨其上,五代以来久已堙塞。'今三山门

---

① 宋·周应合《景定建康志·山川志二》,《四库全书》第489册,上海:上海古籍出版社1987年版,第82页。
② 唐·许嵩《建康实录》(张忱石点校),北京:中华书局1986年版,第49页。
③ 宋·张敦颐《六朝事迹编类·潮沟》(张忱石点校),北京:中华书局2012年版,第78页。

内斗门桥以北近旧内城东合青溪,又北折而西从铁窗棂出城者,是其故迹也。吕氏祉曰:'古都城去秦淮既远,其漕运必资舟楫,而濠堑亦须灌注,故孙吴开运渎,凿潮沟,穿青溪,皆引水入城中,由城北堑而入后湖也。自杨氏依淮为城,城之东堑皆通淮水,西南边江以为险,春夏积雨,淮水泛滥,城市往往被其害,至冬水涸,濠内往往干浅。议者谓宜于秦淮上下置闸,遇淮水暴涨则闭上流,令水自城外输泻入濠以杀水势;冬间浅涸即闭下流,蓄以养濠堑。又城北地势高峻,濠水不过数尺,若据吴之旧,开潮沟以东引江水,开青溪以西引秦淮,萦绕城之北面入于后湖,则城北濠堑自然通快矣。'"① 这一论述有四个要点:一是运渎位于上元县治的西北,上元县是唐县,是建业的一部分,唐肃宗上元二年(761)改江宁县(今江苏南京)为上元县,故运渎经建业城的西北;二是秦淮河是建业漕运的重要运道,秦淮河入江,沿江路入秦淮河经运渎可抵苑仓(中央粮库);三是顾祖禹引《金陵事实》时强调了"运渎引江水而成",因"引江水"入运渎是通过潮沟及东渠来完成,故运渎包括潮沟和东渠;四是顾祖禹引录吕氏祉语时,有"其漕运必资舟楫,而濠堑亦须灌注"之说。濠堑是建业漕运航线的一部分,灌注濠堑,主要是通过"开运渎,凿潮沟,穿青溪,皆引水入城中,由城北堑而入后湖"等系列工程来完成的。由此可以得出的结论是,"开运渎"是一连续工程,其中包括兴修东渠、潮沟等运道。

综合这些情况,完全可以把赤乌三年十二月兴修的运渎称之为"狭义运渎",可以把将包括东渠、潮沟在内的运渎称之为"广义运渎"。广义运渎与内外秦淮河互通后,通过建立自建业经句容中道(破冈渎)接丹徒水道,进入吴古故水道的航线,改善了建业与三吴及太湖流域的漕运环境。可以说,这条避开长江风险的航道是建业与太湖流域(三吴地区)联系的重要航线。如东晋、宋、齐、梁、陈等朝以建康(建业)为都时,运渎与破冈渎一道成为建康漕运的生命线。时至明代,这一漕运通道的某些航段虽然出现了"堙塞",但它却为明王朝兴修建康城内外的漕运通道奠定了基础。

第二节 兴修横塘栅塘及直渎

除了兴修运渎、东渠、潮沟之外,孙吴重点改造了秦淮河,在秦淮河上兴修了横塘、栅塘等工程。此后,又兴修了直渎。

横塘兴修的时间,当发生在赤乌八年(245)开凿破冈渎以前。之所以这样说,是因为在开破冈渎避长江风险以前,建业漕运主要是沿长江入秦淮河进行的。赤乌八年开破冈渎以

---

① 清·顾祖禹《读史方舆纪要·南直二》(贺次君、施和金点校),北京:中华书局2005年版,第957页。

后,孙吴漕运开始走东线(沿破冈渎)进入三吴。张敦颐记载道:"吴大帝时,自江口沿淮筑堤,谓之横塘。"①所谓"自江口沿淮筑堤",是指为防止堤岸坍塌,沿秦淮河至入江口兴修了加固河堤的工程。

兴修横塘以后,孙吴又在秦淮河上兴修了栅塘(秦淮栅)。周应合记载道:"秦淮栅,即栅塘也。案:《实录》注:吴时夹淮立栅。又梁天监中,作两重栅,皆施行马。至南唐时,置栅如旧。"②从孙吴到南唐,秦淮河一直是建业的重要漕运通道。顾祖禹叙述秦淮河与建业的关系时论述道:"在上元县治东南三里。吴张纮曰:'秦始皇以金陵有王气,故掘断连冈接石头城处,今方山石碛横渎是也。'《建康实录》云:'秦淮水旧名龙藏浦。有二源,一发句容县北六十里之华山,南流;一发溧水县东南二十里之东庐山,北流;合于方山,西经府城中,至石头城注大江。其水经流三百里,地势高下,屈曲自然,不类人功,疑非始皇所凿也。'孙吴至六朝,都城皆去秦淮五里。吴时夹淮立栅十余里,史所称栅塘是也。梁天监九年新作缘淮塘,北岸起石头迄东冶,南岸起后渚篱门迄三桥,以防泛滥。又作两重栅,皆施行马,时亦呼为马栅。秦淮上自石头至方山运渎,总二十四渡,皆浮航往来,亦曰二十四航,惟大航用杜预河桥之法,遇警急即撤桥为备。自杨吴时改筑金陵城,乃贯秦淮于城中。今秦淮二源合流入方山埭,自方山之冈陇两崖北流,经正阳门外上方桥,又西入上水门北,经大中桥与城濠合,又西接淮清桥与清溪合,又南经武定桥而西,历桐树湾,穿锁淮、饮虹上下二浮桥,北通斗门桥,合运渎出下水门,经石头城入江,绵亘萦纡于京邑之内。"③所谓"夹淮立栅",是指编木立栅,即在秦淮河岸边打下列成一排的木桩,如胡三省有"故编木立栅,以护湖塘,因谓之栅塘"④之说可证。自孙吴兴修栅塘以后,秦淮河的漕运能力得到提升,与运渎、东渠、潮沟等一道构成了建业的漕运体系。

孙吴以后,梁、杨吴等在栅塘的基础上多次改造秦淮河,可以说,秦淮河是否畅通直接关系到建业漕运的畅通与否。周应合记载道:"六朝旧城在北,去秦淮五里,故淮上皆列浮航,缓急则彻航为备。吴沿淮立栅,前史所谓栅塘是也。"⑤结合顾祖禹的记载,可以得出三个结论:一是"故淮上皆列浮航,缓急则彻航为备"一语令人费解,因顾祖禹有"秦淮上自石头至方山运渎,总二十四渡,皆浮航往来,……遇警急即撤桥为备"⑥之说,据此可知,"彻航"是指"撤航",一旦发生敌情,将停止秦淮河漕运,防止船只为敌所用;二是栅塘距建业五里,是建

---

① 宋·张敦颐《六朝事迹编类·横塘》(张忱石点校),北京:中华书局2012年版,第77页。
② 宋·周应合《景定建康志·城阙志一》,《四库全书》第489册,上海:上海古籍出版社1987年版,第126页。
③ 清·顾祖禹《读史方舆纪要·南直二》(贺次君、施和金点校),北京:中华书局2005年版,第951页。
④ 元·胡三省《通鉴释文辩误》卷四,《四库全书》第312册,上海:上海古籍出版社1987年版,第267页。
⑤ 同②,第120页。
⑥ 同③。

业城外不可或缺的漕运通道;三是栅塘是加固河堤工程,如果将周应合"吴沿淮立栅,前史所谓栅塘是也"与顾祖禹"吴时夹淮立栅十余里,史所称栅塘是也"联系在一起,当知孙吴在建业城外的秦淮河两岸建造了十多里的木栅护堤工程。

那么,栅塘是何时兴建的?它与运渎有什么样的关系?现辨析如下。

其一,栅塘始建于孙吴时期,可以确信无疑。史称:"沈充自吴率众万余人至,与含等合。充司马顾飏说充曰:'今举大事,而天子已扼其喉,情离众沮,锋摧势挫,持疑犹豫,必致祸败。今若决破栅塘,因湖水灌京邑,肆舟舰之势,极水军之用,此所谓不战而屈人之兵,上策也。籍初至之锐,并东南众军之力,十道俱进,众寡过倍,理必摧陷,中策也。转祸为福,因败为成,召钱凤计事,因斩之以降,下策也。'充不能用,飏逃归于吴。"①司马光《资治通鉴·晋纪十五》,将这一事件定在晋明帝太宁二年(324)。周应合记载道:"王敦教诛郭璞,璞谓伍伯曰:'吾年十三时,于栅塘脱袍与汝,吾命应在汝手中。'伍伯感昔念惠,衔涕行法。梁天监九年,新作缘淮塘,北岸起石头迄东冶,南岸起后渚篱门达于三桥,作两重栅,皆施行马。至南唐时,置栅如旧。"②郭璞出生于晋武帝咸宁二年(276),十三岁当为晋武帝太康十年(289)。也就是说,西晋时期,栅塘已经存在。检索文献,两晋均没有兴修秦淮河之举,只是到了梁、南唐时才有重修栅塘之举,这样一来,可证栅塘建造有更早的历史。

其二,检索文献,吴大帝孙权以后,吴景帝孙休、末帝孙皓均没有兴修秦淮河之举。采用排除法,立栅工程应可以上溯到吴大帝孙权时期。

其三,栅塘建于吴大帝孙权一朝,是有迹可循的。周应合引录旧志时写道:"栅塘,在秦淮,上通古运渎,不详其始。"③在这里,周应合一方面说栅塘"上通古运渎";另一方面又持审慎的态度称栅塘建造的时间"不详其始",给确定立栅的时间设置了障碍。不过,这里所说的"古运渎"应是实指,是指赤乌三年十二月郗俭兴修的与内外秦淮河相连的运渎。周应合是南宋人,时至南宋,从建运渎到其堙废,前后经历了大约一千年的时间,因此,以"古"相称是必然的。以此为线索,当知栅塘兴修的时间应略迟于运渎,很可能与兴修的东渠、潮沟的时间相当。之所以这样说,是因为栅塘通运工程中秦淮河是建业漕运不可或缺的航段。进而言之,建造运渎、东渠、潮沟的重点是解决建业城内的漕运,兴修栅塘的目的则是打通建业城外的漕运通道。

其四,栅塘和横塘是两个连续性的工程,兴修的重点是解决建业城外的漕运。如果以横

---

① 唐·房玄龄等《晋书·王敦传》,北京:中华书局1974年版,第2565页。
② 宋·周应合《景定建康志·山川志三》,《四库全书》第489册,上海:上海古籍出版社1987年版,第92页。
③ 同②,第91页。

塘建造的时间为参照,当知栅塘建造的时间应发生在吴大帝孙权一朝。如周应合引旧志记载道:"横塘。案:《实录》注:在淮水南,近陶家渚,缘江筑长堤,谓之横塘,淮在北,接栅塘。"①随后引《宫苑记》记载道:"吴大帝时,自江口沿淮筑堤,谓之横塘,北接栅塘。在今秦淮径口。吴时夹淮立栅,自石头南,上十里至查浦,查浦上十里至新亭,新亭南上十里至孙林,孙林南上十里至板桥,板桥上三十里至烈洲。"②从横塘"北接栅塘"等情况看,栅塘和横塘应是两个连续性工程。既然横塘是在吴大帝一朝建造的,那么栅塘建造的时间应与之相当。具体地讲,两大工程都属于改造秦淮河及加强漕运的工程。如运渎、东渠和潮沟兴修以后,兴修秦淮河及入江的漕运通道势在必行。胡三省音注《资治通鉴·晋纪十五》"今若决破栅塘,因湖水以灌京邑"等语云:"此即玄武湖水也,在建康城北,今在上元县北十里。"③栅塘有控制玄武湖水的功能,运渎、东渠的补给水源主要来自潮沟,潮沟的水源主要取自玄武湖水和江潮。或许正因为如此,运渎、东渠、潮沟以后,整治秦淮河运道是必然的。

其五,"夹淮立栅"应发生在"仍于方山南截淮立埭,号曰方山埭"④之前。方山埭是破冈渎的一部分,是"夹淮立栅"后的工程。方山埭在建业东南四十五里,是"截淮"(建拦河坝)工程。栅塘在建业的北面,从兴修时间上看,栅塘是改造秦淮河运道、经横塘入江的工程,因此,与"截淮"建方山埭没有内在的联系。进而言之,在兴修破冈渎及方山埭以前,建业漕运主要是自秦淮河入江。开凿破冈渎的目的是避开长江风险,从这样的角度看,在开破冈渎及形成了经句容西入建业的运道以前,兴修秦淮河入江水道乃当务之急。如以兴修破冈渎及方山埭为时间下限,当知栅塘是运渎、东渠、潮沟的后续工程,其建设时间应发生在赤乌八年开凿破冈渎以前。

综上所述,建业漕运主要由运渎、东渠、潮沟、秦淮河运道等共同构成。经过长期的兴修,各运道相互串连,形成了自内秦淮河的斗门桥向北经红土桥、草鞋桥,会青溪于内桥,随后向西经鸽子桥、羊市桥与城濠相合,继续向西合草桥北出之水,经鼎新桥、道济桥、文津桥、望仙桥、张公桥、铁窗棂入外秦淮河的运道。这条运道自城西经城东再到城北,形成了环绕建业城之势,并经外秦淮河与长江航线相连。后来,这条运道又与破冈渎(句容中道)相连,在避开长江风险的同时,增加了一条自云阳西城至建业的新航线。

兴修直渎是改善建业漕运的重要之举。检索文献,建业直渎有二:一是方山直渎,一是

---

① 宋·周应合《景定建康志·山川志三》,《四库全书》第489册,上海:上海古籍出版社1987年版,第92页。
② 同①。
③ 宋·司马光著,元·胡三省音注《资治通鉴·晋纪十五》("标点资治通鉴小组"校点),北京:中华书局1956年版,第2928页。
④ 唐·许嵩《建康实录》(张忱石点校),北京:中华书局1986年版,第53页。

幕府山直渎。两条直渎虽有不同的起点,但在幕府山(直渎山)相会。

方山直渎是何时兴修的呢?关于这一问题,前人有不同的认识。乐史记载道:"淮水,北去县一里,源从宣州东南溧水县乌刹桥西流入百五十里。《舆地志》云:'秦始皇巡会稽,凿断山阜,此淮即所凿也,亦名秦淮。'孙盛《晋春秋》云:'是秦所凿。王导令郭璞筮,即此淮也。又称未至方山有直渎行三十许里。'"①按照这一说法,秦始皇南巡时凿断方山,开凿秦淮河新道,始有方山直渎。周应合进一步记载道:"事迹:《祥符图经》云:有大垄悉是石,故名石硊,或云硊,亦作柜。每春夏水溢,众流汇此。山横据秦淮之上,以柜遏水势。《舆地志》:秦始皇时,望气者云:江东有天子气,乃东游以压之,又凿金陵以断其势。今方山石硊,是其所断之处也。孙盛云:东至方山,有直渎。自渎至此山。或云:是秦所掘。山,今方山。西九里,有大垄枕淮,合垄,悉是石,京师沟塘累石,悉凿此垄取之。"②方山有遏制秦淮河泛滥的功能,为了破坏建业的王气,秦始皇开凿了方山直渎,经此有了"秦淮河"之称。所谓"山横据秦淮之上,以柜遏水势",指方山雄距秦淮河之上,像一个巨大的柜子遏制了秦淮河向北泛滥。所谓"京师沟塘累石,悉凿此垄取之",指方山是建业河塘建设的取石地点。

从另一个层面看,秦始皇开凿方山直渎的可能性几乎为零。周应合又记载道:"孙盛《晋阳秋》云:是秦所凿,王导令郭璞筮,即此淮也。又称:未至方山,有直渎,行三十许里。以地形论之,淮发源诘屈,不类人功。则始皇所掘,疑此渎也。徐爰《释问》云:淮水西北贯都。吴时夹淮立栅,宋元嘉中浚淮,起湖熟废田千余顷,梁作缘淮塘北岸,起石头迄东冶南岸,起后渚篱门迄三桥,以防淮水泛溢。大抵六朝都邑以秦淮为固,有事则沿淮拒守。今淮水贯城中,东西由上、下水门,以达于江,盖水之故道也。"③综合以上的记载,可理清这些线索:一是既然方山直渎"不类人功",应与秦始皇开凿没有关系;二是方山直渎是引秦淮河入建业的工程,开凿方山直渎应与加强建业漕运有直接的关系;三是开凿方山直渎可能与"吴时夹淮立栅"之间有着某种内在的联系,在"吴时夹淮立栅"以前,不见兴修方山直渎的记载,这样一来,方山直渎很有可能是"吴时夹淮立栅"时兴建的引水入运工程;四是孙吴以后,围绕着方山直渎,宋、梁等朝兴修了一系列的秦淮河疏浚工程,因此,方山一带成为距建业即建康最近的粮仓;五是方山直渎是建业的门户,因与方山埭相连,破冈渎兴修后成为兵家必争之地。

综上所述,开方山直渎当发生在"夹淮立栅"之时,与"夹淮立栅"即栅塘一道同为建业漕运工程,并与破冈渎相辅相成。顾祖禹记载道:"在府东三十二里。源出方山,东北流接竹

---

① 宋·乐史《太平寰宇记·江南东道二》(王文楚等点校)第 4 册,北京:中华书局 2007 年版,第 1778 页。

② 宋·周应合《景定建康志·山川志一》,《四库全书》第 489 册,上海:上海古籍出版社 1987 年版,第 52 页。

③ 宋·周应合《景定建康志·山川志二》,《四库全书》第 489 册,上海:上海古籍出版社 1987 年版,第 73 页。

篠河,又经直渎山北达于江。晋温峤讨苏峻,遣王愆期屯军直渎。孙盛《晋春秋》:'直渎在方山。'陆游曰:'孙吴时所开也。'梁有直渎戍。承圣初王僧辩等讨侯景,入建康,贼党王伟与侯子鉴等将奔朱方,于道相失,伟至直渎,为戍主所擒。王安石诗'山盘直渎输淮口'是也。今堙废。"①所谓"在府东三十二里",是指方山直渎在江宁府(建业)东面的三十二里处。所谓"东北流接竹篠河",是指方山直渎折向东北与竹篠河相连。所谓"又经直渎山北达于江",是指方山直渎至直渎山北入江。方山直渎建成后,丰富了建业漕运体系。

　　幕府山直渎开凿的时间稍晚,发生于吴末帝孙皓一朝。张敦颐记载道:"吴后主孙皓所开,隶钟山乡,去县三十五里,西至霸埂,东北接竹港,流入大江。杨修之诗注云:渎在幕府山东北,长十四里,阔五丈,深一丈。初开之时,昼穿夜复自塞,经年不就。"②周应合引旧志进一步记载道:"直渎在城北,隶上元县钟山乡,去城三十五里,阔五丈,深二丈,西至坝埂,东北接竹篠港,流入大江。旁有直渎山、直渎洞。吴后主所开,渎道直,故名曰直渎。"③又记载道:"事迹:《舆地志》云:白下城西南,有蟹浦,蟹浦西北有直渎。伏滔《北征记》:吴将甘宁墓在此。或言:墓有王气,孙皓恶之,乃凿,其后为直渎。晋苏峻举兵,温峤帅师救京师,遣王愆期等为前锋,次直渎,即此地。杨修诗注云:渎在幕府山东北,长十四里,阔五丈,深二丈。初开之时,昼穿,夜复自塞,经年不就。伤足役夫卧其侧,其夜见鬼物来顷,因嗟曰:何不以布囊盛土弃之江中,使吾徒免殚力于此。伤者异之,晓白有司,如其言,渎乃成。"④直渎的长度虽然有限,但长江泥沙不断地淤积运道,给兴修工程带来了难度。

　　孙皓一朝除了开凿幕府山直渎外,还有开自丹徒至云阳的运道之举。张勃《吴录》记载道:"岑昏凿丹徒至云阳,而杜野、小辛间,皆斩绝陵袭,功力艰辛(杜野属丹徒,小辛属曲阿)。"⑤孙皓一朝,岑昏重点兴修了自云阳西城至丹徒的运道。杜野(今江苏镇江东十五里)和小辛(今江苏句容西南,在今江苏丹阳北十余里)是重修工程的重点,从"皆斩绝陵袭"一语中当知这一工程的修建十分艰难。

　　岑昏开凿丹徒至云阳的运道以后,打通了破冈渎远接丹徒水道及吴古故水道的航线。王鸣盛论述道:"今水道自常州府城外经奔牛、吕城以至镇江府丹阳县城外,自此再西北,行至府治丹徒县城外入江。此道大约当吴夫差尚未有,直至孙权方凿之。吴人争霸上国,开邗沟通江淮,而战舰仍不能达,尚由海入淮,若从常、镇间北至江岸,则尚有陆无水,直至三国方有云阳,即今丹阳县也。《太平御览》引《吴志》:'岑昏凿丹徒至云阳,杜野、小辛间皆崭绝陵

---

① 清·顾祖禹《读史方舆纪要·南直二》(贺次君、施和金点校),北京:中华书局2005年版,第957页。
② 宋·张敦颐《六朝事迹编类·直渎》(张忱石点校),北京:中华书局2012年版,第76页。
③ 宋·周应合《景定建康志·山川志三》,《四库全书》第489册,上海:上海古籍出版社1987年版,第88页。
④ 同③,第88—89页。
⑤ 宋·李昉等《太平御览·州郡部一六·润州》,北京:中华书局1960年版,第827页。

袭,施力艰辛。杜野属丹徒,小辛属曲阿(曲阿亦即今丹阳县)。'至今此道舟行,望两岸高如山,正所云'崭绝陵袭'者。'小其'当作'小辛',传写误也。萧子显《南齐书·州郡志》云:'南徐州,镇京口。吴置幽州牧,屯兵在焉。丹徒水道入通吴会,孙权初镇之。'观此,则知自今吴县舟行过无锡、武进、丹阳至丹徒水道自孙氏始。"①杜野和小辛是破冈渎东接丹徒水道的重要工程,疏通这一航段的目的是重新开通自云阳西城入丹徒水道的航线。

按照王鸣盛的说法,丹徒水道自丹阳通吴古故水道(通武进、无锡、吴县等地)始自孙权一朝开破冈渎之时。其实不然,早在秦始皇南巡开丹徒水道时,已建成自丹徒入吴古故水道的航线。两者之间多有不同的是,开凿破冈渎以前,建业漕运是自吴古故水道经丹徒水道至京口入江,此后自江入秦淮河经运渎至建业。开凿破冈渎以后,建成了自建业东通云阳西城,自云阳西城入丹徒水道,连接吴古故水道的航线。进而言之,破冈渎开通后,将从京口入长江抵建业的长江航线改造为自建业经句容至云阳西城接丹徒水道的航线,在避开长江风险的同时,加强了吴都建业与农业经济发达地区三吴之间的联系。在这中间,自建业东行经破冈渎至云阳西城入丹徒水道,既可至京口入江,又可经吴古故水道深入三吴的腹地。

第三节　破冈渎与漕运考述

建安十六年,孙权自丹徒移治建业。李吉甫记载道:"后汉献帝建安十四年,孙权自吴理丹徒,号曰'京城',今州是也。十六年迁都建业,以此为京口镇。"②丹徒的政治地位虽有所下降,但军事地位却得到了加强,究其原因有三:一是孙吴赋税主要源于三吴,需要经深入到三吴腹地的丹徒水道和吴古故水道转运;二是丹徒隔江与广陵(今江苏扬州)相望,京口是孙吴长江防线的支撑点;三是丹徒是建业的门户,丹徒动摇将影响到建业的安全。这样一来,孙权虽移治建业,但丹徒依旧是刻意经营的重镇,进而在丹徒水道的入江口京口建造了军事要塞京口镇。

丹徒地位的进一步提升与开凿破冈渎有着直接的联系,破冈渎与丹徒水道相接后,彰显了丹徒在漕运中的地位。从政治军事形势上看,在开凿破冈渎以前,孙吴先后在江汉和淮河等两个防线上失利。如吴大帝赤乌四年六月,吴将朱然攻打曹魏重镇樊城,试图解除长江防线的压力。史有"夏五月,吴将朱然等围襄阳之樊城,太傅司马宣王率众拒之。六月辛丑,退"③之说,樊城之战失利后,孙吴失去了江汉战场上的主动权,曹魏随时可挥师南下,进而

---

① 清·王鸣盛《十七史商榷·〈三国志〉四》(黄曙辉点校),上海:上海古籍出版社2013年版,第484页。
② 唐·李吉甫《元和郡县图志·江南道一》(贺次君点校),北京:中华书局1983年版,第589页。
③ 晋·陈寿《三国志·魏书·三少帝纪》(裴松之注),北京:中华书局1959年版,第119页。

从长江上游威胁孙吴建构的以武昌、丹徒京口为战略支撑点的长江防线。又如赤乌六年(243)九月,吴将诸葛恪在淮南防线溃败,从而为曹魏"大军出征,泛舟而下,达于江淮"①创造了条件,如史有"四年秋九月,帝督诸军击诸葛恪,车驾送出津阳门。军次于舒,恪焚烧积聚,弃城而遁"②之说。

孙吴在樊城和淮南失利后,建业岌岌可危。章潢在《金陵防守要害》一文中分析天下形势时,认为如果以金陵(建业)为都,必须建立淮河和长江两道防线。他指出:"都金陵,宜守淮,以防外庭,守武昌、九江以蔽上游。守淮之势,东固淮安、泗州,自丹阳而扬州,而淮安,而泗州,乃金淮之右臂也。西固凤阳、寿州,自采石而和州,而凤阳,而寿州,乃金淮之左臂也。东无淮安,虽得泗州而不为用。西无凤阳,虽得合肥而不为用。上游之势,沅、湘诸水合洞庭之波,而输之江,则武昌为之都会,故湖广省所以蔽九江。江西诸水与鄱阳之浸汇于湓口,则九江为之都会,故九江所以接武昌而蔽金陵。若用于天下,则徐、邳、临清、淮安之应也。洛阳均郑,凤阳之应也。荆州,武昌之应也,而襄阳又荆州之应也。固荆州可以开蜀道,固襄阳可以控川陕,固临清可以通燕冀,固洛阳可以制潼关。其西南守江西,以运百粤。其东南守浙江,以治闽吴。皆金陵之门庭帑藏云耳。"③这一论述虽然是就明代形势而言,但可以移来阐释孙吴的政治军事形势。孙吴建都建业以后,需要建立长江和淮河两条防线,长江防线的支撑点是武昌、丹徒京口等,淮河防线主要在淮南,须固守淮南重镇淮安、寿州等地。在曹魏直接威胁到孙吴安全的紧要关口,开凿破冈渎体现出了两个方面的作用:一是孙吴的赋税租米主要来自三吴,一旦曹魏大军压至长江沿线,可以使自三吴至建业的漕运通道免遭直接的威胁;二是即便是长江运道没有立即处于曹魏的威胁之下,通过避开长江风浪,也可以减少漕船在长江行驶时因翻覆造成的损失。

破冈渎初称"句容中道",又称"破岗渎",最早的记载始见于晋代陈寿的《三国志·吴书·吴主传》。史称:"八月,大赦。遣校尉陈勋将屯田及作士三万人凿句容中道,自小其至云阳西城,通会市,作邸阁。"④"八月,大赦",指赤乌八年八月,吴大帝孙权大赦天下。联系下文看,参加句容中道(破冈渎)建设的群体中可能有赦免的囚犯。"将屯田及作士三万人",指陈勋率领屯田士卒及工匠约三万人开凿句容中道,表明句容一带是孙吴的屯垦区。《镇江漕渠说》引《建康实录》时,有"吴大帝赤乌八年,使校尉陈勋作屯,用发屯兵三万,凿句容中道至云阳西城,以通吴会船舰,号破冈渎"⑤之说,陈勋在句容屯垦时开凿句容中道,既

---

① 唐·房玄龄等《晋书·食货志》,北京:中华书局1974年版,第786页。
② 唐·房玄龄等《晋书·宣帝纪》,北京:中华书局1974年版,第15页。
③ 明·章潢《图书编·金陵防守要害》,《四库全书》第969册,上海:上海古籍出版社1987年版,第732页。
④ 晋·陈寿《三国志·吴书·吴主传》(裴松之注),北京:中华书局1959年版,第1146页。
⑤ 明·张国维《吴中水利全书》卷二十,《四库全书》第578册,上海:上海古籍出版社1987年版,第725页。

可经此运道深入到三吴的腹地,又可将句容屯田的成果(粮食等)迅速地运往建业,可谓是一举两得。"自小其至云阳西城",指句容中道以小其为起点,以云阳西城为终点。"通会市",指句容中道有进行贸易的集市或庙会。"作邸阁",指在破冈渎沿线建造储粮仓库。从这样的角度看,在句容中道沿线建造粮仓和发展集市贸易,既可通过分区储粮和逐次转运来保证建业的粮食安全,又可促进沿线各地的经济发展和繁荣,进而为建业的物资需求提供服务。

此后,张勃的《吴录》丰富了陈寿的记载。如他记载道:"句容县,大皇时,使陈勋凿开水道,立十二埭,以通吴、会诸郡,故舡行不复由京口。"①从"句容县"一词中当知,句容中道主要是在句容县境内开凿的,是在长江南岸的腹地建造一条连接三吴的漕运通道。"大皇",指孙吴开国皇帝吴大帝孙权。"使陈勋凿开水道,立十二埭",指陈勋奉孙权之命开凿句容中道时,建造了十二座可防止航道泄水的拦水坝。"以通吴、会诸郡",是指沿句容中道可自建业进入吴郡(治所在今江苏苏州)、丹阳郡(治所在今江苏丹阳)、会稽郡(治所在今浙江绍兴)的腹地,如杜佑有"秦置会稽郡。项羽初起,杀会稽太守殷通,即此,汉亦为会稽郡,后顺帝分置吴郡。晋宋亦为吴郡,与吴兴、丹阳为三吴"②之说可证。"舡行不复由京口",是指句容中道建成后,漕船可避开长江风险,不再从京口入江。进而言之,句容中道作为连接三吴的漕运通道,串连起沿线的屯垦区,避开了长江风险。

时至唐代,许嵩撰《建康实录》,进一步丰富了陈寿和张勃的记载。如许嵩记载道:"八月,大赦。使校尉陈勋作屯田,发屯兵三万凿句容中道至云阳西城,以通吴、会船舰,号破冈渎,上下一十四埭,通会市,作邸阁。仍于方山南截淮立埭,号曰方山埭,今在县东南七十里。"③自注:"其渎在句容东南二十五里,上七埭入延陵界,下七埭入江宁界。初,东郡船不得不行京行江也,晋、宋、齐因之,梁避太子讳,改为破墩渎,遂废之,而开上容渎,在句容县东南五里,顶上分流,一源东南三十里,十六埭,入延陵界;一源西南流,二十五里,五埭注句容界。"④除去与陈寿、张勃所述相同的内容,这一记载主要有四个方面值得关注。一是以"破冈渎"相称,表明句容中道是在开凿山岗的过程中完成的,其开凿地点主要在句容境内。二是句容东南二十五里是破冈渎的最高点,以此为节点,破冈渎向东入延陵(这里所说的"延陵"应与云阳西城是同义词,如顾祖禹叙述延陵城时有"志云:镇南有云阳东西二城,相距七里,在运渎南岸,盖孙吴时所置"⑤之说)有上七埭,向西入江宁有下七埭。三是破冈渎在方

---

① 晋·张勃《吴录》,宋·李昉《太平御览·地部三十八·堰埭》,北京:中华书局1960年版,第344页。
② 唐·杜佑《通典·州郡十二·吴郡》,杭州:浙江古籍出版社1988年版,第965—966页。
③ 唐·许嵩《建康实录》(张忱石点校),北京:中华书局1986年版,第53页。
④ 同③。
⑤ 清·顾祖禹《读史方舆纪要·南直七》(贺次君、施和金点校),北京:中华书局2005年版,第1259页。

山(在今江苏南京江宁)南建造了拦截秦淮河的方山埭。顾祖禹叙述方山埭时记载道:"在府东南四十五里。《建康实录》:'吴赤乌八年,使校尉陈勋发屯兵于方山南绝淮立埭。'是也。"①这一记载明确地说,陈勋开凿破冈渎时在应天府(建业)东南四十五里的地方建造了方山埭。方山在建业东南的四十里处,山脚下有秦淮河经过,如史有"山高百六十丈,周二十七里,形如方印,一名天印山,秦凿金陵山疏淮水为渎处也"②之说。四是结合梁代开上容渎"顶上分流"的记载,当知句容东南二十五里是破冈渎向东西两侧分水的最高点。

综上所述,陈寿、张勃、许嵩等人的记载各有不同的侧重点,将其综合到一起,大体上可以理清破冈渎的建设情况。不过,除了上述的内容需要关注外,还有几个问题需要专门提出,现分述如下。

一、破冈渎的起点与行陵

陈寿叙述句容中道(破冈渎)的情况时,有"自小其至云阳西城"之说,明确地说破冈渎的起点是在小其。时至后世,有"吴、会漕输,皆自云阳西城水道接至都下,故梁朝四时遣公卿行陵,乘舴艋,自方山至云阳"③之说,又说破冈渎的起点是方山埭。那么,破冈渎的起点究竟是小其,还是方山埭?

以小其为破冈渎的起点,主要来自将陈寿"自小其至云阳西城"一语。如与许嵩"其渎在句容东南二十五里"等语联系起来看,小其应在句容县东南二十五里处。然而,古今地名多有变化,乃至于今人提出了不同的说法。如魏嵩山先生论述道:"小其,《弘治句容县志》卷一作村名,列属县东句容乡;清《光绪句容县志》卷首附图仍绘有其地,作小祈村,在县城东南十公里许水南村之东,正临二圣桥水(中河)东源河畔。"④张学峰先生论述道:"'小其'是破冈渎在句容境内的起点,具体地点不明。刘宗意认为小其为今秦淮河上游的小溪村,但没有给出任何证据。从破冈渎利用赤山塘水源等因素及其总体走向来看,小其应在今句容县东南的西塘庄至任巷、城盖村所在的春城社区之间,这一带正是往东进入茅山北麓高亢地势的起点。"⑤魏嵩山和张学峰先生的说法虽有不同,但基本依据来自许嵩,应该说,他们的研究对于确定小其的地点有着重要的参考价值。

以方山埭为破冈渎的起点发生在何时?史家只有齐、梁两代拜陵时,自方山埭乘船入破

---

① 清·顾祖禹《读史方舆纪要·南直二》(贺次君、施和金点校),北京:中华书局2005年版,第962页。
② 同①,第946页。
③ 宋·周应合《景定建康志·疆域志二》,《四库全书》第489册,上海:上海古籍出版社1987年版,第41页。
④ 魏嵩山《太湖流域开发探源》,南昌:江西教育出版社1993年版,第166页。
⑤ 张学峰《六朝建康都城圈的东方——以破冈渎的探讨为中心》,武汉大学中国三至九世纪研究所编《魏晋南北朝隋唐史资料》第三十二辑,上海:上海古籍出版社2015年版,第71页。

冈渎的记载。史称:"世祖在东宫,专断用事,颇不如法。任左右张景真,使领东宫主衣食官谷帛,赏赐什物,皆御所服用。景真于南涧寺舍身斋,有元徽紫皮裤褶,余物称是。于乐游设会,伎人皆著御衣。又度丝锦与昆仑舶营货,辄使传令防送过南州津。世祖拜陵还,景真白服乘画舴艋,坐胡床,观者咸疑是太子。内外祇畏,莫敢有言。伯玉谓亲人曰:'太子所为,官终不知,岂得顾死蔽官耳目。我不启闻,谁应启者?'因世祖拜陵后密启之。上大怒,检校东宫。世祖还至方山,日暮将泊。豫章王于东府乘飞鹢东迎,具白上怒之意。世祖夜归,上亦停门籥待之,二更尽,方入宫。上明日遣文惠太子、闻喜公子良宣敕,以景真罪状示世祖。称太子令,收景真杀之。世祖忧惧,称疾月余日。上怒不解。"①所谓"世祖在东宫",指齐高帝萧道成取代刘宋后,立齐武帝(齐世祖)萧赜为太子。"乘画舴艋",指乘坐装饰华美的小船。如将"世祖拜陵还,景真白服乘画舴艋,坐胡床""世祖还至方山,日暮将泊"等语联系起来看,萧赜为太子时,是自方山埭起程,换乘小船入破冈渎前去拜陵的。此后,司马光、王若钦等对这一事件多有补充。如司马光记载道:"上之为太子也,自以年长,与太祖同创大业,朝事大小,率皆专断,多违制度。信任左右张景真,景真骄侈,被服什物,僭拟乘舆,内外畏之,莫敢言者。司空咨议荀伯玉,素为太祖所亲厚,叹曰:'太子所为,官终不知,岂得畏死,蔽官耳目。我不启闻,谁当启者!'因太子拜陵,密以启太祖。太祖怒,命检校东宫。太子拜陵还,至方山,晚,将泊舟,豫章王嶷自东府乘飞燕东迎太子,告以上怒之意。"②王若钦亦记载道:"荀伯玉,太祖时为辅国将军。世祖在于东宫,任左右。张景真多僭侈,世祖拜陵还,景真白服乘画舴艋,坐胡床,观者咸疑是太子。内外祇畏,莫敢言。伯玉谓亲人曰:'太子所为官终不知,岂得顾死蔽官耳目。我不启闻,谁应启者?'因世祖拜陵之后,密启之。帝大怒,检较东宫。世祖还至方山,日暮将泊。豫章王于东府乘飞鹢东迎,具白帝怒之意。世祖夜归,帝亦停门籥待之,二更尽,方入宫。帝明日遣文惠太子、闻喜公子良宣敕,诘责并以景真罪状示世祖。称太子令,收景真杀之。"③司马光、王若钦等的记载补充了《南齐书》中失缺的环节,在其反复强调中,当知齐高帝萧道成一朝方山埭已成为拜陵的起点。

拜陵又称"行陵""巡陵""谒陵",初指皇家祭拜祖陵,后又指派遣公卿祭拜帝陵,如史有"巡陵为朝拜"④之说。一般认为,拜陵始于东晋时期的王导。许嵩记载道:"自汉魏已来,群臣不出拜山陵,导以元帝睠同布衣,每一崇进,皆就拜,不胜悲涕。由是诏百官拜陵,自导始也。"⑤史称:"逮于江左,元帝崩后,诸公始有谒陵辞告之事。盖由眷同友执,率情而举,非洛京之旧也。成帝时,中宫亦年年拜陵,议者以为非礼,于是遂止,以为永制。至穆帝时,褚太

---

① 梁·萧子显《南齐书·荀伯玉传》,北京:中华书局1972年版,第573页。
② 宋·司马光《资治通鉴·齐纪一》(邬国义校点),上海:上海古籍出版社1997年版,第1231页。
③ 宋·王钦若等《册府元龟·将帅部·忠第二》第5册,北京:中华书局1960年版,第4417页。
④ 后晋·刘昫等《旧唐书·玄宗纪下》,北京:中华书局1975年版,第224页。
⑤ 唐·许嵩《建康实录》(张忱石点校),北京:中华书局1986年版,第192—193页。

后临朝,又拜陵,帝幼故也。至孝武崩,骠骑将军司马道子曰:'今虽权制释服,至于朔望诸节,自应展情陵所,以一周为断。'于是至陵,变服单衣,烦黩无准,非礼意也。及安帝元兴元年,尚书左仆射桓谦奏:'百僚拜陵,起于中兴,非晋旧典,积习生常,遂为近法。寻武皇帝诏,乃不使人主诸王拜陵,岂唯百僚!谓宜遵奉。'于是施行。及义熙初,又复江左之旧。"①这一记载基本上揭示了东晋拜陵的情况。杜佑进一步记载道:

> 东晋元帝崩后,诸公始有谒陵、辞陵之事。盖由眷同友执,率情而举也。成帝时,中宫亦年年拜陵,议者以为非礼,遂止。穆帝时,褚太后临朝,又拜陵。帝,时幼也。孝武崩,骠骑将军会稽王道子曰:"今虽制释服,至于朔日月半诸节,自应展情陵所,以一周为断。"于是至陵,变服单衣,烦渎无准,非礼也。及安帝元兴元年,左仆射桓谦奏:"百僚拜陵,起于中兴,非晋旧典,积习生常,遂为近法。寻,武帝诏,乃不使人主诸王拜陵。"及义熙初,又复江左之旧。
>
> 宋文帝每岁正月谒初宁陵(武帝陵),孝武、明帝亦每岁拜初宁、长宁陵(文帝陵)。②

从晋成帝一朝停止年年拜陵的行为起,历康帝、穆帝、哀帝、废帝、简文帝、孝武帝数朝,拜陵处于时断时续的状态,直到晋安帝义熙元年(405)才恢复拜陵旧制。此后,刘宋继承了这一制度。不过,东晋帝陵、刘宋帝陵均在建康(建业)周边,故不需要自方山埭起程沿破冈渎行进。郑樵《通志》有与杜佑相同的记载,可略去不论。

齐、梁同宗,两代帝陵建在金牛山一带,史家引《舆地志》有"齐诸陵在故兰陵东北金牛山,四时公卿行陵乘舴艋,自方山由陵口入兰陵,升安车轺传驿置以至陵所"③之说。自齐以后,梁代遣公卿从方山埭起程入破冈渎前去行陵成为定制。周应合记载道:"以此知六朝都建康,吴、会漕输,皆自云阳西城水道接至都下,故梁朝四时遣公卿行陵,乘舴艋,自方山至云阳。"④破冈渎开通后,建成了自云阳西城至建康的新航线,从此,六朝漕运不再走长江。此外,梁代行陵从建康出发后,到方山"乘舴艋"到云阳舍舟登陆,换乘车马的。之所以到方山"乘舴艋"(改乘小船),是因为以方山为节点,前后航线有不同的航运条件,如自方山至建业,因秦淮河两源至方山合流,合流后河面宽阔,可行大船。自方山至云阳西城,因沿山开凿运道,河道狭窄,只能行小船。

---

① 唐·房玄龄等《晋书·礼志中》,北京:中华书局1974年版,第634页。
② 唐·杜佑《通典·礼十二·吉十一》,杭州:浙江古籍出版社1988年版,第299页。
③ 清·赵弘恩等监修、黄之隽等编纂《江南通志·舆地志》,《四库全书》第508册,上海:上海古籍出版社1987年版,第281页。
④ 宋·周应合《景定建康志·疆域志二》,《四库全书》第489册,上海:上海古籍出版社1987年版,第41页。

由此提出的问题是,东晋及刘宋以前,孙吴是否有自方山埭入破冈渎前去云阳西城拜陵的举动呢?检索文献,许嵩有"冬十一月,幸曲阿,祭高陵"①的记载,"冬十一月"指太元元年(251)十一月。根据这一记载,可以肯定地说,孙权是自方山埭换船,沿破冈渎前往曲阿祭高陵的。这样说的理由有三。一是此时上距开通破冈渎已六年,孙权"幸曲阿,祭高陵"应有可能走水路前去祭祀祖陵。二是高陵是孙权父亲孙坚的陵墓,在曲阿(云阳西城)一带。云阳西城是破冈渎的终点,同时距破冈渎长冈埭不远。顾祖禹有"曲阿、长冈二垒,在今县北二十里石潭村"②之说,"今县北二十里",是指在丹阳县北二十里。如以今之地理言之,高陵位于丹阳以西十五里处的吴陵港口。这一形势决定了孙权有乘船祭陵的可能。三是结合齐、梁两代行陵自方山改乘小船的情况,当知孙权沿破冈渎祭高陵走水路是最佳的选择,这样做,可以避开旅途劳顿。从这样的角度看,孙权"幸曲阿,祭高陵"是自方山埭换乘小船,沿破冈渎行进的。进而言之,以方山埭为破冈渎的起点,实始自孙吴。

此外,针对破冈渎是以小其为起点还是以方山埭为起点的问题,张学峰先生提出了"狭义的破冈渎"和"广义的破冈渎"的概念。如张学峰先生论述道:"严格说来,'句容县东南的二十五里'才是破冈渎的起点,这个地点可能就在今句容县西塘村至任巷村之间,由此往东至云阳西城,这就是真正意义上的破冈渎,亦即狭义的破冈渎。"③按照张先生的说法,小其是狭义破冈渎的起点,方山埭是广义破冈渎的起点。客观地讲,这一归纳是符合破冈渎的实际情况的。如顾祖禹在旧说的基础上论述道:"三国吴赤乌八年,发屯兵三万凿句容中道至云阳西城以通吴会船舰,号破冈渎。又使郡俭凿城西南自秦淮北抵仓城以达吴、越运船。盖引破冈渎由方山埭接于秦淮,以避大江之险,又自秦淮而东北达于苑仓也。"④方山埭在建业东,是破冈渎接秦淮河经运渎等进入建业的节点,同时也是自建业东行至云阳西城的起点。

二、破冈渎的堰埭问题

破冈渎的高点是小其,小其在句容东南二十五里处,结合许嵩"顶上分流,一源东南三十里,十六埭,入延陵界;一源西南流,二十五里,五埭注句容界"⑤等语看,破冈渎在引水入运的过程中,通过建埭解决了水位落差大、航道泄水等问题。周应合记载道:"《丹阳记》云:建康有淮,源出华山入江。《舆地志》云:淮水发源于华山,在丹阳湖姑孰之界,西北流,经建康、

---

① 唐·许嵩《建康实录》(张忱石点校),北京:中华书局1986年版,第60页。
② 清·顾祖禹《读史方舆纪要·南直七》(贺次君、施和金点校),北京:中华书局2005年版,第1265页。
③ 张学峰《六朝建康都城圈的东方——以破冈渎的探讨为中心》,武汉大学中国三至九世纪研究所编《魏晋南北朝隋唐史资料》第三十二辑,上海:上海古籍出版社2015年版,第73页。
④ 清·顾祖禹《读史方舆纪要·南直二》(贺次君、施和金点校),北京:中华书局2005年版,第957页。
⑤ 同①,第53页。

秣陵二县之间,萦纡京邑之内,至于石头入江,悬流三百许里。又云:秦始皇巡会稽,凿断山阜,此淮即所凿也,亦名秦淮。"① 秦淮河在句容境内自东流向西北,有着截入破冈渎的先天条件。不过,"悬流三百许里",水位落差极大,为防止航道泄水及干浅,需要在沿途建埭。此外,秦淮河有丰水期和枯水期:丰水季节流量充沛,完全可以正常地补给运道;枯水季节流量减少,无法正常补给航道,航道往往会出现航道干浅的情况。为解决这一问题,陈勋开凿破冈渎时,采取了分区域(分航段)建埭的措施。

张勃《吴录》的破冈渎建十二埭之说,许嵩有沿线建上下一十四埭之说,那么,哪种说法更为可靠呢?依据文献,可以理出的基本线索是:十二埭应指初修破冈渎时的情况,十四埭应指梁以后重修的情况。这样说的理由有二。

其一,检索文献,破冈渎建十二埭的说法始自张勃。张勃,吴郡人,生卒年不详,如以其父兄张俨、张翰的事迹为参照,当知张勃自孙吴入晋,其生活年代稍迟于由蜀汉入晋的陈寿(233—297)。因两人的生活年代大体相当,且张勃是吴郡人,故破冈渎有十二埭的说法当有所本。

其二,破冈渎上下十四埭的说法始见于许嵩的《建康实录》,许嵩是唐代人,自陈勋开凿破岗渎以后,时至陈朝,破冈渎经过多次改造及到隋时废弃等过程。这样一来,破冈渎"上下一十四埭"应包括整个六朝时期改造破冈渎的全部过程。进而言之,破冈渎有上下十四埭应与梁太子萧纲兴修破墩渎及上容渎,与陈朝恢复破冈渎漕运存在着某种内在的联系。如许嵩释破岗渎变迁时论述道:"其渎在句容东南二十五里,上七埭入延陵界,下七埭入江宁界。初,东郡船不得行京行江也。晋、宋、齐因之。梁避太子讳,改为破墩渎,遂废之。而开上容渎,在句容县东南五里,顶上分流,一源东南三十里,十六埭,入延陵界;一源西南流,二十五里,五埭注句容界。上容渎西流入江宁秦淮。后至陈高祖即位,又堙上容,而更修破岗。至隋平陈,乃诏并废此渎。"② 从这一记载中当知三方面的信息:一是梁代开上容渎时,利用和改造了破冈渎的部分航道,两渎自"顶上分流"后,应有大致相同的起点和终点;二是开上容渎以后,出现了上埭十六,下埭五的情况,因梁开上容渎部分地利用了原破冈渎的旧道,这样一来,增加的堰埭中应包括破冈渎的旧埭;三是陈朝恢复破冈渎漕运时,有可能利用了梁太子萧纲开凿上容渎时兴修的堰埭。

由此提出的问题是:十二埭或上下十四埭都包括哪些?由于文献缺载,大部分情况不太清楚,根据周应合《景定建康志》、张铉《至大金陵新志》等记载,以方山埭为破冈渎的起点,东行时有方山埭、栢冈埭、赤山湖埭、南埭、长溪埭、破岗埭、县埭七埭。周应合记载道:"方山

---

① 宋·周应合《景定建康志·山川志二》,《四库全书》第489册,上海:上海古籍出版社1987年版,第73页。

② 唐·许嵩《建康实录》(张忱石点校),北京:中华书局1986年版,第53页。

埭,《建康实录》:'吴赤乌八年,使校尉陈勋发屯田兵于方山南,截淮立埭,号方山埭。'又按:《南史·湖熟县》:'方山埭高峻,冬月行旅以为难。齐明帝使沈瑀修之,瑀乃开四洪断,行客就作,三日便办。'其地今去城西四十五里,栢冈埭、赤山湖埭也。《宋·元凶传》:'决破栢冈、方山埭以绝东军。亦曰百冈堰。'南埭,今上水闸也。王荆公《赠段约之诗》云:'闻君更欲通南埭,割我钟山一半青。'正对今青溪阁。长溪埭,在城南五十里,阔二丈,堰秣陵浦水,通秦淮。破岗埭,按:《建康实录》:'吴大帝赤乌八年,使校尉陈勋作屯田,发兵三万凿句容中道,至云阳以通吴、会船舰,号破岗渎。上下一十四埭,上七埭入延陵界,下七埭入江宁界。于是东郡船舰不复行京江矣。晋、宋、齐因之。梁以太子名纲,乃废破岗渎,而开上容渎。在句容县东南五里,顶上分流,一源东南流三十里十六埭,入延陵界。一源西南流二十六里五埭,注句容界。上容渎西流入江宁秦淮。至陈霸先,又埋上容渎,而更修破岗渎。隋既平陈,诏并废之。'县埭,在溧水县东南八十里,长二里,阔二十里,与溧阳县分界,其埭上下有二派,上一派西北入县界。"①张铉《至大金陵新志·疆域志二》亦有相同的记载。从地理方位上看,方山埭、栢冈埭、赤山湖埭、南埭、长溪埭、破岗埭和县埭七埭自西向东排开,深入到句容的腹地,由于此七埭与许嵩所说的"下七埭入江宁界"相吻合,很有可能就是许嵩所说的下七埭。

至于"上七埭",有文献可证的似乎只有长冈埭、中邱埭。史称:"明帝即位,起为烈武将军、曲阿令。值会稽太守王敬则举兵反,乘朝廷不备,反问始至,而前锋已届曲阿。仲孚谓吏民曰:'贼乘胜虽锐,而乌合易离。今若收船舰,凿长岗埭,泄渎水以阻其路,得留数日,台军必至,则大事济矣。'敬则军至,值渎涸,果顿兵不得进,遂败散。"②又称:"明帝即位,为曲阿令,会稽太守王敬则反,乘朝廷不备,反问至而前锋已届曲阿。仲孚凿长冈埭,泻渎水,以阻其路。敬则军至,遇渎涸,果顿兵不得进,遂败。"③由于破岗渎是六朝时建康漕运的主要通道,再加上长冈埭是破岗渎连接丹徒水道的重要节点,故成为六朝时问鼎建康的战略要地,多引起不同政治势力的纷争。

长冈埭建在什么地方?胡三省注司马光《资治通鉴》:"仲孚谓吏民曰:贼乘胜虽锐,而乌合易离,今若收船舰,凿長冈埭,泻渎水以阻其路;得留数日,台军必至,如此,则大事济矣"语云:"長冈,在曲阿县界,今谓之上、下夹冈,埭即今之上金斗门。"④顾祖禹进一步记载道:

---

① 宋·周应合《景定建康志·疆域志二》,《四库全书》第489册,上海:上海古籍出版社1987年版,第41页。
② 唐·姚思廉《梁书·丘仲孚传》,北京:中华书局1973年版,第771页。
③ 唐·李延寿《南史·丘仲孚传》,北京:中华书局1975年版,第1764页。
④ 宋·司马光著,元·胡三省音注《资治通鉴·齐纪七》("标点资治通鉴小组"校点),北京:中华书局1956年版,第4428页。

"在县西南,即破冈渎中七埭之一也。齐明帝末王敬则自会稽举兵西上,过武进陵口,曲阿令丘仲孚谓吏民曰:'贼乘胜虽锐,而乌合易离。今若收船舰,凿长冈埭泻水以阻其路,得留数日,台军必至,如此则大事清矣。'敬则至,渎水涸,果顿兵不得进。齐王遣左兴盛等筑垒于曲阿长冈以拒之,敬则旋败死。胡氏曰:'曲阿县界有上、下夹冈,埭亦谓之上金斗门。'《漕渠志》:'自县而西北有大、小夹冈,皆凿山通道,雨过则泥沙壅塞,盖即古之长冈埭。'夫敬则将自曲阿径走建康,岂自曲阿走丹徒乎?邑志:曲阿、长冈二垒,在今县北二十里石潭村。盖皆悮以夹冈为长冈也。"①"县西南"指在丹阳县西南。后世史家重申了顾祖禹的看法:"長冈埭,在丹阳县西南,破冈渎七埭中之一也。"②顾祖禹叙述曲阿城时记载道:"古曰云阳,秦始皇以其地有天子气,凿北冈以败其势,截直道使阿曲,改曰曲阿县。"③长冈埭在云阳境内,秦始皇开丹徒水道后,云阳改称"曲阿"。吴大帝孙权嘉禾三年(234),恢复旧称"云阳",如顾祖禹有"吴嘉禾三年复改曰云阳"④之说。丹阳县西南与云阳西城的地理方位一致,如果以东为上的话,当知长冈埭属上七埭,是破冈渎至云阳西城入丹徒水道的最后一座堰埭(破冈渎的终点)。

除了长冈埭以外,上七埭中还包括中丘埭(中邱埭)。齐代公卿沿破冈渎拜陵,主要是到陵口靠岸乘车前行,如史家引《舆地志》有"齐诸陵在故兰陵东北金牛山,四时公卿行陵乘舴艋,自方山由陵口入兰陵,升安车辂传驿置以至陵所"⑤之说。陵口地近中丘埭,在中丘埭的西面。明代彭大翼考证道:"郡志:齐、梁诸陵,皆在金牛山中丘埭西,陵口有大石,麒麟、辟邪夹道。唐陆鲁望诗:'地废金牛绝,陵荒石兽稀。'"⑥据此可证,中丘埭隶属上七埭。胡三省音注《资治通鉴·齐纪七》:"敬则至武进陵口,恸哭而过"语云:"萧氏之先俱葬武进。高帝之殂也,从其先兆,亦葬武进,号泰安陵。敬则怀高帝恩,故恸哭而过。"⑦陵口旧属丹徒,丹徒旧称谷阳,秦始皇使赭衣囚徒三千凿京岘山后,改称丹徒。吴大帝孙权嘉禾三年,丹徒改称武进。晋武帝太康三年(282),恢复丹徒这一旧称。乐史记载道:"丹徒县,旧二十乡,今七乡。春秋吴朱方之邑,汉为丹徒县地。《吴录·地理》云:朱方,

---

① 清·顾祖禹《读史方舆纪要·南直七》(贺次君、施和金点校),北京:中华书局2005年版,第1264—1265页。
② 清·赵弘恩等监修,黄之隽等编纂《江南通志·舆地志》,《四库全书》第508册,上海:上海古籍出版社1987年版,第89页。
③ 同①,第1258页。
④ 同③。
⑤ 同②,第281页。
⑥ 明·彭大翼《山堂肆考·金牛》,《四库全书》第977册,上海:上海古籍出版社1987年版,第178页。
⑦ 宋·司马光著,元·胡三省音注《资治通鉴·齐纪七》("标点资治通鉴小组"校点),北京:中华书局1956年版,第4428页。

后名谷阳。秦望气者云：其地有天子气，始皇使赭衣徒三千人凿长坑，败其势，改云丹徒。《汉书》曰：丹徒县，属会稽郡。《续汉书·郡国志》云：属吴郡。吴大帝嘉禾三年，改丹徒为武进，晋太康三年复曰丹徒。"①齐、梁两代同宗，入梁以后，梁代在齐陵金牛山一带继续建陵。中丘埭虽在丹徒境内，但与丹阳相邻，如史有"在丹阳县东二十四里，埭西有齐、梁陵"②之说。

此外，中丘埭靠近齐、梁帝陵和延陵季子庙等，有十分便利的水上交通，既可自建业沿破冈渎东行，又可沿丹徒水道经丹徒西行进入建业。关于这一点，前人有充分的认识。如乐史记载道："延陵季子庙，在县东北九里。《史记》云：'吴王寿梦之少子。'《太康地志》云：'吴封季札州来而居延陵，故曰延州。'顾野王云：'吴自有延州来，此先已封季子，非楚州来邑也。祠前有沸井四所。'梁简文帝陵，有麒麟碑尚存。陵有港，名曰萧港，直止陵口大河，去县二十五里。"③史有"武帝即位后，频发诏拜陵，不果行，遣嶷拜陵。还过延陵季子庙，观沸井"④之说，又称："沸井，在丹阳县季子庙南，二清二浊鬻沸之声，昼夜不绝。齐豫章王嶷拜陵，还，过延陵季子庙，观沸井，即此。"⑤齐武帝萧赜即位后，派遣豫章文献王萧嶷拜陵。所谓"还，过延陵季子庙，观沸井"，是说萧嶷乘船返回，途经延陵季子庙时弃舟登陆，参观季子庙及沸井。从地点上看，此处应是中丘埭。

三、云阳西城与东城间的运道

陈寿叙述破冈渎的起点和终点时，有"自小其至云阳西城"之说，明确地说云阳西城是破冈渎的终点。那么，云阳西城周边都有什么样的运道，又是如何与丹水道及吴古故水道相通的？为此，需要根据前人的论述作一梳理。

破冈渎"自小其至云阳西城"的运道主要在句容境内。如以句容至丹阳之间的距离为参照，当知小其距云阳西城约九十里。史有"东至镇江府丹阳县九十里"⑥之说，丹阳的治所是曲阿城，顾祖禹叙述丹阳历史沿革时，有"本楚之云阳邑，秦曰曲阿县。汉因之，属会稽郡，后

---

① 宋·乐史《太平寰宇记·江南东道一》（王文楚等点校）第4册，北京：中华书局2007年版，第1758页。
② 清·和珅等奉敕撰《大清一统志·镇江府二》，《四库全书》第474册，上海：上海古籍出版社1987年版，第266页。
③ 同①，第1762—1763页。
④ 唐·李延寿《南史·齐高帝诸子传上》，北京：中华书局1975年版，第1063页。
⑤ 清·赵弘恩等监修，黄之隽等编纂《江南通志·舆地志·镇江府》，《四库全书》第508册，上海：上海古籍出版社1987年版，第90页。
⑥ 清·顾祖禹《读史方舆纪要·南直二》（贺次君、施和金点校），北京：中华书局2005年版，第977页。

汉属吴郡。三国吴复曰云阳县,晋又改为曲阿县,属毗陵郡。宋、齐属晋陵郡,梁属兰陵郡"[1]之说。曲阿城"西南有故城址曰刘繇城,相传繇所筑也,吴嘉禾三年复曰云阳。赤乌八年吴主使校尉陈勋凿句容中道山直至云阳西城,通会市,作邸阁,盖茅山之麓以通道也"[2]。因曲阿又称"云阳",位于刘繇城的东面,据此可知,刘繇城又称"云阳西城",曲阿城又称"云阳东城"。

云阳西城有水道与云阳东城相通,两城相距七里,都是自破冈渎入吴会的必经之地。陆游在《入蜀记》中记载道:"十五日早,过吕城闸。始见独辕小车,过陵口。见大石兽,偃仆道傍,已残,盖南朝陵墓。齐明帝时,王敬则反,至陵口,恸哭而过,是也。余顷尝至宋文帝陵,道路犹极广,石柱承露盘及麒麟、辟邪之类,皆在。柱上刻'太祖文皇帝之神道'八字。又至梁文帝陵,文帝,武帝父也。亦有二辟邪尚存,其一为藤蔓所缠,若挚缚者,然陵已不可识矣。其旁有皇业寺,盖史所谓皇基寺也,疑避唐讳所改。二陵皆丹阳,距县三十余里。郡士蒋元龙子云谓予曰:毛达可作守时,有卖黄金石榴来禽者,疑其盗,捕得之,果发梁陵所得。夜抵丹阳,古所谓曲阿,或曰云阳。谢康乐诗云:'朝日发云阳,落日到朱方。'盖谓此也。"[3]宋孝宗乾道五年(1169),陆游自吴会腹地山阴(今浙江绍兴)起程,赴夔州(今重庆奉节),入江前到陵口拜谒南朝诸陵,就是沿丹徒水道及江南河入破冈渎的。俞希鲁论述道:"按:旧志引唐孙处元所撰《图经》云:'云阳西城有水道,至东城而止。'《建康实录》:'吴大帝赤乌八年,使校尉陈勋作屯田,发屯兵三万凿句容中道,至云阳西城,以通吴会船舰,号破冈渎,上下一十四埭。上七埭,入延陵界;下七埭,入江宁界。于是东郡船舰不复行京江矣。晋、宋、齐因之。梁以太子名纲,乃废破冈渎而开上容渎,在句容县东南五里顶上分流:一源东南流三十里十六埭,入延陵界;一源西南流二十六里五埭,注句容界,西流入秦淮。至陈霸先,又湮上容渎,而更修破冈渎。隋既平陈,诏并废之。'则知六朝都建康,吴会漕输,自云阳西城水道径至都下。"[4]顾祖禹引录《舆地志》叙述道:"延陵县西有东云阳、西云阳二渎,相去七里,与句容县接境。吴赤乌中所凿。自延陵以至江宁上下各七埭。梁以太子纲讳忌之,废破冈渎,别开上容渎,在句容县东南五里。为二流:一东南流三十里,分十六埭,俱在自延陵界内;一西南流二十六里,分五埭,经句容县皆会流入江宁之秦淮。陈复埋上容,修破冈渎,至隋平陈并废。"[5]俞希鲁主要是以唐代孙处元的《图经》为依据,顾祖禹主要是以南朝末年顾野王的《舆

---

[1] 清·顾祖禹《读史方舆纪要·南直七》(贺次君、施和金点校),北京:中华书局2005年版,第1258页。
[2] 同[1]。
[3] 宋·陆游《渭南文集》卷四十三,《陆放翁全集》上册,北京:中国书店1986年版,第267页。
[4] 元·俞希鲁《至顺镇江志·山水》(杨积庆等校点),南京:江苏古籍出版社1999年版,第277页。
[5] 同[1],第1263—1264页。

地志》为依据,文献引用不一,但得出的结论一致。

根据前人的论述,张学峰先生提出了云阳西城有两条运道(简渎河、香草河)的观点。如他指出:"经破冈渎往东的船只,到了云阳西城后可入西云阳渎,借水势往北直驱曲阿(丹阳),而东郡来船,则借东云阳渎水南流之势往云阳东城,经东西二城之间的运渎抵达西城,进入破冈渎。"①破冈渎建成后,改善了已有的漕运条件,使三吴地区的赋税租米等不需经京口入江,可直接运入建业。

破冈渎至云阳西城通吴会即三吴地区,是说破冈渎至云阳西城,始入丹徒水道,进而远及吴古故水道。俞希鲁考证丹徒水道与破冈渎及江南河的关系时论述道:"隋大业六年,敕穿江南河,自江口至余杭八百余里,广十余丈,使可通龙舟。按:旧志引唐孙处元所撰《图经》云:'云阳西城有水道,至东城而止。'《建康实录》:'吴大帝赤乌八年,使校尉陈勋作屯田,发屯兵三万凿句容中道,至云阳西城,以通吴会船舰,号破冈渎,上下一十四埭。上七埭,入延陵界;下七埭,入江宁界。于是东郡船舰不复行京江矣。晋、宋、齐因之。梁以太子名纲,乃废破冈渎而开上容渎,在句容县东南五里顶上分流:一源东南流三十里十六埭,入延陵界;一源西南流二十六里五埭,注句容界,西流入秦淮。至陈霸先,又湮上容渎,而更修破冈渎。隋既平陈,诏并废之。'则知六朝都建康,吴会漕输,自云阳西城水道径至都下。故梁朝四时遣公卿行陵,乘舴艋自方山至云阳。盖隋大业中,炀帝幸江都,欲遂东游会稽,始自京口开河至余杭,此说不然。京口有渠,肇自始皇,非始于隋也。盖六朝漕输,由京口泛江以达金陵,则有风涛之险,故开云阳之渎以达句容,而京口固未尝无漕渠也。详味《实录》,所谓'东郡船舰不复行京江'之语可见。《舆地志》:'晋元帝子哀镇广陵,运粮出京口,为水涸,奏请于丁卯港立埭。'又《齐志》:'丹徒水道,入通吴会。'皆六朝时事,尤为明验。"②萧纲改造破冈渎及建上容渎以后,建造了二十一埭,由于梁王朝的帝陵大都建在破冈渎及上容渎沿线,乃至于朝中公卿常自方山起程乘船,沿此道至云阳谒陵。至陈朝,上容渎这一运道已基本湮废,为恢复漕运,陈霸先重修了破冈渎。由于上容渎本身是在破冈渎的基础上重修的,这样一来,所谓"更修破冈渎",应该对上容渎及沿途建造的堰埭多有利用。进而言之,破冈渎的改造工程(上容渎),重建了自建业(建康)经小辛至云阳西城的漕运通道,为确立"六朝都建康,吴会漕输,自云阳西城水道径至都下"的漕运秩序奠定了坚实的基础。

与吴古故水道及江南河相比,破冈渎存在的时间相对短暂,废弃时间发生在隋王朝建立

---

① 张学峰《六朝建康都城圈的东方——以破冈渎的探讨为中心》,武汉大学中国三至九世纪研究所编《魏晋南北朝隋唐史资料》第三十二辑,上海:上海古籍出版社2015年版,第75页。

② 元·俞希鲁《至顺镇江志·山水》(杨积庆等校点),南京:江苏古籍出版社1999年版,第277页。

之时。具体地讲,伴随着南北分治的结束及隋王朝将政治中心建在长安(今陕西西安)的进程,因江南赋税输送的方向发生变化,再加上缺少必要的管理和维修,破冈渎出现了航道淤塞等状况,遂不再使用并退出历史舞台。

入隋以后,破冈渎虽已遭废弃,但故道还在,这样一来,当政治形势发生新的变化时,又重新受到重视。朱元璋建立明王朝定都应天府以后,兴修溧水胭脂河运道时充分利用了破冈渎旧道。史称:"洪武二十六年尝命崇山侯李新开溧水胭脂河,以通浙漕,免丹阳输挽及大江风涛之险。而三吴之粟,必由常、镇。三十一年浚奔牛、吕城二坝河道。"①又称:"二十六年督有司开胭脂河于溧水,西达大江,东通两浙,以济漕运。"②洪武二十六年(1393),李新开溧水胭脂河采取了凿石通运的方案。从"三吴之粟,必由常、镇"等语中当知,新开的胭脂河利用了破冈渎运道。史称:"是岁,改筑坝于叶家桥。胭脂河者,溧水入秦淮道也。苏、松船皆由以达,沙石壅塞,因并浚之。"③明英宗正统五年(1440),再度兴修这一漕运通道。如顾祖禹论述道:"六朝都建康,凡三吴船避京江之险,自云阳西城凿运渎径至都下……隋平陈,废云阳二渠。大业六年,敕穿江南河,自京口至余杭八百余里,广十余丈,拟通龙舟以备东游,即丹徒漕渠矣。"④这里所说的"丹徒漕渠",是指"云阳二渠"(破冈渎和上容渎)。云阳二渠废弃后,由丹徒水道进入吴古故水道的航线依旧存在,此后,隋炀帝在丹徒水道及吴古故水道的基础上兴修了"江南河"。史称:"京口东通吴、会,南接江、湖,西连都邑,亦一都会也。"⑤隋炀帝开江南河以后,将江南漕运的入江口固定在京口,此举标志着以丹徒水道联系吴古故水道,即从水上联系江南、江淮及北方各地的漕运秩序开始定格。进而言之,因京口及丹徒位于丹徒水道进入长江的河口,这样一来,遂成为吴古故水道(江南河)连接邗沟进入淮河的必由之地。具体地讲,从京口进入改造后的丹徒水道(江南河)折向东南,可抵苏州、湖州、杭州、绍兴、明州(今浙江宁波)等城市。从京口渡江可联系广陵、淮阴及淮阴以远的沿岸城市。在这一过程中,京口及丹徒在南北经济交流中扮演着重要的角色:一方面,江南的漕粮、丝绸、茶叶、瓷器等需要在京口及丹徒一带集散或中转;另一方面,两湖及北方各地输往江南的物资及商品亦需要经京口及丹徒中转或集散。在这一背景下,因运河在经济大循环中的特殊地位,使丹徒成为重点经营的城市。

---

① 清·张廷玉等《明史·河渠志四》,北京:中华书局1974年版,第2104页。
② 清·张廷玉等《明史·李新传》,北京:中华书局1974年版,第3871页。
③ 清·张廷玉等《明史·河渠志六》,北京:中华书局1974年版,第2155页。
④ 清·顾祖禹《读史方舆纪要·南直七·镇江府》(贺次君、施和金点校),北京:中华书局2005年版,第1255页。
⑤ 唐·魏徵等《隋书·地理志下》,北京:中华书局1973年版,第887页。

第四节　秦淮河与破冈渎及破冈

秦淮河又称"龙藏浦"。一般认为，秦淮河有华山和东庐山等两源，是破冈渎主要的补给水源。张敦颐记载道："其淮本名龙藏浦，上有二源：一源发自华山，经句容西南流（华山，在句容县界，高九里，似蒋山）；一源发自东庐山，经溧水西北流，入江宁界（东庐山，在溧水县东南十五里，高六十八丈，周回二十里，山西一源入秦淮）。二源合自方山埭，西注大江，其分派屈曲，不类人功，疑非秦皇所开，而后人因名秦淮者，以凿方山言之。"①顾祖禹引《建康实录》佚文时记载道："秦淮水旧名龙藏浦。有二源，一发句容县北六十里之华山，南流；一发溧水县东南二十里之东庐山，北流；合于方山，西经府城中，至石头城注大江。"②华山是秦淮河南流的发源地，东庐山是秦淮河北流的发源地，两流至方山（方山埭）相合后，经石头城（即建业）西北注入长江。后来，为避长江风险，陈勋开破冈渎，经此，改变了建业漕运必经长江的局面，形成了自破冈渎经方山埭进入建业的漕运通道。

不过，史家认为，秦淮河除了有东庐山和华山两大源头外，又有一源头为绛岩山的说法。樊珣《绛岩湖记》叙述道："句容西南二十三里，曰赤山。天宝中改为绛岩山，以文变质也。山外周流，厥有湖塘旧址，考于前志，则曰吴人创之，梁人通之矣。"③周应合亦记载道："《江南地志》云：郡国有赭山，其山丹赤。《寰宇记》云：赭山，亦名丹山。唐天宝中，改为绛岩山，丹阳之义出此。山临平湖，湖亦以丹阳名，今此山在溧水、句容两县之间，以此证之，则丹为山名，山南为阳，故曰丹阳，字从阳者为是。"④又记载道："绛岩山，一名赭山，在句容县西南三十里，周回二十四里，高一百六十五丈，上有龙坑祠坛。事迹：《地志》云：汉丹阳县北有赭山，其山丹赤，故因以名郡。《寰宇记》云：本名赤山，唐天宝中，改为绛岩，一名赭山，一名丹山，丹阳之义出此。山极险峻，临平湖，山之巅颇坦夷。"⑤张铉注释"绛岩湖，一名赤山湖，在句容县西南三十里，去府六十里，源出绛岩山，周百二十里，下通秦淮"等语时论述道："石迈《古迹编》：赤山湖，在上元、句容两县间，溉田二十四埠。南去百步，有盘石，以为水疏闭之节。《南史·沈瑀传》：明帝复使筑赤山塘，所费减材官所量数十万，即此湖塘也。唐麟德中，令杨延嘉因梁故堤置，后废。大历十三年，令王昕复置，周百里为塘，立二斗门，以节旱暵，开

---

① 宋·张敦颐《六朝事迹编类·秦淮》（张忱石点校），北京：中华书局2012年版，第75—76页。
② 清·顾祖禹《读史方舆纪要·南直二》（贺次君、施和金点校），北京：中华书局2005年版，第951页。
③ 唐·樊珣《绛岩湖记》，清·董诰《全唐文》卷四四五，北京：中华书局1983年版，第4540页。
④ 宋·周应合《景定建康志·辨丹阳》，《四库全书》第488册，上海：上海古籍出版社1987年版，第63页。
⑤ 宋·周应合《景定建康志·山川志二》，《四库全书》第489册，上海：上海古籍出版社1987年版，第59页。

田万顷。《茅山记》《太玄真人内传》曰：江水之东，金陵之地，左右间有小泽，泽东有句曲之山，陶隐居曰：小泽即谓今赤山湖也。从江东来直对望山，今此湖半属句容，半属上元。唐樊珣《记》：句容西南三十三里，曰赤山，天宝中，改为绛岩山，以文变质也。山外周流，厥有湖塘旧址。考于前志则曰：吴人创立，梁人通之。《景定志》又载：宋时湖条云：江宁府上元、句容两县临泉，通德、湖熟、崇德、丹阳临淮，福祚甘棠、旧额九乡，今并入丹阳、临泉、福祚、甘棠四乡，百姓自来共贮水绛岩湖，浇灌田苗，下有百堽堰捺水，其湖上接九源山，其堰下通秦淮江，自吴赤乌二年到今，已七百余年。其湖东至数堽，西至雨坛，南至赤岸，北至青城，旧日春夏贮水深七尺，秋冬贮水深四尺。"①李贤等记载道："绛岩山，在句容县西南三十里，本名赤山，丹阳之义取此。唐改今名，山极险峻，下临平湖。五季之乱，居民多避难其上。"②此后，清代史家进一步总结道："绛岩湖，在句容县西南。原出绛岩山，县南境诸山溪之水悉流入焉，下通秦淮上元之田，赖以灌溉，吴赤乌中筑赤山塘，后废。唐大历中修复之，周一百二十里，立二斗门以节旱潦，溉田万顷。"③如果将这些记载综合在一起，可以得出的结论有七个：一是绛山湖初称"赤山湖"，又称"丹阳湖"，唐玄宗天宝中"以文变质"，改赭山即丹山为绛岩山，又称赤山湖为"绛岩湖"；二是樊珣以前志为依据，提出赤山湖由"吴人创之，梁人通之"的观点，又因赤山湖有"湖塘""赤山塘"等称，当知赤山湖经过改造后，成为句容境内重要的蓄水灌溉工程；三是唐时赤山湖在句容西南二十三里，宋以后在句容西南三十里，两说不同，这主要是迁移治所造成的；四是句容治所迁移及政区变化后，位于溧水和句容之间的赤山湖不再为句容所有，出现了句容、上元共管的情况；五是赤山湖"下通秦淮上元之田"，从"县南境诸山溪之水悉流入焉"等语中当知，句容西南一带的山溪是秦淮河的重要源头；六是赤山湖既是济运工程，同时又是灌溉工程；七是结合许嵩"其渎在句容东南二十五里，上七埭入延陵界，下七埭入江宁界"④等语看，赤山湖有保证破冈渎及上容渎行运的功能。

由此提出的问题是：秦淮河三源是如何补给破冈渎的？方山以南的秦淮河是如何成为建业漕运通道的？因文献记载漫漶不清，现分述如下。

其一，发源于东庐山的秦淮河北流和发源于华山的秦淮河南流至方山汇合后，经石头城西，是自建业北上入江的漕运通道。如顾祖禹记载道："自东庐山西流经县治南，又西北至方山埭，与华山所出之秦淮河合，而入上元县境。"⑤所谓"县治南"，是指在溧水县治的南面。

---

① 元·张铉《至大金陵新志·山川志二》，《四库全书》第492册，上海：上海古籍出版社1987年版，第286页。
② 明·李贤等《明一统志·应天府》，西安：三秦出版社1990年版，第112页。
③ 清·赵弘恩等监修，黄之隽等编纂《江南通志·河渠志》，《四库全书》第508册，上海：上海古籍出版社1987年版，第756页。
④ 唐·许嵩《建康实录》（张忱石点校），北京：中华书局1986年版，第53页。
⑤ 清·顾祖禹《读史方舆纪要·南直二》（贺次君、施和金点校），北京：中华书局2005年版，第985页。

"上元县"旧称江宁县,唐肃宗上元二年改称。秦淮河南流与北流至方山合二为一后,"至石头城注大江"。在这中间,秦淮河与运渎、青溪、潮沟等相连并向北注入长江,在此基础上,形成了依托长江进入建业的漕运体系。

其二,陈勋开凿破冈渎时主要是在句容境内进行的。采取了自句容小其向东西两个方向分水的措施,有就近取水的特点。在这中间,溧水在建业的正南,距建业较远。句容在建业的东南,距建业较近,再加上破冈渎(句容中道)主要是在句容境内开凿的,这样一来,陈勋自小其分水主要利用了秦淮河的南流。顾祖禹记载道:"在县北六十里,山高九里,泉壑殊胜,秦淮水源于此。"①所谓"县北六十里",指秦淮河南流的发源地在句容县北六十里的华山。顾祖禹又记载道:"赤乌八年吴主使校尉陈勋凿句容中道山直至云阳西城,通会市,作邸阁,盖茅山之麓以通道也。"②华山是茅山山脉的一部分,在开凿破冈渎的过程中,采取了沿茅山的山脚开凿运道的措施。进而言之,陈勋开凿破冈渎自小其分水时,主要采取了引秦淮河南流入运的措施。

其三,破冈渎自"顶上分流",不完全是指自小其分流,更为准确地说,破冈渎行经不同区域时均有补给水源。如许嵩有"其渎在句容东南二十五里,上七埭入延陵界,下七埭入江宁界。……梁避太子讳,改为破墩渎,遂废之。而开上容渎,在句容县东五里,顶上分流,一源东南三十里,十六埭,入延陵界;一源西南流,二十五里,五埭注句容界"③之说,梁开上容渎虽然改造了破冈渎的部分运道,但大部分的航线不变。因其有东南和西南两个补给水源,从地理方位上看,这两个补给水源应与秦淮河南流和北流相关。

其四,发源于东庐山的秦淮河北流也是破冈渎的重要补给水源。史称:"《隋志》:溧水有东庐山。《寰宇记》:在县东二十里。山谦之《丹阳记》云:溧水县西八十里,有庐山,与丹阳分岭,俗传严子陵结庐于此。或云:山形似庐山,因名。《舆地纪胜》谓之东庐山。《建康志》:山有水源三,一自山西流入秦淮河,一自山东北流入马井港,一自山东南流为吴漕河,入丹阳湖。"④东庐山以丹阳绛岩山为分水岭,绛岩山一带的山溪汇聚成以后,折向东南可流至荆溪、太湖,为吴地漕河提供了补给水源及运道。

其五,赤山湖主要由绛岩山一带的山溪汇聚而成,是破冈渎重要的补给水源。张铉记载道:"其居秦淮之源,有东庐山、华山。临丹阳湖之上者为绛岩山,最其特。然为一州之镇者,又有茅山焉。而岷山中江径芜湖、溧阳,以入于荆溪、太湖,则又《禹贡》所谓三江既入震泽?

---

① 清·顾祖禹《读史方舆纪要·南直二》(贺次君、施和金点校),北京:中华书局2005年版,第978页。
② 清·顾祖禹《读史方舆纪要·南直七》(贺次君、施和金点校),北京:中华书局2005年版,第1258页。
③ 唐·许嵩《建康实录》(张忱石点校),北京:中华书局1986年版,第53页。
④ 清·和珅等奉敕撰《大清一统志·江宁府》,《四库全书》第475册,上海:上海古籍出版社1987年版,第34页。

定者，其他一丘一壑擅名，《纪胜》咸有可征。"①章潢亦记载道："其居秦淮之源，有东庐山、华山。临丹阳湖之上者，为绛岩山，最奇特。然为一州之镇者，又有茅山焉。而岷山中江径芜湖、溧阳以入于荆溪、太湖。则又《禹贡》所谓三江既入震泽底定者，其他一丘一壑擅名，《纪胜》咸有可征。"②章潢的记载与张铉的大体一致，虽然只是将"最其特"改为"最奇特"，但句意更为明确。丹阳湖位于绛岩山的山脚下，因在句容城西南具备补给破冈渎航道水位的能力。在这中间，一是赤山湖为吴地漕河提供运道和补给水源，二是赤山湖破冈渎自句容至方山埭的主要补给水源。如周应合记载道："方山埭。《建康实录》：吴赤乌八年，使校尉陈勋发屯田兵于方山南截淮立埭，号方山埭。又按：《南史·湖熟县》：方山埭高峻，冬月行旅以为难，齐明帝使沈瑀修之，瑀乃开四洪，断行客就作三日便办。其地今去城西四十五里，栢冈埭、赤山湖埭也，《宋·元凶传》：决破栢冈、方山埭，以绝东军。亦曰百冈堰。"③"其地今去城西四十五里"，是指破冈渎的栢冈埭、赤山湖埭在句容城西四十五里处。顾祖禹亦记载道："又有百埕堰，在县西南三十五里，与斗门同置，湖水由此入秦淮，南唐屡经修筑，宋时湖禁尤严。……志云：百埕堰亦曰栢冈埭，宋元凶劭决破栢冈、方山埭以绝东军，即此。"④"百埕堰"是栢冈埭的异读和异写，栢冈埭和赤山湖埭是破冈渎工程的一部分，赤山湖有与秦淮河相通的水道，如顾祖禹有"湖水由此入秦淮"⑤之说，通过这一水道及沿途建造的堰埭可入秦淮河，并与建业运渎相通。张学峰先生论述道："从都城建业东南方山脚下截秦淮河北源支流建埭，抬高水位，船行往东，利用南部绛岩等山汇水形成的赤山塘补充水量，东偏北行至秦淮河水系与太湖水系的分水岭（茅山北麓高地），开岭破冈，沿途筑埭，直出属于太湖水系的云阳西城。"⑥这一说法对于我们深入地认识破冈渎开凿的情况有重要的参考价值。

需要补充的是，起初，赤山湖是由山溪汇聚成的湖泊，后来，经过改造及扩大规模成为人工湖。由此提出的问题是：赤山湖兴修于何时？关于此问题，前人有不同的看法，如张铉有"自吴赤乌二年到今"⑦之说，表明赤山湖是陈勋在句容一带屯田时建造的灌溉工程。不过，顾祖禹有不同的看法，如他在论述赤山湖与句容的关系时指出："县西南三十里。一名赤山湖。源出绛

---

① 元·张铉《至大金陵新志·山川志一》，《四库全书》第492册，上海：上海古籍出版社1987年版，第266页。
② 明·章潢《图书编·南直隶图叙》，《四库全书》第969册，上海：上海古籍出版社1987年版，第733页。
③ 宋·周应合《景定建康志·疆域志二》，《四库全书》第489册，上海：上海古籍出版社1987年版，第41页。
④ 清·顾祖禹《读史方舆纪要·南直二》（贺次君、施和金点校），北京：中华书局2005年版，第979页。
⑤ 同④。
⑥ 张学峰《六朝建康都城圈的东方——以破冈渎的探讨为中心》，武汉大学中国三至九世纪研究所编《魏晋南北朝隋唐史资料》第三十二辑，上海：上海古籍出版社2015年版，第73页。
⑦ 元·张铉《至大金陵新志·山川志二》，《四库全书》第492册，上海：上海古籍出版社1987年版，第286页。

岩山,县南境诸山溪之水悉流入焉,下通秦淮。县及上元之田赖以灌溉。志云:吴赤乌中筑赤山塘,引水为湖,历代皆修筑,后废。"①"赤乌"是吴大帝孙权的第四个年号,共十四年。所谓"赤乌中",当指赤乌七年或赤乌八年。如果以赤乌七年为起点,赤山湖当为陈勋屯田时兴修的灌溉工程。如果以赤乌八年为起点,赤山塘则属于破冈渎工程的一部分。在这里,不管赤山湖是赤乌二年(239)或赤乌七年兴修,还是赤乌八年兴修,赤山湖是破冈渎行运时的补给水源当不成问题。或者说,陈勋开凿破冈渎时采取了引赤山湖水济运的措施,并有可能建造了赤山湖埭。

前人叙述破冈渎(句容中道)时,有将其省略为"破冈"的做法,同时又有将"破冈"视为具体地点的说法。如果"破冈"是指地点的话,那它究竟在什么地方,与破冈渎有什么样的关系?

作为地名,"破冈"初见于刘宋刘义庆的《世说新语》。如《世说新语·规箴》云:"元皇帝时,廷尉张闿在小市居,私作都门,早闭晚开,群小患之,诣州府诉不得理,遂至枹登闻鼓,犹不被判,闻贺司空出至破冈,连名诣贺诉。贺曰:'身被征作礼官,不关此事。'群小叩头曰:'若府君复不见治,便无所诉。'贺未语,令且去,见张廷尉,当为及之。张闻,即毁门,自至方山迎贺。"这一叙述较为隐晦,幸好《晋书·贺循传》多有补充。其云:"廷尉张闿住在小市,将夺左右近宅以广其居,乃私作都门,早闭晏开,人多患之,讼于州府。皆不见省。会循出,至破冈,连名诣循质之。循曰:'见张廷尉,当为言及之。'闿闻而连毁其门,诣循致谢。"②先且撇开故事叙述时间上的合理性不论,当知贺循应征入朝时,至破冈得到了检举张闿的报告。张闿得知此事,连忙毁去"都门",并到方山埭迎接贺循。

破冈在什么地方?所述依旧不明。朱铸禹先生汇校集注《世说新语·雅量》"谢太傅赴桓公司马,出西,相遇破冈,既当远别,遂停三日共语"等语时阐释道:"案:《通鉴》胡注曰:'东晋故郡,延陵县西北。'又曰:'破墩即破冈,在曲阿界,秦始皇所凿。'"③按照这一说法,似表明"破冈"有两个地点。

检索文献,胡三省叙述"破冈"这一地名时是这样论述的。司马光《资治通鉴·宋纪九·元嘉三十年》云:"先是,世祖遣宁朔将军顾彬之将兵东入,受随王诞节度。诞遣参军刘季之将兵与彬之俱向建康,诞自顿西陵,为之后继。劭遣殿中将军燕钦等拒之,相遇于曲阿奔牛塘,钦等大败。劭于是缘淮树栅以自守,又决破岗、方山埭以绝东军。"胡三省注云:"破冈在晋陵郡延陵县西北,亦有埭。"④此埭距陵口不远。司马光《资治通鉴·齐纪十·中兴元年》记载道:

---

① 清·顾祖禹《读史方舆纪要·南直二》(贺次君、施和金点校),北京:中华书局2005年版,第978—979页。
② 唐·房玄龄等《晋书·贺循传》,北京:中华书局1974年版,第1827页。
③ 朱铸禹《世说新语汇校集注》,上海:上海古籍出版社2002年版,第326页。
④ 宋·司马光著,元·胡三省音注《资治通鉴·宋纪九·元嘉三十年》("标点资治通鉴小组"校点),北京:中华书局1956年版,第4002页。

"先是,东昏遣军主左僧庆屯京口,常僧景屯广陵,李叔献屯瓜步;及申胄自姑孰奔归,使屯破墩,以为东北声援。"胡三省注云:"据《梁书·鄱阳王恢传》:破墩,即破冈,在曲阿界,秦始皇所凿也。"①如果将两个注解放到一起,表明破冈似有两个地点,其实不然,胡注的两处说法一致,是指同一地点。

其一,联系许嵩"上七埭入延陵界"等语看,破冈在延陵境内,是破冈渎接丹徒水道的重要节点。如张铉叙述破岗埭时注云:"此修渠云阳,今丹阳路也。"②言外之意,破冈渎至云阳西城入丹阳境。历史上的延陵曾是晋陵郡治所,如史有"晋陵令,本名延陵,汉改曰毗陵,后与郡俱改。延陵令,晋武帝太康二年,分曲阿之延陵乡立"③之说。史称:"世祖即位后,频发诏拜陵,不果行。遣嶷拜陵,还过延陵季子庙,观沸井,有水牛突部伍,直兵执牛推问,不许,取绢一匹横系牛角,放归其家。为治存宽厚,故得朝野欢心。"④齐遣公卿拜陵时,舍舟登陆,顺道拜谒了丹阳延陵的季子庙。延陵既是丹阳旧治,同时又是晋陵郡的故治。史称:"及泰始初东讨,正有三百人,直造三吴,凡再经薄战,而自破冈以东至海十郡,无不清荡。"⑤司马光《资治通鉴·宋纪十五》,将此事定在宋明帝泰始七年(471),并记载道:"及泰始初东讨,止有三百人,直造三吴,凡再经薄战,而自破冈以东,至海十郡,无不清荡。"胡三省注:"十郡,谓晋陵、义兴、吴郡、吴兴、南东海、会稽、东阳、临海、永嘉、新安等郡也。"⑥根据这一记载可进一步证明,破冈(延陵境内的破冈)属晋陵郡。以此为节点,向东至海与义兴等郡相接。

其二,胡三省引《梁书·鄱阳王恢传》,提出了"破墩即破冈,在曲阿界"的说法。这一说法与破冈在延陵的说法并不矛盾。史称:"觊所遣孙昙瓘等军,顿晋陵九里,部陈甚盛。怀明至奔牛,所领寡弱,乃筑垒自固。张永至曲阿,未知怀明安否,百姓惊扰,将士咸欲离散。永退还延陵,就休若。诸将帅咸劝退保破冈。其日大寒,风雪甚猛,塘埭决坏,众无固心。休若宣令:'敢有言退者斩。'众小定,乃筑垒息甲。寻得怀明书,贼定未进。军主刘亮又继至,兵力转加,人情乃安。"⑦如果将"顿晋陵九里""张永至曲阿""永退还延陵,就休若;诸将帅咸劝退保破冈"等语联系起来看,当知破冈距离曲阿、延陵不远,三地相邻,或者说靠在一起。司马光史述时,将这一事件定在宋明帝泰始二年(466)。如他叙述道:"孔觊遣其孙昙瓘等

---

① 宋·司马光著,元·胡三省音注《资治通鉴·齐纪十·中兴元年》("标点资治通鉴小组"校点),北京:中华书局1956年版,第4501页。
② 元·张铉《至大金陵新志·疆域志二》,《四库全书》第492册,上海:上海古籍出版社1987年版,第263页。
③ 梁·沈约《宋书·州郡志一》,北京:中华书局1974年版,第1040页。
④ 梁·萧子显《南齐书·豫章文献王传》,北京:中华书局1972年版,第412页。
⑤ 梁·沈约《宋书·吴喜传》,北京:中华书局1974年版,第2117页。
⑥ 宋·司马光著,元·胡三省音注《资治通鉴·宋纪十五·泰始七年》("标点资治通鉴小组"校点),北京:中华书局1956年版,第4163页。
⑦ 梁·沈约《宋书·孔觊传》,北京:中华书局1974年版,第2158页。

军于晋陵九里,部陈甚盛。沈怀明至奔牛,所令寡弱,乃筑垒自固。张永至曲阿,未知怀明安否,百姓惊扰,永退还延陵,就巴陵王休若。诸将帅咸劝休若退保破冈。其日,大寒,风雪甚猛,塘埭决坏,众无固心。休若宣令:'敢有言退者斩!'众小定,乃筑垒息甲。寻得怀明书,贼定未进,军主刘亮又至,兵力转盛,人情乃安。"①如果将孙昙瓘"顿晋陵九里""张永至曲阿,……永退还延陵,就休若。诸将帅咸劝退保破冈"等语联系起来对读的话,当知三地互为犄角,其中,破冈的地理方位与胡三省所说破冈在延陵和在曲阿的说法一致。

其三,破冈"在曲阿界",与破冈渎以云阳故城为终点紧密地联系在一起。云阳故城在丹阳境内,曲阿城是丹阳的治所,如顾祖禹有曲阿城"即今县治。古曰云阳,秦始皇以其地有天子气,凿北冈以败其势,截直道使阿曲,改曰曲阿县"②之说。由于破冈渎的终点在云阳西城,据此可知,破冈这一地点当在破冈渎与丹徒水道交汇之处。因此,当南朝政局不稳时,各种势力问鼎建康时,势必要将重点争夺破冈。史称:"初,义师之逼,东昏遣军主左僧庆镇京口,常僧景镇广陵,李叔献屯瓜步,及申胄自姑孰奔归,又使屯破墩以为东北声援。至是,高祖遣使晓喻,并率众降。乃遣弟辅国将军秀镇京口,辅国将军恢屯破墩,从弟宁朔将军景镇广陵。吴郡太守蔡寅弃郡赴义师。"③此外,《南史·梁本纪上》《资治通鉴·齐纪十》亦着重记载了此事。如司马光记载道:"先是,东昏遣军主左僧庆屯京口,常僧景屯广陵,李叔献屯瓜步,及申胄自姑孰奔归,使屯破墩,以为东北声援。至是,衍遣使晓谕,皆帅其众来降。衍遣弟辅国将军秀镇京口,辅国将军恢镇破墩,从弟宁朔将军景镇广陵。"④不同的史家进行史述时都不约而同地叙述这一历史事件,当知:京口、广陵、瓜步是扼守长江两岸的重要地点,是建康的门户,历来是兵家必争之地。在这中间,破墩(破冈)与此三地互为犄角,从中可见其战略地位非同一般。进而言之,破冈作为丹徒水道进入破冈渎的河口,势必会成为南朝各种势力问鼎建康的战略要地。

破冈因地处破冈渎与丹徒水道的交汇口,是建康联系三吴的商贸通道。当时的情况是:三吴是南朝的经济发达地区,自三吴至建康进行商贸必走破冈。如齐武帝时,针对"宋世元嘉中,皆责成郡县;孝武征求急速,以郡县迟缓,始遣台使,自此公役劳扰"⑤等情况,竟陵王萧子良在《上说言表》叙述道:"前台使督逋切调,恒闻相望于道。及臣至郡,亦殊不疏。凡此辈使人,既非详慎勤顺,或贪险崎岖,要求此役。朝辞禁门,情态即异;暮宿村县,威福便行。但令朱鼓裁完,铍槊微具,顾眄左右,叱咤自专。摘宗断族,排轻斥重,胁遏津埭,恐喝传

---

① 宋·司马光《资治通鉴·宋纪十三年》(邬国义校点),上海:上海古籍出版社1997年版,第1185页。
② 清·顾祖禹《读史方舆纪要·南直七》(贺次君、施和金点校),北京:中华书局2005年版,第1258页。
③ 唐·姚思廉《梁书·武帝纪上》,北京:中华书局1974年版,第13页。
④ 宋·司马光《资治通鉴·齐纪十年》(邬国义校点),上海:上海古籍出版社1997年版,第1304页。
⑤ 梁·萧子显《南齐书·武十七王传》,北京:中华书局1972年版,第692页。

邮。破岗水逆,商旅半引,逼令到下,先过己船。浙江风猛,公私畏渡,脱舫在前,驱令俱发。呵蹙行民,固其常理;侮折守宰,出变无穷。"①自刘宋取代东晋以后,国都不变,破冈的交通地位自然不变,这样一来,它成为各方政治势力关注的战略要地是必然的。或者说,破冈位于水陆交通的要冲,势必会成为重要的设防区域。史称:"高祖义兵至,恢于新林奉迎,以为辅国将军。时三吴多乱,高祖命出顿破岗。"②又称:"义师克京邑,鄱阳王恢东镇破冈,峻随王知管记事。"③根据这些记载,完全可以证明破冈在破冈渎与丹徒水道相接的地方。进而言之,胡三省虽然提出了破冈"在晋陵郡延陵县西北"和"在曲阿界"两种说法,但所述的地点是一致的。在这中间,胡三省这样做的目的是通过取不同的参照物,进一步建立破冈的经纬坐标,以便确定破冈的地理方位。

---

① 梁·萧子显《南齐书·武十七王传》,北京:中华书局1972年版,第692页。
② 唐·姚思廉《梁书·太祖五王传》,北京:中华书局1974年版,第350页。
③ 唐·姚思廉《梁书·袁峻传》,北京:中华书局1974年版,第688页。

第二编　两晋编

概 述

两晋时期的河渠建设可以上溯到正始年间(240—249),曹魏军政大权落入司马懿之手后,司马家族加快了篡夺曹魏政权的速度。咸熙二年(265),司马炎以禅让的形式威逼魏元帝曹奂交出了政权。由于政权转移是以和平的方式进行的,故晋王朝继承了曹魏包括河渠建设在内的所有遗产。在这一过程中,蜀汉、孙吴两大政权先后消亡,晋王朝又继承了蜀汉、孙吴的版图及河渠建设等遗产。

司马炎建晋以后,河渠建设主要集中在四个区域。一是在黄河中下游地区兴修了有灌溉、漕运等功能的河渠。如在曹魏五龙渠的基础上兴修了九龙渠,进一步改善了洛阳漕运及农业生产条件和环境;又如以曹魏在燕地兴修的车厢渠为基础,将其改造为有灌溉、漕运等综合功能的河渠。二是加强江淮之间的漕运,在淮河流域兴修了有灌溉、漕运等功能的河渠,如陈敏在江淮漕运的过程中,改造了邗沟运道。三是杜预镇守襄阳(今湖北襄阳)时,兴修了贯穿江汉平原的杨口水道。杨口水道建成后加强了江汉与长江以南的政治、经济等联系,建立了自襄阳南下经江陵(今湖北荆州江陵)入长江,经长江远通零陵郡(旧治在今湖南永州零陵)和桂阳郡(旧治在今湖南郴州)等的漕运通道。四是在吴越旧地兴修了有综合功能的河渠,通过发展农业经济拓展了漕运范围。如陈敏割据吴越旧地时兴修了练湖,练湖有调节吴古故水道及秦丹徒水道航线水位的功能,为后世兴修江南运河镇江段提供了充足的补给水源。又如贺循疏浚镜湖(鉴湖),在改善当地农业生产条件的同时,提升了会稽(治所在今浙江绍兴)一带的漕运能力,改善了自吴越西入长江的水上交通环境。进而言之,西晋将屯田及漕运结合在一起,开创了兴修河渠的新局面。

从形势上看,"八王之乱"给西晋带来了灭顶之灾,与此同时,"五胡乱华"及北方游牧民族东进或南下,最大限度地压缩了西晋的生存空间。这一时期,南北分治虽然给河渠建设带来了困难,但并未完全停止。仅以东晋而言,河渠建设与漕运结合在一起出现了新的迹象。一是晋元帝建武元年(317),荆州刺史王敦在江陵开凿漕河,进一步提高了自江陵至襄阳的运兵运粮能力,由此揭开了东晋河渠建设的序幕。从军事斗争形势上看,开凿漕河有着特殊的意义。如果北朝自黄河流域南下,将军事斗争的锋芒直指江汉的话,那么,一旦占领襄阳、江陵,则意味着将撕开江汉防线。反过来讲,如果加强襄阳防卫,则可以稳定江汉防线,进而为东晋以江陵为大本营进行北伐提供必要的支撑。二是北伐及恢复旧土是东晋挥之不去的情结,桓温、谢玄等发动北伐之役时,为解决运兵运粮中的困难,开挖了北入中原及连接汴渠旧道的河渠,试图建立一条快速高效的后勤补给线,以便最大限度地兑现了军事斗争及政治斗争的成果。

总之,南北分治时期,漕运在为不同政权服务的过程中表现出军事优先的特征。在这中间,无论是东晋北伐,还是北朝南下,沿黄河、汴渠、江汉、江淮等航线的运兵运粮都给漕运打上了为军事斗争服务的烙印。

第一章　西晋黄河流域的河渠建设

司马氏代魏建晋以后,沿袭了曹魏兴修河渠的传统。这一时期,在黄河中下游地区兴修的河渠主要有四个特点。

其一,针对河渠受损的不同情况,进行重修或扩建。如泰始七年(271),晋武帝以曹魏五龙渠为基础,兴修了九龙渠。九龙渠建成后,提升了洛阳农田灌溉和漕运的整体水平。

其二,改造旧渠,重点发展漕运。如晋惠帝元康五年(295)特大山洪爆发后,车箱渠遭受到严重的破坏,刘弘主持重修了车箱渠。兴修车箱渠经过了不同的阶段,在刘弘以前,刘靖、樊晨(一称樊良)等多次兴修,经过不断地改造,车箱渠具有了灌溉、漕运等综合能力。

其三,兴修新河渠,试图建立新的漕运通道。如泰始十年(274),晋武帝兴修了引黄入洛的河渠,试图建立自洛水进入关中的漕运通道。《晋书·武帝纪》云:"是岁,凿陕南山,决河,东注洛,以通运漕。"[1]杜佑注:"虽有此议,竟未成功。"[2]开凿陕南山及引黄入洛是一项宏大的工程,如果这一项工程建成的话,可以开辟一条自洛阳进入关中的新航线,避开漕运关中时必走黄河经砥柱山的风险,进一步地加强关中的防务。然而,受自然地理等条件的限制,这一计划失败了。

其四,为了发展农业及安定民生,在不同的区域兴修了一批有灌溉、导水、排泄、扩大耕种面积等综合功能的河渠。从表面上看,兴修这些河渠是为了提升灌溉能力及屯田,但实际情况是:这些河渠与漕运结合在一起,为保证洛阳的粮食安全及政治安全提供了必要的支撑。鲜卑、匈奴不断地入侵,直接威胁到晋王朝的政治安全,为了加强西部、北部的防御,需要兴修河渠进行屯田和加强漕运。如在黄河流域兴修有灌溉等综合功能的河渠,可以有效地缩短航程。史称:"晋殷褒,字元祚,为荥阳令。时多雨,褒乃课穿渠入河,疏道原隰,因致丰年,时人号为殷渠。今尚存。"[3]荥阳令殷褒开渠疏通水道,改善了荥阳一带的农业生产条件,为向西部、北部调粮提供了方便,进而减轻了漕运压力。《太平御览》引《殷氏传》记载

---

[1] 唐·房玄龄等《晋书·武帝纪》,北京:中华书局1974年版,第64页。
[2] 唐·杜佑《通典·食货十·漕运》,杭州:浙江古籍出版社1988年版,第55页。
[3] 宋·乐史《太平寰宇记·河南道九》(王文楚等点校)第1册,北京:中华书局2007年版,第173页。

道:"殷褒,为荥阳令,先多淫雨,百姓饥馑,君乃穿渠入河三十余里,疏导原隰,用致丰年,民赖其利,号殷渠,而颂之。"①在这里,《殷氏传》中将殷褒写作"殷哀",从叙述内容看,殷褒与殷哀当为一人,系笔误所致。这一导水工程主要是将积水排入黄河,恢复农业生产秩序。荥阳地近洛阳,一向是富庶地区,改善这一区域的农业生产条件,可以缩短航线,减轻漕运负担。

第一节 魏晋九龙渠考述

东汉以降,曹魏、西晋、北魏继续以洛阳为都。为恢复洛阳地区的农业和改善水上交通环境,曹魏以东汉阳渠为基础兴修了五龙渠,又在五龙渠的基础上兴修了九龙渠,西晋以曹魏五龙渠及九龙渠为基础兴修了九龙渠。此后,在破坏与建设同步的过程中,北魏迁都洛阳,之后为改善洛阳的漕运条件及发展农业,再次兴修九龙渠。

西晋九龙渠是阳渠、五龙渠的扩建工程。具体地讲,周代阳渠是东汉阳渠的基础,东汉阳渠是曹魏五龙渠的基础,曹魏五龙渠是西晋九龙渠的基础。值得注意的是,魏晋时期的洛阳九龙渠有两条:一是青龙三年(235),魏明帝建造的引谷水入洛阳宫的九龙渠;二是泰始七年十月,晋武帝在曹魏五龙渠的基础上兴修的九龙渠。两条九龙渠虽然同名,但有不同的功能。为了防止混为一谈,现辨析如下。

青龙三年,魏明帝扩建洛阳宫,兴修了引水至宫苑的九龙渠工程。史称:"是时,大治洛阳宫,起昭阳、太极殿,筑总章观。"②裴松之引《魏略》进一步补充道:"是年起太极诸殿,筑总章观,高十余丈,建翔风于其上;又于芳林园中起陂池,楫棹越歌;又于列殿之北,立八坊,诸才人以次序处其中,贵人夫人以上,转南附焉,其秩石拟百官之数。帝常游宴在内,乃选女子知书可付信者六人,以为女尚书,使典省外奏事,处当画可,自贵人以下至尚保,及给掖庭洒扫,习伎歌者,各有千数。通引谷水过九龙殿前,为玉井绮栏,蟾蜍含受,神龙吐出。使博士马均作司南车,水转百戏。岁首建巨兽,鱼龙曼延,弄马倒骑,备如汉西京之制,筑闾阖诸门阙外罘罳。"③魏明帝兴修的九龙渠主要将谷水引至洛阳宫九龙殿,这一引水工程主要是为了美化宫苑,与晋武帝兴修的九龙渠没有关系。

魏明帝将引水入苑工程命名为"九龙渠",主要与重修洛阳宫崇华殿相关,当时,崇华殿屡次遭遇火灾,为了防止再度发生火灾,重建时采取了两个措施:一是重建后改称"九龙殿",

---

① 宋·李昉等《太平御览·职官部·良令长下》,北京:中华书局1960年版,第1255页。
② 晋·陈寿《三国志·魏书·明帝纪》(裴松之注),北京:中华书局1959年版,第104页。
③ 同②,第104—105页。

取以水龙镇火之意;二是重建时兴修了引谷水入苑的水道,因这一水道在美化洛阳宫苑的同时,亦是镇火的具体措施,故因殿命名,将这一引水工程称之为"九龙渠"。如司马光记载道:"诏复立崇华殿,更名曰九龙。通引谷水过九龙殿前,为玉井绮栏,蟾蜍含受,神龙吐出。使博士扶风马钧作司南车,水转百戏。"①所谓"复立崇华殿",是指重建大火焚毁的崇华殿。所谓"更名曰九龙",是指青龙三年八月魏明帝将崇华殿改名为"九龙殿"。《晋书·五行志上》云:

> 青龙元年六月,洛阳宫鞠室灾。二年四月,崇华殿灾,延于南阁,缮复之。至三年七月,此殿又灾。帝问高堂隆:"此何咎也?于礼宁有祈禳之义乎?"对曰:"夫灾变之发,皆所以明教诫也,惟率礼修德可以胜之。《易传》曰:'上不俭,下不节,孽火烧其室。'又曰:'君高其台,天火为灾。'此人君苟饰宫室,不知百姓空竭,故天应之以旱,火从高殿起也。案《旧占》曰:'灾火之发,皆以台榭宫室为诫。'今宜罢散作役,务从节约,清扫所灾之处,不敢于此有所营造,蓷莆嘉禾必生此地,以报陛下虔恭之德。"帝不从。遂复崇华殿,改曰九龙。以郡国前后言龙见者九,故以为名。多弃法度,疲众逞欲,以妾为妻之应也。②

应如何消除洛阳宫不断发生的火灾?魏明帝打算以祭礼"祈禳",为此,高堂隆引经据典,劝谏魏明帝"侧身修德",认为只要君主关心民瘼,"罢散作役,务从节约",放弃兴修洛阳宫,便可以出现"蓷莆嘉禾必生此地,以报陛下虔恭之德"的局面。很有意味的是,高堂隆劝谏魏明帝是以邹衍"五德终始"说的核心"灾异"为逻辑起点的,因这里涉及九龙殿与九龙渠的关系,又因《晋书·五行志上》虽然交代洛阳宫及崇华殿多次发生火灾的前因后果,但在交代曹魏宗教神学信仰方面多有不明之处,为此,有必要移录《三国志·魏书·高堂隆传》作进一步的论述:

> 崇华殿灾,诏问隆:"此何咎?于礼,宁有祈禳之义乎?"隆对曰:"夫灾变之发,皆所以明教诫也,惟率礼修德,可以胜之。《易传》曰:'上不俭,下不节,孽火烧其室。'又曰:'君高其台,天火为灾。'此人君苟饰宫室,不知百姓空竭,故天应之以旱,火从高殿起也。上天降鉴,故谴告陛下;陛下宜增崇人道,以答天意。昔太戊有桑谷生于朝,武丁有雊雉登于鼎,皆闻灾恐惧,侧身修德,三年之后,远夷朝贡,故号曰中宗、高宗。此则前代之明鉴也。今案旧占,灾火之发,皆以台榭宫室为诫。然

---

① 宋·司马光《资治通鉴·魏纪五》(邬国义校点),上海:上海古籍出版社1997年版,第640页。
② 唐·房玄龄等《晋书·五行志上》,北京:中华书局1974年版,第803页。

今宫室之所以充广者,实由宫人猥多之故。宜简择留其淑懿,如周之制,罢省其余。此则祖己之所以训高宗,高宗之所以享远号也。"诏问隆:"吾闻汉武帝时,柏梁灾,而大起宫殿以厌之,其义云何?"隆对曰:"臣闻西京柏梁既灾,越巫陈方,建章是经,以厌火祥;乃夷越之巫所为,非圣贤之明训也。《五行志》曰:'柏梁灾,其后有江充巫蛊卫太子事。'如《志》之言,越巫建章无所厌也。孔子曰:'灾者修类应行,精禬相感,以戒人君。'是以圣主睹灾责躬,退而修德,以消复之。今宜罢散民役。宫室之制,务从约节,内足以待风雨,外足以讲礼仪。清埽所灾之处,不敢于此有所立作,萐莆、嘉禾必生此地,以报陛下虔恭之德。岂可疲民之力,竭民之财!实非所以致符瑞而怀远人也。"帝遂复崇华殿,时郡国有九龙见,故改曰九龙殿。①

龙有司水的功能,洛阳宫多次失火后,因"郡国有九龙见"改崇华殿为"九龙殿":一是按照五行相克(相胜)的原理表达以龙镇火之意;二是在宗教神学盛行的年代,"郡国有九龙见"是国之将兴的吉兆,这一吉兆的出现昭示曹魏兴旺发达之意。曹魏时期的国家宗教神学理论,主要继承了两汉的国家宗教神学理论,具体表现在两个方面。一是以邹衍的"五德终始"为承天受命的基本依据。如邹衍认为,宇宙是由土、木、金、火、水等五种元素构成的。五行各据一德,社会运动和自然运动按照五行相克的原理进行并终始循环②。邹衍"五德终始"学说的核心是"灾异"学说。对此,董仲舒有精彩的阐释:"帝王之将兴也,其美祥亦先见;其将亡也,妖孽亦先见。"③从这样的角度看,将崇华殿改为"九龙殿",实际上是以改名的方式顺应"五德终始"这一宗教理论。二是两汉除了遵循邹衍"五德终始"的五行相克理论外,还注意到五行相生的内容。如董仲舒撰写《春秋繁露》时,在邹衍五行相克的基础上添加了五行相生的内容。董仲舒认为,社会运动和自然运动除了寓含着五行相克的一面外,还有五行相生的一面④。这一五行相克相生的宗教神学理论受到东汉及曹魏统治者的追捧,并多有实践。

唐贾公彦注《周礼·天官·冢宰》"惟王建国"语:"干宝云:'王,天子之号,三代所称。'雒,音洛,水名也,本作'洛',后汉都洛之阳,改为'雒'。"⑤汉光武帝刘秀定都洛阳,

---

① 晋·陈寿《三国志·魏书·高堂隆传》(裴松之注),北京:中华书局1959年版,第709—710页。
② 详细论述参见张强《帝王思维与阴阳五行思维模式》,《晋阳学刊》2001年第2期;张强《阴阳五行说的历史与宇宙生成模式》,《湖北大学学报》2001年第5期;张强《道德伦理的政治化与秦汉统治术》,《北京大学学报》2003年第2期。
③ 董仲舒《春秋繁露·同类相动》,北京:中华书局2012年版,第480页。
④ 详细论述参与张强《董仲舒的天人理论与君权神授》,《江西社会科学》2002年第2期;张强《司马迁的通变观与五德终始说》,《南京师范大学学报》2005年第4期。
⑤ 清·阮元《十三经注疏·周礼注疏》,北京:中华书局1980年版,第639页。

改洛阳为"雒阳";曹魏定都时,改"雒阳"为"洛阳"。这一嬗变过程从一个侧面说明了两汉、曹魏对五行相克相生原理的尊崇。刘秀重建汉王朝以后,以"火德"自称,将国都定在洛水北岸的洛阳,这一做法被认为是违背了五行相克相生的原理。为解决宗教神学理论方面的矛盾,刘秀改"洛"为"雒",试图用去"水"加"隹"(加"土")的做法,表达土可克水、土可生木助火的神学政治意图。裴松之注《三国志·魏书·文帝纪》"初营洛阳宫,戊午幸洛阳"等语时阐释道:

> 《魏书》曰:以夏数为得天,故即用夏正,而服色尚黄。《魏略》曰:诏以汉火行也,火忌水,故'洛'去'水'而加'隹'。魏于行次为土,土,水之牡也,水得土而乃流,土得水而柔,故除'隹'加'水',变'雒'为'洛'。①

从刘秀改"洛阳"为"雒阳"到曹魏改"雒阳"为"洛阳",这一运动的轨迹完全可以用来说明魏明帝改崇华殿为"九龙殿"的原因。或许正是这样的缘故,"通引谷水过九龙殿前"的引水渠,因"九龙殿"有了"九龙渠"之称。

值得注意的是,在"通引谷水过九龙殿前"的过程中,魏明帝"引谷水"主要采取了自五龙渠引水的方案,具有间接引谷水的特点。具体地讲,曹魏五龙渠的基础是东汉时期的阳渠,阳渠环绕洛阳城,开通阳渠及五龙渠的关键工程是"堰洛"(蓄积洛水),"堰洛"的关键性工程是"引谷水"②,根据这一情况,所谓"通引谷水过九龙殿前",是指自五龙渠将谷水引到洛阳宫的九龙殿前。顾祖禹交代谷水与洛阳城的关系时考证道:"谷水出渑池县南山中谷阳谷,东北流经新安县南,又东而与涧水会,自是遂兼谷水之称,又东历故洛阳城广莫门北,又东南出上东门外石桥下而会于洛水,此魏、晋以后之谷水也。"③据此可证,引谷水至洛阳宫苑的先决条件是自五龙渠引谷水。赵一清论述道:"全氏曰:按五龙渠与九龙渠不同,五龙渠即千金渠。若九龙渠作于魏明帝青龙三年,是时崇华殿灾,郡国九龙见,明帝因更营九龙殿,引谷水为九龙池。而筑渠以堰之,善长误矣。"④赵一清引前人著述,强调在晋兴修九龙渠以前魏明帝已兴修九龙渠,进而认为郦道元(字善长)称九龙渠兴修于晋武帝时多有不妥。很显然,赵一清的观点是,洛阳有两条九龙渠,而不是一条。进而言之,洛阳有两条九龙渠当不成问题,只不过,魏明帝兴修的九龙渠与漕运等功能无关,故未受到后世的重视。

---

① 晋·陈寿《三国志·魏志·文帝纪》(裴松之注),北京:中华书局1959年版,第76页。
② 北魏·郦道元《水经注·谷水》,杨守敬、熊会贞疏,段熙仲点校,陈桥驿复校《水经注疏》中册,南京:江苏古籍出版社1989年版,第1404页。
③ 清·顾祖禹《读史方舆纪要·河南三》(贺次君、施和金点校),北京:中华书局2005年版,第2230页。
④ 清·赵一清《水经注释·谷水》,《四库全书》第575册,上海:上海古籍出版社1987年版,第286页。

第二节　晋九龙渠建设考述

在历史的沿革中,晋武帝兴修九龙渠是以前代的成果为基础的。

追溯历史,东汉阳渠是曹魏兴修五龙渠的基础,曹魏五龙渠是晋代九龙渠的基础。从东汉王梁、张纯等兴修阳渠到曹魏兴修五龙渠,阳渠及其不同的航段已有"九曲""千金""五龙"等称。如胡渭注"此周灵王壅谷入瀍之故道也。下文'东至千金堨'以下,则东汉以后阳渠、九曲、千金、五龙诸渠之故道,瀍、涧二水自此东注,而不复至王城东南入洛矣"等语时指出:"道元曰:河南县城东十五里有千金堨,旧堰谷水。魏时更修此堰,开沟渠五所,谓之五龙渠。盖魏文帝修王、张故绩也。逮于晋世,沟渎泄坏。太始七年,更于西开泄,名曰代龙渠,即九龙渠也。又曰:陆机、刘澄之皆言城之西面有阳渠,周公制之也,亦谓之九曲渎。《河南十二县簿》云:九曲渎在河南巩县西,西至洛阳。傅畅《晋书》云:都水使者良凿运渠,从洛口入注九曲,至东阳门。阮嗣宗诗所谓'逍遥九曲间'者也。"①因历史上的阳渠有"九曲渠""五龙渠"等称,或许正是这样的原因,泰始七年晋武帝重修五龙渠时将其改为"九龙渠",尽管此渠与魏明帝兴修的九龙渠同名,但两者有本质上的区别,两间之间没有承袭关系。

有关晋武帝兴修九龙渠的记载最早见于《水经注》。如郦道元记载道:"逮于晋世,大水暴注,沟渎泄坏,又广功焉。石人东胁下文云:太始七年六月二十三日,大水迸瀑,出常流上三丈,荡坏二堨。五龙泄水,南注泻下,加岁久漱啮,每涝即坏,历载捐弃大功,故为今遏。更于西开泄,名曰代龙渠。地形正平,诚得泻泄至理,千金不与水势激争,无缘当坏,由其卑下,水得逾上漱啮故也。今增高千金于旧一丈四尺,五龙自然必历世无患。若五龙岁久复坏,可转于西,更开二碣。二渠合用二十三万五千六百九十八功,以其年十月二十三日起作,功重人少,到八年四月二十日毕,代龙渠即九龙渠也。"②泰始七年六月,一场突如其来的大水摧毁了五龙渠的引水、蓄水、补水和泄水等系统,为恢复其功能,泰始七年十月,晋武帝揭开了兴修九龙渠的序幕。在这里,九龙渠为什么会有"代龙渠"之称,不太清楚。

在这一论述中,郦道元有意地强调了两个方面的内容:一是晋武帝兴修九龙渠属于"广功"工程,是以曹魏五龙渠为基础的改造工程;二是在改造五龙渠的过程中,采取了兴修千金堨和"更开二碣"等方案。

---

① 清·胡渭《禹贡锥指》(邹逸麟整理),上海:上海古籍出版社2006年版,第247页。
② 北魏·郦道元《水经注·谷水》,杨守敬、熊会贞疏,段熙仲点校,陈桥驿复校《水经注疏》中册,南京:江苏古籍出版社1989年版,第1380—1381页。

郦道元的观点受到后人的充分注意,如王谠、王应麟、陈耀文等沿用了这一观点。如王谠记载道:"晋文王欲修九龙堰,阮步兵举锄掘地,得古承水铜龙六枚,堰遂成。水历堨东注,谓之千金渠,晋世又广功焉。石人东胁下文云:'泰始七年六月二十三日大水,荡坏二堨,今改为堨。更于西开泄,名曰伐(原注:一作代)龙渠。增高千金之旧一丈四尺,若五龙。岁久复坏,可转于西更开三堨。二渠合用二十三万五千六百九十八功。以其年十月二十二日起作,功重人少,到八年四月二十日毕。'伐龙渠,即九龙渠也。"①王谠叙述这一事件时文字虽略有改动,但基本内容还是以郦道元的记载为依据的。此处"更开三堨"当为"更开二堨"。王应麟亦记载道:"堨是都水使者陈协所造。《语林》曰:晋文王欲修九龙堰,阮步兵举协,掘地得古承水铜龙六枚,堰遂成。水历堨东注,谓之千金渠。晋世又广功焉。石人东胁下文云:大始七年六月二十三日,大水荡坏二堨(云云),今故为令遏更于西开泄,名曰代(一作伐)龙渠,增高千金于旧一丈四尺,若五龙岁久复坏,可转于西更开二堨二渠,合用二十三万五千六百九十八功,以其年十月二十二日起作功,重人少,到八年四月二十日毕。代龙渠即九龙渠也。"②王应麟的叙述文字虽然与王谠亦有不同,但同样是以郦道元的记载为依据的。此后,陈耀文引录《语林》《水经注》等文献进一步记载道:"陈协数进阮步兵酒,后晋文王欲修九龙堰,阮举协,文王用之。掘地得古承水铜龙六枚,堰遂成,水历堨东注,谓之千金渠,逮于晋世大水暴注沟渎泄坏,又广功焉,亦名伐龙渠即九龙渠也。"③结合郦道元的记载,参考王谠、王应麟、陈耀文等人的说法,当知在陈协兴修五龙渠之前,曾一度有"晋文王欲修九龙堰"的说法。时至泰始七年,晋武帝在曹魏五龙渠的基础上兴修代龙渠即伐龙渠,并出现了以"九龙渠"相称的情况。由此提出的问题是:出现"九龙渠"这一新称谓除了与曹魏五龙渠有"九曲渠""九曲渎"等称谓相关外,是否可能与晋文帝司马懿打算在曹魏五龙渠的基础上兴修九龙堰相关?当然,这一推测有待于进一步考证。在无法厘清之前,姑且存疑。尽管如此,通过加高和加固千金堨及"更开二堨"等,九龙渠的漕运能力等明显增强,进一步解决了航道水位暴涨、冲毁堤坝等问题。

郦道元以石人铭文为依据,可谓是铁证。然而,后人依旧有不同的看法。如顾祖禹论述九龙渠的历史沿革时指出:"又千金堨一名五龙堨,亦曰九龙渠,亦曰九曲渎。后汉建武中司空王梁引谷水以溉京都,渠成而水不流。后张纯堰洛而通漕是渠,引谷水历堨东注。魏文帝使都水使者陈协更修此堰,谓之千金堨。积石为堨,而开沟渠五,因谓之五龙渠。太始七年大水荡坏。晋元康七年更于西开泄,名曰代龙渠。凡更开二堨二渠,亦曰九龙渠。"④按照这

---

① 宋·王谠《唐语林》,周勋初校证《唐语林校证》,北京:中华书局1987年版,第724—725页。
② 宋·王应麟《玉海·地理·河渠》,南京:江苏古籍出版社1990年版,第426页。
③ 明·陈耀文《天中记·洛》,《四库全书》第965册,上海:上海古籍出版社1987年版,第456—457页。
④ 清·顾祖禹《读史方舆纪要·河南三》(贺次君、施和金点校),北京:中华书局2005年版,第2231页。

一说法,在被正式命名为"九龙渠"以前,九龙渠有"九曲渎"等多个称谓。此外,九龙渠的基础是五龙渠,"更开二堨二渠"以后,"亦曰九龙渠"。在这一论述中,顾祖禹又提出了晋惠帝元康七年(297)兴修九龙渠的观点。

比较郦道元和顾祖禹的说法,当以郦道元的说法更有道理。其一,郦道叙述九龙渠兴修的时间时,以"石人东胁下文"为证,证据确凿,有不可辩驳的权威性。相比之下,顾祖禹避而不谈石人上的铭文,仅以后世史书为考察的依据,多有证据不足的缺陷。其二,泰始七年六月,大水"荡坏二堨"已直接威胁到洛阳的安全,在这种情势下,不可能等到二十六年后(晋元康七年)才着手修复。进而言之,洛阳是西晋的国都,修复千金堨是刻不容缓的大事,等到二十六年后着手修复于逻辑上讲不通。其三,根据文献记载,元康二年(292)十一月,晋惠帝曾有重修九龙渠的举措。这一记载明确地说重修九龙渠发生在元康七年以前,据此,完全可以反驳顾祖禹的观点。郦道元记载道:"旧渎又东,晋惠帝造石梁于水上。按桥西门之南颊文称:晋元康二年十一月二十日,改治石巷水门,除竖枋,更为函枋,立作覆枋屋,前后辟级续石障,使南北入岸,筑治漱处,破石以为杀矣。到三年三月十五日毕讫,并纪列门广长深浅于左右,巷东西长七尺,南北龙尾广十二丈,巷渎口高三丈,谓之皋门桥。"①这里所说的"桥西门之南颊文"应是铁证。王谠亦记载道:"伐龙渠,即九龙渠也。元魏修复故堨,朝廷太和中造石渠于水上。按桥西门之南颊文,称晋元康二年十一月二日毕。汉司空王梁为河南,将引谷水以溉京都,渠成而水下流。后张纯堰洛而通漕,是渠今引洛水,盖纯之创也。"②在这里"渠成而水下流"系笔误,结合前人的记载,应为"渠成而水不流"。王应麟进一步记载道:"案桥西门之南颊文称:晋元康二年十一月二十日改治石巷水门,除竖枋,更为函枋。三年三月十五日毕。汉司空王梁为河南,将引谷水以溉京都,渠成而水不流。后张纯堰洛而通漕。是渠今引谷水,盖纯之创也。案:陆机《洛记》、刘澄之《永初记》言:城之西面有阳渠,周公制之也,亦谓之九曲渎。故《河南十二县簿》云:九曲渎,在河南巩县西,西至洛阳。傅畅《晋书》云:都水使者陈狼凿运渠,从洛口入注九曲,至东阳门阳渠南水南暨阊阖门,又东径亳殷南。"③这里所说的"陈良"指都水使者陈协。郦道元、王谠、王应麟等共同关注到"桥西门之南颊文"这一铁证,从这样的角度看,把重修五龙渠(兴修九龙渠)的时间定在晋惠帝元康七年多有不妥。

九龙渠由重修千金堨和兴修新的堨、渠两个部分构成。重修千金堨的重点,除了以石材加固千金堨以外,还包括兴修与千金堨相接的渠道千金渠。郦道元记载道:"瀍水又东南流

---

① 北魏·郦道元《水经注·谷水》,杨守敬、熊会贞疏,段熙仲点校,陈桥驿复校《水经注疏》中册,南京:江苏古籍出版社1989年版,第1383页。
② 宋·王谠《唐语林》,周勋初校证《唐语林校证》,北京:中华书局1987年版,第725页。
③ 宋·王应麟《玉海·地理·河渠》,南京:江苏古籍出版社1990年版,第427页。

注于谷,谷水自千金堨东注,谓之千金渠也。又东过洛阳县南,又东过偃师县,又东入于洛。"①以石材重修千金堨是为了削弱水能冲击堰堨(堰坝)的程度。兴修新堨、渠的重点,是在五龙渠西面"更开二堨二渠",增强九龙渠的蓄水和泄水等方面的能力。重修后的千金堨与二碣二渠互为支撑,提升了九龙渠在蓄水、补水、灌溉、泄洪等方面的能力。在这中间,曹魏五龙渠是在加固千金堨的基础上新开二堨二渠,西晋九龙渠是在曹魏五龙渠的基础上加固千金堨和增开二堨二渠。

晋武帝以后,西晋及北魏多次重修九龙渠。重修九龙渠虽说有多种原因,但主要的原因有两个:一是持续不断的战争,致使千金堨遭受严重的破坏;二是洛阳水文发生变化后,需要根据变化的特点,修复遭受自然力破坏的九龙渠。

人为地破坏千金堨,始于晋惠帝一朝。晋惠帝太安二年(303)十一月,张方奉河间王司马颙之命攻打洛阳,采取了"决千金堨"②水淹洛阳之策。从此,千金堨陷入不断地破坏和重修的终始循环之中。郦道元记载道:"后张方入洛,破千金堨,京师水碓皆涸。永嘉初,汝阴太守李矩、汝南太守袁孚修之,以利漕运,公私赖之。水积年,渠堨颓毁,石砌殆尽,遗基见存。"③永嘉元年(307),李矩、袁孚重修千金堨,恢复了九龙渠的漕运及灌溉等功能。然而,在自然力的破坏及缺少维修的情况下,不久又出现了"渠堨颓毁,石砌殆尽"的情况。晋成帝咸和三年(328),为了战胜后赵石勒大将石生,前赵皇帝刘曜"决千金堨以灌之"④,引水至石生据守的金墉城(洛阳西北角上的小城,在今河南洛阳东),夺取了洛阳外围的军事要塞。顾祖禹论述道:"千金堨,在府城北。《洛阳记》云:'在河南县城东十五里。'旧堰谷水入洛阳城,晋河间王颙将张方逼洛阳,决千金堨,京师水碓皆涸是也。永嘉初李矩为汝阴太守,与汝南太守袁孚修洛阳千金堨,以利漕运。晋咸和三年刘曜攻后魏将石生于金墉,决千金堨以灌之。唐初罗士信伐王世充,拔其千金堡,盖于千金堨傍筑堡也。"⑤从张方为争夺洛阳破坏千金堨及九龙渠,到晋成帝咸和三年刘曜决千金堨,再到唐初为守堨建造千金堡,围绕千金堨展开的军事行动,在一定程度上诉说了要想控制洛阳这一战略要地需要从争夺千金堨入手。

千金堨在洛阳城北,是兴修阳渠及九龙渠的重点工程。这一工程自洛阳城北的高点蓄水和分水,其水道贯穿于洛阳城中。胡渭论述道:"今按:《后汉书·王梁传》,建武五年为河

---

① 北魏·郦道元《水经注·瀍水》,杨守敬、熊会贞疏,段熙仲点校,陈桥驿复校《水经注疏》中册,南京:江苏古籍出版社1989年版,第1355页。
② 唐·房玄龄等《晋书·惠帝纪》,北京:中华书局1974年版,第101页。
③ 北魏·郦道元《水经注·谷水》,杨守敬、熊会贞疏,段熙仲点校,陈桥驿复校《水经注疏》中册,南京:江苏古籍出版社1989年版,第1381—1382页。
④ 唐·房玄龄等《晋书·刘曜传》,北京:中华书局1974年版,第2700页。
⑤ 清·顾祖禹《读史方舆纪要·河南三》(贺次君、施和金点校),北京:中华书局2005年版,第2231页。

南尹,穿渠,引谷水注洛阳城,东写巩川。及渠成,而水不流。《张纯传》:建武二十三年为大司空,明年上(时丈反)穿阳渠,引洛水为漕,百姓得其利。太子贤注云:阳渠在洛阳城南,以《郦注》考之,竭东谷水有二道:一在洛阳城北,自皋门桥(在城之西北。潘岳《西征赋》曰:秣马皋门,即此处),东历大夏门(北城之西头一门,故夏门也。谷水枝分,南入华林园,东注天渊池,又东注于狄泉)、广莫门(北城之东头一门故谷门也,北对芒阜,连岭修亘),屈南径建春门石桥下(东城之北头一门,即上东门也。桥之右柱铭云:阳嘉四年,诏书以城下漕渠东通河、济,南引江、淮,方贡委输,所由而至,使中谒者马宪监作。其水依石柱文,自乐道里屈而东出阳渠也)。盖即王梁之所引,道元所谓旧渎者也;一在洛阳城南,自闾阖门(西城之北头一门,故上西门也。阳渠水枝分入城,东历故金市、铜驼街,出东阳门石桥,下注于阳渠)南历西阳门(城之正西门,故西明门也,亦曰雍门)、西明门(西城之南头一门,故广阳门也)、屈东历津阳门(南城之最西一门,故津门也)、宣阳门(南城之次西一门,故小苑门也,亦曰谢门)、平昌门(城之正南门,故平门也)、开阳门(南城之东头一门,故建阳门也)。谷水于城东南隅枝分,北注径青阳门东,又北径东阳门东,又北径故太仓西,又北入洛阳沟。青阳,东城之南头一门,故清明门,东阳城之正东门,故中东门也),又东径偃师城南,又东注于洛。盖即张纯之所穿。"①千金堨堰谷水以后,"一在洛阳城北""一在洛阳城南"分水,形成了两条进入洛阳的水道。两条水道同时入洛阳,虽说方便了洛阳水运,但千金堨像是悬在洛阳头上的一把利剑,一旦毁坏,将会带来灭顶之灾。进而言之,西晋"八王之乱"后,北方陷入混乱之中。为掌控洛阳,千金堨成为不同政治势力争夺的对象。出现这样的情况,是因为千金堨的地势明显地高于洛阳,如果占领千金堨并决堤放水的话,将可以较小的代价瓦解洛阳城的守势。反过来说,洛阳城池坚固,从正面攻打将很难突破防守,如果以水代兵则可以造成守军的恐慌,为攻占洛阳创造必要的条件。

前人在阳渠的基础上不断地兴修五龙渠、九龙渠,除了有人为破坏的因素外,更重要的是,洛阳水文变化给河渠兴修带来新的难题。如胡渭引《汉书·地理志》《水经注》,又据《禹贡》《山海经》等力证《周书》"我卜涧水东"一语中指出:"旧与谷水乱流,南入于洛。今谷水东入千金渠,涧水与之俱东入洛矣。"②从西周到东汉,洛阳水文多次发生变化,乃至于出现了"则东汉以后阳渠、九曲、千金、五龙诸渠之故道,瀍、涧二水自此东注,而不复至王城东南入洛矣"③的情况。进而言之,研究东汉以后兴修五龙渠、九龙渠的历史时,需要关注洛阳水文的变化。诚如胡渭所说:"《洛水篇》云:洛水东过偃师县南,又北阳渠水注之是也。此皆

---

① 清·胡渭《禹贡锥指》(邹逸麟整理),上海:上海古籍出版社2006年版,第247—248页。
② 同①,第246页。
③ 同①,第247页。

周灵王壅谷后,历代递迁之水道,非禹迹也。"①东汉兴修阳渠以后,后世的九曲渎、千金渠、五龙渠等水道已不再从洛阳王城东南入洛。

在兴修阳渠、五龙渠的基础上兴修九龙渠,主要是因为洛阳四水(洛水、伊水、涧水、瀍水)已成为运渠安全的大问题。前人论述洛阳四水与通漕的利害关系时,因洛水流量最大,表达了治理四水应先治理洛水的观点。但实际情况是,治理洛水虽然是当务之急,但治理其他三水亦不能忽视。如胡渭论述道:"四水洛为大,伊次之,涧又次之,瀍最小,而其为害,三水不减于洛。汉吕后三年,伊、洛溢,流千六百余家。魏黄初四年,伊、洛溢,杀人民,坏庐宅。唐开元十年,伊水溢,毁东都城东南隅。咸通元年,暴水自龙门毁定鼎、长夏等门,漂溺居人。伊水之为害如此,禹所以先伊而后洛也。涧水自谷、洛斗毁王城之后,至晋太始七年,暴涨高三尺,荡坏二堨。唐开元八年,谷、洛溢,入西上阳宫,宫中人死者什七八,畿内诸县田庐荡尽。十五年,涧、谷溢,毁渑池县。此涧水之害也。瀍水源流自谷城山,至故洛阳不过七十里,而其患亦甚。开元五年,瀍水溢,溺死千余人。十八年,瀍水溺扬、楚等州租船。天宝十三载,瀍、洛溢坏十七坊。此瀍水之害也。计禹当日治瀍、涧之功,不少于伊、洛。故四水并书,正程泰之所谓尝经疏导,则虽小而见录者也。"②实际情况是,要想治理洛阳水患,恢复阳渠及五龙渠、九龙渠的功能,需要综合治理四水。

千金堨是九龙渠的核心工程,要全面地恢复九龙渠的功能须从修复千金堨入手。郦道元记载道:"五龙泄水,南注泻下,加岁久漱啮,每涝即坏,历载捐弃大功,故为今遏。更于西开泄,名曰代龙渠。……代龙渠即九龙渠也。后张方入洛,破千金堨,京师水碓皆涸。永嘉初,汝阴太守李矩、汝南太守袁孚修之,以利漕运,公私赖之。水积年,渠堨颓毁,石砌殆尽,遗基见存。"③晋怀帝永嘉元年,李矩、袁孚重修千金堨,恢复了从洛阳到许昌(今河南许昌)的漕运通道,杜佑记载道:"怀帝永嘉元年,修千金堨于许昌,以通运。"④史有"始修千金堨于许昌以通运"⑤之说,许昌是由黄河进入淮河水系的重要节点,所谓"于许昌以通运",实际上是重建自洛阳入黄河再入淮河水系的大通道。

经过不断地改造或改建,九龙渠丰富了五龙渠的灌溉及漕运体系。在这中间,为了洛阳的安全,虽然采取了增建堨渠的措施,在一定程度上改变了原有的面貌,但千金堨始终是汉阳渠、曹魏五龙渠、西晋九龙渠的核心工程。出现这样的情况,主要是由千金堨具有"堰洛"

---

① 清·胡渭《禹贡锥指》(邹逸麟整理),上海:上海古籍出版社2006年版,第248页。
② 同①,第250页。
③ 北魏·郦道元《水经注·谷水》,杨守敬、熊会贞疏,段熙仲点校,陈桥驿复校《水经注疏》中册,南京:江苏古籍出版社1989年版,第1380—1382页。
④ 唐·杜佑《通典·食货十·漕运》,杭州:浙江古籍出版社1988年版,第55页。
⑤ 唐·房玄龄等《晋书·孝怀帝纪》,北京:中华书局1974年版,第117页。

及"引谷水"入运等功能决定的。进而言之,只有在"堰洛"兴修千金堨的前提下,汉阳渠才可能具备灌溉、水运等功能,否则只能是"及渠成而水不流"①。更何况,汉阳渠是曹魏五龙渠、西晋九龙渠的基础,在核心工程不变的情况下,加固千金堨是必然之举。

张纯兴修千金堨的重点是"堰洛","堰洛"的重点是引谷水。如郦道元记载道:"汉司空渔阳王梁之为河南也,将引谷水以溉京都,渠成而水不流,故以坐免。后张纯堰洛水以通漕,洛中公私穰赡。是渠今引谷水,盖纯之创也。"②建千金堨的目的是通过修筑堰坝截取谷水,使之入渠并抬高航道水位。史称:"五龙渠,府城东十五里有千金堨。魏时更修之,而开渠五所,谓五龙渠也。"③自张纯"堰洛水以通漕"以及"引谷水"入运后,陈协兴修五龙渠、晋武帝兴修九龙渠的重点依旧是加固千金堨,在这中间,新建堨渠的目的是,提升阳渠的灌溉、漕运等能力。

从周阳渠、汉阳渠到曹魏兴修五龙渠,从曹魏五龙渠再到西晋兴修九龙渠,农田灌溉与水运等结合在一起,提升了洛阳的政治和经济地位,可以说,兴修河渠发展灌溉和漕运对提升洛阳的地位有着非同一般的意义。如顾炎武论述道:"考王封周桓公,于是为西周,及其孙惠公,封少子于巩为东周,故有东西之名矣。秦灭周以为三川郡。项羽封申阳为河南王。汉以为河南郡。王莽又名之曰保忠信乡。光武都洛阳,以为尹。尹,正也。所以董正京畿,率先百郡。《左传·昭公二十四年》:士伯立于干祭而问于介众(干祭,王城北门)。谷水又东流径干祭门北,子朝之乱晋所开也。东至千金堨。《河南十二县境簿》曰:河南县城东十五里,有千金堨。《洛阳记》曰:千金堨,旧堰谷水,魏时更修此堰,谓之千金堨。积石为堨,而开沟渠五所,谓五龙渠。渠上立堨,堨之东首,立一石人,石人腹上刻勒云:太和五年八月庚戌,造筑此堨,更开沟渠。此水冲渠止,其水助其坚也。堨是都水使者陈协所造也。《语林》曰:陈协数进阮步兵酒,后晋文王欲修九龙堰,阮举协,文王用之。掘地得古承水铜龙六枚,堰遂成。水历堨东注,谓之千金堨。逮于晋世,大水暴注,沟渎泄坏,又广功焉。石人东胁下又云:太始七年六月二十三日,大水并瀑,出常流上三丈,荡坏二堨,五龙泄水,南注泻下,加岁久漱啮,每涝即坏,历载捐弃大功,故为今堨。更于西开池,名曰代龙渠。地形平正,诚得泻泄至理,千金不与水势激争,无缘当坏。由其卑下,水得逾上漱啮故也。今增高千金,于旧一丈四尺,五龙自然必历世无患。若五龙岁久复坏,可转于西更筑二堨二渠,合用二十三万五千六百九十八功,以其年十月二十三日起作,功重人少,到八年四月二十日毕,代龙渠即九龙渠也。后张方入洛,破千金堨,遗基见存。朝廷太和中,修复故堨,北引渠东合旧渎又

---

① 刘宋·范晔《后汉书·王梁传》(唐·李贤等注),北京:中华书局1965年版,第775页。
② 北魏·郦道元《水经注·谷水》,杨守敬、熊会贞疏,段熙仲点校,陈桥驿复校《水经注疏》中册,南京:江苏古籍出版社1989年版,第1403—1404页。
③ 清·王士俊等监修,清·顾栋高等编纂《河南通志·水利上》,《四库全书》第535册,上海:上海古籍出版社1987年版,第477页。

东,晋惠帝造石渠于水上。按桥西门之南颓文,又称晋元康二年十一月二十日,改治石巷水门。巷东西长七尺,南北龙尾广十二丈。巷渎口高三丈,谓之罦门桥。又潘岳《西征赋》曰:秣马罦门,即此处也。谷水又东,又结石梁跨水,制城西梁也。谷水又东,左会金谷水。水出太白原,东南流历金谷,谓之金水,东南流,径晋卫尉卿石崇之故居也。石季伦《金谷诗叙》曰:余以元康七年,从太仆出为征虏将军,有别庐在河南界金谷涧中。有清泉茂树,众果竹柏,药草蔽翳。西北角筑之,谓之金墉城。魏文帝起层楼于东北隅。晋宫阁名曰金墉,有崇天堂,即此地。上架木为榭,皇居创徙,宫极未就,止跸于此,构宵榭于故台。南曰:干光门,夹建两观,观下列朱桁于堑,以为御路。东曰含春门,北有退门,城上西面列观,五十步一睥睨,屋台置一钟,以和漏鼓,函北连庑荫,墉北广榭,炎夏之日,常以避暑,为绿水池一所。谷水径洛阳小城北,因阿旧城,凭结金墉,故向地也。"①自注:"'向地',疑作向北。"②顾炎武的认识概括了前人的诸多论述。从其论述中不难发现,自汉阳渠建千金堨以后,无论是曹魏五龙渠、西晋九龙渠,还是后世重修九龙渠,建造石堨和加固千金堨始终是工程中的重点。

第三节　车箱渠漕运及其他

西晋兴修车箱渠的历史可以上溯到曹魏时期。史称:"后迁镇北将军,假节都督河北诸军事。靖以为'经常之大法,莫善于守防,使民夷有别',遂开拓边守,屯据险要。又修广戾陵渠大堨,水溉灌蓟南北;三更种稻,边民利之。"③齐王曹芳嘉平二年(250),刘靖重修了戾陵渠(车箱渠)。王鸣盛考证道:"刘靖迁镇北将军,假节都督河北诸军事,修广戾渠陵、大堨水,溉灌蓟南北三更种稻。案:'三更'未详。'渠陵'字当乙。《水经注》作'戾陵堰、车箱渠',并载刘靖造堨开渠碑元文,详见第十四卷《鲍丘水篇》。"④所谓"修广",是指刘靖在前人的基础上兴修了戾陵渠。结合《水经注》卷十四《鲍丘水》"鲍丘水入潞,通得潞河之称矣。高梁水注之,水首受㶟水于戾陵堰,水北有梁山,山有燕刺王旦之陵,故以戾陵名堰"⑤等语看,刘靖"修广"戾陵渠主要由两大工程构成:一是加固了戾陵堰;二是在戾陵堰的基础上开渠,扩大了灌溉面积。

---

① 清·顾炎武《历代帝王宅京记·洛阳二》,《四库全书》第572册,上海:上海古籍出版社1987年版,第671—672页。
② 同①,第672页。
③ 晋·陈寿《三国志·魏书·刘靖传》(裴松之注),北京:中华书局1959年版,第464—465页。
④ 清·王鸣盛《十七史商榷·〈三国志〉二》(黄曙辉点校),上海:上海书店出版社2005年版,第293页。
⑤ 北魏·郦道元《水经注·鲍丘水》,杨守敬、熊会贞疏,段熙仲点校,陈桥驿复校《水经注疏》中册,南京:江苏古籍出版社1989年版,第1222页。

继刘靖以后,魏元帝景元三年(262),樊晨(一称樊良)再度兴修车箱渠。如郦道元引《魏刘靖修高梁河碑》时详细地记载了这一事件的始末:"魏使持节、都督河北道诸军事、征北将军、建城乡侯、沛国刘靖,字文恭,登梁山以观源流,相漯水以度形势,嘉武安之通渠,羡秦民之殷富;乃使帐下丁鸿督军士千人,以嘉平二年,立遏于水,导高梁河,造戾陵遏,开车箱渠。其遏表云:高梁河水者,出自并州,黄河之别源也。长岸峻固,直截中流,积石笼以为主遏,高一丈,东西长三十丈,南北广七十余步。依北岸立水门,门广四丈,立水遏,长十丈。山水暴发,则乘遏东下,平流守常,则自门北入,灌田岁二千顷,凡所封地百余万畮。至景元三年辛酉,诏书以民食转广,陆费不赡,遣谒者樊晨,更制水门,限田千顷,刻地四千三百一十六顷,出给郡县,改定田五千九百三十顷。水流乘车箱渠,自蓟西北径昌平,东尽渔阳潞县,凡所润含,四五百里,所灌田万有余顷。高下孔齐,原隰底平,疏之斯溉,决之斯散,导渠口以为涛门,洒滮池以为甘泽,施加于当时,敷被于后世。"①倪涛注"以嘉平二年立遏"有"遏,当作碣"②之说,据此当知,"戾陵遏"为"戾陵碣",即戾陵堰。顾祖禹叙述车箱渠的情况时记载道:"在府西北。曹魏嘉平二年,刘靖督河北诸军事,登梁山,观水道源流,乃立碣于水,导高梁河,造戾陵碣,开车箱渠,依北岸立水门。景元二年,又遣谒者樊良更制水门,水流乘车箱渠,自蓟西北径昌平,东尽渔阳潞县,凡所含润四五百里,灌田万有余顷。"③戾陵渠的主要功能是疏导山洪、除害兴利。通过引高梁河入渠,在疏导山洪的同时,建成"自蓟西北径昌平,东尽渔阳潞县"的灌区。需要补充的是,顾祖禹论述樊良重修车箱渠时,将其时间定在魏元帝景元二年(261),与郦道元引《魏刘靖修高梁河碑》中记录的时间相差一年。

遗憾的是,晋惠帝元康五年特大山洪爆发后,车箱渠遭受严重的破坏。为了恢复其防洪排涝、改良土壤、灌溉农田等一系列的功能,在刘靖之子刘弘的主持下,再度兴修了车箱渠。郦道元记载道:"晋元康四年,君少子骁骑将军、平乡侯弘,受命使持节、监幽州诸军事,领护乌丸校尉、宁朔将军。遏立积三十六载,至五年夏六月,洪水暴出,毁损四分之三,剩北岸七十余丈。上渠车箱,所在漫溢。追惟前立遏之勋,亲临山川,指授规略,命司马、关内侯逢恽内外将士二千人,起长岸,立石渠,修主遏,治水门,门广四丈,立水五尺。兴复载利,通塞之宜,准遵旧制。凡用功四万有余焉。诸部王侯,不召而自至,襁负而事者盖数千人。《诗》载经始勿亟,《易》称民忘其劳,斯之谓乎?于是二府文武之士,感秦国思郑渠之绩,魏人置豹祀之义,乃遐慕仁政,追述成功。元康五年十月十一日,刊石立表,以纪勋烈,并记遏制度,永为

---

① 北魏·郦道元《水经注·鲍丘水》,杨守敬、熊会贞疏,段熙仲点校,陈桥驿复校《水经注疏》中册,南京:江苏古籍出版社1989年版,第1223—1224页。
② 清·倪涛《六艺之一录》卷五十六,《四库全书》第831册,上海:上海古籍出版社1987年版,第371页。
③ 清·顾祖禹《读史方舆纪要·北直二》(贺次君、施和金点校),北京:中华书局2005年版,第448页。

后式焉。事见其碑辞。又东南流径蓟县北。又东至潞县,注于鲍丘水。又南径潞县故城西,王莽之通潞亭也。"①在恢复旧渠过程中,刘弘开挖新渠时兴建与之相关的引水设施,从而扩大了车箱渠的灌溉面积,形成了自蓟县(今天津蓟县)经昌平(今北京昌平)到潞县(汉县,治所在今河北三河西南城子村)的农业灌溉区。这一灌溉区形成后,改善了当地的农业生产条件。

需要指出的是,刘弘重修车箱渠后,出现了"兴复载利通塞之宜"的局面。从"载利通塞"中当知,此时的车箱渠应具备了水运能力。除此之外,从"治水门,门广四丈,立水五尺"等语中,亦可证明车箱渠有适合漕运的航线。鉴于前人多有忽略,现辨析如下。

其一,刘弘重修车箱渠后,建成了"又东南径蓟县北,又东至潞县,注于鲍丘水。又南径潞县故城西"的渠道,这一渠道与后世所说的车箱渠"在蓟州城西北,自遵化抵昌平"②的航线多有一致,因此,完全可以反推刘弘时车箱渠已具备漕运能力。

其二,从水文情况看,刘靖"修广戾陵渠大堨"时,车箱渠已具有潜在的漕运能力。《魏刘靖修高梁河碑》引戾陵堨表称"高梁河水者,出自并州,黄河之别源",似表明高梁河是黄河的支流。其实,高梁河是潞河的支流。如郦道元考证道:"鲍丘水入潞,通得潞河之称矣。高梁水注之,水首受湿水于戾陵堰,水北有梁山,山有燕刺王旦之陵,故以戾陵名堰。水自堰枝分,东径梁山南,又东北径《刘靖碑》北。"③车箱渠的补给水源主要来自潞河、鲍丘水等,曹操经营幽州(行政区划包括河北北部、辽宁)及辽东时,开平虏渠和泉州渠亦以有水运能力的鲍丘水、潞河为补给水源和航道。据此可知,刘靖"修广戾陵渠大堨"时,车箱渠可能已有潜在的通航能力。

其三,刘弘重修车箱渠后,河渠所经过的区域与平虏渠和泉州渠经过的区域多有重合和交叉。如郦道元记载道:"泃水又南,入鲍丘水。又东合泉州渠口故渎,上承滹沱水于泉州县,故以泉州为名。北径泉州县东,又北,径雍奴县东,西去雍奴故城一百二十里。自滹沱北入,其下历水泽一百八十里,入鲍丘河,谓之泉州口。陈寿《魏志》曰:曹太祖以蹋顿扰边,将征之,从泃口凿渠,径雍奴泉州以通河海者也。"④蓟县、潞县等既是车箱渠经过的区域,同时又是平虏渠和泉州渠经过的重要节点,据此可证,经过刘弘的改造,车箱渠已具备漕运能力。

其四,元康五年刘弘重修车箱渠时,专门兴修了"又东南径蓟县北,又东至潞县,注于鲍丘水"的渠道。这一渠道建成后,为北魏裴延俊继续重修车箱渠奠定了坚实的基础。史称:

---

① 北魏·郦道元《水经注·鲍丘水》,杨守敬、熊会贞疏,段熙仲点校,陈桥驿复校《水经注疏》中册,南京:江苏古籍出版社1989年版,第1224—1226页。
② 明·李贤等《大明一统志·顺天府》,西安:三秦出版社1990年版,第9页。
③ 同①,第1222页。
④ 同①,第1230—1231页。

"车箱渠,在宛平县西北。《水经注》:高梁水首受湿水,于戾陵堰水,北有梁山,山有燕刺王旦之陵,故以戾陵名。堰水自堰枝分,东径梁山南,又东北径刘靖碑北。其词云:魏使持节、都督河北道诸军事、沛国刘靖登梁山以观源流,相原隰以度形势。以嘉平二年道高梁河,造戾陵遏,开车箱渠,依北岸立水门,门广四丈,遏长十丈,山水暴戾,则乘遏东下,平流守常,则自门北入,灌田岁二千顷。至景元三年,诏遣谒者樊良更制水门,水流乘车箱渠,自蓟西北径昌平,东尽渔阳潞县,凡所润合四五百里,所灌田万有余顷。晋元康五年,靖子弘监幽州诸军事,复修治之。又东南径蓟县北,又东至潞县,注于鲍丘水。《魏书·裴延俊传》:肃忠时迁幽州刺史,渔阳燕郡有故戾陵堰,广袤三十里,废毁多时,延俊表求营造。未几而就,为利十倍,百姓赖之。"①所谓"未几而就",是说裴延俊重修车箱渠时,充分利用了刘弘的成果。所谓"为利十倍,百姓赖之",是指车箱渠除了有灌溉农田等功能外,还具有漕运能力。具体地讲,史家叙述河渠有灌溉、漕运等综合性功能时,大都以"百姓赖之"语加以评论,如史有苻坚"以关中水旱不时,议依郑白故事,发其王侯已下及豪望富室僮隶三万人,开泾水上源,凿山起堤,通渠引渎,以溉冈卤之田。及春而成,百姓赖其利"②之说,又有薛胄"遂积石堰之,决令西注,陂泽尽为良田。又通转运,利尽淮海,百姓赖之,号为薛公丰兖渠"③之说。根据这些情况,与其说后世重修车箱渠使之具有了漕运能力,倒不与说车箱渠具有漕运能力始于刘弘之时。

其五,车箱渠有漕运能力的最早记载出自《北齐书·斛律羡传》,似表明时至北齐,车箱渠才有了漕运能力。不过,如果结合史家的其他记载,再进一步地分析这一叙述内容,完全可以得出早在魏晋时期车箱渠已具有漕运能力的结论。如《北齐书·斛律羡传》记载这一事件时写道:"又导高梁水北合易京,东会于潞,因以灌田,边储岁积,转漕用省,公私获利焉。"④从这一史述中当知,经过导水(引入高梁河)以后,车箱渠成为一条有灌溉、漕运等综合功能的河渠。朱彝尊亦记载道:"斛律羡转使持节,都督幽平营东燕六州诸军事,幽州刺史。导高梁水北合易京,东会于潞,因以灌田。边储岁积,转漕用省,公私获利焉。"⑤"易京",是地名,指东汉末年公孙瓒据幽州时,在易县(汉县,故城在今河北雄县西北)修筑的营垒。所谓"导高梁水北合易京",是说斛律羡导高梁水至易京。所谓"东会于潞",是说高梁水经易京后东行与潞水相会。这里两个问题需要说明:一是导高梁水至易京后,不但没有扩大车箱渠的水源,相反,还减少了车箱渠原有渠道的补给水源;二是渠道东行入潞,只能是将漕运范围扩大到潞水流域,不可能以潞水补给渠道。之所以这样说,是因为潞水在高梁水的

---

① 清·和珅等奉敕撰《大清一统志·顺天府二》,《四库全书》第474册,上海:上海古籍出版社1987年版,第130页。
② 唐·房玄龄等《晋书·苻坚传》,北京:中华书局1974年版,第2899页。
③ 唐·李延寿《北史·薛胄传》,北京:中华书局1974年版,第1329页。
④ 唐·李百药等《北齐书·斛律羡传》,北京:中华书局1972年版,第227页。
⑤ 清·于敏中《日下旧闻考·郊坰·西八》,北京:北京古籍出版社1985年版,第1625页。

东面,地势低凹,不可能自低处向高处引水。经此改造后,车箱渠却有了"转漕用省,公私获利"的功能,据此可以反证,车箱渠水资源丰富应有更早的漕运历史。更重要的是,斛律羡兴修的航线与刘弘兴修的渠道大体相同,两者之间没有大的变化,因此,车箱渠漕运发生在刘弘时代当不成问题。

需要补充的是,自车箱渠入鲍丘水、潞河以后,在与平虏渠、泉州渠相接的过程中,改善了幽州一带的水上交通。车箱渠是幽州境内重要的漕运通道,这一通道与平虏渠、泉州渠相通后,分别为隋代兴修永济渠和宋代在永济渠的基础上兴修御河奠定了基础,以及为元王朝兴修通惠河提供了必要先决条件。孙承泽引《魏刘靖修高粱河碑》叙述车箱渠与元代通惠河之间的关系时指出:"此河名里漕河,北达京师长店,运艘鳞集,即通惠河也。"[1]研究隋代永济渠、宋代御河、元代通惠河及明清相关航段的运河时,车箱渠是不可忽视的方面。进而言之,这条河渠由灌溉渠嬗变为有综合功能的运河应始于元康五年刘弘重修车箱渠之时。

---

[1] 清·孙承泽《春明梦余录·川渠》,北京:北京古籍出版社1992年版,第1340页。

第二章　江淮河渠与平吴及漕运

江淮河渠建设是西晋河渠建设的重要组成部分。晋武帝司马炎代魏后,河渠建设与日趋复杂的政治形势交织在一起,表现出的新特点有五:一是兴修河渠表现出向江淮及长江以南延伸的势头,如在淮河流域及江汉等地兴修河渠,进行屯田,表现出为发动平吴之役服务的特点;二是羊祜、杜预在荆州及江汉一带屯田,就地聚积粮草缩短了漕运里程,节约了战争资源;三是平吴后,杜预开杨口水道,开通了自江汉渡江深入沅湘腹地的航线;四是晋惠帝即位后,中原陷入"八王之乱",陈敏掌"运兵"负责江淮漕运,开创了武装押运漕粮的新局面;五是陈敏割据东南时兴修练湖,为后世以练湖调节江南运河镇江段的水位奠定了基础。稍后,贺循疏浚镜湖(鉴湖),在提升农田灌溉水平的同时,重开了浙东漕路。

第一节　平吴与河渠建设及屯田

晋武帝司马炎代魏后,立即把平吴提上了议事日程。史称:"及晋受命,武帝欲平一江表。时谷贱而布帛贵,帝欲立平籴法,用布帛市谷,以为粮储。议者谓军资尚少,不宜以贵易贱。"[①]因"时谷贱而布帛贵",晋武帝打算建立新的"平籴法"(采用布帛兑换粮食)的方案,然而,议者以为这一方案不妥,故搁浅不再推行。

晋武帝的"平籴法"为什么会受到朝臣的反对?这要从头说起。"平籴法"初创于战国时期,是李悝(约前455—前359)改革魏国政治和走富国强兵之路的重要举措。这一政策的核心是:丰年时官府用市价购粮并储备,荒年时官府以低价售粮,并且以粮价来稳定物价,为百姓提供基本的生活保障。可以说,自李悝创立"平籴法"以后,历朝历代利用这一经济杠杆有效地稳定了社会秩序。如果"用布帛市谷"的话,那么,将会动摇以粮价稳定物价的基础,进而扰乱已有的经济秩序。更重要的是,晋武帝时期布帛的储量本身不

[①] 唐·房玄龄等《晋书·食货志》,北京:中华书局1974年版,第786页。

大,如果一定要刻意推行"平籴法"的话,不但无法增加军粮储备,而且会扰乱市场,给社会带来更多的动荡不安。

那么,怎样才能解决两者间的矛盾,从而及时地解决平吴所需的粮草和军用物资呢? 光禄勋夏侯和提出了兴修河渠提高农业产出的建议。《晋书·食货志》云:"十年,光禄勋夏侯和上修新渠、富寿、游陂三渠,凡溉田千五百顷。"①泰始十年(274),通过兴修新渠、富寿渠、游陂渠等水利设施,扩大了水浇地的面积,提高了农业产量,广积了粮草。

从《晋书·食货志》的记载中可以理出的线索是:夏侯和兴修三渠与晋武帝建立新的屯田秩序有着直接的关系。继夏侯和兴修三渠后,咸宁元年(275),晋武帝下诏,明确地表达了以兴修河渠为先导,进行屯田的急迫心情。史称:"咸宁元年十二月,诏曰:'出战入耕,虽自古之常,然事力未息,未尝不以战士为念也。今以邺奚官奴婢著新城,代田兵种稻,奴婢各五十人为一屯,屯置司马,使皆如屯田法。'"②从时间上看,晋武帝下诏发生在夏侯和兴修三渠的第二年。这一叙述表明,三渠兴修与晋武帝咸宁元年十二月下诏有着必然的联系。从诏书的内容看,此次屯田采取了征发奴婢的屯田之法。在实施的过程中,上承曹魏军屯时的旧法,主要采取军事管理的方式。此外,"著新城",是指迁邺城奴婢至新城屯田。"新城"应指曹魏设立的新城郡。进而言之,继曹魏时期的贾逵在豫州屯田和邓艾在淮南、淮北屯田以后,晋武帝建立的的屯田机制已向南延伸到新城郡(江汉)一带。由于晋武帝下诏屯田与夏侯和兴修三渠有着某种内在的联系,似可知夏侯和兴修的三渠应在淮河流域至江汉之间的位置。

继咸宁元年十二月以后,咸宁三年(277)晋武帝再次下诏曰:"今年霖雨过差,又有虫灾。颍川、襄城自春以来,略不下种,深以为虑。主者何以为百姓计,促处当之。"③颍川(曹魏时期郡治在许昌,今河南许昌)和襄城郡(晋郡,治所在襄城,今河南襄城县)同属淮河流域,境内有淮河支流颍水。襄城郡旧属颍川,如史有"及武帝受命,又分颍川立襄城郡"④之说,又有"襄城郡泰始二年置"⑤之说,襄城郡下辖襄城、繁昌、郏县、定陵、父城、昆阳、舞阳七县。杜预有"臣前见尚书胡威启宜坏陂,其言恳至。臣中者又见宋侯相应遵上便宜,求坏泗陂,徙运道。……豫州界二度支所领佃者"⑥之说,夏侯和兴修三渠后,颍川、襄城一带成为重要的屯垦区。王应麟记载道:"《晋·食货志》:武帝泰始十年,光禄勋夏侯和上修新渠、富寿、游陂三渠,凡溉田千五百顷。咸宁三年,杜预言:自顷户口日增,而陂堨岁决,良田变生蒲

---

① 唐·房玄龄等《晋书·食货志》,北京:中华书局1974年版,第787页。
② 同①。
③ 同①。
④ 唐·房玄龄等《晋书·地理志上》,北京:中华书局1974年版,第420页。
⑤ 同④,第421页。
⑥ 同①,第789页。

苇,前见尚书胡威启,宜坏陂,又宋侯相应遵求坏泗陂,徙运道。案:运道东诣寿春,有旧渠可不由泗陂。宜刺史二千石,其汉氏旧陂旧堨及山谷私家小陂,皆当修缮以积水。"①综合这些记载,当知在咸宁三年以前,晋武帝已建成东至淮南重镇寿春(今安徽寿县)、南至颍川、襄城一带的屯垦区。在这中间,如果注意到王应麟有意将夏侯和兴修三渠与杜预上疏联系在一起的话,那么完全可以证明新渠、富寿渠、游陂渠三渠主要建在淮南寿春以西的颍川、襄城一带,这一屯垦区向东延可至豫州东界(与淮南相壤的地带),向南可至新城郡一带。

此外,夏侯和兴修三渠虽然只是强调灌溉功能,似乎与漕运(运兵运粮)没有关系,其实不然,在此之前,颍川及相邻区域已兴修了大量的河渠,这些河渠与贾侯渠、讨虏渠、广漕渠、淮阳渠、百尺渠等运渠结合在一起,形成了与黄河、淮河漕运相通的势态,可以将屯田聚集的粮食及军事物资向不同的方向调运。

兴修河渠及屯田是利害掺半的举措。如针对咸宁三年爆发的水灾等情况,杜预提出了不同的意见,并在上疏中写道:

> 臣辄思惟,今者水灾东南特剧,非但五稼不收,居业并损,下田所在停污,高地皆多硗塉,此即百姓困穷方在来年。虽诏书切告长吏二千石为之设计,而不廓开大制,定其趣舍之宜,恐徒文具,所益盖薄。当今秋夏蔬食之时,而百姓已有不赡,前至冬春,野无青草,则必指仰官谷,以为生命。此乃一方之大事,不可不豫为思虑者也。
>
> 臣愚谓既以水为困,当恃鱼菜螺蚌,而洪波泛滥,贫弱者终不能得。今者宜大坏兖、豫州东界诸陂,随其所归而宣导之。交令饥者尽得水产之饶,百姓不出境界之内,旦暮野食,此目下日给之益也。水去之后,填淤之田,亩收数钟。至春大种五谷,五谷必丰,此又明年益也。②

杜预的观点是,既然已建的蓄水工程阻碍了洪水下泄,造成了灾难,不如将其毁掉,为此,他提出了"今者宜大坏兖、豫州东界诸陂,随其所归而宣导之"的建议。然而,这一建议并没有得到采纳,如史有"诏曰:'孳育之物,不宜减散。事遂停寝……'"③之说。为了进一步地说服晋武帝,杜预又继续上疏:

> 诸欲修水田者,皆以火耕水耨为便。非不尔也,然此事施于新田草莱,与百姓

---

① 宋·王应麟《玉海·地理·河渠》,南京:江苏古籍出版社1990年版,第428页。
② 唐·房玄龄等《晋书·食货志》,北京:中华书局1974年版,第787页。
③ 同②,第788页。

居相绝离者耳。往者东南草创人稀，故得火田之利。自顷户口日增，而陂堨岁决，良田变生蒲苇，人居沮泽之际，水陆失宜，放牧绝种，树木立枯，皆陂之害也。陂多则土薄水浅，潦不下润。故每有水雨，辄复横流，延及陆田。言者不思其故，因云此土不可陆种。臣计汉之户口，以验今之陂处，皆陆业也。其或有旧陂旧堨，则坚完修固，非今所谓当为人害者也。臣前见尚书胡威启宜坏陂，其言恳至。臣中者又见宋侯相应遵上便宜，求坏泗陂，徙运道。时下都督度支共处当，各据所见，不从遵言。臣案遵上事，运道东诣寿春，有旧渠，可不由泗陂。泗陂在遵地界坏地凡万三千余顷，伤败成业。遵县领应佃二千六百口，可谓至少，而犹患地狭，不足肆力，此皆水之为害也。当所共恤，而都督度支方复执异，非所见之难，直以不同害理也。人心所见既不同，利害之情又有异。军家之与郡县，士大夫之与百姓，其意莫有同者，此皆偏其利以忘其害者也。此理之所以未尽，而事之所以多患也。

臣又案，豫州界二度支所领佃者，州郡大军杂士，凡用水田七千五百余顷耳，计三年之储，不过二万余顷。以常理言之，无为多积无用之水，况于今者水涝瓽溢，大为灾害。臣以为与其失当，宁泻之不潴。宜发明诏，敕刺史二千石，其汉氏旧陂旧堨及山谷私家小陂，皆当修缮以积水。其诸魏氏以来所造立，及诸因雨决溢蒲苇马肠陂之类，皆决沥之。长吏二千石躬亲劝功，诸食力之人并一时附功令，比及水冻，得粗枯涸，其所修功实之人皆以俾之。其旧陂堨沟渠当有所补塞者，皆寻求微迹，一如汉时故事，豫为部分列上，须冬东南休兵交代，各留一月以佐之。夫川渎有常流，地形有定体，汉氏居人众多，犹以无患，今因其所患而宣写之，迹古事以明近，大理显然，可坐论而得。臣不胜愚意，窃谓最是今日之实益也。"①

经过再次上疏，杜预的观点受到朝廷的重视，故有"朝廷从之"②之说。从杜预所述"臣前见尚书胡威启宜坏陂，其言恳至。臣中者又见宋侯相应遵上便宜，求坏泗陂，徙运道"等语看，围绕着是否"坏陂"，廷议时有不同的意见。在这中间，杜预在赞成尚书胡威的意见的同时，提出了反对应遵的意见。

很有意味的是，马端临记载这一事件时将时间上溯到咸宁元年。如马端临记载道："晋武帝咸宁元年，东南水灾，杜预请决坏诸陂，从之。"③这一叙述的依据虽然无法说清，但从中可以得到的信息是：杜预主张"宜大坏兖、豫州东界诸陂"很可能与毁掉夏侯和三渠相关。马端临叙述这一事件时大发感慨："按：水利之说，三代无有也。盖井田之行，方井之地，广四

---

① 唐·房玄龄等《晋书·食货志》，北京：中华书局1974年版，第788—790页。
② 同①，第790页。
③ 元·马端临《文献通考·田赋考六·水利田》，杭州：浙江古籍出版社1988年版，第68页。

尺,谓之沟;十里之成,广八尺,谓之洫;百里之同,广二寻,谓之浍。夫自四尺之沟,积而至于二寻之浍,则夫一同之间,而捐膏腴之地以为沟洫之制,捐赋税之入以治沟洫之利,盖不少矣,是以能时其蓄泄,以备水旱。子产相郑,犹必使田有封洫,盖谓此也。自秦人开阡陌,废井田,任民所耕,不计多少,而沟洫之制大坏。后之智者,遂因川泽之势,引水以溉田,而水利之说兴焉,魏起、郑、白之徒以此为功。然水就下者也,陂而遏之,利于旱岁,不幸霖潦,则其害有不可胜言者,此翟子威、杜元凯所以决坏堤防,以纾水患也。"①马端临在纵论古代水利建设的过程中,充分关注到杜预的上疏内容。在他看来,河渠建设需要控制在一定的范围,如果一味地兴修灌溉工程,将会破坏自然水系,从而造成严重的后果。也就是说,兴建河渠需要有所为有所不为,如果一味地急功好利,过多地侵占水道发展农业,将会适得其反,造成"沟洫之制大坏"的局面。进而言之,兴修水利不能一味地侵占下泄水道,否则将会造成灾难。

第二节　平吴之役与屯田及漕运

晋武帝提出平吴之议发生在泰始元年(265),如史有"及晋受命,武帝欲平一江表"②之说。然而,平吴战争直到太康元年(280)一月才进行,由此提出的问题是,发动平吴之役为什么要准备十五年的时间,其中都发生了哪些变故?

其一,晋武帝司马炎登基后,虽有心发动平吴之役,但此时需要在稳定经济秩序的基础上稳定政治形势,这样一来,平吴之役不得不推迟,如史有"及晋受命,武帝欲平一江表。时谷贱而布帛贵,帝欲立平籴法,用布帛市谷,以为粮储。议者谓军资尚少,不宜以贵易贱"③之说。从表面上看,"时谷贱而布帛贵"有利于以布帛置换粮食,可以通过这一方法获取军粮。然而,粮价是稳定物价的基础,如果采取短视的手段,"立平籴法,用布帛市谷,以为粮储"的话,势必要扰乱经济秩序,动摇政治统治的基础,因此,这一方案遭到否决。换言之,要想获取充足的粮草(战争资源),只能另辟蹊径,用兴修河渠加强屯田的方法来广积粮草。

其二,正当屯田取得广积粮草的成果时,主要的农业产区多次发生自然灾害,如史有泰始四年(268)九月"青、徐、兖、豫四州大水"和泰始五年(269)"青、徐、兖三州大水"④之说。

---

① 元·马端临《文献通考·田赋考六·水利田》,杭州:浙江古籍出版社1988年版,第68—69页。
② 唐·房玄龄等《晋书·食货志》,北京:中华书局1974年版,第786页。
③ 同②。
④ 宋·司马光《资治通鉴·晋纪一》(邬国义校点),上海:上海古籍出版社1997年版,第695页。

当赈灾成为当务之急时,在一定程度上抵消了屯田的成果,在此前提下,晋武帝不得不推迟发动平吴之役的时间。

其三,史有"泰始中,将兴伐吴之役"①之说,泰始六年(270),当晋武帝再次准备发动平吴之役时,河西重镇凉州(治所在今甘肃武威)发生了鲜卑树机能叛乱事件,如史有树机能"泰始中,杀秦州刺史胡烈于万斛堆,败凉州刺史苏愉于金山,尽有凉州之地,武帝为之旰食"②之说。又有"初,凉州刺史杨欣失羌戎之和,隆陈其必败。俄而欣为虏所没,河西断绝,帝每有西顾之忧,临朝而叹曰:'谁能为我讨此虏通凉州者乎?'朝臣莫对"③之说。树机能之乱在一定程度上动摇了晋王朝在河西统治的基础。史有"十二月,马隆击叛虏树机能,大破,斩之,凉州平"④之说,又有树机能"后为马隆所败,部下杀之以降"⑤之说。马隆请缨平叛虽然取得了胜利,但这场叛乱一直持续到咸宁五年(279)十二月,不但动摇了晋王朝在河西(陇右)统治的根基,而且耗费了国力,因此,需要休养生息。

其四,就在平定凉州之乱的紧要关头,归附内迁的匈奴在刘猛带领下发动叛乱。刘猛叛乱分两个步骤进行:一是泰始七年(271)一月,刘猛率部叛逃出塞,如史有"匈奴帅刘猛叛出塞"⑥之说,司马光将此事定在泰始七年一月,如他记载道:"春,正月,匈奴右贤王刘猛叛出塞"⑦;二是刘猛出塞后,纠集塞北的匈奴各部于该年的十一月向晋王朝发动猛烈的进攻,在此基础上大举进犯并州(治所在今山西太原)、河东、平阳(今山西临汾)等地,如史有"会匈奴帅刘猛举兵反,自并州西及河东、平阳"⑧之说,并州在洛阳的北面,河东与洛阳隔黄河相望,平阳亦与洛阳隔黄河相望,这一区域可谓是晋王朝统治的核心区域。这场战争持续到第二年一月,在监军何祯等人的讨伐下,刘猛兵败被杀,如史有泰始八年(272)"春,正月,监军何祯讨刘猛,屡破之,潜以利诱其左部帅李恪,恪杀猛以降"⑨之说。尽管如此,刘猛之乱却给黄河以北带来了极大的灾难。

上述四点是晋武帝推迟发动平吴之役的重要原因。从历时的角度看,鲜卑树机能、匈奴刘猛之乱是"五胡乱华"的开始,树机能、刘猛虽然被镇压,但没能彻底地解除鲜卑、匈奴、羯、氐、羌五胡的武装,因此,晋王朝需要在西部和北部边疆继续屯戍。然而,此时孙吴不断地从淮南、江汉等地侵入,同样危及晋王朝的安全。

---

① 唐·房玄龄等《晋书·马隆传》,北京:中华书局1974年版,第1554页。
② 唐·房玄龄等《晋书·秃发乌孤传》,北京:中华书局1974年版,第3141页。
③ 同①,第1554—1555页。
④ 唐·房玄龄等《晋书·武帝纪》,北京:中华书局1974年版,第70页。
⑤ 同②。
⑥ 同④,第60页。
⑦ 宋·司马光《资治通鉴·晋纪一》(邬国义校点),上海:上海古籍出版社1997年版,第697页。
⑧ 唐·房玄龄等《晋书·杜预传》,北京:中华书局1974年版,第1027页。
⑨ 同⑦,第698页。

在这样的前提下,晋武帝再次提出发动平吴之役的主张,然而,廷议时,出现反对和支持的两种声音。史称:"时帝密有灭吴之计,而朝议多违,唯预、羊祜、张华与帝意合。"①又称:"初谋伐吴,统与贾充、荀勖同共苦谏不可。"②持反对意见的,主要有贾充、荀勖、冯紞等,如贾充认为,"西有昆夷之患,北有幽并之戍,天下劳扰,年谷不登,兴军致讨,惧非其时。"③支持晋武帝发动平吴之役的,有羊祜、张华、杜预等主战派,如羊祜认为,"吴人虐政已甚,可不战而克。混一六合,以兴文教,则主齐尧舜,臣同稷契,为百代之盛轨。如舍之,若孙皓不幸而没,吴人更立令主,虽百万之众,长江未可而越也,将为后患乎!"④上引两种意见提出的时间虽然滞后,但大体上道出了支持和反对平吴的基本理由。由于晋王朝内部意见不统一,再加上平吴是举一国之力的大事,需要从长计议,需要关注孙吴的政治动向及等待"吴人虐政已甚"的情况发生。可以说,这些因素交织在一起决定了晋武帝发动平吴之役的时间只能推迟到太康元年进行。

从泰始元年到太康元年一月,晋武帝为发动平吴之役,断断续续地准备了十五年的时间。撇开平定鲜卑、匈奴之乱等不算,在这一过程中,晋武帝及主战派羊祜等为发动平吴之役都做了哪些事情呢?这些事情与漕运等有什么样的关系呢?现分述如下。

其一,晋武帝任命主战派羊祜总揽荆州军务,与孙吴在江汉一带对峙。史称:"帝将有灭吴之志,以祜为都督荆州诸军事、假节、散骑常侍、卫将军如故。"⑤司马光将晋武帝任命羊祜督荆州诸军事定在泰始五年,如有"帝有灭吴之志,壬寅,以尚书左仆射羊祜都督荆州诸军事,镇襄阳;征东大将军卫瓘都督青州诸军事,镇临菑;镇东大将军东莞王伷都督徐州诸军事,镇下邳"⑥之说。史家论羊祜在平吴中的作用时指出:"泰始之际,人祇呈贶,羊公起平吴之策,其见天地之心焉。"⑦从上述记载中当知三方面信息:一是晋武帝的"灭吴之志"主要由羊祜实现的,羊祜是平吴之策的具体制定者;二是平吴之役将以江汉为突破口,从长江上游发起进攻,进而突破孙吴的长江防线,随后顺流而下直取吴都建业(今江苏南京);三是确定荆州及江汉为平吴的主要突破口后,采取了加强徐州、青州防务的措施,防止孙吴自淮河防线发起反击。

在晋武帝代魏以前,曹魏征伐孙吴,有取道淮南和取道荆州两条进军线路,其中,取道淮南是主要的出征线路。曹魏选择自淮南发动进攻,是因为黄河流域有自汴渠从不同方向进

---

① 唐·房玄龄等《晋书·杜预传》,北京:中华书局1974年版,第1028页。
② 唐·房玄龄等《晋书·冯紞传》,北京:中华书局1974年版,第1162页。
③ 唐·房玄龄等《晋书·贾充传》,北京:中华书局1974年版,第1169页。
④ 唐·房玄龄等《晋书·羊祜传》,北京:中华书局1974年版,第1021页。
⑤ 同④,第1014页。
⑥ 宋·司马光《资治通鉴·晋纪一》(邬国义校点),上海:上海古籍出版社1997年版,第695页。
⑦ 同④,第1033页。

入淮南的漕运通道,运兵运粮较为方便:曹魏自淮南征伐孙吴的进军线路是从淮南入淮河水道,自淮河水道入邗沟进军扬州,随后陈兵长江北岸,与孙吴决战。晋武帝以荆州及江汉为发动平吴之役的突破口,很可能与借鉴曹魏自淮南出征失败的教训相关:一是自淮南出征的线路太长,不利于漕运,再加上入邗沟必走"湖道","湖道"风高浪大,极不安全;二是孙吴设有淮河和长江两道遥相呼应的防线,沿途设有濡须口等要塞,这些要塞将会有效地延缓晋军的进攻速度,并赢得积极防御的时间。嘉平四年(252),司马师、司马昭兄弟掌曹魏大权时,曹魏军队又在濡须口东关大败,如史有司马昭"统征东将军胡遵、镇东将军诸葛诞伐吴,战于东关。二军败绩,坐失侯"①之说。因为这一系列的情况,晋武帝决定改变进攻路线,任命羊祜主持荆州军务,试图在争夺江汉的过程中突破孙吴的长江防线。

其二,羊祜受命都督荆州诸军事时,刻意打造了一支可以自长江上游益州(治所在今四川成都)发兵,顺流而下,直捣吴都建业的舟师。史称:"咸宁初,除征南大将军、开府仪同三司,得专辟召。初,祜以伐吴必藉上流之势。又时吴有童谣曰:'阿童复阿童,衔刀浮渡江。不畏岸上兽,但畏水中龙。'祜闻之曰:'此必水军有功,但当思应其名者耳。'会益州刺史王濬征为大司农,祜知其可任,濬又小字阿童,因表留濬监益州诸军事,加龙骧将军,密令修舟楫,为顺流之计。"②羊祜"除征南大将军、开府仪同三司,得专辟召"后,上表"留濬监益州诸军事",并密令王濬打造战船和训练舟师。这一举措为日后杜预主持平吴之役,从陆路和水路同时发动平吴之役奠定了基础。史称:"时朝议咸谏伐吴,濬乃上疏曰:'臣数参访吴楚同异,孙皓荒淫凶逆,荆扬贤愚无不嗟怨。且观时运,宜速征伐。若今不伐,天变难预。令皓卒死,更立贤主,文武各得其所,则强敌也。臣作船七年,日有朽败,又臣年已七十,死亡无日。三者一乖,则难图也,诚愿陛下无失事机。'帝深纳焉。贾充、荀勖陈谏以为不可,唯张华固劝。又杜预表请,帝乃发诏,分命诸方节度。"③如果以太康元年一月杜预发动平吴之役为下限,从"臣作船七年"一语中当知,泰始九年(273)王濬已为发动平吴之役建造战船。

不过,司马光将王濬造战船的时间定为泰始八年。司马光记载道:"初,濬为羊祜参军,祜深知之。祜兄子暨白濬'为人志大奢侈,不可专任,宜有以裁之。'祜曰:'濬有大才,将以济其所欲,必可用也。'更转为车骑从事中郎。濬在益州,明立威信,蛮夷多归附之。俄迁大司农。时帝与羊祜阴谋伐吴,祜以为伐吴宜藉上流之势,密表留濬复为益州刺史,使治水军。寻加龙骧将军,监益、梁诸军事。诏濬罢屯田兵,大作舟舰。别驾何攀以为'屯田兵不过五六百人,作船不能猝办,后者未成,前者已腐。宜召诸郡兵合万余人造之,岁终可成。'濬欲先上须报,攀曰:'朝廷猝闻召万兵,必不听;不如辄召,设当见却,功夫已成,势不得止。'濬从之,

---

① 唐·房玄龄等《晋书·文帝纪》,北京:中华书局1974年版,第32页。
② 唐·房玄龄等《晋书·羊祜传》,北京:中华书局1974年版,第1017页。
③ 唐·房玄龄等《晋书·王濬传》,北京:中华书局1974年版,第1208—1209页。

令攀典造舟舰器仗。于是作大舰,长百二十步,受二千余人,以木为城,起楼橹,开四出门,其上皆得驰马往来。"①在建造的过程中,王浚采纳何攀的建议,在动用屯田兵的基础上动用郡兵,加快了造船速度,继而为从长江上游发动平吴之役作了充分的准备。

其三,羊祜都督荆州诸军事时,为稳定江汉一带的民心及社会秩序采取了一系列的政策。史称:"祜率营兵出镇南夏,开设庠序,绥怀远近,甚得江汉之心。与吴人开布大信,降者欲去皆听之。时长吏丧官,后人恶之,多毁坏旧府,祜以死生有命,非由居室,书下征镇,普加禁断。吴石城守去襄阳七百余里,每为边害,祜患之,竟以诡计令吴罢守。"②这里所说的"南夏",泛指南方。如吴末帝孙皓时,贺邵针对"皓凶暴骄矜,政事日弊"上疏时有"昔大皇帝勤身苦体,创基南夏,割据江山,拓土万里"③之说,又如史家有袁绍"称雄河外,擅强南夏"④之说。不过,结合"以祜为都督荆州诸军事、假节、散骑常侍、卫将军如故"⑤等语看,这里所说的"南夏"是指江汉。羊祜为稳定江汉,采取了"开设庠序,绥怀远近"的安民措施。与此同时,积极地防御,采用计谋致使吴石城守将不再犯边。

其四,为广积粮草,羊祜在荆州及江汉采取了屯田之策。史称:"于是戍逻减半,分以垦田八百余顷,大获其利。祜之始至也,军无百日之粮,及至季年,有十年之积。诏罢江北都督,置南中郎将,以所统诸军在汉东江夏者皆以益祜。"⑥所谓"戍逻减半,分以垦田八百余顷",是指江汉一带的边患解除后,羊祜减少了戍守士卒,令其一半的士卒参预到屯田(军屯)的行列。这一举措不但解决了长期存在的军粮短缺的问题,更重要的是获得了"十年之积"。因此,晋武帝"诏罢江北都督,置南中郎将"。所谓"诏罢江北都督",是指取消江北都督这一军事长官。所谓"置南中郎将",是将江北都督所领的军队划入屯田的序列。晋王朝的官职主要承袭了曹魏的官职制度,如曹操屯田时有"于是以任峻为典农中郎将,募百姓屯田许下,得谷百万斛。郡国列置田官,数年之中,所在积粟,仓廪皆满"⑦之说。曹操以"典农"为中郎将的加衔,与晋武帝"置南中郎将"同义,旨在强调屯田乃军国大事。进而言之,此时的南中郎将兼有耕种和戍守等职责,战时可率部参与战争,可谓是羊祜江汉屯田(广积粮草)的重要举措。

其六,杜预出镇荆州后,继续执行羊祜制定的政策。杜预到任后,执行了羊祜制定的灭吴之策,如史有"预处分既定,乃启请伐吴之期"⑧之说。所谓"处分",是指处理、处置,是说

---

① 宋·司马光《资治通鉴·晋纪一》(邬国义校点),上海:上海古籍出版社1997年版,第699页。
② 唐·房玄龄等《晋书·羊祜传》,北京:中华书局1974年版,第1014—1015页。
③ 晋·陈寿《三国志·吴书·贺邵传》(裴松之注),北京:中华书局1959年版,第1458页。
④ 刘宋·范晔《后汉书·袁绍传》(唐·李贤等注),北京:中华书局1965年版,第2425页。
⑤ 同②,第1014页。
⑥ 同②,第1015页。
⑦ 唐·房玄龄等《晋书·食货志》,北京:中华书局1974年版,第784页。
⑧ 唐·房玄龄等《晋书·杜预传》,北京:中华书局1974年版,第1028页。

杜预稳定了荆州及江汉的局势。那么,杜预是如何"处分既定"的?史家虽然没有明确的交代,但执行了羊祜既定之策当不成问题。羊祜安定江汉局势时,屯田是不可或缺的方面。具体地讲,通过屯田,羊祜取得了"祜之始至也,军无百日之粮,及至季年,有十年之积"的局面。杜预掌荆州诸军事时,继续执行了羊祜既定的屯田之策。屯田是保证粮草及军需供应及缩短漕运补给线的重要手段,如早在平定匈奴刘猛之乱时,杜预提出屯田之策,已充分认识到粮草在平叛中的作用。史称:"是时朝廷皆以预明于筹略,会匈奴帅刘猛举兵反,自并州西及河东、平阳,诏预以散侯定计省闼,俄拜度支尚书。预乃奏立藉田,建安边,论处军国之要。又作人排新器,兴常平仓,定谷价,较盐运,制课调,内以利国外以救边者五十余条,皆纳焉。石鉴自军还,论功不实,为预所纠,遂相仇恨,言论喧哗,并坐免官,以侯兼本职。数年,复拜度支尚书。"①匈奴首领刘猛起兵造反时,直接危害到"自并州西及河东、平阳"的安全。为此,杜预以散侯(无职守的侯爵)身份上书朝廷,提出平定之策。这一建议受到重视后,杜预出任度支尚书,负责粮草调度等事宜。与此同时,杜预"乃奏立藉田,建安边,论处军国之要",把屯田视为加强西北防务的根本。如果将这一行为与羊祜在江汉屯田的行为加以对照的话,那么杜预掌荆州及江汉诸军事以后认识到屯田及缩短漕运补给线是必然的,继续执行羊祜制定的屯田之策也是必然的,甚至可以说,羊祜举杜预为后任,是因为两人深知屯田是发动平吴之役的基本保障。杜预掌荆州军务继续实行屯田之策,此举有效地缩短了漕运里程,减轻了运兵运粮时的负担。

其七,咸宁四年(278),羊祜去世前,建议晋武帝起用杜预,由杜预掌军务,稳定荆州及江汉的局势。史称:"祜寝疾,求入朝。既至洛阳,会景献宫车在殡,哀恸至笃。中诏申谕,扶疾引见,命乘辇入殿,无下拜,甚见优礼。及侍坐,面陈伐吴之计。帝以其病,不宜常入,遣中书令张华问其筹策。祜曰:'今主上有禅代之美,而功德未著。吴人虐政已甚,可不战而克。混一六合,以兴文教,则主齐尧舜,臣同稷契,为百代之盛轨。如舍之,若孙皓不幸而没,吴人更立令主,虽百万之众,长江未可而越也,将为后患乎!'华深赞成其计。祜谓华曰:'成吾志者,子也。'帝欲使祜卧护诸将,祜曰:'取吴不必须臣自行,但既平之后,当劳圣虑耳。功名之际,臣所不敢居。若事了,当有所付授,愿审择其人。'疾渐笃,乃举杜预自代。寻卒,时年五十八。帝素服哭之,甚哀。是日大寒,帝涕泪沾须鬓,皆为冰焉。南州人征市日闻祜丧,莫不号恸,罢市,巷哭者声相接。吴守边将士亦为之泣。其仁德所感如此。"②从"若孙皓不幸而没,吴人更立令主,虽百万之众,长江未可而越也,将为后患乎"等语中不难发现,羊祜主张抓住吴末帝孙皓昏庸无能这一有利时机平吴,并且认为如果失去这一时机,将会造成心腹大患。杜预到任后,在与孙吴守将的对峙中稳定了江汉的局势。史称:"祜病,举预自代,因以本官

---

① 唐·房玄龄等《晋书·杜预传》,北京:中华书局1974年版,第1027页。
② 唐·房玄龄等《晋书·羊祜传》,北京:中华书局1974年版,第1020—1021页。

假节行平东将军,领征南军司。及祜卒,拜镇南大将军、都督荆州诸军事,给追锋车,第二驸马。预既至镇,缮甲兵,耀威武,乃简精锐,袭吴西陵督张政,大破之,以功增封三百六十五户。政,吴之名将也,据要害之地,耻以无备取败,不以所丧之实告于孙皓。预欲间吴边将,乃表还其所获之众于皓。皓果召政,遣武昌监刘宪代之。故大军临至,使其将帅移易,以成倾荡之势。"①通过实施离间之术,杜预在江汉站稳了脚跟,并取得军事上的优势。

其八,经过周密的准备,杜预发动了平吴之役。史称:"预以太康元年正月,陈兵于江陵,遣参军樊显、尹林、邓圭、襄阳太守周奇等率众循江西上,授以节度,旬日之间,累克城邑,皆如预策焉。又遣牙门管定、周旨、伍巢等率奇兵八百,泛舟夜渡,以袭乐乡,多张旗帜,起火巴山,出于要害之地,以夺贼心。吴都督孙歆震恐,与伍延书曰:'北来诸军,乃飞渡江也。'吴之男女降者者万余口,旨、巢等伏兵乐乡城外。歆遣军出距王浚,大败而还。旨等发伏兵,随歆军而入,歆不觉,直至帐下,虏歆而还。故军中为之谣曰:'以计代战一当万。'于是进逼江陵。吴督将伍延伪请降而列兵登陴,预攻克之。既平上流,于是沅湘以南,至于交广,吴之州郡皆望风归命,奉送印绶,预仗节称诏而绥抚之。凡所斩及生获吴都督、监军十四,牙门、郡守百二十余人。又因兵威,徙将士屯戍之家以实江北,南郡故地各树之长吏,荆土肃然,吴人赴者如归矣。"②平吴之役十分顺利,从太康元年一月开始到三月便全部结束。在这中间,杜预采取了四方面的措施:一是贯彻了羊祜既定的战略;二是采取避实就虚的战术,令舟师沿江西上及渡江,深入孙吴的腹地,取得了"沅湘以南,至于交广,吴之州郡皆望风归命"的胜利;三是发水陆两路大军合围江陵,彻底清除了孙吴在长江中上游的势力;四是清除孙吴在沅湘等地的势力后,采取了恩威并重的安抚之策,如"又因兵威,徙将士屯戍之家以实江北,南郡故地各树之长吏,荆土肃然,吴人赴者如归矣",此举在解除晋师后顾之忧的同时,为舟师攻克吴都建业提供了必要的后勤补给,在此基础上出现了"孙皓既平,振旅凯入"③的局面。

在这里,如果以《晋书·杜预传》为准,发动的平吴之役时间是在太康元年一月,不过,《晋书·天文志下》有不同的说法。其云:"武帝咸宁四年九月,太白当见不见。占曰:'是谓失舍,不有破军,必有亡国。'是时羊祜表求伐吴,上许之。五年十一月,兵出,太白始夕见西方。太康元年三月,大破吴军,孙皓面缚请罪,吴国遂亡。"④按照这一说法,平吴之役发生于咸宁五年十一月,历时一年多,至太康元年三月取得胜利。此说与《晋书·杜预传》中的记载,杜预太康元年一月发动平吴之役略有不同,可备一说。

其九,在荆州及江汉屯田固然可以缩短漕运补给线,但以此获得的军需是满足不了平吴

---

① 唐·房玄龄等《晋书·杜预传》,北京:中华书局1974年版,第1028页。
② 同①,第1029—1030页。
③ 同①,第1030页。
④ 唐·房玄龄等《晋书·天文志下》,北京:中华书局1974年版,第366页。

之役的需求的。在这中间,张华漕运为平吴之役顺利地进行起到了关键性的支撑作用。张华是重臣,与羊祜、杜预等,都是发动平吴之役的坚定支持者。史称:"初,帝潜与羊祜谋伐吴,而群臣多以为不可,唯华赞成其计。其后,祜疾笃,帝遣华诣祜,问以伐吴之计,语在《祜传》。及将大举,以华为度支尚书,乃量计运漕,决定庙算。众军既进,而未有克获,贾充等奏诛华以谢天下。帝曰:'此是吾意,华但与吾同耳。'时大臣皆以为未可轻进,华独坚执,以为必克。及吴灭,诏曰:'尚书、关内侯张华,前与故太傅羊祜共创大计,遂典掌军事,部分诸方,算定权略,运筹决胜,有谋谟之勋。其进封为广武县侯,增邑万户,封子一人为亭侯,千五百户,赐绢万匹。'"①平吴之役即将开始时,晋武帝任命张华为度支尚书,负责漕运(调度粮草及军用物资等事务)。其间,虽然多有波折,但在张华漕运的支持下,平吴之役最终取得了胜利。史有"吴平,紞内怀惭惧,疾张华如仇。及华外镇,威德大著,朝论当征为尚书令。紞从容侍帝,论晋魏故事,因讽帝,言华不可授以重任,帝默然而止"②之说,这自然是后话。

度支尚书主要负责漕运,此职官初置于魏文帝曹丕一朝,如史有"初,魏文帝置度支尚书,专掌军国支计,朝议以征讨未息,动须节量"③之说。度支尚书是尚书令的属官,主要负责征伐时的财务及粮草支出。史称:"尚书令,任总机衡;仆射、尚书,分领诸曹。左仆射领殿中、主客二曹;吏部尚书领吏部、删定、三公、比部四曹;祠部尚书领祠部、仪曹二曹;度支尚书领度支、金部、仓部、起部四曹。左民尚书领左民、驾部二曹;都官尚书领都官、水部、库部、功论四曹;五兵尚书领中兵、外兵二曹。昔有骑兵、别兵、都兵,故谓之五兵也。五尚书、二仆射、一令,谓之八坐。若营宗庙宫室,则置起部尚书,事毕省。"④从度支尚书"领度支、金部、仓部、起部四曹"等事务中当知,战时度支尚书的权力极大。在这中间,张华负责漕运事务,为平吴之役做出了巨大的贡献。

平吴之役的漕运补给线主要是以襄阳为前进基地,以南阳(今河南南阳)及豫州等为后勤基地的。史称:"伐吴之役,诏充为使持节、假黄钺、大都督,总统六师,给羽葆、鼓吹、缇幢、兵万人、骑二千,置左右长史、司马、从事中郎、增参军、骑司马各十人,帐下司马二十人,大车、官骑各三十人。充虑大功不捷,表陈'西有昆夷之患,北有幽并之戍,天下劳扰,年谷不登,兴军致讨,惧非其时。又臣老迈,非所克堪'。诏曰:'君不行,吾便自出。'充不得已,乃受节钺,将中军,为诸军节度,以冠军将军杨济为副,南屯襄阳。吴江陵诸守皆降,充乃徙屯项。"⑤从"南屯襄阳"等语中不难发现,平吴之役时,漕运主要是自汴渠入贾侯渠及淮阳渠进行的,漕粮及军需物资是自南阳转运至襄阳。

---

① 唐·房玄龄等《晋书·张华传》,北京:中华书局1974年版,第1070页。
② 唐·房玄龄等《晋书·冯紞传》,北京:中华书局1974年版,第1162页。
③ 唐·房玄龄等《晋书·安平献王孚传》,北京:中华书局1974年版,第1082页。
④ 梁·沈约《宋书·百官志上》,北京:中华书局1974年版,第1235页。
⑤ 唐·房玄龄等《晋书·贾充传》,北京:中华书局1974年版,第1169页。

第三节 陈敏漕运与贺循修镜湖

自江淮调运粮食西入洛阳,始自赵王司马伦篡位之时。史称:"陈敏字令通,庐江人也。少有干能,以郡廉吏补尚书仓部令史。及赵王篡逆,三王起义兵,久屯不散,京师仓廪空虚,敏建议曰:'南方米谷皆积数十年,时将欲腐败,而不漕运以济中州,非所以救患周急也。'朝廷从之,以敏为合肥度支,迁广陵度支。"①针对"京师仓廪空虚",时任仓部令史的陈敏提出以江淮米谷远济洛阳的漕运方案。

合肥(今安徽合肥)、广陵(今江苏扬州)等地是陈敏征收漕粮的重点区域。陈敏漕运主要沿两条航线进行:一是以合肥为漕粮集结地,自不同的淮河水道入汴渠,将淮北漕粮运至洛阳;二是以广陵为漕运接应点,经邗沟入汴渠,将淮南及长江以南的漕粮运至洛阳。两条航线的长度虽然不同,但目标一致,主要是江淮及三吴以远的粮食运送至洛阳,表达了"漕运以济中州"的诉求。史称:

> 惠帝元康三年四月,荧惑守太微六十日。占曰:"诸侯三公谋其上,必有斩臣。"一曰:"天子亡国。"是春太白守毕,至是百余日。占曰:"有急令之忧。"一曰:"相死。"又为边境不安。后贾后陷杀太子。六年十月乙未,太白昼见。九年六月,荧惑守心。占曰:"王者恶之。"八月,荧惑入羽林。占曰:"禁兵大起。"其后,帝见废为太上皇,俄而三王起兵讨赵王伦,伦悉遣中军兵相距累月。
>
> 永康元年三月,中台星坼,太白昼见。占曰:"台星失常,三公忧。太白昼见,为不臣。"是月,贾后杀太子,赵王伦寻废杀后,斩司空张华。其五月,荧惑入南斗。占曰:"宰相死,兵大起。斗,又吴分野。"是时,赵王伦为相,明年,篡位,三王兴师诛之。②

根据这一记载,结合《晋书》本传,可得出朝政变化以后陈敏漕运服务于不同政治集团的两条线索。一是元康九年(299)八月,赵王伦废晋惠帝,很快出现了"三王起兵讨赵王伦,伦悉遣中军兵相距累月"的局面,在这一前提下,陈敏提出了"漕运以济中州"的建议,出现了"朝廷从之,以敏为合肥度支,迁广陵度支"的情况。此时朝政大权集中在赵王伦的手中,陈敏出任合肥度支及迁广陵度支,主要接受赵王伦的任命,其漕运主要是为执掌朝政的赵王伦

---

① 唐·房玄龄等《晋书·陈敏传》,北京:中华书局1974年版,第2614页。
② 唐·房玄龄等《晋书·天文志下》,北京:中华书局1974年版,第366—367页。

服务。二是永康二年(301),赵王伦篡位,"三王兴师诛之",因政局变化太快,陈敏押运的漕粮入京后主要是为"三王"所用。

陈敏出任广陵度支后,利用了邗沟改造后的运道。郦道元记载道:"至永和中,患湖道多风。陈敏因穿樊梁湖北口,下注津湖径渡,渡十二里,方达北口,直至夹邪。兴宁中,复以津湖多风,又自湖之南口,沿东岸二十里,穿渠入北口,自后行者不复由湖。故蒋济《三州论》曰:淮湖纡远,水陆异路,山阳不通,陈敏穿沟,更凿马濑,百里渡湖者也。自广陵出山阳白马湖,径山阳城西,即射阳县之故城也。"①永和(345—356)是晋穆帝司马聃的年号,共十二年,"永和中"当为永和五年或六年。这一记载交代了陈敏改造邗沟旧道似发生在永和五年(140)或永和六年(141)。

蒋济(188—249)是曹魏名臣,历仕曹操、曹丕、曹睿、曹芳等四朝,陈敏(?—307)生活年代明显地滞后于蒋济,不可能在黄初六年(225)蒋济随曹丕东征孙吴时兴修邗沟("湖道")。蒋济作《三州论》的目的是提醒曹丕注意"淮湖纡远,水陆异路,山阳不通"的情况,蒋济以后未见重修邗沟方面的记载。以此为考察的基点,当知陈敏任广陵度支后,湖道不通的情况应继续存在。在这中间,如果说陈敏有重修邗沟运道之举的话,那么,应发生在"迁广陵度支"之时。因"湖道多风"直接影响到漕运,时任广陵度支的陈敏应有开凿新运道的举措,从时间上看,很可能发生在元康九年八月左右。重修运道后,建成了"自广陵出山阳白马湖"的航线,故郦道元有"更凿马濑,百里渡湖者也"之说。在这里,广陵度支陈敏死于晋怀帝永嘉元年(307),因而"永和中"不可能有"穿沟,更凿马濑"之举。很显然,郦道元所说应另有他人。

在陈敏任合肥度支及迁广陵度支以前,魏晋时期虽有负责漕运的官职,但无兵权,陈敏任度支后,掌管了一支负责漕运事务的"运兵"部队。史称:"十一月辛巳,星昼陨,声如雷。师王攻方垒,不利。方决千金堨,水碓皆涸。乃发王公奴婢手舂给兵廪,一品已下不从征者、男子十三以上皆从役。又发奴助兵,号为四部司马。公私穷踧,米石万钱。诏命所至,一城而已。壬寅夜,赤气竟天,隐隐有声。丙辰,地震。癸亥,东海王越执长沙王乂,幽于金墉城,寻为张方所害。甲子,大赦。丙寅,扬州秀才周玘、前南平内史王矩、前吴兴内史顾秘起义军以讨石冰。冰退,自临淮趣寿阳。征东将军刘准遣广陵度支陈敏击冰。"②永安元年(304)十一月,漕路难通,洛阳出现了"乃发王公奴婢手舂给兵廪""公私穷踧,米石万钱"的局面,为保漕运及防止抢粮,广陵度支陈敏凭借掌管的"运兵"将粮食及时地运到了洛阳。稍后,陈敏又主动接受征东将军刘准的指挥,迎击进犯寿春的石冰。

---

① 北魏·郦道元《水经注·淮水》,杨守敬、熊会贞疏,段熙仲点校,陈桥驿复校《水经注疏》下册,南京:江苏古籍出版社1989年版,第2558—2559页。

② 唐·房玄龄等《晋书·惠帝纪》,北京:中华书局1974年版,第101页。

石冰是张昌的部将，在平定张昌之乱的过程中，陈敏起到了关键性的作用。史称："张昌之乱，遣其将石冰等趣寿春，都督刘准忧惶计无所出。时敏统大军在寿春，谓准曰：'此等本不乐远戍，故逼迫成贼。乌合之众，其势易离。敏请合率运兵，公分配众力，破之必矣。'准乃益敏兵击之，破吴弘、石冰等，敏遂乘胜逐北，战数十合。时冰众十倍，敏以少击众，每战皆克，遂至扬州。回讨徐州贼封云，云将张统斩云降。敏以功为广陵相。"①这一记载主要叙述了四个方面的内容：一是张昌遣部将石冰进犯淮南重镇寿春时，都督淮南军务的刘准不敢出战；二是陈敏主动提出与刘准合兵一处及接受刘准指挥的建议，共同打击反叛势力；三是陈敏"统大军在寿春"一事表明，"运兵"已是一支强悍的武装力量；四是"敏以少击众，每战皆克，遂至扬州"，因军功升任广陵相。

追溯历史，陈敏成为割据势力，可谓是在平定张昌之乱中完成的。史称："太安初，妖贼张昌、丘沈等聚众于江夏，百姓从之如归。惠帝使监军华宏讨之，败于障山。昌等浸盛，杀平南将军羊伊，镇南大将军、新野王歆等，所在覆没。昌别率封云攻徐州，石冰攻扬州，刺史陈徽出奔，冰遂略有扬土。玘密欲讨冰，潜结前南平内史王矩，共推吴兴太守顾秘都督扬州九郡军事，及江东人士同起义兵，斩冰所置吴兴太守区山及诸长史。冰遣其将羌毒领数万人距玘，玘临阵斩毒。时右将军陈敏自广陵率众助玘，斩冰别率赵鸎于芜湖，因与玘俱前攻冰于建康。冰北走投封云，云司马张统斩云，冰以降，徐、扬并平。玘不言功赏，散众还家。"②"太安初"，指太安元年（302）。如史有"太安二年，石冰破扬州。其八月，荧惑入箕。占曰：'人主失位，兵起。'明年赵王伦篡位，改元"③之说可证。时至太安二年（303），参与平叛的陈敏已升任右将军。从"时右将军陈敏自广陵率众助玘"等语看，陈敏任右将军应发生在"以功为广陵相"之时。

永兴元年（304）九月，陈敏反叛朝廷，割据扬州，称雄江东，如史有"九月，王浚杀幽州刺史和演，攻邺，邺溃，于是兖豫为天下兵冲。陈敏又乱扬土"④之说，又有"陈敏之乱，吴士多为其所逼"⑤之说。陈敏之乱，历时两年半，至晋怀帝永嘉元年三月，平东将军周馥平定了陈敏之乱。史称："永嘉元年春正月癸丑朔，大赦，改元，除三族刑。以太傅、东海王越辅政，杀御史中丞诸葛玫。二月辛巳，东莱人王弥起兵反，寇青、徐二州，长广太守宋罴、东牟太守庞伉并遇害。三月己未朔，平东将军周馥斩送陈敏首。"⑥在这两年半的时间里，陈敏虽然给扬

---

① 唐·房玄龄等《晋书·陈敏传》，北京：中华书局 1974 年版，第 2614 页。
② 唐·房玄龄等《晋书·周玘传》，北京：中华书局 1974 年版，第 1572 页。
③ 唐·房玄龄等《晋书·天文志下》，北京：中华书局 1974 年版，第 367 页。
④ 同③，第 369 页。
⑤ 唐·房玄龄等《晋书·华谭传》，北京：中华书局 1974 年版，第 1453 页。
⑥ 唐·房玄龄等《晋书·怀帝纪》，北京：中华书局 1974 年版，第 116 页。

州、江东等地带来巨大的灾难,但兴修练湖则为后世重修江南运河并以练湖调节镇江航段的水位奠定了基础。

起初,兴修练湖是一农田灌溉工程。李吉甫记载道:"练湖,在县北一百二十步,周回四十里。晋时陈敏为乱,据有江东,务修耕绩,令弟谐退马林溪以溉云阳,亦谓之练塘,溉田数百顷。"①所谓"在县北",是指练湖在丹阳县北面。此言练湖为陈敏弟陈谐所修。乐史引宋前文献记载道:"后湖,亦名练湖,在县北一百二十步。《南徐州记》云:'晋时陈敏所立。'《语林》曰:'晋太傅褚衷游于湖,狂风忽起,船欲倾,褚公已醉,乃云:此舫人皆无可以招天谴者,惟有孙兴公多尘埃,正当以厌天灾耳。'《舆地志》云:'曲阿出名酒,皆云后湖水所酿,故醇冽也。今按湖水上承丹徒高骊覆船山马林溪水,水色白,味甘。'《舆地志》云:'练唐,陈敏所立,遏高陵水,以溪为后湖。'"②此言陈敏兴修练湖。

在兴修的过程中,陈敏引马林溪及周边的山溪,采取四周筑堤的方法兴修了练湖。明代张内蕴等叙述练湖形成的历史时记载道:"本湖自西晋陈敏遏马林溪,引出长山八十四汊之水,以溉云阳之田。周围筑堤名曰练塘。又曰:练湖,约四十里许,计一万三千亩有奇,盖包山溪兼邻邑丹徒县界,由张堰湖至龙头冈,止而概言之也。环湖之堤,仍立函洞一十三处。至宋绍兴时,中作横埂,分为上、下湖,立上、中、下三闸,凡八十四汊之水,始经辰溪冲入上湖,复由三闸,转入下湖。国朝初年,因运道水涩难行,依下湖东堤,开建三闸借湖之水以济粮运。"③经过历代的改造,丹徒境内的练湖分为上、下两湖,作为江南运河镇江航段的补给水源。

自陈敏兴修练湖后,时至隋唐,马林溪已成为江南运河的一部分,如唐代皇甫冉在《泊丹阳与诸人同舟至马林溪遇雨》一诗中写道:"云林不可望,溪水更悠悠。共载人皆客,离家春是秋,远山方对枕,细雨莫回舟。来往南徐路,多为芳草留。"④丹阳是江南运河的重要节点,从"泊丹阳与诸人同舟至马林溪"中当知,诗人停泊丹阳(润州)时有乘舟至马林溪之举。从"来往南徐路"中当知,马林溪与江南运河相通,并成为运道。诗中的"南徐"是南徐州,即润州(今江苏镇江)的省称。史称:"安帝义熙七年,始分淮北为北徐,淮南犹为徐州。后又以幽、冀合徐,青、并合兖。武帝永初二年,加徐州曰南徐,而淮北但曰徐。文帝元嘉八年,更以

---

① 唐·李吉甫《元和郡县图志·江南道一》(贺次君点校),北京:中华书局1983年版,第592页。
② 宋·乐史《太平寰宇记·江南东道一·润州》(王文楚等校点)第四册,北京:中华书局2007年版,第1763—1764页。
③ 明·张内蕴、周大韶《三吴水考·修复练湖疏》,《四库全书》第577册,上海:上海古籍出版社1987年版,第410—411页。
④ 唐·皇甫冉《泊丹阳与诸人同舟至马林溪遇雨》,中华书局《全唐诗》,北京:中华书局1960年版,第2808页。

江北为南兖州,江南为南徐州,治京口,割扬州之晋陵、兖州之九郡侨在江南者属焉,故南徐州备有徐、兖、幽、冀、青、并、扬七州郡邑。"①东晋时期,侨置徐州于润州京口,刘宋时为区别北徐州,以"南徐州"称润州。

练湖有调节江南运河镇江段航道水位的功能,唐宋以后,其漕运功能受到重视,如俞希鲁注"唐引练湖灌注"时指出:"唐转运使刘晏状:练湖周回四十里,官河干浅,得湖水灌注。"②"唐引练湖灌注"的目的是通过引练湖水补给"官河"(运河)的水位,以保证这一航段的畅通。刘晏负责唐代江淮漕运事务时,已充分注意到练湖在调节江南运河镇江航道水位中的作用,乃至于在唐代永泰年间(765—766)重复练湖。史称:

> 润州水:绍兴七年,两浙转运使向子諲言:"镇江府吕城、夹冈,形势高仰,因春夏不雨,官漕艰勤。寻遣官属李涧询究练湖本末,始知此湖在唐永泰间已废而复兴。今堤岸弛禁,致有侵佃冒决,故湖水不能潴蓄,舟楫不通,公私告病。若夏秋霖潦,则丹阳、金坛、延陵一带良田,亦被渰没。臣已令丹阳知县朱穆等增置二斗门、一石礶,及修补堤防,尽复旧迹,庶为永久之利。"
>
> 乾道七年,以臣僚言:"丹阳练湖幅员四十里,纳长山诸水,漕渠资之,故古语云:'湖水寸,渠水尺。'在唐之禁甚严,盗决者罪比杀人。本朝浸缓其禁以惠民,然修筑严甚。春夏多雨之际,潴蓄盈满,虽秋无雨,漕渠或浅,但泄湖水一寸,则为河一尺矣。兵变以后,多废不治,堤岸圮阙,不能贮水;强家因而专利,耕以为田,遂致淤淀。岁月既久,其害滋广。望责长吏浚治堙塞,立为盗决侵耕之法,著于令。庶几练湖渐复其旧,民田获灌溉之利,漕渠无浅涸之患。"诏两浙漕臣沈度专一措置修筑。③

从宋代关注唐代恢复练湖功能的事件中当知:疏浚及扩充练湖的蓄水能力、建设斗门等控制放水及泄水的时间是江南运河镇江段通运及农田灌溉的基本保证。

事实上,自陈敏等兴修练湖后,练湖一直是江南运河镇江航段的补给水源,并在漕运中扮演重要的角色。史称:"至治三年十二月,省臣奏:'江浙行省言,镇江运河全藉练湖之水为上源,官司漕运,供亿京师,及商贾贩载,农民往来,其舟楫莫不由此。宋时专设人夫,以时修浚。练湖潴蓄潦水,若运河浅阻,开放湖水一寸,则可添河水一尺。近年淤浅,舟楫不通,凡

---

① 梁·沈约《宋书·州郡志一》,北京:中华书局1974年版,第1038页。
② 元·俞希鲁《至顺镇江志·山水》(杨积庆等校点),南京:江苏古籍出版社1999年版,第278页。
③ 元·脱脱等《宋史·河渠志七》,北京:中华书局1985版,第2404—2405页。

有官物,差民运递,甚为不便。委官相视,疏治运河,自镇江路至吕城坝,长百三十一里,计役夫万五百十三人,六十日可毕。又用三千余人浚涤练湖,九十日可完,人日支粮三升、中统钞一两。行省、行台分官监督。所用船物,今岁预备,来春兴工。合行事宜,依江浙行省所拟。'既得旨,都省移文江浙行省,委参政董中奉率合属正官,亲临督役。"①元代之所以继续疏治练湖,是因为练湖是保江南漕运及促进南北商贸往来的重要一环。

唐宋疏治练湖为江南漕运带来了深远的影响。史称:"五年,御史郭思极、陈世宝先后请复练湖,浚孟渎。而给事中汤聘尹则请于京口旁别建一闸,引江流内注,潮长则开,缩则闭。御史尹良任又言:'孟渎渡江入黄家港,水面虽阔,江流甚平,由此抵泰兴以达湾头、高邮仅二百余里,可免瓜、仪不测之患。至如京口北渡金山而下,中流遇风有漂溺患,宜挑甘露港夹岸洲田十余里,以便回泊。'御史林应训又言:'自万缘桥抵孟渎,两厓陡峻,雨潦易圮,且江潮涌沙,淤塞难免。宜于万缘桥、黄连树各建闸以资蓄泄。'又言:'练湖自西晋陈敏遏马林溪,引长山八十四溪之水以溉云阳,堤名练塘,又曰练河,凡四十里许。环湖立涵洞十三。宋绍兴时,中置横埂,分上下湖,立上、中、下三闸。八十四溪之水始经辰溪冲入上湖,复由三闸转入下湖。洪武间,因运道涩,依下湖东堤建三闸,借湖水以济运,后乃渐堙。今当尽革侵占,复浚为湖。上湖四际夹阜,下湖东北临河,原埂完固,惟应补中间缺口,且增筑西南,与东北相应。至三闸,惟临湖上闸如故,宜增建中、下二闸,更设减水闸二座,界中、下二闸间。共革田五千亩有奇,塞沿堤私设涵洞,止存其旧十三处,以宣泄湖水。冬春即闭塞,毋得私启。盖练湖无源,惟藉潴蓄,增堤启闸,水常有余,然后可以济运。臣亲验上湖地仰,八十四溪之水所由来,惧其易泄;下湖地平衍,仅高漕河数尺,又常惧不盈。诚使水裕堤坚,则应时注之,河有全力矣。'皆下所司酌议。"②从其叙述中当知,练湖有补给江南运河镇江航段水位的作用。明代张内蕴、周大韶论述道:"运河即漕渠,北自京口南流,至夹冈入县境,穿城出南水关,经凌口逾栅口,至吕城入武进界,贯境内八十余里,两厓陡绝,年浚年淤,储水灌漕,惟练湖是赖,故湖禁与河工当并行而不悖者也,节经万历五六等年间,分段开浚运河西南水道。马林溪在县西北四十里,受长山八十四汊之水,东入辰溪。辰溪,在县西北三十里,受马林溪诸水入于练湖"③练湖在调节江南运河镇江段中的作用可窥一斑,同时亦表明,镇江运河畅通与否的关键是疏治练湖。

当中原陷入"八王之乱"时,吴越旧地因远离战火进入了和平发展期。晋怀帝(307—

---

① 明·宋濂等《元史·河渠志二》,北京:中华书局1976年版,第1633页。
② 清·张廷玉等《明史·河渠志四》,北京:中华书局1974年版,第2107页。
③ 明·张内蕴、周大韶《三吴水考·丹阳县水道考》,《四库全书》第577册,上海:上海古籍出版社1987年版,第226页。

312)一朝,贺循兴修镜湖是在东汉马臻的基础进行的。杜佑记载道:"顺帝永和五年,马臻为会稽太守,始立镜湖,筑塘周回三百十里,灌田九千余顷,至今人获其利。"①李吉甫亦记载道:"镜湖,后汉永和五年太守马臻创立,在会稽、山阴两县界筑塘蓄水,水高丈余,田又高海丈余,若水少则泄湖灌田,如水多则闭湖泄田中水入海,所以无凶年。堤塘周回三百一十里,溉田九千顷。"②汉顺帝永和五年,会稽太守马臻修筑湖塘(堤坝)蓄水,建造了镜湖这一农田灌溉工程。时至晋代,贺循通过疏浚继续维修堤坝,进一步提升了镜湖的蓄水能力。从表面上看,贺循的举措主要是改善当地的农业生产条件,但实际上,镜湖本身是山阴故水道的一部分,一直有调节山阴故水道水位的作用。从这样的角度看,疏浚镜湖及建造堤塘包含了恢复漕运的意图。

关于这点,前人已有充分的认识。史称:"运河,在府西一里,属山阴县。自会稽东流县界五十余里入萧山县。旧经云:晋司徒贺循临郡,凿此以溉田。"③又称:"运河。在府西一里,自西兴抵曹娥江,亘二百余里,历三县界,径府城中。《嘉泰会稽志》:晋司徒贺循临郡,凿此以溉田。《弘治绍兴府志》:宋嘉定十四年,郡守汪纲开浚。《万历会稽县志》:明嘉靖四年,知府南大吉浚之。"④这里所说的"运河"是指后世在山阴故水道的基础上重修的浙东运河。贺循兴修之举虽然与恢复镜湖灌溉、排涝等功能相关,但又与恢复山阴故水道相关。也就是说,贺循兴修镜湖并及两面:一是建造了农田灌溉工程;二是提升镜湖的漕运能力。

镜湖东连曹娥江,西接西小江(小江),沿山阴故水道自西小江东入曹娥江,中间必走镜湖航线,如顾祖禹论鉴湖时记载道:"城南三里,亦曰镜湖,一名长湖,又为南湖。旧湖南并山,北属州城漕渠,东距曹娥江,西距西小江,潮汐往来处也。"⑤所谓镜湖"北属州城漕渠",是说镜湖是山阴故水道必不可少的航段。从交通地理形势上看,镜湖狭长,东接曹娥江,西接小江,沿镜湖北侧的水面继续东行,经曹娥堰可入大海。史称:"曹娥斗门,在县东南七十二里,俗传曾宣靖公宰邑所置。曾南丰《鉴湖序》云:'湖有斗门六所,曹娥其一也。三江斗门,在县东北八里。'三江说不同,俗传浙江、浦阳江、曹娥江。皆汇于此,旧有堰,今废,为斗门。东南通镜湖,运河北达于海。"⑥所谓"旧有堰,今废,为斗门",是指宋代为了方便船只通行,拆除曹娥堰建造了斗门(有船闸功能的闸门)。这一记载虽然是说宋代以后的事,但从中

---

① 唐·杜佑《通典·食货二·田制下》,杭州:浙江古籍出版社1988年版,第17页。
② 唐·李吉甫《元和郡县图志·江南道二》(贺次君点校),北京:中华书局1983年版,第619页。
③ 宋·施宿等《会稽志·水》,《四库全书》第486册,上海:上海古籍出版社1987年版,第192页。
④ 清·嵇曾筠等修,沈翼机等纂《浙江通志·水利六》,《四库全书》第520册,上海:上海古籍出版社1987年版,第466页。
⑤ 清·顾祖禹《读史方舆纪要·浙江四》(贺次君、施和金点校),北京:中华书局2005年版,第4211页。
⑥ 宋·施宿等《会稽志·斗门》,《四库全书》第486册,上海:上海古籍出版社1987年版,第85页。

可以看到,贺循疏浚镜湖在一定程度上改善了山阴故水道的漕运条件及环境。进而言之,在恢复镜湖灌溉、排涝等功能的过程中,贺循通过疏浚和维修堤坝提高了山阴故水道的漕运能力,进而为后世通过浙东运河建设海运与内河联运的交通线奠定了坚实的基础。

浙东运河以山阴故水道为基本运道,以会稽郡(治所山阴,今浙江绍兴)镜湖为中间航段,向西经西小江通余暨(汉县,今浙江萧山),越过钱塘江可抵达钱唐县(秦县,今浙江杭州),向东经曹娥江通往鄞县(秦县,今浙江宁波鄞州)可入大海。从这样的角度看,贺循疏浚镜湖不但提升了镜湖的蓄水能力,而且从水路加强了浙东与浙西之间的联系,加强了两浙与福建、广东等地的联系,为唐宋发展海外贸易奠定了坚实的基础。

第三章 杨口水道与江汉漕运

太康元年(280)三月,杜预还镇襄阳(今湖北襄阳),面对复杂多变的政治形势主要采取了两方面的措施:一是为发展江汉及相邻地区的农业,在南阳(今河南南阳)一带兴修了有灌溉功能的河渠,由此揭开了江汉平原和南阳粮仓建设的序幕;二是建设了联系长江流域的漕运大通道(杨口水道),稳定了长江流域的政治秩序和经济秩序。

杨口水道的水文十分复杂:一是借用了杨水、沔水(汉水)等水道;二是以沔水及沿途河流湖泊为补给水源,与长江、沔水及相应区域的河流湖泊形成了紧密的联系,如杨水下行时与沔水相会,有不同的入沔口,这些河口加强了杨水与长江、沔水之间的联系;三是杨水与夏水形成了错综复杂的关系。历史上的夏水有四指:或指发源于荆山的漳水(南漳水),或指长江的别流夏水,或指长江别流夏水与荆山漳水合流后的杨水,或指杨水入沔后至入江前的河段。因此,关注杨口水道时,需要重点解构杨水与沔水、夏水及漳水等之间的关系。

第一节 杜预与南阳及江汉漕运

还镇襄阳后,为应对日后可能发生的变故,杜预采取了一系列的措施,有效地维护了江汉及长江以南湘沅一带的稳定。

史称:"预以天下虽安,忘战必危,勤于讲武,修立泮宫,江汉怀德,化被万里。攻破山夷,错置屯营,分据要害之地,以固维持之势。又修邵信臣遗迹,激用滍淯诸水以浸原田万余顷,分疆刊石,使有定分,公私同利。众庶赖之,号曰'杜父'。旧水道唯沔汉达江陵千数百里,北无通路。又巴丘湖,沅湘之会,表里山川,实为险固,荆蛮之所恃也。预乃开杨口,起夏水达巴陵千余里,内泻长江之险,外通零桂之漕。南土歌之曰:'后世无叛由杜翁,孰识智名与勇功。'预公家之事,知无不为。凡所兴造,必考度始终,鲜有败事。"①这一叙述有五个要点:一是"预以天下虽安,忘战必危,勤于讲武",平吴以后,杜预在辖区内加强军事训练,为应对可

---

① 唐·房玄龄等《晋书·杜预传》,北京:中华书局1974年版,第1031页。

能发生的变故,提前做好战争准备;二是"修立泮宫",在江汉一带修建学宫兴办教育,开启民智;三是采取了"攻破山夷,错置屯营,分据要害之地"之策,在翦除"山夷"的同时,在关隘等要害之地驻扎军队;四是"修邵信臣遗迹",在西汉南阳太守邵信臣水利设施的基础上,重修和扩建南阳境内的农田水利灌溉工程;五是兴修杨口水道,建立"起夏水达巴陵千余里,内泻长江之险,外通零桂之漕"的漕运通道。所谓"零桂",是指零陵郡(治所零陵,今湖南永州零陵)和桂阳郡(治所郴县,今湖南郴州),如唐代李嘉佑有"零桂虽逢竹,湘川少见人"①的诗句,清代钱大昕亦有"六朝人称……零陵、桂阳为'零桂'"②等记载。零陵郡的政区主要包括湘西南和桂东北的永州、邵阳、衡阳、湘潭、娄底、桂林等;桂阳郡的政区主要包括湖南南部和广东北部的郴州、临武、便县、南平(今蓝山)、耒阳、桂阳(今连山)、阳山(侯国)、曲江、含洭、浈阳、阴山(侯国)等。进而言之,杜预修杨口水道的最大功绩是建立了以襄阳为中心南下经江陵(今湖北荆州)远及长江以南的漕运秩序。

如果说杜预镇守襄阳时,加强军事训练、兴办教育、攻打山夷、戍守要地等只是稳定区域政治局势和促进当地经济发展的话,那么,重修南阳农田水利设施和重点建设杨口水道,则是有着深远眼光的战略举措。之所以这样说,是因为平吴以后出现了三方面的情况:一是长江以南的形势十分微妙,需要保持一支军事力量对其进行威慑;二是北方(黄河流域)的形势不容乐观,游牧民族从西部和北部对晋王朝构成威胁;三是朝廷内部各种潜在的矛盾浮出水面,直接动摇着晋王朝的统治基础。在这中间,杜预的忧患意识明显地增强,为了应对这一错综复杂的政治形势及应对有可能发生的不测,杜预将在南阳兴修水利设施和开杨口水道放到了重要的位置上。

史家叙述杜预在襄阳的作为时,重点强调了在邵信臣的基础上重修了南阳水利工程。南阳与襄阳相邻,同属荆州,同属襄阳辖区。杜佑注"修邵信臣遗迹"时指出:"邵信臣所作钳卢陂、六门堰,并今南阳郡穰县界,时为荆州所统。"③邵信臣是西汉时期的南阳太守,又写作"召信臣"。史称:"宣帝时,郑弘、召信臣为南阳太守,治皆见纪。信臣劝民农桑,去末归本,郡以殷富。"④在任时,邵信臣积极地兴修南阳的水利设施,为杜预继续兴修南阳境内的水利设施奠定了坚实的基础。史称:

> 召信臣字翁卿,九江寿春人也。以明经甲科为郎,出补谷阳长。举高第,迁上蔡长。其治视民如子,所居见称述,超为零陵太守,病归。复征为谏大夫,迁南阳太

---

① 唐·李嘉佑《送樊兵曹潭州谒韦大夫》,中华书局《全唐诗》,北京:中华书局1960年版,第2152页。
② 清·钱大昕《十驾斋养新录·官名地名从省》,南京:江苏古籍出版社2000年版,第135页。
③ 唐·杜佑《通典·食货二·屯田》,杭州:浙江古籍出版社1988年版,第19页。
④ 汉·班固《汉书·地理志下》,北京:中华书局1962年版,第1654页。

守,其治如上蔡。信臣为人勤力有方略,好为民兴利,务在富之。躬劝耕农,出入阡陌,止舍离乡亭,稀有安居时。行视郡中水泉,开通沟渎,起水门提阏凡数十处,以广溉灌,岁岁增加,多至三万顷。民得其利,蓄积有余。信臣为民作均水约束,刻石立于田畔,以防分争。禁止嫁娶送终奢靡,务出于俭约。府县吏家子弟好游敖,不以田作为事,辄斥罢之,甚者案其不法,以视好恶。其化大行,郡中莫不耕稼力田,百姓归之,户口增倍,盗贼狱讼衰止。吏民亲爱信臣,号之曰召父。荆州刺史奏信臣为百姓兴利,郡以殷富,赐黄金四十斤。迁河南太守,治行常为第一,复数增秩赐金。①

这一记载赞扬了邵信臣"开通沟渎,起水门提阏凡数十处,以广溉灌,岁岁增加,多至三万顷"的功绩,然而,这些水利设施都建在什么地方依旧不明。幸好后人多有记载,可以补充《汉书》本传中的不足。郦道元记载道:"湍水又径穰县为六门陂,汉孝元之世,南阳太守邵信臣,以建昭五年,断湍水,立穰西石堨。至元始五年,更开三门为六石门,故号六门堨也。溉穰、新野、昆阳三县五千余顷。"②杜佑记载道:"元帝建昭中,邵信臣为南阳太守,于穰县理南六十里造钳卢陂,累石为堤,傍开六石门以节水势。泽中有钳卢王池,因以为名。用广溉灌,岁岁增多,至三万顷,人得其利。"③李吉甫亦记载道:"六门堰,在县西三里。汉元帝建昭中,召信臣为南阳太守,复于穰县南六十里造钳卢陂,累石为堤,傍开六石门,以节水势。泽中有钳卢玉池,因以为名,用广溉灌,岁岁增多,至三万顷,人得其利。"④这里所说的"县(治所在今河南邓州)西",指穰县西。综合郦道元、杜佑、李吉甫的记载当知邵信臣兴修的南阳水利工程主要有三个方面的内容值得注意。

其一,按照郦道元的说法,邵信臣工程始建于汉元帝建昭五年(前34)。不过,杜佑和李吉甫认为兴修于"建昭中"。"建昭"作为汉元帝年号共五年,故"建昭中"应指建昭三年(前36)。对此,司马光也有不同的看法。如他记载道:"河南太守九江召信臣为少府。信臣先为南阳太守,后迁河南,治行常第一。视民如子,好为民兴利,躬劝耕稼,开通沟渎,户口增倍。吏民亲爱,号曰'召父'。"⑤司马光将邵信臣兴修南阳水利的时间,定在汉元帝竟宁元年(前33)。因前后相关仅三年,可忽略不计。

其二,《汉书》本传没有叙述邵信臣在穰县建陂池的情况,只提到"行视郡中水泉,开通

---

① 汉·班固《汉书·召信臣传》,北京:中华书局1962年版,第3641—3642页。
② 北魏·郦道元《水经注·湍水》,杨守敬、熊会贞疏,段熙仲点校,陈桥驿复校《水经注疏》下册,南京:江苏古籍出版社1989年版,第2466—2467页。
③ 唐·杜佑《通典·食货二·水利田》,杭州:浙江古籍出版社1988年版,第17页。
④ 唐·李吉甫《元和郡县图志·山南道二》(贺次君点校),北京:中华书局1983年版,第533页。
⑤ 宋·司马光《资治通鉴·汉纪二十一》(邬国义校点),上海:上海古籍出版社1997年版,第248页。

沟渎,起水门提阏凡数十处,以广溉灌"。郦道元叙述时有"六石门""六门堨"之说,时至唐代,始有"钳卢陂""六门堰"之说,又称"造钳卢陂,累石为堤"后"傍开六石门以节水势"。上述这些情况,似乎未能证明邵信臣兴修水利时有建造陂池钳卢陂、六门堰等举措。不过,邵信臣兴修的水利工程是东汉杜诗兴修陂池的基础,如史有光武帝刘秀建武七年(31),杜诗"迁南阳太守。性节俭而政治清平,以诛暴立威,善于计略,省爱民役。造作水排,铸为农器,用力少,见功多,百姓便之。又修治陂池,广拓土田,郡内比室殷足。时人方于召信臣,故南阳为之语曰:'前有召父,后有杜母'"①之说。从"又修治陂池"中当知,邵信臣"断湍水,立穰西石堨",实际上就是建造陂池,只是不同时期有不同的称谓罢了,故杜佑有"及后汉杜诗为太守,复修其业。时歌之曰:'前有邵父,后有杜母。'"②之说,李吉甫亦有"后汉杜诗为太守,复修其陂,百姓歌之曰:'前有召父,后有杜母。'"③之说。

其三,邵信臣是寿春人,寿春有芍陂这一水利灌溉工程,芍陂是春秋楚庄王令尹孙叔敖环泽筑堤的蓄水工程。在建造钳卢陂的过程中,邵信臣参考了建芍陂的做法,在四周筑堤蓄水,并建石质水门,以便适时放水。胡渭论述道:"陂亦堤也,而实不同。川两厓筑堤,制其旁溢,陂则环泽而堤之,此其所以异也。陂必有水门,以时蓄泄。考之传记,寿春芍陂,楚相孙叔敖作,有五门。隋赵轨修之,更开三十六门。穰县钳卢陂,汉南阳太守召信臣作,有六石门,号为六门陂。"④从胡渭的论述中可知,邵信臣建钳卢陂参考了孙叔敖兴建芍陂的做法。

邵信臣兴修陂池是杜诗、杜预等在南阳兴修陂池的基础上进行的,在兴修的过程中,杜预对原有陂池的功能多有拓展。

其一,杜预"又修邵信臣遗迹",不是简单地修复邵信臣建造的水利工程,而是多有拓展。郦道元记载道:"汉末毁废,遂不修理。晋太康三年,镇南将军杜预复更开广,利加于民,今废不修矣。"⑤在这里,"太康三年"当为太康元年之误。郦道元又记载道:"昔在晋世,杜预继信臣之业,复六门陂,遏六门之水,下结二十九陂。"⑥杜预重修时采取了两大措施:一是"复六门陂,遏六门之水",恢复六门堰;二是"下结二十九陂",扩大了建造陂池的规模。

其二,兴修灌溉工程的过程中,杜预延续了"信臣为民作均水约束,刻石立于田畔,以防

---

① 刘宋·范晔《后汉书·杜诗传》(唐·李贤等注),北京:中华书局1965年版,第1094页。
② 唐·杜佑《通典·食货二·水利田》,杭州:浙江古籍出版社1988年版,第17页。
③ 唐·李吉甫《元和郡县图志·山南道二》(贺次君点校),北京:中华书局1983年版,第533页。
④ 清·胡渭《禹贡锥指》(邹逸麟整理),上海:上海古籍出版社2006年版,第650页。
⑤ 北魏·郦道元《水经注·湍水》,杨守敬、熊会贞疏,段熙仲点校,陈桥驿复校《水经注疏》下册,南京:江苏古籍出版社1989年版,第2467页。
⑥ 同⑤,第2614页。

分争"的做法,采取了"分疆刊石,使有定分,公私同利"的做法。结合"激用滍淯诸水以浸原田万余顷"等语看,所谓"公私同利"中的"公"指官府组织的屯田,"私"是指百姓的田地。杜佑在《通典》中论述道:"太康元年平吴之后,当阳侯杜元凯在荆州,修邵信臣遗迹(邵信臣所作钳卢陂、六门堰,并今南阳郡穰县界,时为荆州所统),激用滍(音蚩)淯(音育)诸水以浸原田万余顷,分疆刊石,使有定分,公私同利。众庶赖之,号曰'杜父'。"①杜佑《通典》将这一记载列在"屯田"条目下,马端临《文献通考》亦将此事列在"屯田"条目下②,综合这些情况,当知杜预兴修南阳水利工程时,与屯田等紧密地联系在一起。事实上,穰县一带有良好的灌溉条件,一向是屯田的重要区域。史称:"嘉祐中,唐守赵尚宽言土旷可辟,民希可招,而州不可废。得汉邵信臣故陂渠遗迹而修复之,假牛犁、种食以诱耕者,劝课劳来。岁余,流民自归及淮南、湖北之民至者二十余户;引水溉田几数万顷,变硗瘠为膏腴。监司上其状,三司使包拯亦以为言,遂留再任。治平中,岁满当去。英宗嘉其勤,且倚以兴辑,特进一官,赐钱二十万,复留再任。"③这虽然是讲宋代的事情,但完全可以移来说明杜预镇襄阳时的情况,进而言之,杜预兴修南阳一带的水利设施,既与发展当地的农业相关,同时又与屯田及稳定平吴之役以后的社会秩序相关。

其三,杜预"激用滍淯诸水"以后,将邵信臣"断湍水"拓展到滍水、淯水流域。滍水发源于鲁阳县(治所在今河南鲁山尧山镇一带)境内的鲁山,如班固有"鲁山,滍水所出,东北至定陵入汝"④之说,《水经》有"滍水出南阳鲁阳县西之尧山。东北过颍川定陵县西北,又东过郾县南,东入于汝"⑤之说,郦道元有"淯水出弘农卢氏县攻离山,东南过南阳西鄂县西北,又东过宛县南"⑥之说。邵信臣兴修南阳水利时在"断湍水"的过程中建了陂池。湍水与淯水相通,杜预兴修水利后,将"断湍水"扩展到淯水,如郦道元有"淯水又南入新野县,枝津分派,东南出,隰衍苞注,左积为陂,东西九里,南北一十五里。陂水所溉,咸为良沃。淯水又南

---

① 唐·杜佑《通典·食货二·屯田》,杭州:浙江古籍出版社1988年版,第19页。
② 元·马端临论述道:"太康元年平吴之后,当阳侯杜元凯在荆州(今襄阳郡),修邵信臣遗迹(召信臣所作钳卢陂、六门堰,并今南阳郡穰县界,时为荆州所统),激用滍(音蚩)、淯(音育)诸水,以浸原田万余顷,分疆刊石,使有定分,公私同利,众庶赖之,号曰'杜父'。旧水道唯沔汉达江陵千数百里,北无通路。又巴邱湖,沅湘之会,表里山川,实为险固,荆蛮之所恃也。预乃开杨口,起夏水,达巴陵千余里(夏水、杨口在今江陵郡江陵县界,巴陵即今郡),内泻长江之险,外通零桂之漕(零陵、桂阳并郡),南土歌之曰:'后世无叛由杜翁,孰识知名与勇功!'"(马端临《文献通考·田赋考七·屯田》,杭州:浙江古籍出版社1988年版,第74页)。
③ 元·脱脱等《宋史·食货志上一》,北京:中华书局1985年版,第4165页。
④ 汉·班固《汉书·地理志上》,北京:中华书局1962年版,第1564页。
⑤ 北魏·郦道元《水经注·滍水》,杨守敬、熊会贞疏,段熙仲点校,陈桥驿复校《水经注疏》下册,南京:江苏古籍出版社1989年版,第2579—2592页。
⑥ 北魏·郦道元《水经注·淯水》,杨守敬、熊会贞疏,段熙仲点校,陈桥驿复校《水经注疏》下册,南京:江苏古籍出版社1989年版,第2593—2594页。

与湍水会,又南径新野县故城西"①之说。

其四,南阳有良好的水路交通,既是面向黄河流域的门户,又是南下进入襄阳及江汉的重镇,一向是沟通南北的重要商道。这一水路早在战国时期已经存在,如1957年在安徽寿县邱家花园出土的《鄂君启节》可充分地证明这一水路的存在②。时至杜预时代,战国时期从江汉到南阳的水路虽然有所变化,但南阳依旧是自江汉北上进入黄河流域,南下经江汉进入长江流域的漕运通道,如胡渭论述道:"自汉逾洛之道,黄文叔云:舍舟陆运出汝、叶。金吉甫云:自汉入丹河、白水河,即逾山路入洛。今按:陆行出汝、叶,则必更天息、女几、嵩、少、轘辕诸山中,崎岖二三百里,贡道必不由此。丹河即丹水,白水河盖谓淯水,是两道。淯水出卢氏县熊耳山,溯此水而上,亦可逾于洛。然洛水在县南五里,淯源北去县百五十里。"③胡渭依据前人的论述,强调了白水河(淯水)在漕运中的作用。因南阳有区位交通方面的优势,一向有着悠久的经商传统,史称:"宣帝时,郑弘、召信臣为南阳太守,治皆见纪。信臣劝民农桑,去末归本,郡以殷富。"④这里所说的"信臣劝民农桑,去末归本",是指针对"南阳好商贾"⑤的情况,邵信臣采取"去末归本"的措施以后,开创了"郡以殷富"的新局面。

综上所述,杜预在南阳兴修灌溉工程与屯田、调运粮草等息息相关:自襄阳北上必经南阳,自南阳经白水河(淯水)继续北上经蔡河可进入黄河流域;自南阳南下经襄阳可进入江汉平原,入汉水可进入长江。从这样的角度看,重修南阳农田水利设施的目的是通过发展当地的农业为加强漕运和建立以襄阳为中心的江汉防线服务。进而言之,这样做旨在稳定襄阳及江汉社会经济秩序,重点经营南阳这一南北要冲,进而达到以南阳及襄阳支援黄河流域控制长江以南的目的。

杜预还镇襄阳后,所做的另一件大事是开杨口水道。据《晋书》本传,杜预兴修杨口水道是以兴修和改造南阳旧有的农田灌溉设施为起点的,这表明:南阳农田水利建设是兴修杨口水道及加强漕运的一部分。

对此,前人有充分的认识。杜佑记载道:"太康元年平吴之后,杜元凯在荆州(今襄阳郡),修邵信臣遗迹(邵信臣所作钳卢陂、六门堰,并今南阳郡穰县界,时为荆州所统),激用

---

① 北魏·郦道元《水经注·淯水》,杨守敬、熊会贞疏,段熙仲点校,陈桥驿复校《水经注疏》下册,南京:江苏古籍出版社1989年版,第2611—2612页。
② 1957年,安徽寿县邱家花园出土的《鄂君启节》,是楚怀王颁给鄂君启的免税通行证。《鄂君启节》一共五件,现藏中国历史博物馆,其中,舟节两件,车节三件,节面文字错金,各九行,舟节163字,车节154字。据铭文,舟节和车节铸造的时间为楚怀王六年(前323),严格规定了免税范围、运输范围、船只数量等。近年来,学者对鄂君的封邑是东鄂(今湖北鄂州)还是西鄂(今河南南阳)展开了争论。然而,不论封邑是东鄂还是西鄂,南阳是南北水路的重要节点当不成问题。
③ 清·胡渭《禹贡锥指》(邹逸麟整理),上海:上海古籍出版社2006年版,第236页。
④ 汉·班固《汉书·地理志下》,北京:中华书局1962年版,第1654页。
⑤ 同④。

滍(音蛊)淯(音育)诸水以浸原田万余顷,分疆刊石,使有定分,公私同利,众庶赖之。号曰'杜父'。旧水道唯沔、汉达江陵千数百里,北无通路。又巴丘湖,沅湘之会,表里山川,寔为险固,荆蛮之所恃。预乃开杨口,起夏水达巴陵千余里(夏水、杨口在今江陵县界。巴陵即今郡),内泻长江之险,外通零、桂之漕(零陵、桂阳并郡)。南土歌之曰:'后世无叛由杜翁,孰识智名与勇功。'"① 郑樵亦记载道:"太康元年平吴之后,杜预在荆州修邵信臣遗迹,激用滍淯诸水以浸原田万余顷,分疆刊石,使有定分,公私同利。众庶赖之,号曰'杜父'。旧水道唯沔汉达江陵千数百里,北无通路。又巴邱湖,沅湘之会,表里山川,实为险固,荆蛮之所恃。预乃开杨口,起夏水达巴陵千余里,内泻长江之险,外通零、桂之漕。南土歌之曰:'后世无叛由杜翁,孰识智名与勇功。'"② 除字句上有个别的出入外,两说完全一致。杨口水道(贯穿南北的漕运通道)建成后,在与南阳和江汉平原两大粮仓相连的过程中,改变了从黄河流域到长江流域的交通状况,为中央控制长江以南的边远地区提供了一条快捷的水陆联运通道。

开杨口水道有三方面的作用。一是在南阳等地兴修水利设施及屯田,为构筑江汉防线以江汉为大后方保证黄河流域的安全提供了基本保障,为黄河流域可能发生的战争提供必要的支援,如自南阳沿蔡水(沙河)可深入到黄河及淮河流域。二是开杨口水道后,加强了长江以北与长江以南的联系。杜预平吴后,吴地新附,需要建立一条快速运兵运粮的大通道,威慑远在湘沅一带的零陵、桂阳二郡,这是因为杨口水道自江汉平原北连长江,经长江远接长江以南,可深入到湘水和沅水腹地,及时地建设这一航线,可全面地经营长江以南的区域,加强中央集权。三是从后世的情况看,开杨口水道与开发南阳、江汉等地的农业结合在一起,为东晋在与北朝对垒的过程中提供了强有力的支撑,甚至可以说,北朝不能动摇东晋政权的根基,与杜预开杨口水道建立江汉防线息息相关。从这样的角度看,杜预兴修杨口水道是一富有战略眼光的举措。

第二节 杨水水文概述

杨水的水文形态十分丰富,杜预"开杨口"(建杨口水道),或借用杨水、沔水等水道,或以沔水及沿途河流湖泊为补给水源,从而与长江、沔水及相应区域的河流湖泊构成了错综复杂的关系。具体地讲,有六个方面值得注意。

---

① 唐·杜佑《通典·食货二·屯田》,杭州:浙江古籍出版社1988年版,第19页。
② 宋·郑樵《通志·食货略·屯田》,杭州:浙江古籍出版社1988年版,第736页。

其一,沔水又称"汉水"①,发源于嶓冢山。历史上的嶓冢山有两个,虽然不在同一地点,但均与汉水有关:在陕西汉中宁强境内的嶓冢山是汉水的东源;在甘肃天水境内的嶓冢山是汉水的西源。《尚书·禹贡》云:"嶓冢导漾,东流为汉。又东,为沧浪之水。过三澨,至于大别,南入于江。"孔颖达疏:"《正义》曰:传之此言,当据时人之名为说也。《地理志》云:'漾水出陇西氐道县,至武都为汉水。'不言中为沔水。孔知嶓冢之东、汉水之西而得为沔水者,以禹治梁州,入帝都白所治,云'逾于沔,入于渭',是沔近于渭,当梁州向冀州之路也。应劭云:'沔水自江别,至南郡华容县为夏水,过江夏郡入江。'既云'江别',明与此沔别也。依《地理志》,汉水之尾变为夏水,是应劭所云。沔水下尾亦与汉合,乃入于江也。"②孔颖达辨析甚明,"汉水"初指汉水东流(发源于陕西汉中宁强的汉水);"沔水"初指汉水西流(发源于甘肃天水的沔水)。所谓"汉水之尾变为夏水",是指发源于甘肃天水的沔水与发源于陕西宁强的汉水相合后有"汉水"之称,与此同时,合流后的水道与夏水相会,又有"夏水"之称。夏水是长江的别流,自长江析出又回流入长江。这一观点时至汉代已被打破,出现了将沔水和汉水视为同一河流的情况。进而言之,沔水(汉水)是长江最大的支流,接纳杨水后又汇入长江。从水文形势看,杜预"开杨口"建杨口水道均与汉水东流和西流有关。

其二,漳水是杨水的重要源头,发源于荆山(在湖北的西北),在临沮(汉县,故城在今湖北当阳)的东面,如班固记载道:"《禹贡》南条荆山在东北,漳水所出,东至江陵入阳水,阳水入沔,行六百里。"③漳水(为区别于北方的漳水,又称南漳水)东行时都经过了哪些地区,班固没有作出明确的交代。但郦道元有详细的记载:"漳水出临沮县东荆山,东南过蓼亭,又东过章乡南。荆山在景山东百余里,新城沶乡县界。虽群峰竞举,而荆山独秀。漳水东南流,又屈西南,径编县南,县旧城之东北百四十里也。西南高阳城,移治许茂故城,城南临漳水。又南历临沮县之章乡南。昔关羽保麦城,诈降而遁,潘璋斩之于此。漳水又南径当阳县,又南径麦城东,王仲宣登其东南隅,临漳水而赋之曰:夹清漳之通浦,倚曲沮之长洲是也。"④郦道元的这一记载可以补充班固叙述中的不足。漳水自临沮下行经编县(今湖北荆门)、麦城(今湖北当阳两河)、当阳(今湖北宜昌当阳)等地。麦城、当阳相互依托成掎角之势,是荆州的战略支撑点,有良好的水上交通条件。三国时期,关羽以荆州为根据地攻打曹魏统治区襄樊,因孙吴乘机攻占荆州,败退后的关羽在麦城惨败,失去荆州后,蜀汉的政治及军事势力从此退出江汉平原,这一情况恰好可以说明当阳是三国各政权反复争夺的战略要地。当阳是

---

① 史有"汉水径其东,亦曰沔水"(清·张廷玉等《明史·地理志五》,北京:中华书局1974年版,第1077页)之说。
② 清·阮元《十三经注疏·尚书正义》,北京:中华书局1980年版,第152页。
③ 汉·班固《汉书·地理志上》,北京:中华书局1962年版,第1566页。
④ 北魏·郦道元《水经注·漳水》,杨守敬、熊会贞疏,段熙仲点校,陈桥驿复校《水经注疏》下册,南京:江苏古籍出版社1989年版,第2701页。

秦县,几经沿革后,与汉县临沮构成了错综复杂的关系。时至隋代,临沮改称"南漳县",如李吉甫记载道:"本汉临沮县地,按临沮县,今在荆州当阳县西北临沮故城是也。后魏于此置重阳县,隋改为南漳县。"① 郑樵亦记载道:"漳水,出临沮县东荆山。临沮今襄阳南漳县。东南至当阳县,右入于沮。当阳今隶荆门军。"② 自杜预开杨口水道以后,宋王朝建荆门军,加强了对当阳、临沮、南漳等地的控制力度。所谓"东至江陵入阳水",是指漳水东行至江陵一带与长江枝津别流夏水相合以后,遂有了"杨水""阳水"等称谓。胡渭释《水经注》"又东南与阳口合"时论述道:"按阳水即杨水。《汉志》:漳水东至江陵,入阳水,阳水入沔,是为阳口,古之漳澨也。"③ 漳水与长江别流夏水合流后东行,经郦道元《水经注》所记载的区域多次入沔。

其三,漳水又称"沧浪水""夏水"。漳水与长江别流夏水合流后,一般以"杨水""阳水"等相称,不再以"漳水""沧浪水"等相称,不过,"夏水"的旧称得到保留,并且有"杨夏水"之称。在这中间,漳水与汉水及长江别流夏水构成了错综复杂的关系,主要体现在两个方面。一是漳水与汉水东行时有共同的河道,甚至两者多有交错。郑樵论述道:"汉水,名虽多而实一水,说者纷然。其原出兴元府西县嶓冢山,为漾水。东流为沔水,故地曰沔阳。又东至南郑,为汉水,有褒水从武功来,入焉……又东过南漳荆山而为沧浪之水,或云,在襄阳即为沧浪之水。又东南过宜城,有鄢水入焉。又东过郧,敖水入焉。又东南,臼水入焉。又东过云杜而为夏水,有涢水入焉。云杜后并入安州安陆,旧属江夏郡。又东至汉阳,触大别山,南入于江。汉阳故夏口之地。班云,行一千七百六十里。"④ 一般认为,荆山是漳水的发源地,汉水"东过南漳荆山而为沧浪之水",据此可知,汉水东流经荆山时与漳水合流,漳水被视为汉水东流的一部分。王鸣盛引《汉书·地理志》"南条荆山在东北,漳水所出,东至江陵入阳水,阳水入沔"等语时,得出了"漳水即'导汉'节所谓沧浪之水,阳水即夏水,亦即沧浪,但随地异名"⑤的结论。从这样的角度看,漳水"导汉",与汉水有共同的河段,这一共同的河段有"沧浪水"之称。很显然,漳水与汉水合流应有入汉的河口,然而,典籍缺载,只知漳水在荆山一带与汉水相合,但不清楚这一河口的具体地点。二是以"沧浪水""夏水"等称漳水有悠久的历史。郦道元论述道:"郑玄注《尚书》,沧浪之水,言今谓之夏水,来同,故世变名焉。刘澄之著《永初山川记》云:夏水,古文以为沧浪,渔父所歌也。"⑥ 根据这一情况,"沧浪水"一

---

① 唐·李吉甫《元和郡县图志·山南道二》(贺次君点校),北京:中华书局1983年版,第530页。
② 宋·郑樵《通志·地理略·四渎》,杭州:浙江古籍出版社1988年版,第541页。
③ 清·胡渭《禹贡锥指》(邹逸麟整理),上海:上海古籍出版社2006年版,第550页。
④ 同②。
⑤ 清·王鸣盛《十七史商榷·〈汉书〉十二》(黄曙辉点校),上海:上海书店出版社2005年版,第129页。
⑥ 北魏·郦道元《水经注·夏水》,杨守敬、熊会贞疏,段熙仲点校、陈桥驿复校《水经注疏》下册,南京:江苏古籍出版社1989年版,第2710—2711页。

名早在《尚书·禹贡》时代已经出现。所谓"渔父所歌",是指《楚辞》有《渔父》一诗。《渔父》有"沧浪之水清兮,可以濯吾缨。沧浪之水浊兮,可以濯吾足"这一古歌,据此可进一步证明漳水有"沧浪水"这一称谓有悠久的历史。据郑玄注,又可知时至东汉,漳水已有"夏水"之称。除此之外,漳水与长江别流夏水合流后有"阳水""杨水""扬水""夏水"等称。

其四,长江别流夏水是杨水的重要来源。郦道元论述道:"应劭《十三州记》曰:江别入沔为夏水源,夫夏之为名,始于分江,冬竭夏流,故纳厥称,既有中夏之目,亦苞大夏之名矣。"①受季节变化的影响,这一长江别流始有"夏水"这一形象的称谓。在"东入沔"的过程中,夏水受江后东行与漳水相合。班固叙述华容(汉县,治所在今湖北监利境内)水文时写道:"夏水首受江,东入沔,行五百里。"②结合班固"漳水所出,东至江陵入阳水,阳水入沔,行六百里"等情况看,唯远为源,漳水自然是杨水的重要源头。不过,古人认为,夏水受江,是长江的别流,别流可代表主流,因此,在忽略漳水与长江别流夏水合流这一情况的过程中提出了漳水"入阳水"之说。"夏""阳"同义复指,从某种意义上讲,"阳水"实际上是长江别流夏水在某些特定场合下的代名词,此外,还需要注意三个方面。一是发源于荆山的漳水与汉水东流有共用的河道或河段,无有"夏水"之称。与此同时,夏水受江入沔(汉水)并回流入江时,亦有"夏水"之称。进而言之,漳水和长江别流夏水合流前和合流后,均有"夏水"这一称谓。二是沔水与杨水合流后入江,继续保留"夏水"这一称谓。在古人的意识中,杨水入沔后的水道(沔水入江的水道),同时是长江别流夏水入沔并再度入江的水道。由于有将长江别流夏水视为江流的认识,这样一来,杨水入沔后的河段遂出现了以"夏水"相称的情况。三是杨水曲折迂回有不同的入沔河口,夏水受江入江有不同的河口,在这中间,由于同一河流有不同的名称,不同的河流有相同的名称并交替使用,这样一来,虽然是不同的河口,但名称相同。

其五,杨水东行入沔,沿途有不同的河流汇入,这些河流汇入后,增加了杨水的流量和扩大了流域范围。郦道元记载道:"杨水又东入华容县,有灵溪水,西通赤湖水口,已下多湖,周五十里,城下陂池,皆来会同。……其水北流注于杨水,杨水又东北与柞溪水合,水出江陵县北,盖诸池散流,咸所会合,积以成川。……柞溪又东注船官湖,湖水又东北入女观湖,湖水又东入于杨水。杨水又北径竟陵县西,又北纳巾、吐柘,柘水即下杨水也。巾水出县东一百九十里,西径巾城。"③除了有灵溪、柞溪、巾水、柘水补给杨水外,还有其他的河流为杨水提供补给水源,如郦道元记载道:"漳水又南,沱水注之。《山海经》曰:沱水出东北宜诸之山,南流注

---

① 北魏·郦道元《水经注·夏水》,杨守敬、熊会贞疏,段熙仲点校,陈桥驿复校《水经注疏》下册,南京:江苏古籍出版社1989年版,第2710页。
② 汉·班固《汉书·地理志上》,北京:中华书局1962年版,第1566页。
③ 北魏·郦道元《水经注·沔水中》,杨守敬、熊会贞疏,段熙仲点校,陈桥驿复校《水经注疏》下册,南京:江苏古籍出版社1989年版,第2408—2411页。

于漳水。"①不同的河流汇入后,增加了杨水受容的总量,为其通航创造了必要的条件。

其六,江汉地区湖泊密布,这些湖泊与杨水运道构成了错综复杂的关系,并且具有调节其航线水位的功能。杨水的水位不断地增高不利于漕运时,这些湖泊可接纳杨水,并降低其水位,以保证漕运时的安全;杨水航线水位下降时,这些湖泊可以自动地补给杨水航线的水位。郦道元记载道:"夏水又东,径监利县南。晋武帝太康五年立县,土卑下泽多陂池,西南自州陵东界,径于云杜、沌阳,为云梦之薮矣。韦昭曰:云梦在华容县。按《春秋·鲁昭公三年》,郑伯如楚,子产备田具,以田江南之梦。郭景纯言,华容县东南巴丘湖是也。杜预云:枝江县、安陆县有云梦。盖跨川互隰,兼苞势广矣。"②后世行政区划多有沿革,如果以汉县为基本依据的话,与云梦泽相关联的区域主要有华容、云杜(故城在今湖北仙桃西南沔城)等,在这中间,监利等县是晋代以后析汉县建立的新县。

汉县华容、云杜等是杨水、长江别流夏水经过的重要区域。胡渭论述道:"《汉志》:南郡华容县,云梦泽在南,荆州薮。编县有云梦宫。江夏西陵县有云梦宫。华容今监利、石首二县,监利在江北,石首在江南。编县今荆门州,西陵今蕲州及黄冈、麻城,皆在江北。《水经注》云:云杜县东北有云梦城(见《沔水》)。云杜今京山县。又云:夏水东县监利县南,县土卑下,泽多陂陁,西南自州陵东界,径于云杜、沌阳,为云梦之薮。韦昭曰:云梦在华容县。郭景纯言县东南巴丘湖是江南之梦。杜预曰:枝江县、安陆县有云梦。盖跨川亘隰,兼苞势广矣(见《夏水》)。州陵今沔阳州,沌阳今汉阳县也。《元和志》云:云梦泽在安陆县南五十里,东南接云梦县界。以上诸州县皆在江北。由是言之,东抵蕲州,西抵技江、京山以南,青草以北,皆为云梦。《孔疏》云:云梦一泽,而每处有名者。"③云梦泽、赤湖、船官湖、女观湖等是杨水不可或缺的"水柜",汛期来临时,杨水及长江别流夏水暴涨,云梦泽等可接纳其排泄的洪水;枯水季节来临时,杨水及长江别流夏水等水位下降或枯竭,云梦泽等可为其提供必要的补给水源。杜佑记载道:"今之荆州(理于江陵县),春秋以来,楚国之都,谓之郢都,西通巫巴,东接云梦,亦一都会也。"④杨水及长江别流夏水除了在汉县华容、云杜等地与云梦泽形成排泄和补水关系外,又在江陵以东的地区与云梦泽相汇,这一特殊的水文情况奠定了以江陵为中心的水运枢纽的基础。进而言之,以云梦泽为代表的江汉地区的湖泊在调节杨水、沔水等河流水位的过程中,提升了杨水的水运能力,为相应的区域发展水运提供了良好的外部条件。

---

① 北魏·郦道元《水经注·漳水》,杨守敬、熊会贞疏,段熙仲点校,陈桥驿复校《水经注疏》下册,南京:江苏古籍出版社1989年版,第2703页。
② 北魏·郦道元《水经注·夏水》,杨守敬、熊会贞疏,段熙仲点校,陈桥驿复校《水经注疏》下册,南京:江苏古籍出版社1989年版,第2708—2709页。
③ 清·胡渭《禹贡锥指》(邹逸麟整理),上海:上海古籍出版社2006年版,第217页。
④ 唐·杜佑《通典·州郡十三·江陵郡》,杭州:浙江古籍出版社1988年版,第971页。

杨水除了有"夏水"之称外,又有"扬水""阳水"等称谓。因这些称谓同时存在,又因这些称谓出现在同时代人的著述中,这给后世研究带来了不必要的混乱,进而影响到认识杜预"开杨口"建杨口水道的大问题。那么,杨水究竟应写作"杨水",还是"扬水""阳水"?为此,有必要看一看前人的论述。

杨水有"扬水"这一写法来历已久。四库《资治通鉴》本记载道:"杜预还襄阳,以为天下虽安,忘战必危,乃勤于讲武,申严戍守。又引滍、淯水以浸田万余顷,开扬口通零、桂之漕,公私赖之。"①四库《资治通鉴》本的收藏者为清宫内府,纪昀等引录黄溥《简籍遗闻》一书时有"是书元末刊于临海,洪武初取其版藏南京国学"②之说,据此可知,将"杨口"写作"扬口",进而将"杨水"写作"扬水"应发生在元末。在这里,尽管无法准确地了解到元末《资治通鉴》刊刻本的来源,但基本上可以肯定,将"杨水"写作"扬水"有更为久远的历史。此外,四库《水经注》本的校理者戴震等亦表达了"杨水"为"扬水"之误的看法,从表面上看,这一论断似可以印证四库《资治通鉴》本将"杨口"写作"扬口"的正确性。其实,这一论述多有武断,如戴震等誊录《水经注》"陂水又径郢城南,东北流,谓之扬水"等语时,曾以夹注的方式诠释道:"案:'扬'近刻讹作'杨'。"③四库《水经注》本是以永乐大典《水经注》本为底本的。戴震等人的阐释似表明:"扬水"误作"杨水"的上限当发生在明成祖永乐(1403—1424)以后,出现这样的讹误是因清代刊刻或传抄《水经注》时造成的。

不过,清代研治《水经注》的学者大都不赞同这样的说法,这些学者的生活年代或在戴震之前,或与戴震相当。在肯定"杨水"这一写法的过程中,又将其写作"阳水",如沈炳巽引《水经注》"沔水又东南与阳口合"论述道:"阳水即杨水。《汉志》:漳水东至江陵,入阳水,阳水入沔,是为阳口。古之漳澨也。"④这里明确地将"扬水"写作"杨水",进而又以"阳水"相称。赵一清在《水经注释》中引录《水经注》原文时称杨口为"阳口",称杨水为"阳水"⑤。从版本的角度看,沈炳巽撰《水经注集释订讹》时,是以"明嘉靖间黄省曾所刊《水经注》本"⑥

---

① 宋·司马光《资治通鉴·晋纪三》,《四库全书》第305册,上海:上海古籍出版社1987年版,第677—678页。
② 清·纪昀等《钦定四库全书总目》(四库全书研究所整理),北京:中华书局1997年版,第650页。
③ 北魏·郦道元《水经注·沔水下》,《四库全书》第573册,上海:上海古籍出版社1987年版,第441页。
④ 清·沈炳巽《水经注集释订讹·沔水下》,《四库全书》第574册,上海:上海古籍出版社1987年版,第505页。
⑤ 赵一清引《水经注》云:"东南有那口城,权水又东入于沔。沔水又东南与阳口合,水上承江陵县赤湖。江陵西北有纪南城,楚文王自丹阳徙此,平王城之,班固言楚之郢都也。……陂水又径郢城南东北流谓之阳水。……阳水又北注于沔,谓之阳口,中夏口也。"(清·赵一清《水经注释·沔水下》,《四库全书》第575册,上海:上海古籍出版社1987年版,第491—493页。)
⑥ 清·纪昀等《钦定四库全书总目》(四库全书研究所整理),北京:中华书局1997年版,第946页。

为底本的,据胡适考证,黄省曾《水经注》刻本是以宋刻本为基本依据的钞本①。此外,赵一清撰《水经注释》时采用了四十种版本,其中,多有明代以前的版本。从这样的角度看,沈炳巽、赵一清等校勘《水经注》时充分关注到明代以前的《水经注》版本,在此基础上,承认了"杨水"这一说法的合理性,这些情况表明:四库《水经注》本称"'扬',近刻讹作'杨'"只是一家之言,没有得到学界的普遍认同。

其实,古人将杨水写作"扬水"或"阳水",主要是由形近、音同、异写等造成的。具体地讲,"楊""揚""陽"三个形声字的字形十分接近,尤其是用行书行文时很容易出现混淆的现象。除此之外,"楊""揚""陽"三字音同形近,校雠容易出现疏忽,在此基础上出现异写是必然的。从这样的角度看,在无法断定"杨水"为"扬水"等讹误的前提下,可以承认"杨水""扬水""阳水"同时存在的合理性。与此同时,为了方便叙述,非特殊情况下一律使用"杨水"这一称谓。

第三节　杨水入沔河口考述

杨水下行时与沔水相汇,有不同的入沔口,这些河口加强了杨水与长江、沔水之间的联系。古代河口命名的规律是:凡两河交汇处(河口),均以支流的名称命名;凡河流的枝津(别流)与主流交汇的河口,均以枝津的名称命名;凡河渠(运河)与河流的交汇口(河口),均以河渠的名称命名。如洛水是黄河的支流,入黄河的河口称之为"洛口";泗水是淮河的支流,入淮河的河口称"泗口";夏水受江,河口称之为"夏口";汴渠引黄河入运,其河口称之为"汴口";汴渠东行入淮,其河口亦称"汴口"。同理可证,杨水、扬水、阳水、夏水等名称交替使用后,与之相应的河口有"杨口""扬口""阳口""夏口"等称谓。

在杜预"开杨口"建杨口水道之前,杨水入沔有不同的河口。问题是,这些河口与建杨口水道有什么关系呢?因此,有必要作一些澄清和辨析,以便进一步了解杜预建杨口水道的真实情况。

杨水有自江陵入沔的河口杨口(阳口)。郦道元注《水经》"又东过荆城东"记载道:"沔水又东南与阳口合,水上承江陵县赤湖。江陵西北有纪南城,楚文王自丹阳徙此,平王城之。班固言:楚之郢都也。城西南有赤坂冈,冈下有渎水,东北流入城,名曰子胥渎,盖吴师入郢所开也,谓之西京湖。"②按照这一说法,江陵杨口在江陵的西北,经此,杨水上承赤湖并汇入沔水。春秋后期吴国征楚,为方便运兵运粮,伍子胥利用沔水、杨水等自然形成的河道开挖

---

① 胡适《黄省曾刻的〈水经注〉的十大缺陷》,《胡适全集》第17卷,合肥:安徽教育出版社2003年版,第454—459页。
② 北魏·郦道元《水经注·沔水中》,杨守敬、熊会贞疏,段熙仲点校,陈桥驿复校《水经注疏》下册,南京:江苏古籍出版社1989年版,第2404页。

了自长江直达纪南城(遗址在今湖北荆州)的子胥渎。史称:"江陵,故楚郢都,楚文王自丹阳徙此。后九世平王城之。"①起初,楚国的国都郢都建在丹阳(一说河南淅川,一说湖北枝江),楚文王即位后,营造新郢都纪南城并迁都江汉地区。九世以后,楚平王(楚昭王的父亲)在距纪南城不远的地方营造了具有军事要塞性质的郢城。纪南城、郢城一带水网密布,在长期经营的过程中,楚国凭借自然形成的水运条件,建立了以纪南城、郢城为中心枢纽的水运交通体系。在这中间,江陵杨口是重要的航运节点。

赵一清辨析道:"沈氏曰:《荆州记》云:昭王十年,吴通漳水灌纪南城,决赤湖进灌郢城,是纪南城、郢城为二也。一清按:《史记索隐》:楚都郢,今江陵北,纪南城是。平王更城郢,今江陵东北,故郢城是。楚子革曰:我先君僻处荆山以供王事,遂迁于郢。郢与纪南为二城,明矣。而纪南本号郢,郦注亦未尽,非。"②所谓"通漳水""决赤湖",是指吴军征楚时,自漳水(杨水、阳水、夏水)上游及赤湖一带开挖水道,进而达到引水淹没纪南城和郢城的目的。吴曾考证道:"予按,杜佑《通典》云:'寿春郡罗城,即考烈王所筑。秦灭楚,虏王负刍。其地为九江郡。'又云:'江陵,故楚之郢地。秦分郢,置江陵县。今县界有故郢城,有枝回洲,有夏水口。《左传》所云沈尹戌奔命于夏汭也。有荒谷,即莫敖所缢荒谷。西北有野父城,又有纪南城。楚渚宫、汉津乡故城,在今县东也。'又按,郦元《水经注》曰:'楚之先,僻处荆山,后迁纪郢,即纪南城也。'《十道志》曰:'昭王十年,吴通漳水,灌纪南城,入赤湖,郢城遂破。'杜预《左传注》曰:'今南郡江陵县北纪南城,故楚国也。'然则王观国虽知今之郢州非楚都之郢,而尚未知定处也。今以诸书参考,即江陵之纪南城是也。《笔谈》亦止谓'楚都南郢'。"③结合《水经》《水经注》等文献进行推敲的话,当知江陵阳口入沔水处应在江陵赤湖以西的某个地方,具体地点当在江陵县和纪南城之间。

在杜预"开杨口"(建设杨口水道)以前,江陵是联系长江南北的水上交通枢纽:自江陵沿长江航线可顺江而下深入到吴、越两国的腹地,自江陵渡长江可经巴陵(今湖南岳阳)等地深入到湘水、沅水流域。与此同时,沿长江航线可进入季节性通航的夏水,随后自夏水入漳水再入沔水航线。郦道元记载道:"又东,右合油口,又东径公安县北,刘备之奔江陵,使筑而镇之。曹公闻孙权以荆州借备,临书落笔。杜预克定江南,罢华容置之,谓之江安县,南郡治。吴以华容之南乡为南郡,晋太康元年改曰南平也。县有油水,水东有景口,口即武陵郡界。景口东有沦口,沦水南与景水合。又南通澧水及诸陂湖,自此渊潭相接,悉是南蛮府屯也。故侧江有大城,相承云仓储城,即邸阁也。江水左会高口,江浦也,右对黄州。江水又东

---

① 汉·班固《汉书·地理志上》,北京:中华书局1962年版,第1566页。
② 清·赵一清《水经注释·沔水上》,《四库全书》第575册,上海:上海古籍出版社1987年版,第491—492页。
③ 宋·吴曾《能改斋漫录·地理·纪南城》,上海:上海古籍出版社1979年版,第265页。

得故市口,水与高水通也。江水又右径杨岐山北,山枕大江,山东有城,故华容县尉旧治也。大江又东,左合子夏口。江水左迤北出,通于夏水,故曰子夏也。大江又东,左得侯台水口,江浦也。大江右得龙穴水口,江浦右迤。北对虎洲。又洲北有龙巢,地名也。昔禹南济江,黄龙夹舟,舟人五色无主。禹笑曰:吾受命于天,竭力养民。生,性也。死,命也,何忧龙哉?于是二龙弭鳞掉尾而去焉,故水地取名矣。江水自龙巢而东,得俞口,夏水泛盛则有,冬无之。江之北岸,上有小城,故监利县尉治也。又东得清扬、土坞二口,江浦也。大江右径石首山北,又东径赭要。赭要,洲名,在大江中,次北湖洲下。江水左得饭筐上口,秋夏水通下口。上下口间,相距三十余里。赭要下即杨子洲,在大江中。二洲之间,常若蛟害。昔荆佽飞济此,遇两蛟,斩之,自后罕有所患矣。江之右岸则清水口,口上即钱官也。水自牛皮山东北通江,北对清水洲,洲下接生江洲,南即生江口,水南通澧浦。江水左会饭筐下口,江浦所入也。江水又右得上檀浦,江溠也。江水又东径竹町南,江中有观详溠,溠东有太洲,洲东分为爵洲,洲南对湘江口也。"①在这里,郦道元从行政区划沿革的角度叙述了江陵一带的水文情况,重点叙述了江陵与长江、夏水等之间的关系,从其描述的水文情况看,江陵一带水资源丰富,且水道曲折迂回。乐史考证道:"太史公曰:'楚都城,至平王而更城郢也。'杜预以为史所言郢者,即州北纪南城是。盛弘之《荆州记》云:'昭王十年,吴通漳水,灌纪南,入赤湖,进灌郢城,遂破楚。'则是前攻纪南,而后破郢也。伍端休《江陵纪》云:'南门二门,一名龙门,一名修门。'《离骚》《九章》曰:'过夏首而西浮,顾龙门而不见。'《招魂》曰:'魂兮归来入修门。'王逸注:'郢城门也。'"②楚昭王十年(前506),吴国征伐楚国,在沿长江航线进军的过程中,吴国开子胥渎直抵楚国郢都纪南城,随后又引漳水(杨水)及赤湖水淹没纪南城和郢城,并大败楚军。在这中间,无论是伍子胥开子胥渎,还是引赤湖水淹纪南城和郢城,都是围绕着江陵以南的长江和长江别流夏水、漳水等进行的。由于杜预"开杨口"是为了缩短江陵以北的航线,缩短自江陵到巴陵的长江航程,"内泻长江之险"。从这样的角度看,如果利用江陵杨口兴修杨口水道的话,那么将无法缩短从江陵到巴陵的长江航程。因此,可以得出的结论是:江陵杨口不可能是杜预"开杨口"的地方。

杨水有自汉县竟陵入沔的河口杨口,这一杨口又称"中夏口"。之所以称"中夏口",与杨水保留"夏水"这一称谓有直接的关系。郦道元记载道:"杨水又北径竟陵县西,又北纳巾、吐柘,柘水即下杨水也。巾水出县东一百九十里,西径巾城。城下置巾水戍,晋元熙二

---

① 北魏·郦道元《水经注·江水三》,杨守敬、熊会贞疏,段熙仲点校,陈桥驿复校《水经注疏》下册,南京:江苏古籍出版社1989年版,第2873—2879页。
② 宋·乐史《太平寰宇记·山南东道五·荆州》(王文楚等点校)第6册,北京:中华书局2007年版,第2836页。

年,竟陵郡巾戍山得铜钟七口,言之上府。巾水又西径竟陵县北,西注杨水,谓之巾口。水西有古竟陵大城,古郧国也。郧公辛所治,所谓郧乡矣。昔白起拔郢,东至竟陵,即此也。秦以为县,王莽之守平矣。世祖建武十三年,更封刘隆为侯国。城旁有甘鱼陂,《左传·昭公十三年》,公子黑肱为令尹,次于鱼陂者也。杨水又北注于沔谓之杨口,中夏口也。"①巾水是杨水的支流,在竟陵县甘鱼陂的北面注入杨水,随后杨水入沔。在考证竟陵杨口地点的过程中,郦道元以汉光武帝建武十三年(37)分封刘隆为依据,力证《左传·昭公十三年》所说的"鱼陂"是汉县竟陵一侧的甘鱼陂。

此外,通江陵的杨水从汉县华容县经过。郦道元记载道:"杨水又东入华容县,有灵溪水,西通赤湖水口,已下多湖,周五十里,城下陂池,皆来会同。"②汉代华容县后一分为二,其中,唐代的石首县属汉华容县。李吉甫引《纪胜·江陵府》指出:"石首县,本汉南郡华容县地,唐武德四年复置,属荆州,以石首山为名。"③石首县因华容县境内的石首山得名。陈经亦论述道:"东坡按:《尔雅》曰:水自江出为沱,自汉出为潜。南郡枝江县有沱水,尾入江。华容县有夏水首出,尾入沔。此荆州沱潜也。"④胡渭注"又东右径石首山北,又东径赭要"语云:"赭要,洲名,在大江中。按石首山在今石首县西北。孙宗监曰:自竟陵南至大江,并无丘陵之阻,渡江至石首,始有浅山。石首者,石自此而首也。"⑤又论述道:"水上承江陵县赤湖,径郢城南,东北流,谓之杨水,又东北白湖水注之,又东北得东赤湖水口,又东径华容县,又北径竟陵县西,又北注于沔,谓之杨口。"⑥综合这些说法,这一杨水入沔的河口(杨口)在华容县的东面,汉县竟陵的西北。

汉县竟陵属江夏郡。史称:"江夏郡,高帝置。属荆州。户五万六千八百四十四,口二十一万九千二百一十八。县十四:西陵,有云梦官。莽曰江阳。竟陵,章山在东北,古文以为内方山。郧乡,楚郧公邑。莽曰守平。西阳,襄,莽曰襄非。邾,衡山王吴芮都。轪,故弦子国。鄂,安陆,横尾山在东北。古文以为陪尾山。沙羡,蕲春,鄳,云杜,下雉,莽曰闰光。钟武。侯国。莽曰当利。"⑦汉代竟陵县的治所在什么地方呢?前人多有分歧和不同的认识。杜佑记载道:"汉竟陵县故城在今县南。""今县南",是指汉代竟陵县旧治在长寿县(今湖北钟祥)的南面。李吉甫叙述汉代竟陵县治所时记载道:"汉旧县也,汉旧县也,属江夏郡。旧县在今

---

① 北魏·郦道元《水经注·沔水中》,杨守敬、熊会贞疏,段熙仲点校,陈桥驿复校《水经注疏》下册,南京:江苏古籍出版社1989年版,第2410—2412页。
② 同①,第2408页。
③ 唐·李吉甫《元和郡县图志·山南道》逸文卷一(贺次君点校),北京:中华书局1983年版,第1052页。
④ 宋·陈经《陈氏尚书详解·禹贡》,《四库全书》第59册,上海:上海古籍出版社1987年版,第91页。
⑤ 清·胡渭《禹贡锥指》(邹逸麟整理),上海:上海古籍出版社2006年版,第572页。
⑥ 同⑤,第550页。
⑦ 汉·班固《汉书·地理志上》,北京:中华书局1962年版,第1567—1568页。

郢州长寿县界竟陵大城是也。"①刘宋时期，析汉代竟陵县立长寿、宵城二县；久后，后周又省竟陵县入长寿县；时至唐代，汉代竟陵县旧治已经废弃。从历时的角度看，刘宋以后，汉代竟陵县不但析为数县，而且行政区划多有沿革。胡渭论述道："竟陵故城在今湖广安陆府钟祥县南。长林故城在今荆门州东……汉竟陵故城在今钟祥县界。刘宋析竟陵置长寿、宵城二县、后周省竟陵入长寿。明嘉靖初更名钟祥。"②综合诸说，当知汉代竟陵县的治所应在钟祥（今湖北钟祥）的南面。

竟陵杨口是杜预"开杨口"以前杨水入沔的河口。竟陵县位于从襄阳到江陵的中段，境内有沔水，又有沔水入杨的杨口，这一情况似乎表明竟陵县有建杨口水道的条件。然而，竟陵县东北有章山③，经此，沔水呈东流之势，受地理水文等条件的限制，无法在竟陵通过拓宽拓深原有的杨口来改变旧水道曲迂回的状况，同时也不可能在汉县竟陵建立一条南下直入长江别流夏水的航线，进而达到沿夏水至中夏口渡江、避开长江风险直抵长江彼岸巴陵的目的。郦道元记载道："沔水自荆城东南流，径当阳县之章山东。山上有故城，太尉陶侃伐杜曾所筑也。《禹贡》所谓内方至于大别者也。既滨带沔流，寔会《尚书》之文矣。沔水又东，右会权口。水出章山，东南流径权城北，古之权国也。"④在章山及地理的制约下，沔水行经汉县竟陵时呈现出东流之势。胡渭进一步论述道："《后汉志》：竟陵县有章山，本内方。刘昭曰：《荆州记》云：山高三十丈，周百余里。《水经》：沔水自荆城东南流，径当阳县之章山东。《注》云：山上有古城，太尉陶侃伐杜曾所筑，《禹贡》所谓'内方至于大别'者也。既滨带沔流，实会《尚书》之文矣。《括地志》云：章山在长林县东北六十里，汉水附山之东。傅同叔曰：五代晋改竟陵曰景陵。《通典》云：长林县有章山。今景陵隶安州，长林隶荆门。以地势观之，今其山不复景陵有矣。"⑤在章山的制约下，沔水经汉县竟陵时呈自东南向西北流向，很显然，这一区域不适合建设南北走向的杨口水道。史称："东南有章山，即内方山也。汉水径其东，亦曰沔水。又西有权水，东南有直江，一名直河，又有阳水，一名建水，皆流入焉。"⑥章山在竟陵和江陵之间，如果在这一区域"开杨口"，则必经江陵，这一做法不符合杜预"开杨口"建杨口水道的本意。

对于与竟陵杨口相关的章山在什么地方前人有不同的看法。相比之下，胡渭的辨析最

---

① 唐·李吉甫《元和郡县图志·山南道二》（贺次君点校），北京：中华书局1983年版，第536页。
② 清·胡渭《禹贡锥指》（邹逸麟整理），上海：上海古籍出版社2006年版，第373页。
③ 史有"章山在东北，古文以为内方山"（汉·班固《汉书·地理志上》，北京：中华书局1962年版，第1567页）之说。
④ 北魏·郦道元《水经注·沔水中》，杨守敬、熊会贞疏，段熙仲点校，陈桥驿复校《水经注疏》下册，南京：江苏古籍出版社1989年版，第2402—2403页。
⑤ 同②。
⑥ 清·张廷玉等《明史·地理志五》，北京：中华书局1974年版，第1077页。

为精辟:"竟陵故城在今湖广安陆府钟祥县南。长林故城在今荆门州东……汉竟陵故城在今钟祥县界。刘宋析竟陵置长寿、宵城二县,后周省竟陵入长寿。明嘉靖初更名钟祥。章山本在此地。自晋析编县置长林,割竟陵西境以益之,故章山在长林界中。景陵故宵城。后周欧曰竟陵,虽袭汉县之名,而章山元不在其地也。唐贞元末析长林置荆门县,宋为荆门军,元降为州,明省长林县入焉。故章山今在州东北与钟祥接界。此山在长寿不在宵城之明证也。《水经》以章山系当阳,岂以古当阳本在今县东百四十里绿林长坂之南,故山在其境与?《元和志》云:内方山在沔州汉川县南九十里(汉音义)。汉川今为汉川县,属汉阳府。此别是一山,《寰宇记》谓即《禹贡》之内方,非也。"①汉县竟陵故城,在钟祥县(今湖北钟祥)的南面。所谓"章山今在州东北与钟祥接界",是指章山在荆门州东北(钟祥县的南面)。在章山的制约下,沔水流经此地时呈现出自东南向西北的流向,从这样的角度看,杜预在汉县竟陵建杨口水道的可能性不大。进而言之,"开杨口"是为了建立一条自襄阳南下至巴陵的直通航线。客观地讲,如果想实现这一目标的话,需要利用沔水和夏水呈南北走向的水道,才能开通"起夏水达巴陵"的航线(渡江直抵长江对岸巴陵的航线),在缩短长江航程的基础上规避长江航运时的风险。综合这些情况,汉县竟陵不具备杜预"开杨口"建杨口水道的条件。

  需要补充的是,晋代有两个竟陵:一是竟陵郡,一是竟陵县。元康九年(299),晋惠帝"分江夏立竟陵郡"②。郦道元记载道:"沔水又南径石城西,城因山为固,晋太傅羊祜镇荆州立。晋惠帝元康九年,分江夏西部,置竟陵郡,治此。"③竟陵郡治所是石城(今湖北钟祥),石城与汉县竟陵是两个地方。杜预"开杨口"不可能在竟陵郡治所石城进行有三方面的原因:一是杜预"开杨口"在前,晋代建竟陵郡在后,两者不能混为一谈;二是竟陵郡在江陵郡的西面,如史有江陵郡"东至竟陵郡四百八十里"④之说,在竟陵郡"开杨口"无法建立自北向南的直通航线;三是从"沔水又南径石城西"中可知,沔水经石城时呈东西走向,"开杨口"是为了解决自江陵北上至襄阳"北无通路"的问题,从水文形势看,在石城"开杨口"必走江陵和长江航线。

  夏水有自汉县云杜入沔的河口。郦道元记载道:"夏水又东,夏杨水注之。水上承杨水于竟陵县之柘口,东南流与中夏水合,谓之夏杨水。又东北径江夏惠怀县北,而东北注。"⑤所谓"东北注",是指杨水(夏水)经惠怀县(今湖北沔阳西)东北注入沔水。据此当知,云杜

---

① 清·胡渭《禹贡锥指》(邹逸麟整理),上海:上海古籍出版社2006年版,第373—374页。
② 唐·房玄龄等《晋书·地理志下》,北京:中华书局1974年版,第458页。
③ 北魏·郦道元《水经注·沔水中》,杨守敬、熊会贞疏,段熙仲点校,陈桥驿复校《水经注疏》下册,南京:江苏古籍出版社1989年版,第2401页。
④ 唐·杜佑《通典·州郡十三·江陵郡》,杭州:浙江古籍出版社1988年版,第971页。
⑤ 北魏·郦道元《水经注·夏水》,杨守敬、熊会贞疏,段熙仲点校,陈桥驿复校《水经注疏》下册,南京:江苏古籍出版社1989年版,第2709页。

杨口应位于惠怀县的东北。郦道元注《水经》夏水"又东至江夏云杜县,入于沔"时论述道:"应劭《十三州记》曰:江别入沔为夏水源,夫夏之为名,始于分江,冬竭夏流,故纳厥称,既有中夏之目,亦苞大夏之名矣。当其决入之所,谓之睹口焉。"①夏水至云杜入沔的河口(杨口),一度有"堵口"之称。何谓"堵口"?赵一清考证道:"堵口,是'？口'之误。"②"？"通"潴",是指水向低处流的过程中,汇聚成积水。相比之下,赵一清的说法更有道理。然而,考虑到或以"堵口"或以"？口"等称谓云杜杨口的情况,不妨承认"堵口"提法的合理性。这一情况也从一个侧面说明了夏水入沔一带的地势低凹。

桑钦以后,人们叙述杨水自云杜入沔的情况时:一是逐步形成了以"夏水"称呼杨水的习惯;二是因杨水自云杜入沔的河口有"堵口""？口"等称,这样,原有的"杨口""阳口""夏口"等遂淡出人们的视野。除此之外,因人们又以"夏水"称谓云杜杨水,这样一来,称谓上的变化势必会带来某些不必要的误解,甚至认为云杜夏水是指自长江析出的别流夏水,与杨水没有内在联系。

其实不然,这里所说的"夏水"其实就是杨水,是指漳水和长江别流夏水合流以后的杨水。以"夏水"称谓流经汉县云杜境内的杨水:一是因为长江别流夏水和漳水合流后虽有"杨水"之称,但同时又有"夏水"之称;二是至迟在东汉以前,漳水已有了"夏水"等称。如班固有"漳水所出,东至江陵入阳水,阳水入沔"③之说,又如郦道元有"杨水又东入华容县,……杨水又北径竟陵县西"④之说,汉县华容在江陵的东南,汉县竟陵在江陵西北,云杜在华容和竟陵之间,由于云杜南面华容境内的夏水有"杨水"之称,又由于云杜北面竟陵境内的夏水有"杨水"之称,据此完全可以推论:云杜境内的夏水亦有"杨水"之称。傅泽洪记载道:"阳水即杨水。《汉志》:漳水东至江陵,入阳水,阳水入沔,是为阳。古之漳潆也。"⑤由于云杜堵口是杨水入沔的河口,根据河口的命名规律,这一河口自然有"杨口""阳口""夏口"等称谓。事实上,唐宋时期,人们多有将云杜堵口称之为"杨口""阳口"等说法。

后世水文及行政区划多有变化,云杜杨口究竟在什么地方后世多有争执,进而前行出现了沔阳、竟陵等不同的说法。出现这样的情况并不奇怪,主要是由行政区划发生变化后新县的辖区和旧县的辖区多有重叠交叉及隶属关系变化等因素造成的:一是在汉县云杜的基础上析出新县沔阳后,又一度取消汉县云杜这一建制,后来,又在汉县云杜的旧地建立新县建

---

① 北魏·郦道元《水经注·夏水》,杨守敬、熊会贞疏,段熙仲点校,陈桥驿复校《水经注疏》下册,南京:江苏古籍出版社1989年版,第2710页。
② 清·赵一清《水经注笺刊误·夏水》,《四库全书》第575册,上海:上海古籍出版社1987年版,第997页。
③ 汉·班固《汉书·地理志上》,北京:中华书局1962年版,第1566页。
④ 北魏·郦道元《水经注·沔水中》,杨守敬、熊会贞疏,段熙仲点校,陈桥驿复校《水经注疏》下册,南京:江苏古籍出版社1989年版,第2408—2410页。
⑤ 清·傅泽洪《行水金鉴·汉水》,《四库全书》第581册,上海:上海古籍出版社1987年版,第211页。

兴,此后,几经沿革,建兴县又改称沔阳县;二是在行政区划沿革的过程中,云杜的隶属关系发生了变化,如汉县云杜曾隶属南郡及江夏郡,沔阳隶属江夏郡及沔阳郡,后改属竟陵郡。李吉甫记载道:"本汉云杜县地,梁天监二年分置沔阳县,即今县东三十里沔阳故城是也。今沔阳县,即后魏所置建兴县,隋大业三年改建兴县为沔阳郡,武德五年改郡为县,属复州。"① 因隶属关系几经变化,由此提出云杜杨口隶属不同的行政区划是必然的。史称:"云杜城,在县西北。《汉志》:县属江夏郡,梁于此置沔阳郡。旧《志》以巾口古郧为云杜。"② 唐代以前有两个沔阳县:一是梁武帝天监二年(503),析云杜设沔阳县;二是唐高祖武德五年(622)改后魏建兴县为沔阳县。两县虽同为汉县云杜的旧地,但治所相距三十里。

这些情况的存在,给后世叙述云杜杨口带来了不必要的混乱。如两个沔阳县的治所不在同一地点,故史家叙述云杜杨口的地点时有不同的说法;又如竟陵有杨口,沔阳隶属竟陵后,很容易将云杜杨口和竟陵杨口混为一谈。欧阳忞论述道:"春秋郧子之国。汉云杜县地,属江夏郡。东汉、晋因之。宋属竟陵郡,后省。梁置沔阳郡。西魏省州陵、惠怀二县置县,曰建兴。后周置后州。隋开皇初州移治竟陵,仁寿三年州仍治建兴。大业初改建兴曰沔阳,州废,仍置沔阳郡。唐武德中属复州,正观七年州徙治此。五代时又徙治景陵。皇朝熙宁七年省入监利,后复置来属。云杜城,在县西北。"③ 将这些记载结合起来看可得出六方面的信息:一是晋代以前的沔阳是南郡及江夏郡云杜县的属地,刘宋时期沔阳县改属竟陵郡并撤销建制;二是梁代设置沔阳郡及沔阳县,西魏时取消州陵、惠怀两县建制,建立建兴县;三是后周在梁代沔阳郡的基础上设置后州,隋文帝开皇初(581—600)移后州治所至竟陵县;四是隋文帝仁寿二年(602)将后州治所移往建兴,隋炀帝大业(605—618)初改建兴为沔阳县;五是唐高祖武德五年改沔阳郡为县,沔阳县改属复州,并成为复州的治所;六是宋神宗熙宁七年(1074)撤销沔阳归监利,随后又复置。在这样的前提下,后人叙述云杜杨口的地理方位便出现了混乱。

为了将云杜杨口和竟陵杨口严格地区分开来,清人在撰写方志时进行了充分的考证和辨析。史称:"桑钦《水经》:'沔水东过云杜。'又云:'夏水出江东,至云杜入沔。'今夏水入沔处淤塞,无考。度其势,当经天门地。若是,则今之县治信云杜也。《谷梁传》:'水北曰阳。'云杜在沔阳北,故梁置沔阳,郡治此。《晋书》:'杜预开扬口,起夏水达巴陵。'胡三省引《水经注》:'扬水径竟陵县北,谓之扬口。'据此,则夏水入沔处,又当为竟陵,不为云杜矣。何与钦说异乎?《汉书·刘元传》:'马武、王常拔竟陵,击云杜。'李贤注:'云杜故城,在复州沔阳

---

① 唐·李吉甫《元和郡县图志·山南道二》(贺次君点校),北京:中华书局1983年版,第536—537页。
② 清·迈柱等监修,夏力恕等编撰《湖广通志·古迹志·天门县》,《四库全书》第534册,上海:上海古籍出版社1987年版,第27页。
③ 宋·欧阳忞《舆地广记·沔阳县》(李勇先、王小红校注),成都:四川大学出版社2003年版,第784页。

县西北。竟陵故城,在郢州长寿县南。'贤,唐太子。所注沔阳、长寿皆自当时郢、复二州附郭之县而言。其曰:沔阳西北者,正合天门治。益可见,其为古云杜矣。其曰:长寿南者,则无其地。《水经》《书传》《汉书》皆云:'章山,古之内方,在竟陵东北。'而荆门、安陆《汉川志》俱有章山,未知孰是?《史记正义》:'竟陵,在长寿县南一百五十里。'颇与贤同。《水经注》:'巾水西径扬水,谓之巾口。水西有竟陵故地,古郧国也。'今天门西三十里,有巾港。港西亦有城,城多荒圮。盖自梁已废,正在长寿南百五十里,颇与《水经注》《正义》合。意梁置沔阳郡,遂省云杜,而徙竟陵于此尔。然其相距太近,不应汉、晋二县并置一方。《玉海》以沔阳县为云杜,岂指今州治耶?"①这一考证有三个要点。一是以桑钦《水经》中的记载为基本依据,明确地指出汉县云杜有夏水(杨水)入沔的河口堵口,在此基础上,进一步指出汉县云杜故城在沔阳州(治所在今湖北仙桃西南沔城)的北面(在沔阳县的西北)。二是从行政区划沿革及水文地理变化的角度,辨析并推论云杜的入沔河口堵口在天门县(今湖北天门)的境内。天门县旧称景陵县。清代史家叙述天门县沿革及交代其山川地理形势时指出:"明为景陵县,隶沔阳州,属承天府。顺治三年直属今府。雍正四年更名。西北有天门山,汉水北派自潜江西南径县南,下流合南派,入汉川界。汉水北派自潜江西南径县南,下流合南派,入汉川界。又㵲水自京山流入,合杨水、巾水,曰三汊河,一曰汊水。"②清世宗雍正四年(1726),因境内有天门山,改景陵县为天门县。景陵县的旧称是竟陵县,如史有"建隆三年改竟陵县为景陵"③之说。三是在充分引征历史文献的基础上,采用归谬法证明竟陵杨口与云杜杨口是两个地方,进而以质疑的方式指出,云杜堵口与竟陵杨口不在同一地点,两者不能混为一谈。客观地讲,这一辨析是必要的,对于认识云杜杨口即堵口的存在是有价值的。

那么,杜预有可能利用云杜堵口建杨口水道吗?结论是不可能的。其主要原因是:云杜堵口在襄阳的东南方,如果在堵口一带开杨口水道的话,将会形成一条新航线(自襄阳沿沔水折向位于东南方的云杜,然后,再自云杜折向西南入长江别流夏水,至夏口渡江抵巴陵)。从表面上看,这一新航线对原有的航线进行了部分航段的改造,但依旧曲折迂回。进而言之,由于这一航线曲折迂回,不能最大限度地降低航运成本,因此,杜预不可能通过在云杜堵口一带开河口建立一条进入长江别流夏水的渠道。更重要的是,堵口是杨水入沔的河口,杨水的高程(航道底部的海拔高度)高于沔水,在此开渠无法引沔入夏,也就无法为夏水提供充足的补给水源。从这个角度看,杜预利用云杜堵口建杨口水道的可能性不大。

---

① 清·迈柱等监修,夏力恕等编撰《湖广通志·杂纪志》,《四库全书》第534册,上海:上海古籍出版社1987年版,第907—908页。
② 赵尔巽等《清史稿·地理志十四》,北京:中华书局1977年版,第2175页。
③ 宋·王存《元丰九域志·荆湖路》(王文楚、魏嵩山点校)上册,北京:中华书局1984年版,第475页。

第四节　杨水与夏水及夏口

再来看一看杜预建杨口水道之前长江别流夏水受江入江的情况。

从历时的角度看,不同时期的"夏水"有不同的指向,这在文献中主要有四种说法。一是指发源于荆山的漳水。荆山漳水又称"南漳"或"南漳水",这是为了与黄河以北的漳水作一区别。二是指长江的别流夏水。狭义上的夏水是指自长江析出后入沔的水道,广义的夏水则包括夏水自长江析出后加上入沔后再度入江的水道。三是指长江别流夏水与荆山漳水合流后的杨水。四是指杨水入沔以后入江以前的河段。在这中间,长江别流夏水入沔入江与杨水入沔入江虽然在不同地点,但交汇的河口名称相同。因二者名称相同,很容易产生混淆。进而言之,杜预"起夏水达巴陵"是如何利用了夏水及夏口的,都涉及哪些区域?为此,需要作进一步的澄清和辨析。

其一,夏口是"夏水口"的简称,在长江江津口(豫章口)的东面。在沙洲枝回洲(枚回洲、夏洲)的分隔下,夏水受江以后,分别形成了中夏口和子夏口两个河口。郦道元注《水经》"夏水出江津于江陵县东南"语时记载道:"江津豫章口东有中夏口,是夏水之首,江之氾也。屈原所谓过夏首而西浮,顾龙门而不见也。龙门,即郢城之东门也。"①从"过夏首而西浮"中可知,起初,中夏口是夏水入长江的主航线。郦道元又记载道:"江水又右径杨岐山北,山枕大江,山东有城,故华容县尉旧治也。大江又东,左合子夏口。江水左迤北出,通于夏水,故子曰夏也。"②以长江别流夏水为界,夏水以西的地区属江陵,以东的地区属华容。从地理方位上看,中夏口和子夏口在江陵和华容两县之间,其中,子夏口在中夏口的东面,两个夏口相距二十多里。赵一清注《水经注》"夫夏之为名,始于分江,冬竭夏流,故纳厥称,既有中夏之目,亦苞大夏之名矣。当其决水之所出,谓之?口焉"等语时论述道:"一清按:《寰宇记》引《荆州图副》曰:'夏水既非山流,有若川潞,冬断夏通,故名。'又云:'盛宏之云:夏首又东二十余里,有渚口,二水之间,谓之夏洲。首尾七百里,华容、监利二县在其中矣。'"③"夏首"是中夏口的别称,如屈原《哀郢》有"过夏首而西浮"等语,洪兴祖引王逸《楚辞章句》云:"夏首,夏水口也。船独流为浮也。"④从"冬断夏通"中可知,夏水是一条季节性通航的航线。

---

① 北魏·郦道元《水经注·夏水》,杨守敬、熊会贞疏,段熙仲点校,陈桥驿复校《水经注疏》下册,南京:江苏古籍出版社1989年版,第2705页。
② 北魏·郦道元《水经注·江水三》,杨守敬、熊会贞疏,段熙仲点校,陈桥驿复校《水经注疏》下册,南京:江苏古籍出版社1989年版,第2876—2877页。
③ 清·赵一清《水经注释·夏水》,《四库全书》第575册,上海:上海古籍出版社1987年版,第550页。
④ 宋·洪兴祖《楚辞补注·哀郢》(白化文、许德楠、李如鸾、方进点校),北京:中华书局1983年版,第133页。

其中,夏洲在汉县华容境内。因当时夏洲隶属汉县华容,这样一来,在夏洲以东的子夏口自然是在汉县华容境内。然而,杜佑认为,夏口(包括中夏口和子夏口)均在江陵境内。杜佑记载道:"故楚之郢地,秦分郢置江陵县。今县界有故郢城,有枝回洲,有夏水口。《左传》所云'沈尹戌奔命于夏汭'也。有荒谷,即莫敖所缢荒谷。西北有野父城。又有纪南城,楚渚宫。汉津乡故城在今县东也。"①按照杜佑的说法,中夏口和子夏口在江陵境内当不成问题。从表面上看,这两种说法多有矛盾,其实,并不矛盾,两者同指一个地点。之所以出现两种不同的说法,主要是因行政区划变迁造成的。具体地讲,华容是汉县,监利是晋县,监利是自华容析出后建立的新县(详后)。略有不同的是,中夏口受江后河面宽阔,子夏口受江后河面较窄。除此之外,夏水华容受江口称"中夏口",杨水在竟陵甘鱼陂入汭亦称"中夏口",两者虽然名称相同,但在不同的地方。

其二,中夏口和子夏口在长江豫章口的东南,是杜预"起夏水达巴陵"(自夏水渡长江抵巴陵)的河口。胡渭注"又东径江陵县故城南"论述道:"故楚也,今城楚船官地。春秋之渚宫城,南有江津口,江大自此始。《家语》曰:江水至江津,非方舟避风不可涉也。故郭景纯云:济江津以起涨。言其深广也。按江陵故城即今荆州府治。江水自枚回洲分流,至此复合,势益大。"②为"内泻长江之险",杜预建立了自夏口渡江抵巴陵的航线。从地理方位上看,夏口以西是江津口(豫章口)。长江至豫章口江面开阔,水流湍急,且风浪极大,为避开在长江上航行的风险,杜预采取了缩短长江航程的措施,建立了自夏口渡江直抵巴陵的航线。豫章口的得名与豫章冈或与豫章台有某种内在的联系。郦道元记载道:"江水又东得豫章口,夏水所通也。西北有豫章冈,盖因冈而得名矣。或言因楚王豫章台名,所未详也。"③这一说法大体上道出了豫章口得名的原因。此外,豫章口距江陵治所二十里,如史有"至豫章口,去江陵城二十里"④之说。

其三,夏水是一条季节性通航的航线。郦道元记载道:"原夫夏之为名,始于分江,冬竭夏流,故纳厥称,既有中夏之目,亦苞大夏之名矣。"⑤"夏水"得名与"冬竭夏流"有着直接的关系,从历史的角度看,这条古老的航线早在春秋时期已经存在。如《左传·昭公四年》有"冬,吴伐楚,……楚沈尹射奔命于夏汭"语,杜预注:"夏汭,汉水曲入江,今夏口也。吴兵在

---

① 唐·杜佑《通典·州郡十三·江陵郡》,杭州:浙江古籍出版社1988年版,第972页。
② 清·胡渭《禹贡锥指》(邹逸麟整理),上海:上海古籍出版社2006年版,第571页。
③ 北魏·郦道元《水经注·江水二》,杨守敬、熊会贞疏,段熙仲点校,陈桥驿复校《水经注疏》下册,南京:江苏古籍出版社1989年版,第2866页。
④ 梁·沈约《宋书·王镇恶传》,北京:中华书局1974年版,第1366页。
⑤ 北魏·郦道元《水经注·夏水》,杨守敬、熊会贞疏,段熙仲点校,陈桥驿复校《水经注疏》下册,南京:江苏古籍出版社1989年版,第2710页。

东北,楚盛兵在东南,以绝其后。"①楚军长途奔袭夏汭(夏口)的目的是消灭吴军建在夏口的后勤中转站,切断吴军建立的自长江入汉水入夏水的运输补给线。杜预所说的"夏汭,汉水曲入江",是指汉水入江以前的某一特指的河段。这一特指的河段,主要指汉水(沔水)汇合夏水以后的汇入长江的河段。如洪兴祖注《哀郢》"去故乡而就远兮,遵江夏以流亡"等语时阐释道:"应劭曰:沔水自江别至南郡华容为夏水,过郡入江,故曰江夏。《水经》云:夏水出江津,于江陵县东南。注云:江津豫章口,东会中夏口,是夏水之首,江之氾也。所谓过夏首而西浮,顾龙门而不见也。又云:又东至江夏云杜县,入于沔。注云:应劭曰:江别入沔,为夏水。原夫夏之为名,始于分江,冬竭夏流,故纳厥称。既有中夏之目,亦苞大夏之名矣。当其决入之所,土谓之赌口焉。郑玄注:《尚书》沧浪之水,言今谓之夏水。刘澄之著《永初山川记》云:夏水古文以为沧浪,《渔父》所歌也。因此言之,水应由沔。今按夏水,是江流沔,非沔入夏。假使沔注夏,其势西南,非《尚书》又东文。余亦以为非也。自赌口下沔水,兼通夏目,而会于江,谓之夏汭。故《春秋传》:吴伐楚,沈尹戌奔命于夏汭也。杜预曰:汉水曲入江,即夏口矣。"②战国后期,秦军攻破楚国郢都,楚国百姓被迫逃亡。这一逃亡的基本路线是:自郢都东门(龙门)出发,沿长江经夏口入夏水。这一季节性通航的航线经杜预补给水源后,成为杨口水道利用的对象。

其四,杜预建杨口水道时利用了经汉县华容境内的夏水。胡渭注"又东至华容县西,夏水出焉"等语时论述道:"江水左迤为中夏水。按《汉志》:南郡华容县,夏水首受江,东入沔,行五百里。华容故城在今监利县界。"③胡渭注"又东径监利县西、华容县北"等语时论述道:"监利在府东南二百里。本楚容邑,汉置华容县。三国吴析置监利县。其故城在今县东北。章华一在县西北六十里。《夏水篇》云:夏水东经华容县南,又东径监利县南,韦昭曰:云梦在华容县。郭景纯言'东南巴陵湖'是也。今岳州府亦有华容县,在府西少北一百五十五里。本汉孱陵县地,晋分置南安县。隋更名华容,非古华容也。"④在行政区划沿革的过程中,历史上先后出现了两个华容县:一是在湖北境内的汉县华容县;一是在湖南境内的隋县华容县。夏水受江后在华容境内呈南北走向,这一河道是杜预建杨口水道时重点利用的对象。汉华容县隶属南郡,晋太康五年(284),析华容县建监利县。李吉甫记载道:"本汉华容县地也,晋武帝太康五年分立监利县,属南郡。"⑤隋代华容县的基础是南安县,汉县孱陵县析出

---

① 清·阮元《十三经注疏·春秋左传正义》,北京:中华书局1980年版,第2036页。
② 宋·洪兴祖《楚辞补注·哀郢》(白化文、许德楠、李如鸾、方进点校),北京:中华书局1983年版,第132—133页。
③ 清·胡渭《禹贡锥指》(邹逸麟整理),上海:上海古籍出版社2006年版,第571—572页。
④ 同③,第572—573页。
⑤ 唐·李吉甫《元和郡县图志·山南道二》(贺次君点校),北京:中华书局1983年版,第537页。

的南安县于隋代改称华容县。再从地理方位上看,中夏口在汉县华容和秦县江陵之间,子夏口在汉县华容境内。"预乃开杨口,起夏水达巴陵千余里",是说沿长江别流夏水南下在巴陵对岸渡江。胡渭注"又东至华容县西,夏水出焉"论述道:"江水左迆为中夏水。按《汉志》:南郡华容县,夏水首受江,东入沔,行五百里。华容故城在今监利县界。"①杜预建杨口水道:一是解决"旧水道唯沔汉达江陵千数百里,北无通路"等问题,建立一条自襄阳南下经夏水渡江的航线;二是"起夏水达巴陵",避开豫章口风险,在江陵东面的中夏口或子夏口渡江抵巴陵。在这中间,汉县华容境内有夏水受江水道,沿这一水道可北上远通沔水。与此同时,经华容境内的子夏口及与江陵交界的中夏口渡江,可远及零、桂二郡。进而言之,杜预利用汉县华容境内的夏水建杨口水道,"内泻长江之险",改变了水道曲折迂回及不利航行的局面。

其五,沔水接纳夏水(杨水)后的入江河段有"夏水"之称,为此,沔水入江的河口亦称"夏口"。郦道元论述道:"刘澄之著《永初山川记》云:夏水,古文以为沧浪,渔父所歌也。因此言之,水应由沔。今按夏水是江流沔,非沔入夏。假使沔注夏,其势西南,非《尚书》又东之文,余亦以为非也。自?口下沔水,通兼夏目,而会于江,谓之夏汭也。故《春秋左传》称吴伐楚,沈尹射奔命夏汭也。杜预曰:汉水曲入江,即夏口矣。"②夏水自云杜堵口入沔后,沔水入江。通常的规律是,沔水入江,河口应称"沔口"。然而,在古人的意识中,夏水入沔后的水道虽为沔水,但夏水是长江的别流,代表长江,在此基础上形成了"自堵口下沔水,通兼夏目,而会于江,谓之夏汭"的认识。"夏汭",是"夏口"的别称,因"沔水通兼夏目",夏水入沔后的水道遂可视为"夏水",这样一来,夏水合沔后的入江口自然可有"夏口"之称。

这里的两种情况需要专门提出,并加以讨论。其一,沔水会同夏水入长江的河段,分别有鄂州(今湖北鄂州)、沙羡(汉县,治所在今湖北武昌县西金口)等河口。这些河口一方面可继续以"夏口""夏汭"相称;另一方面因为它们是沔水入江的河口,又可分别以"沔口""汉口"等称。同时又因河口附近有鲁山,故有"鲁口"等称谓。如《后汉书·刘表传》云:"及操军到襄阳,琮举州请降,刘备奔夏口。"李贤等云:"夏口,城,今之鄂州也。《左传》:'吴伐楚,楚沈尹戌奔命于夏汭。'杜预注曰:'汉水入江,今夏口也'。"③郦道元注《水经》"又南至江夏沙羡县北,南入于江"等语时阐释道:"庾仲雍曰:夏口亦曰沔口矣。《尚书·禹贡》云:汉水南至大别入江。《春秋左传·定公四年》,吴师伐郢,楚子常济汉而陈,自小别至于大别。京相璠《春秋土地名》曰:大别,汉东山名也,在安丰县南。杜预《释地》曰:二别近汉之名,无缘

---

① 清·胡渭《禹贡锥指》(邹逸麟整理),上海:上海古籍出版社2006年版,第571—572页。
② 北魏·郦道元《水经注·夏水》,杨守敬、熊会贞疏,段熙仲点校,陈桥驿复校《水经注疏》下册,南京:江苏古籍出版社1989年版,第2711页。
③ 刘宋·范晔《后汉书·刘表传》(唐·李贤等注),北京:中华书局1965年版,第2424页。

乃在安丰也。按《地说》言,汉水东行,触大别之陂。南与江合,则与《尚书》、杜预相符,但今不知所在矣。"①按照这一说法,夏口在沙羡的东境。李吉甫记载道:"春秋时谓之夏汭。汉为沙羡之东境。自后汉末谓之夏口,亦名鲁口。吴置督将于此,名为鲁口屯,以其对鲁山岸为名也。三国争衡,为吴之要害,吴常以重兵镇之。"②春秋时,沙羡夏口有"夏汭"之称,东汉时有"夏口"之称。与此同时,因河岸对面有鲁山,故夏口又有"鲁口"之称。其二,时至三国及西晋,"夏口"作为地名发生了新的变化。史称:"汉旧县,吴省。晋武太康元年复立,治夏口。"③孙吴撤销沙羡县制后,晋武帝太康元年(280)再次恢复其建制,并以夏口为治所。郦道元记载道:"山在大江中,杨子洲南,孤峙中洲。江水左得中阳水口,又东得白沙口,一名沙屯,即麻屯口也。本名蒗䓣口,江浦矣。南直蒲圻洲,水北入百余里,吴所屯也。又径鱼岳山北,下得金梁洲。洲东北对渊洲,一名渊步洲。江濆。从洲头以上,悉壁立无岸,历蒲圻至白沙,方有浦,上甚难。江中有沙阳洲,沙阳县治也,县本江夏之沙羡矣。晋太康中改曰沙阳县。宋元嘉十六年,割隶巴陵郡。"④所谓"江中有沙阳洲,沙阳县治也,县本江夏之沙羡",明确交代了沙阳与沙羡的关系。不过,太康元年移治的夏口已不再是沙羡夏口,根据文献,这一夏口实际上是孙权在长江南岸兴建的具有军事要塞性质的夏口(在今湖北武汉武昌)。在考证的基础上。胡渭论述道:"汉阳县本汉沙羡县地。后汉末尝为沙羡县治。东晋置沌阳县。齐废。隋改置汉阳。唐沔州治。宋为汉阳军。江水在城东南,汉水在城北三里,《元和志》:汉阳县,汉水一名沔水,西自汉川县界流入,汉口在县东,亦曰夏口。《左传》谓之夏汭。章怀太子注《后汉书》云:汉水始欲出大江为夏口,又为沔口,实在江北。孙权于江南筑城,名为夏口,而夏口之名移于江南,沔水入江之口,止谓之沔口,或谓汉口。夏口之名遂与汉口对立,分据江之南北矣。"⑤为应对刘备、曹操等军事政治集团发动的战争,孙权在江南筑军事要塞并命名"夏口",从此,"夏口之名移于江南",原先与夏水、沔水等相关连的沙羡夏口则以"沔口"或"汉口"相称,如史有沙羡"有夏口,对沔口,有津"⑥之说。

汉水(沔水)、杨水及长江别流夏水是江汉地区的主要河流,这些河流在依附长江的过程中形成独特的水文。吴澄注《尚书·禹贡》"沱潜既道,云、土梦作乂"等语时阐释道:"《尔雅》曰:'水自江出为沱,自汉出为潜。'江汉源发梁州,流经荆州,故梁、荆皆有沱、潜,此则荆

---

① 北魏·郦道元《水经注·沔水中》,杨守敬、熊会贞疏,段熙仲点校,陈桥驿复校《水经注疏》下册,南京:江苏古籍出版社1989年版,第2418—2419页。
② 唐·李吉甫《元和郡县图志·江南道三》(贺次君点校),北京:中华书局1983年版,第643页。
③ 梁·沈约《宋书·州郡志三》,北京:中华书局1974年版,第1124页。
④ 北魏·郦道元《水经注·江水三》,杨守敬、熊会贞疏,段熙仲点校,陈桥驿复校《水经注疏》下册,南京:江苏古籍出版社1989年版,第2886—2887页。
⑤ 清·胡渭《禹贡锥指》(邹逸麟整理),上海:上海古籍出版社2006年版,第551页。
⑥ 唐·房玄龄等《晋书·地理志下》,北京:中华书局1974年版,第458页。

州江汉之出者也。案：枝江县有沱水，然其流入江，非出于江也。华容县有夏水者，首出于江，尾入于沔，亦谓之沱潜，乃江汉下流支派不一，盖谓江汉下流不一，支派无循其道者矣。云梦泽名，《周官·职方氏》：'荆州其泽薮曰云梦。'案：华容县南有云梦泽，枝江县西有云梦，城江夏安陆县亦有云梦，盖此泽跨江南北八九百里，故每处名焉。土谓水退，而土见作乂，谓可耕种而治乂。郑氏曰：'云在江北，今玉沙、监利、景陵等县；梦在江南，今公安、石首、建宁等县。'易氏曰：《左传》：楚子涉睢济江入于云中，则在江北为云。楚子田江南之梦，则在江南为梦。江北，江汉之会，水潦常积。云在北方者，方见土。江南皆山，水源易涸。梦在江南者，已作乂。沈氏曰：旧《尚书》'云梦土作乂'，太宗时得古本《尚书》，乃'云、土梦作乂'，诏改从古本。"① 长江别流夏水称"沱"，汉水称"潜"，丰富的水资源及独特的地理形势给杜预"开杨口"建杨口水道带来了便利。

杜预"开杨口"是在汉县云杜旧地沔阳（今湖北仙桃）进行的。杜佑交代沔阳县水文形势时记载道："汉云杜县故城在县西北，又有石城，在县东南三百里，有夏水、沔水。晋镇南将军杜元凯为荆州刺史，开阳口，达巴陵，径千余里，内避长江之险，外通零桂之漕，即此也。"② 以沔阳为坐标，当知杜预"开杨口"在沔阳东南三百里处。欧阳忞叙述沔阳水文时记载道："云杜城，在县西北。又有石城，在西南，西临沔水，因山为固。晋杜预为荆州刺史，开阳口达巴陵，径千余里，内避长江之险，通零桂之漕，即此。"③ 按照欧阳忞的说法，杜预"开杨口"当在沔阳的西南，这一说法与杜佑的说法多有矛盾，由此产生的疑问是：杜预"开杨口"是在沔阳的东南还是西南？胡渭论述道："按《通典》复州沔阳县有汉云杜县故城，在县西北，有夏水、沔水，今沔阳州南长夏河即夏水也。自监利县流经州南四十里，与潜江县分水，又东北注于汉，堵口今失其处。"④ 监利在复州（沔阳州）的南面，夏水自监利经复州南，"与潜江县分水，又东北注于汉"，潜江在沔阳的东南，从水文形势看，欧阳忞的说法不如杜佑准确。

沔阳"东南三百里"有夏水（杨水）和沔水（汉水），这一区域水网纵横，在杨口水道建成前，有以沔水为主干、以杨水为辅的水路交通。胡渭论述道："《传》云：沱，江别名。《正义》曰：《导江》言'东别为沱'，是沱为江之别名也。《释水》云：'水自江出为沱，汉为潜。'渭按：《诗·召南》曰：'江有沱'。荆州之沱也。一在江北，《寰宇记》'江自枝江县百里洲首派别，北为内江'者是。一在江南，《水经注》'夷水出鱼复县江，至夷道县北，东入江'者是。潜水或云在今安陆府钟祥、潜江二县境，然汉东之地津渠交通，未知孰为古潜水。"⑤ 沔阳是汉东水路交通的重要节点，遗憾的是，沔水、杨水行经这一区域时曲折迂回，虽有水运能力，但极

---

① 元·吴澄《书纂言·夏书》，《四库全书》第61册，上海：上海古籍出版社1987年版，第56—57页。
② 唐·杜佑《通典·州郡十三·竟陵郡》，杭州：浙江古籍出版社1988年版，第972页。
③ 宋·欧阳忞《舆地广记·沔阳县》（李勇先、王小红校注），成都：四川大学出版社2003年版，第784页。
④ 清·胡渭《禹贡锥指》（邹逸麟整理），上海：上海古籍出版社2006年版，第551页。
⑤ 同④，第211页。

不经济,只有通过改造航道(裁弯取直)才能提高效益。

杜预"开杨口"旨在建立一条自北向南的新航线,这条航线自襄阳南下至夏口渡江抵巴陵,经洞庭湖可入湘水和沅水。杜佑记载道:"当阳侯杜元凯为荆州,人号为'杜父'。旧水道惟沔汉达江陵千数百里。君乃开阳口,起夏水,导洪洞,达巴陵,径近千余里。"①"开阳口,起夏水,导洪洞"是三个连续性的工程:一是"开阳口"是指选择地点开河,采取裁弯取直的措施,改造原有的自沔水至杨水的航线;二是"起夏水"是指利用长江别流夏水,建立一条自北向南直通巴陵的航线;三是"导洪洞"是指通过建设蓄水设施,为长江别流夏水提供必要的补给水源。夏水是一条季节性的河流,"夏水泛盛则有,冬无之"②,以夏水为航线,需要通过引水入夏为其常年通航创造条件。

根据这一情况,最有条件"开杨口"及建杨口水道的地方当在沔阳与监利、潜江交接的三角地带。黄镇成论述道:"《尔雅》曰:'水自江出为沱。'今按:南郡枝江县有沱水,然其流入江,而非出江也。华容县有夏水首出于江,尾入于沔,亦谓之沱(枝江,今江陵路县;华容,今岳州县)。……盖以水从江汉出者,皆曰沱潜,但地势西高东下,虽于梁州合流,还从荆州分出,犹如济水入河,还从河出。"③江汉地区的地理水文形势复杂多变,基本的地形除了西高东低外,中间又多有起伏。此外,自襄阳南下抵长江的基本地形是:中间低两头高,但中间地段有竟陵章山。这一复杂的地理水文形势决定了长江别流夏水和长江支流沔水行经这一区域时出现以东行为主的曲折迂回的流向。这些情况表明,杜预"开杨口"只能在沔阳、监利、潜江三县交界的区域内进行。胡渭论述道:"《正义》引《郑注》云:今南郡枝江县有沱水,其尾入江耳,不于江出也。华容有夏水,首出江、尾入沔。盖此所谓沱也。渭按:枝江沱水为江洲所隔而成,何言不于江出。华容夏水自江陵县东南,首受北江,东北流径监利、沔阳与潜江县分界,又东北至京山县东南,而注于汉。此本沱水歧分而为夏,非出于大江。郑以为沱者,尽北江久已盛大,世目为岷江之经流,因以其所出者为沱耳。"④长江别流夏水出江后折向东北,经监利、沔阳、潜江三县分界处,这一区域除了有夏水、沔水外,又有沮水、漳水及其他湖泊等,这些河流、湖泊的存在为杜预"开杨口"及引水入运提供了基本条件。

与其他地区相比,沔阳与监利、潜江交界处有自然形成的良好的引水入运的条件。史家叙述沔阳及景陵水文及地理形势时明确地指出:"东南有夏水,至沔阳州合于沔水,故沔水亦

---

① 唐·杜佑《通典·职官十四·州牧刺史》,杭州:浙江古籍出版社1988年版,第184页。
② 北魏·郦道元《水经注·江水三》,杨守敬、熊会贞疏,段熙仲点校,陈桥驿复校《水经注疏》下册,南京:江苏古籍出版社1989年版,第2877页。
③ 元·黄镇成《尚书通考》卷七,《四库全书》第62册,上海:上海古籍出版社1987年版,第162页。
④ 清·胡渭《禹贡锥指》(邹逸麟整理),上海:上海古籍出版社2006年版,第212页。

兼夏水之名。又有阳水,东北至景陵县,入沔水。又东北有三海,沮、漳水汇流处。北有柞溪。又东有灵溪,亦曰零水,南入江,谓之零口。"①所谓"东南",是指江陵的东南。沮水既是长江的支流,同时又是漳水的支流,这一情况表明:漳水除了与长江别流夏水汇合入沔外,还有自身的入江河口,如史有沮水"与漳水会,下流至枝江县,入于大江"②之说。由于沮水、漳水均有入江口,况且杜预"开杨口"时利用的长江别流夏水须经枝江(今湖北枝江)等地,这样一来,遂为在其上游地区引沮、漳及汉水东流入夏提供了可能性。班固记载道:"沮水出东狼谷,南至沙羡南入江,过郡五,行四千里,荆州川。"③漳水可视为汉水的支流——自荆山发源后与汉水东流共用的河段。

所谓"又东北有三海,沮、漳水汇流处",是指江陵东北(沔阳东南)有由沮水、漳水汇聚而成的"三海"。"三海"是沮水、漳水向低洼处汇聚而成的三个湖泊。在这中间,如果采取加筑堤坝、提升蓄水能力等措施,完全可以提高三海的水位,进而将其引入长江的别流夏水,以此来提高夏水的水位。事实上,引水入运的类似工程早已有之。如史有"于楚,西方则通渠汉水、云梦之野"④等语,继在黄河中下游地区(中原)开鸿沟以后,春秋时期楚庄王时代,楚令尹孙叔敖已有利用汉水开杨水运河的举措。这一行为表明,只要根据水文及地理形势选择适合的地点,辅之以必要的蓄水措施,通过抬高水位完全可以实现引江水入夏水的目标,进而实现引水入运的目标。裴骃注《史记·循吏列传》"故三得相而不喜,知其材自得之也;三去相而不悔,知非己之罪也"等语时引《皇览》云:"或曰孙叔敖激沮水作云梦大泽之池也。"⑤所谓"激",是指拦截。所谓"作云梦大泽之池",是指在云梦泽的低处筑坝蓄积沮水、漳水,在抬高云梦泽水位的基础上,为"通渠汉水、云梦之野"提供补给水源。既然楚庄王时代已有利用沮水、漳水之举,以此为参照坐标,那么杜预完全可以继续利用沮水、漳水等补给长江别流夏水。具体地讲,杜预"开杨口"时完全可从高点拦截沮水、漳水及汉水东流等,并利用"三海"蓄水并注入杨口水道。桑钦《水经》有沮水"又东南过枝江县,东南入于江"⑥之说,郦道元亦有"沮水又南,与漳水合焉"⑦之说:一方面长江别流夏水和漳水合流后可以入沔,另一方面漳水自荆山发源后与汉水东流交汇,早已有直接入江的水道,这样一来,只要通

---

① 清·张廷玉等《明史·地理志五》,北京:中华书局1974年版,第1081页。
② 同①,第1077页。
③ 汉·班固《汉书·地理志下》,北京:中华书局1962年版,第1609页。
④ 汉·司马迁《史记·河渠书》,北京:中华书局1982年版,1407页。
⑤ 刘宋·裴骃《史记集解》注,汉·司马迁《史记·循吏列传》,北京:中华书局1982年版,第3100页。
⑥ 北魏·郦道元《水经注·沮水》,杨守敬、熊会贞疏,段熙仲点校,陈桥驿复校《水经注疏》下册,南京:江苏古籍出版社1989年版,第2700页。
⑦ 同⑥。

过蓄水及抬高水位改变漳水及汉水东流的走向,便可以补入长江别流夏水。

沔阳与监利相邻,南面有自汉县华容受江的夏水。武德五年,唐高祖改后魏建兴县为沔阳县后,沔阳隶属复州。当时,复州下辖竟陵、沔阳和监利三县。如李吉甫叙述复州辖县情况时记载道:"管县三,竟陵,沔阳,监利。"①这虽然是叙述后世的情况,但有重要的参考价值。太康五年,晋武帝析汉县华容建新县监利。监利旧属汉县华容,在复州治所竟陵的西南,境内有呈南北流向的长江别流夏水,这一区域具备建立"起夏水达巴陵"航线的基本条件。史家叙述监利地理水文形势时写道:"南滨江。东南有鲁洑江,亦曰夏水,自大江分流,下至沔阳州入沔。"②胡渭论述道:"按《通典》复州沔阳县有汉云杜县故城,在县西北,有夏水、沔水,今沔阳州南长夏河即夏水也。自监利县流经州南四十里,与潜江县分水,又东北注于汉,堵口今失其处。盖为水所湮也。汉水在州北一百里,自潜江流入,与景陵分水,又东入汉川县界。"③长江别流夏水至沔阳州的南面流入沔水,并在潜江县(今湖北潜江)境内分流,行经东北注入汉水(沔水)。与此同时,汉水在沔阳州北面自潜江流入,至景陵(今湖北天门)境内分水,东行入汉川县。此外,长江别流夏水和沔水在沔阳境内曲折迂回,呈现出以东西走向为主的势态,如果在这一区域开河口的话,完全可以改变以东西方向为主的航线,并利用原有的呈南北走向的水道建立一条直通巴陵的航线。这条航线可进入汉县华容(监利)境内的夏水,经中夏口或子夏口渡江,可以成功地避开从江陵到巴陵必走长江航线时的风险,进而以快捷的水上交通实现"外通零桂之漕",提升水运能力。

杜预在沔阳东南"开杨口"后,提升了沔阳的交通地位。史有"荆州刺史,汉治武陵汉寿,魏、晋治江陵,王敦治武昌,陶侃前治沔阳,后治武昌"④之说,东晋时期,沔阳成为郡治与杨口水道投入使用致使其交通地位上升有密切的关系。杜预"开杨口"有四个方面的意义。

其一,通过有计划有目的地选择线路,建立一条自襄阳出发可深入到江汉腹地的快捷通道,这改变了江汉地区原有的水上交通秩序。在杜预"开杨口"之前,江汉地区的水上交通形势是:"旧水道唯沔汉达江陵千数百里"。这样一来,走水路自襄阳到长江南岸的巴陵,除了水道曲折迂回必经江陵外,还要冒长江航线风急浪大(船只可能会发生翻覆)的风险。然而,从江陵"北至襄阳郡四百五十里"⑤,从经济学的角度看,走水路自襄阳到江陵入长江,再沿长江航线到巴陵,其水运成本远高于陆运。开杨口水道后,通过裁弯取直建立一条经济高效

---

① 唐·李吉甫《元和郡县图志·山南道二》(贺次君点校),北京:中华书局1983年版,第536页。
② 清·张廷玉等《明史·地理志五》,北京:中华书局1974年版,第1081页。
③ 清·胡渭《禹贡锥指》(邹逸麟整理),上海:上海古籍出版社2006年版,第551页。
④ 梁·沈约《宋书·州郡志三》,北京:中华书局1974年版,第1117页。
⑤ 唐·杜佑《通典·州郡十三·江陵郡》,杭州:浙江古籍出版社1988年版,第971页。

的南北走向的新航线,改变了原有的交通面貌。

其二,杜预建杨口水道除了有建立一条快捷的水运通道外,还赋予了杨口水道"内泻长江之险"和避开长江航行风险的功能。江汉平原地势低凹,平均海拔五十米左右,素有"洪水走廊"之称,汛期来临时不利于水运。所谓"内泻",是指这一新航线有行洪及分泄长江洪峰的功能。在新航线开通以前,长江行洪区主要集中在以荆州为中心的江汉平原,连年不断的洪水给当地百姓的性命和财产造成了极大的伤害。建杨口水道后,可以将更广阔的区域纳入到分洪的范围,从而减轻江汉地区的行洪压力。除此之外,新航线还有规避船只长江航行风险的功能。具体地讲,杜佑一方面称杨口水道有"内泻长江之险"①的功能;另一方面又称其有"内避长江之险"②的功能。新航线开通以前,从襄阳南下入江至巴陵远通湘沅,除了水路曲折迂回之外,还要经江陵这一航段节点入江。巴陵在江陵的东南,自江陵到巴陵必走风高浪急的长江航线。新航线开通后,自襄阳沿杨口水道南下,在靠近巴陵的长江北岸夏口直接渡江,降低了走长江必经豫章口的风险。

其三,建立一条贯穿江汉腹地的自北向南的直通航线。这条航线自襄阳起程,不再经江陵及长江航线,可以在巴陵的对岸汉县华容夏口横渡长江,经洞庭湖深入到湘水和沅水的腹地。进而言之,通过缩短直线距离,可从水上加强江汉地区与长江以南湘沅流域的联系。所谓"起夏水达巴陵千余里",是指"开杨口"以后,建立了一条自襄阳南下渡江,直入巴陵远及湘沅流域的新航线。所谓"外通零桂之漕",是指建立一条自北向南、远通零陵郡和桂阳郡的新航线。这条新航线通过缩短航程降低了水运成本。这条航线自襄阳入汉水,沿新开的杨口入夏水,自夏口入长江,横渡长江后可进入巴陵及洞庭湖,经洞庭湖入湘沅流域。胡渭注"又东至巴陵县西北,会洞庭之水"论述道:"巴陵,岳州府治。本汉下隽县地。荆江口在县西北,洞庭水入江处,亦名西江口,又名三江口。《元和志》:巴陵城对三江口,岷江为西江,澧江为中江,湘江为南江。按三江口北岸有杨林浦,一名杨叶洲。盖即《水经注》所谓'巴陵故城西对长洲'者"。③据此可知,沿杨口水道南下渡江后,经洞庭湖可入湘水和沅水。

其四,构建一条以水运为主的水陆联运的交通线。这条交通线一头连接黄河流域及淮河水系,一头连接长江以南的区域。在这中间,杨口水道主要由江北航段和江南航段两个航段构成,与此同时,又有两个重要的航段节点。具体地讲,江北航段主要以襄阳为节点,自襄阳沿水路南下,从北向南穿过江汉平原的腹地,渡江可抵巴陵。与此同时,自襄阳北上经陆路或水路入南阳,可入淮河水系构成的航线,经沙水入黄河航线或入淮河航线;江南航段以

---

① 唐·杜佑《通典·食货二·屯田》,杭州:浙江古籍出版社1988年版,第19页。
② 唐·杜佑《通典·州郡十三·竟陵郡》,杭州:浙江古籍出版社1988年版,第972页。
③ 清·胡渭《禹贡锥指》(邹逸麟整理),上海:上海古籍出版社2006年版,第573页。

巴陵为节点,经洞庭湖可远及零陵郡和桂阳郡。这条交通线建成后,促进了不同区域之间政治、经济等方面的联系,强化了中央对长江以南的边远地区的控制,如史有"后世无叛由杜翁,孰识智名与勇功"之说。从一个侧面说明了杨口水道在维护中央集权方面有着特殊的意义。客观地讲,这条航线在加强黄河流域和长江以南的联系方面,有着其他航线无法替代的功能。在杨口水道开通以前,自零陵郡和桂阳郡北入洛阳的航运线路是:自沅、湘二水入洞庭湖,经巴陵沿长江东行入邗沟,入邗沟后经淮河再入汴渠(鸿沟),随后经汴渠入黄河、洛水抵洛阳。这一水上交通线横跨三大水系,绕行的线路太长,明显不利于中央对长江以南区域的控制。

第四章 东晋的河渠建设与漕运

在权力纷争的过程中,晋王朝很快陷入"八王之乱"。在游牧民族的压迫下,司马睿逃往建业(今江苏南京),在琅琊王氏家族王导、王敦兄弟的支持下,司马睿登基,揭开了东晋的历史。为摆脱北方游牧民族的威胁,东晋建都何处成了人们关心的大问题。针对在会稽、豫章等地建都的说法,王导力主建都建康(建业),以此为大本营稳定东南的政治局势,进而唤起抗击北方强敌的决心。客观地讲,以建康为都是有政治远见的作为。张敦颐论述道:"南朝建都之地,不过建康、京口、豫章、江陵、武昌数处,其强弱利害,前世论之详矣。吴孙策以会稽为根本,大帝嗣立,稍迁京口,其后又尝住公安,又尝都武昌,盖往来其间,因时制宜,不得不尔。及江南已定,遂还建业,保有荆、扬,而魏、蜀抗衡,其宏规远略。晋、宋而下不能易也。故孙皓舍建业而之武昌,吴因以衰,梁元帝舍建业而守江陵,梁遂以亡。李嗣主舍建业而还洪府,南唐遂不能以立。王导断然折会稽、豫章之论,而以建业为根本,自晋而下三百年之基业,导之力也。"①从分析形势及利害关系入手,张敦颐强调了东晋及南朝建都建康的必然性。与北朝相比,东晋兴修河渠的范围较广,涉及长江、淮河和黄河等流域,分别由开挖江陵漕河、治理邗沟、开挖桓公沟、"堰吕梁水"②等构成。这些河渠与谯梁水道、汴渠、黄河航道、杨口水道等互通,在东晋北伐及运兵运粮等事务中发挥了重要的作用。

第一节 京口与建康漕运形势

南朝兴修河渠(运河)的历史,可以晋元帝司马睿建武元年(317)为起点。

建武元年三月,司马睿"封王子宣城公裒为琅邪王"③。司马睿渡江后,司马裒奉命镇守广陵(今江苏扬州)。王象之《舆地纪胜》释"丁卯港"引顾野王《舆地志》云:"晋元帝子

---

① 宋·张敦颐《六朝事迹编类·六朝建都》(张忱石点校),北京:中华书局2012年版,第24页。
② 唐·房玄龄等《晋书·谢玄传》,北京:中华书局1974年版,第2083页。
③ 唐·房玄龄等《晋书·元帝纪》,北京:中华书局1974年版,第145页。

衷镇广陵,运粮出京口,为水涸,奏请立埭丁卯。制可,因以为名"。① 为阻止北兵南下,东晋重点建设了淮河防线。淮河防线主要以广陵、淮阴(今江苏淮阴)、泗口、盱眙等为战略支撑点,以京口(今江苏镇江京口)为后勤补给基础。在这中间,针对丹徒水道干浅不利于渡江、运粮、运兵等情况,司马衷提出了在京口建造堰埭(拦河坝),补给航道水位及防止泄水的建议。

这一建议提出后,得到了司马睿的支持。陈桥驿等叙述丁卯埭(今江苏镇江东南丁卯桥附近)建造情况时指出:"因建于丁卯年,故名丁卯埭。"②晋元帝司马睿在位时并没有丁卯年。如果上推,晋怀帝永嘉元年(307)为丁卯年,是年司马衷八岁。如果下延,晋废帝太和二年(367)为丁卯年,然而,司马衷已于晋元帝建武元年十月去世,如史有"十月丁未,琅邪王衷薨"③之说。综合这些情况,"丁卯埭"的得名与年号无关,应与月份相关。史称:"丁卯桥,县南三里,跨运河,晋元帝子衷镇广陵运粮出京口,水涸,奏请立埭。以丁卯日制可,后人构桥因名。"④潘宏恩先生论述道:"司马衷出镇广陵不会是在永嘉元年(按:是年司马衷八岁)。'丁卯埭'之名当为落成之日的时间。查索年表,建武元年六月至九月间的三丁卯日最有可能。"⑤这里所说的"三丁卯日",分别为建武元年六月丁卯(7月11日)、闰七月丁卯(9月9日)、九月丁卯(11月8日)。司马衷镇守广陵时,为了把吴越旧地的粮食及时运往广陵及淮河防线,在京口兴建了防止航道泄水的丁卯埭,并疏浚了自京口入江的水道。

建造丁卯埭发生在京口成为渡江北上的咽喉以后。三国时期,京口成为战略要地,与吴王夫差开吴古故水道、秦始皇开凿丹徒水道、孙吴孙权开破冈渎等有直接的关系。

追溯历史,春秋后期,吴国以都城阖闾城(今江苏苏州)为起点,建成了贯穿吴越旧地的吴古故水道。具体地讲,自阖闾城出发走水路至由拳塞(今浙江嘉兴南)中转后,再入水路可通山阴(今浙江绍兴)以远,如史有"吴古故从由拳辟塞,度会夷,奏山阴"⑥之说。自阖闾城平门出发可经郭池等地至渔浦(今江苏江阴利港)入江,如史有"出平门,上郭池,入渎,出巢湖,上历地,过梅亭,入杨湖,出渔浦,入大江,奏广陵"⑦之说。

---

① 宋·王象之《舆地纪胜·镇江府·景物下》,北京:中华书局1992年版,第413页。
② 陈桥驿主编《中国运河开发史》,北京:中华书局2008年版,第326页。
③ 唐·房玄龄等《晋书·元帝纪》,北京:中华书局1974年版,第149页。
④ 清·赵弘恩等监修,黄之隽等编纂《江南通志·舆地志》,《四库全书》第507册,上海:上海古籍出版社1987年版,第746页。
⑤ 潘宏恩《运河镇江段文化遗产保护与利用》,张强《江苏运河文化遗存调查与研究》,南京:江苏人民出版社2016年版,第152页。
⑥ 汉·袁康《越绝书·越绝外传记吴地传》,李步嘉校释《越绝书校释》,北京:中华书局2013年版,第32页。
⑦ 同⑥。

稍后，吴王夫差兴修了沟通江淮的邗沟。邗沟吴古故水道与之相接，担负起吴王夫差北上争霸时运兵运粮的重任。在吴王夫差开沟通江淮的邗沟以前，受自然条件的限制，长江流域及长江以南地区与黄河流域的交通主要是：从长江入海，从海上转入淮河后，再沿泗水进入黄河中下游地区，如《尚书·禹贡》叙述上古贡道时有"沿于江、海，达于淮、泗"和"浮于淮、泗，达于河"之说。

吴古故水道与邗沟相通，开通了由长江经广陵入淮河，由淮河进入泗水进入黄河流域的航线。这一时期，吴国的大军出阖闾城平门至渔浦入江，沿长江西行至广陵可入邗沟，经邗沟可沿淮河入泗水，并进入黄河流域。可以说，吴古故水道和邗沟是极具经济和战略价值的航线。经此，渔浦和广陵成为长江两岸进入中原的重镇。然而，从渔浦入江有在长江上逆流西行的航线，又因长江下游江面宽阔，船只很难抗击长江风浪，从而给溯江漕运带来了极大的困难。

秦始皇三十七年（前210），秦始皇南巡时开挖丹徒水道，建成了联系吴越腹地至丹徒（今江苏镇江）入江的新航线。这一航线建成后，改变了自吴古故水道北上时必经渔浦渡江的交通布局。此前，自吴越旧地沿水路北上须经渔浦入江逆行至广陵入邗沟，经此，可自丹徒横渡长江直接至广陵入邗沟。发生这样的变化与吴古故水道本身有抵达毗陵（今江苏常州）的航线相关，如陆广微有"平门北面，有水陆通毗陵，子胥平齐，大军从此门出，故号平门"①之说。从阖闾城平门出发可行至毗陵。毗陵与丹徒相邻，丹徒水道开通后，可从丹徒经毗陵至阖闾城。因丹徒水道直对江北的广陵，这样一来，自丹徒入江遂成为自吴越旧地北上进入中原的重要渡口。

李吉甫叙述丹徒政区沿革时指出："初，秦以其地有王气，始皇遣赭衣徒三千人凿破长陇，故名丹徒。"②为破坏"王气"，秦始皇下令身着赤衣的犯人凿长垄（京岘山东南垄，在江苏镇江东南），建成了自谷阳通往会稽郡（治所在今江苏苏州）的新航线。由于这一水道由身着赤衣的囚犯开凿，故以"丹徒水道"命名，同时改谷阳为"丹徒"，如李吉甫有"本朱方地，后名谷阳，《春秋》鲁襄二十八年庆封奔吴，吴与之朱方，聚族而居之，富于其旧。后楚灵王屈申围庆封于朱方，克之，尽灭其族，即此地"③之说。丹徒水道除了经丹徒外，又经丹阳。李吉甫叙述丹阳政区沿革时指出："本旧云阳县地，秦时望气者云有王气，故凿之以败其势，截之直道使之阿曲，故曰阿曲。武德五年，曾于县置简州，八年废。天宝元年，改为丹阳县。"④丹徒和丹阳均为朱方的旧地，如以后世政区言之，丹徒是润州治所，丹阳是属县，曲阿城是丹阳

---

① 唐·陆广微《吴地记》（曹林娣校注），南京：江苏古籍出版社1999年版，第31页。
② 唐·李吉甫《元和郡县图志·江南道一》（贺次君点校），北京：中华书局1983年版，第591页。
③ 同②。
④ 同②，第591—592页。

县治,且距丹徒只六十里,如顾祖禹有曲阿城"即今县治。古曰云阳,秦始皇以其地有天子气,凿北冈以败其势,截直道使阿曲,改曰曲阿县"①之说,又有丹阳县在"府东南六十里"②之说。综合这些情况,丹阳建县是在析分丹徒的过程中实现的,在唐玄宗天宝元年(742)建丹阳县以前,丹阳属丹徒。

秦始皇开丹徒水道以后,改变了自吴越旧地沿吴古故水道经渔浦入江北上中原的漕运秩序。撰者在《镇江漕渠说》一文中多有考辨:"唐孙处玄《润州图说》云:'云阳西城有水道,至东城而止。'《建康实录》:'吴大帝赤乌八年,使校尉陈勋作屯,用发屯兵三万,凿句容中道至云阳西城,以通吴会船舰,号破冈渎。上下一十四埭,上七埭入延陵界,下七埭入江宁界。于是东郡船舰不复行京行江矣。晋、宋、齐因之。梁以太子名纲,乃废破冈渎,而开上容渎。在句容县东南五里,顶上分流,一源东南三十里,十六埭,入延陵界;一源西南流,三十六里,五埭注句容界。西流入秦淮。至陈霸先,又湮上容渎,而更修破冈渎。隋既平陈,诏并废之。则知六朝都建康,吴会漕输,自云阳西城水道径至都下,故梁朝四时遣公卿行陵乘舴艋,自方山抵云阳。至隋大业中,炀帝幸江都,欲遂东游吴会,始自京江开河至于杭。此说不然,京口有渠,肇自始皇,非始于隋也,盖六朝漕输,由京口泛江以达金陵,则有风涛之险,故开云阳之渎以达句容,而京口固未尝无漕渠也。详诸《实录》,所谓'东郡船舰不复行京江'之语可见。《舆地志》:晋元帝子衷镇广陵运粮出京口,为水涸,奏请于丁卯港立埭。又《齐志》:丹徒水道入通吴会,皆六朝时事,尤为明验。是则炀帝初非创置,不过开使宽广耳。"③丹徒和广陵隔江相望,从丹徒入江可缩短在长江中航行的时间,同时又可以自丹徒深入到会稽郡的腹地。这样一来,沿丹徒水道从丹徒口(京口)入江,进而取代从渔浦入江已成为必然。

吴古故水道的入江口自渔浦改到京口以后,大大地提升了丹徒在江南漕运中的地位。俞希鲁有"漕渠水,自江口至南水门九里,又南至吕城堰百二十四里。秦凿丹徒、曲阿,齐通吴会"④语,元代时丹徒水道又称"漕渠水"。从"自江口至南水门九里"中当知,从丹徒(镇江)南水门沿丹徒水道北上,至京口可入长江。与此同时,向南至吕城堰(在今江苏镇江丹阳吕城境内)可通太湖以远。俞希鲁释"秦凿丹徒、曲阿"等语时论述道:"《类集》:'秦始皇三十七年,使赭衣徒三千凿京岘东南垄。'《舆地志》:'秦凿云阳北冈。'《吴录》:'截直道使曲,故名曲阿。'旧志不载渠之所始。今水道所经大小夹冈,一在京岘之南,一在云阳之北,其势

---

① 清·顾祖禹《读史方舆纪要·南直七》(贺次君、施和金点校),北京:中华书局2005年版,第1258页。
② 同①。
③ 明·张国维《吴中水利全书》卷二十,《四库全书》第578册,上海:上海古籍出版社1987年版,第725—726页。
④ 元·俞希鲁《至顺镇江志·山水》(杨积庆等校点),南京:江苏古籍出版社1999年版,第277页。

委曲周折,皆凿山为之,正与诸说相合"。① 释"齐通吴会"语云:"《齐志》:'丹徒水道入通吴会。'"②丹徒水道与吴古故水道相连,可通秦会稽郡(治所在今江苏苏州,政区包括今江苏南部、上海、浙江大部及福建部分地区)的腹地。

三国时,孙吴一度以丹徒为治所。京口成为丹徒水道的入江口以后,改变了原有的漕运秩序,不必再从吴古故水道至渔浦入江,如刘昫叙述丹徒沿革时写道:"汉县,属会稽郡。春秋吴朱方之邑地,吴为京口戍。晋置南徐州。隋为延陵镇,因改为延陵县。寻以蒋州之延陵、永年,常州之曲阿三县置润州,东润浦为名。皆治于丹徒县。"③丹徒水道开通后,隶属丹徒的京口成为重点经营的对象。特别是陈勋开破冈渎以后,京口除了是连接长江上游武昌等地的漕运通道外,同时又有调运三吴粮草渡江北上支援广陵的功能。在这中间,孙吴虽定都建业,但京口的战略地位不但没有下降,反而得到提升,这样一来,重点经营丹徒及京口是必然的。

东晋的政治形势与孙吴的形势大体相当,司马裒兴建丁卯埭,重点是加固淮河防线和长江。京口建城(这一军事要塞建在今江苏镇江北固山东南岗阜一带)发生在晋元帝大兴初。晋室南渡后,京口成为长江防务的重镇,与此同时,以丹徒为治所的毗陵郡(晋陵郡)成为建康的门户,如史有"时贼帅刘征聚众数千,浮海抄东南诸县。鉴遂城京口,加都督扬州之晋陵、吴郡诸军事,率众讨平之"④之说,这一事件发生在晋成帝咸和元年(326)。俞希鲁释"鉴遂城京口"一语时有"晋郗鉴尝修"⑤之说,在旧城的基础上,郗鉴因山修建了新的城防工事。京口城居高临下,以晋陵、吴郡等地为后援,成为渡江北上的前进基地。顾祖禹论述道:"府内控江湖,北拒淮泗,山川形胜,自昔用武处也。杜佑曰:'京口因山为垒,缘江为境。建业之有京口,犹洛阳之有孟津。'自孙吴以来,东南有事,必以京口为襟要。京口之防或疏,建业之危立至。六朝时,以京口为台城门户(孔坦以郗鉴自京口援京城,曰:'本不须召郗公,使东门无限。'王僧辩谓陈霸先曰:'委公北门。'是也),锁钥不可不重也。晋咸和初,郗鉴镇徐州,苏峻之乱,鉴据要害立营垒,以遏贼东下之锋,贼势遂阻。元兴末,桓玄作乱,刘裕举兵京口,晋室复定。及裕代晋,以京口要地,去建康密迩,非宗室近亲,不使居之。盖肘腋攸关。"⑥自秦始皇开丹徒水道以后,丹徒及京口已成为自广陵渡江南下或自丹徒北上的锁钥,如顾祖禹引《江防考》有"京口西接石头,东至大海,北距广陵,而金、焦障其中流,实天设之险。由京

---

① 元·俞希鲁《至顺镇江志·山水》(杨积庆等校点),南京:江苏古籍出版社1999年版,第277页。
② 同①。
③ 后晋·刘昫等《旧唐书·地理志三》,北京:中华书局1975年版,第1583—1584页。
④ 唐·房玄龄等《晋书·郗鉴传》,北京:中华书局1974年版,第1800页。
⑤ 元·俞希鲁《至顺镇江志·地理》(杨积庆等校点),南京:江苏古籍出版社1999年版,第9页。
⑥ 清·顾祖禹《读史方舆纪要·南直七》(贺次君、施和金点校),北京:中华书局2005年版,第1248—1249页。

口抵石头凡二百里,高冈逼岸,宛如长城,未易登犯。由京口而东至孟渎七十余里,或高峰横亘,或江泥沙淖,或洲渚错列,所谓二十八港者皆浅涩短狭,难以通行。故江岸之防惟在京口"①之说。

郗鉴加固京口城这一军事要塞,为晋陵及京口"内控江湖,北拒淮泗"奠定了坚实的基础。具体地讲,京口作为重要的江防要塞,牵动着南北分治时的神经。如京口要塞可以有效地阻止北兵南下,若北兵入丹徒水道深入到吴越的腹地,进而会动摇东晋的根基。更重要的是,京口是建业的门户,如丹徒水道与破冈渎相接,经此可直抵建康。

丹徒成为漕运的咽喉以后,政区建设一直是晋王朝关注的焦点。丹徒成为江防重镇始于西晋,具体地讲,太康二年(281),晋武帝建毗陵郡,建郡之初,以丹徒为治所,后来迁往毗陵县(在今江苏常州市区)。史称:"晋武帝太康二年,省校尉,立以为毗陵郡,治丹徒,后复还毗陵。东海王越世子名毗,而东海国故食毗陵,永嘉五年,元帝改为晋陵。始自毗陵徙治丹徒。太兴初,郡及丹徒县悉治京口,郗鉴复徙还丹徒,安帝义熙九年,复还晋陵。"②根据这一记载,改毗陵郡为"晋陵郡"当发生在永嘉五年(311),与避东海王司马越世子司马毗名讳有着直接的关系。不过,这一叙述前后有矛盾,"永嘉"是晋怀帝的年号,司马睿渡江并称"元帝"发生在建武元年,史又有"其后东海王越嫡子毗封于毗陵,元帝以毗讳改为晋陵郡"③之说,据此可知,改毗陵郡为"晋陵郡"当发生在司马睿渡江称帝以后。与此同时,毗陵县(晋陵县)成为司马毗的食邑后,毗陵郡(晋陵郡)的治所主要在丹徒和京口之间移动。如晋元帝大兴(318—321)初年,晋陵郡及丹徒县治所均移往丹徒水道的入江口京口。此后,郗鉴镇守晋陵郡时,为确保晋陵郡的安全将郡治及丹徒县治从京口迁回丹徒。义熙九年(413),为建立稳固的长江防线和提高防守质量,晋安帝将晋陵郡治迁至毗陵县。从反复迁治的过程中不难发现,在南北分治的军事形势不断变化的前提下,东晋为加强长江防务及为淮河防线提供必要的支援,迁治丹徒、京口及晋陵已成为常态。

在考证建康与破冈渎及江南河的关系时,俞希鲁诠释"隋穿使广"一语时指出:"隋大业六年,敕穿江南河,自江口至余杭八百余里,广十余丈,使可通龙舟。按:旧志引唐孙处元所撰《图经》云:'云阳西城有水道,至东城而止。'《建康实录》:'吴大帝赤乌八年,使校尉陈勋作屯田,发屯兵三万凿句容中道,至云阳西城,以通吴会船舰,号破岗渎,上下一十四埭。上七埭,入延陵界;下七埭,入江宁界。于是东郡船舰不复行京江矣。晋、宋、齐因之。梁以太子名纲,乃废破冈渎而开上容渎,在句容县东南五里顶上分流:一源东南流三十里十六埭,入延陵界;一源西南流二十六里五埭,注句容界,西流入秦淮。至陈霸先,又湮上容渎,而更修

---

① 清·顾祖禹《读史方舆纪要·南直七》(贺次君、施和金点校),北京:中华书局2005年版,第1250页。
② 梁·沈约《宋书·州郡志一》,北京:中华书局1974年版,第1040页。
③ 唐·杜佑《通典·州郡十二·晋陵郡》,杭州:浙江古籍出版社1988年版,第965页。

破冈渎。隋既平陈,诏并废之。'则知六朝都建康,吴会漕输,自云阳西城水道径至都下。故梁朝四时遣公卿行陵,乘舴艋自方山至云阳。"①所谓"乘舴艋自方山至云阳",是指从方山起程到云阳西城。在这中间,方山成为自秦淮河入建康的漕运码头。隋文帝平陈以后,虽然明确下诏不再兴修破冈渎,但这条航线继续存在,只是某些航段失去通航能力。从这样的角度看,李新在溧水开胭脂河,能迅速地建成"西达大江,东通两浙,以济漕运"的通道,与利用破冈渎有密切的关系。从地理位置上看,胭脂河在长江的东面和丹徒的西面,这一航线的大体方位与破冈渎的航线多有一致甚至是重合之处。

此外,陈勋开凿破冈渎以后,方山埭在建康漕运及商贸中的地位日益彰显。史称:"晋自过江,凡货卖奴婢马牛田宅,有文券,率钱一万,输估四百入官,卖者三百,买者一百。无文券者,随物所堪,亦百分收四,名为散估。历宋齐梁陈,如此以为常。以此人竞商贩,不为田业,故使均输,欲为惩励。虽以此为辞,其实利在侵削。又都西有石头津,东有方山津,各置津主一人,贼曹一人,直水五人,以检察禁物及亡叛者。其荻炭鱼薪之类过津者,并十分税一以入官。其东路无禁货,故方山津检察甚简。淮水北有大市百余,小市十余所。大市备置官司,税敛既重,时甚苦之。"②建都建康以后,东晋设立了都西石头津和都东方山津两个商税征收的关卡。

都西石头津设在石头城下,石头城简称"石头"。与破冈渎漕运通道相对,建康有一条经秦淮河经石头城向北入江的航线。张敦颐记载道:"吴孙权沿淮立栅,又于江岸必争之地筑城,名曰石头,常以腹心大臣镇守之。今石城故基乃杨行密稍迁近南,夹淮带江,以尽地利,其形势与长干山连接。《舆地志》云:环七里一百步,在县西五里,去台城九里,南抵秦淮口,今清凉寺之西是也。诸葛葛亮论金陵地形云,'钟阜龙盘,石城虎踞,真帝王之宅',正谓此也。及晋伐吴,王濬以舟师沿江而下,自三山抵石城。刘梦得《金陵怀古》曰:'王濬楼船下益州,金陵王气黯然收。千寻铁索沈江底,一片降幡出石头。荒苑至今生茂草,古城依旧枕寒流。而今四海归皇化,两岸萧萧芦荻秋。'宋顺帝昇明元年,以司徒袁粲出镇于此。由晋以来,常为战守之地。"③破冈渎建成后,长江虽然不再是漕运主航线,但依旧是建康的门户,是不可或缺的商贸通道。建康城在秦淮河南岸,石头津在石头城的秦淮河上。在秦淮河北岸设置有不同功能的商贸市场,并在"大市备置官司",主要是出于建康安全方面的考虑。

都东方山津(商税征收关卡)设在方山埭,"东路"指深入三吴腹地的破冈渎航线。杜佑记载道:"自东晋至陈,西有石头津,东有方山津,各置津主一人,贼曹一人,直水五人,以检察

---

① 元·俞希鲁《至顺镇江志·山水》(杨积庆等校点),南京:江苏古籍出版社1999年版,第277页。
② 唐·魏徵等《隋书·食货志》,北京:中华书局1973年版,第689页。
③ 宋·张敦颐《六朝事迹编类·石城》(张忱石点校),北京:中华书局2012年版,第42—43页。

禁物及亡叛者。荻炭鱼薪之类出津者,并十分税一以入官。淮水北有大市百余,小市十余所,备置官司,税敛既重,时甚苦之。"①由于"东路无禁货","检察甚简",再加上商税征收较轻,因此,破冈渎成为建康漕运及商贸往来的重要通道。进而言之,在石头津秦淮河北岸设置交易市场时,因"备置官司",出现了"税敛既重,时甚苦之"的局面,这样一来,从事商贸活动的大都走方山埭(破冈渎)。

综上所述,自秦开丹徒水道及孙吴开破冈渎以后,丹徒开始成为从水上联系江淮地区及黄河流域的重镇。从这样的角度看,司马衷建造丁卯埭与丹徒成为南北漕运的咽喉要地密切相关,晋室南渡后,丹徒不但是长江防线的重镇,同时也是淮河防线的战略支撑点,其漕运地位日益彰显。

第二节　王敦兴修江陵漕河

晋元帝建武元年,荆州刺史王敦(字处仲)在江陵开漕河。在王敦开江陵漕河以前,杜预兴修了杨口水道,建设了以襄阳为中心的漕运秩序。襄阳是阻止北军南下的重镇,在这中间,守卫襄阳需要江陵的支援,然而,杨口水道虽通江陵,但水道曲折迂回,直接影响到运兵、运粮。为此,王敦开漕河,旨在通过改造水道缩短航程,改善从江陵到襄阳的漕运条件。

北方沦陷后,江陵在支撑襄阳及长江防务中负有重要的使命,在这一前提下,加强江陵防守便成了当务之急。史称:"漕河,在江陵县北四里。旧经云:王处仲为荆州刺史,凿漕河,通江汉南北埭……乃晋元帝建武初所凿,自罗堰口出大漕河,由里社穴沌口、沔水口直通襄汉二江。"②所谓"通江汉南北埭",是指漕河经南埭和北埭与长江和汉水相通。这条水道"自罗堰口出",经里社穴沌口、沔水口通往襄阳。傅泽洪交代其地理水文形势时论述道:"府城南七里即大江,而江陵县境之吴河、柘林倚北、南等湖,皆江水之或流或汇者也。府治北四里有漕河,晋元帝时凿,自罗堰口入大漕河,由里社穴达沔水,通襄汉江。公安县有石浦河,以通漕运。大江堤,在县东北,上接江陵,下抵石首,长一百里。石首县有长河即大江。又有便河达于洞庭监利县,有夏水。《禹贡传》注云:华容有夏水,首出于江,尾入于沔,一谓之沱。监利本汉华容地,有鲁洑江南通荆江,北入沔汉。有新冲河,通江陵漕河。松滋县有川江、岷江,至此分为三派,复合,达于江陵入大江。"③又论述道:《湖广通志》云:府城东南二十里有黄滩,上当江流二百余里之冲,一决则江陵、潜江、监利,民为鱼鳖,诚要害也。东十五里有镇

---

① 唐·杜佑《通典·食货十一·杂税》,杭州:浙江古籍出版社1988年版,第63页。
② 宋·王象之《舆地纪胜·江陵府》第3册,北京:中华书局1992年版,第2205页。
③ 清·傅泽洪《行水金鉴·运河水》卷一五四,《四库全书》第581册,上海:上海古籍出版社1987年版。

流砥,突出大江数十丈,捍激,江声如迅雷,盖江势东下镇砥,于此则水势推迟,而黄滩之冲少杀,沙市之地可保。按《杜预传》:预都督荆州,旧水道唯沔汉达江陵,千数百里无通路,预乃开扬口,起夏水达巴陵。"①按照这一说法,江陵漕河有两大功能:一是改造了江陵至襄阳的航线;二是捍卫了江堤,改善了民生。王应麟在"干道江陵二堤"条中记载道:"七年十月十七日,湖北漕臣李焘请修江陵、潜江县里社、虎渡二堤。诏明年修筑。八年六月十六日,荆南守臣叶衡请筑襄阳沿江大堤。"②以此为参照,当知王敦兴修江陵漕河时有兴修堤岸之举。

王敦镇荆州开凿漕河,进一步加强了漕河与长江、杨口水道之间的联系。史称:"廙将西出,遣长史刘浚留镇扬口垒。时杜曾会请讨第五猗于襄阳,伺谓廙曰:'曾是猾贼,外示西还,以疑众心,欲诱引官军使西,然后兼道袭扬口耳。宜大部分,未可便西。'"③又称:"玄既至巴陵,仲堪遣众距之,为玄所败。玄进至杨口,又败仲堪弟子道护,乘胜至零口,去江陵二十里,仲堪遣军数道距之。"④江陵及杨口等成为东晋与反叛势力争夺的对象,与王敦"凿漕河"强化江陵水上交通枢纽的地位有着密切的关系。

追溯历史,自秦国灭楚后,江陵的政治地位已一落千丈。不过,从汉章帝起,人们已充分地认识到江陵的重要性。稍后,在不同政权并立的背景下,江陵成为各方势力反复争夺的对象。如杜佑论述道:"今之荆州(理于江陵县),春秋以来,楚国之都,谓之郢都,西通巫巴,东接云梦,亦一都会也。秦置南郡。汉高帝改为临江郡,景帝改为临江国,后复故。后汉因之。其地居洛阳正南(章帝徙巨鹿王恭为江陵王,三公上言,江陵在京师正南,不可以封,乃徙为安陆王)。蜀先主得之(以糜芳为南郡太守),后属吴(糜芳以郡降吴,关羽因此遂败),常为重镇(吴师来伐,当阳侯杜元凯向江陵,斩其督伍延)。晋平吴,置南郡及荆州(领郡十九,理于此)。东晋以为重镇(桓冲屯上明,使刘波守江陵),宋齐并因之(宋领郡十二,齐领郡十)。梁元帝都之,为西魏所陷(大将于谨平之),迁后梁居之,为藩国,又置江陵总管府。隋并梁,置江陵总管府如故,后改为荆州;炀帝初,复为南郡。大唐为荆州,或为江陵郡。"⑤晋王室南渡后,因江陵位于长江和汉水的咽喉地带,扼守着长江的门户,又因自江陵沿漕河及杨口水道北上可进入襄阳及黄河流域,这样一来,江陵的战略地位在王敦兴修漕河的过程中得到了进一步彰显。

王敦开凿江陵漕河,加强江陵水陆交通枢纽建设,是一有战略眼光的举措。

---

① 清·傅泽洪《行水金鉴·运河水》卷一五四,《四库全书》第581册,上海:上海古籍出版社1987年版。
② 宋·王应麟《玉海·地理·陂塘堰湖堤埭》,南京:江苏古籍出版社1990年版。
③ 唐·房玄龄等《晋书·朱伺传》,北京:中华书局1974年版,第2121页。
④ 唐·房玄龄等《晋书·桓玄传》,北京:中华书局1974年版,第2589页。
⑤ 唐·杜佑《通典·州郡十三·江陵郡》,杭州:浙江古籍出版社1988年版,第971—972页。

其一,南北对峙的局面形成后,双方主要在淮河、江汉等地展开攻防。这一时期,如果北朝将军事斗争的锋芒直指江汉的话,那么,先占领襄阳,继而南下占领江陵则意味着撕开长江防线。反过来讲,如果加强襄阳防卫,通过自江陵运兵运粮则可以稳定江汉防线,进而为经南阳进入黄河流域(进行北伐)提供强有力的支援。如晋成帝咸和八年(333),都督江、荆、豫、益、梁、雍六州诸军事及兼领江、荆、豫三州刺史的庾亮打算自江陵北伐,在给朝廷的上疏中写道:"蜀胡二寇凶虐滋甚,内相诛锄,众叛亲离。蜀甚弱而胡尚强,并佃并守,修进取之备。襄阳北接宛许,南阻汉水,其险足固,其土足食。臣宜移镇襄阳之石城下,并遣诸军罗布江沔。比及数年,戎士习练,乘衅齐进,以临河洛。大势一举,众知存亡,开反善之路,宥逼胁之罪,因天时,顺人情,诛逋逆,雪大耻,实圣朝之所先务也。愿陛下许其所陈,济其此举。"①襄阳既是阻止北方游牧民族政权南下进入长江流域的重镇,同时又是东晋北伐自长江流域进入黄河流域的前进基地。史有晋孝武帝太元四年(379)"苻坚攻没襄阳,执朱序"②之说,一旦襄阳失守必定会危及江陵。如果江陵也失守的话,意味着北军沿长江顺流而下,会直接威胁到东晋国都建康的安全。从政治安全的角度看,襄阳是东晋抵御北方游牧民族南下进入江汉平原时的第一道防线,江陵是扼守长江流域的门户,同时也是阻止北军南下的第二道防线。在这样的前提下,加强江陵地区的河渠建设,可以通过及时地运兵、运粮等有效地提升江汉一带的防务水平,同时可稳固江陵防线。

其二,在江陵开凿漕河,改造杨口水道及实现与杨口水道、长江等航线的互通,可依托江陵,以长江流域为战略纵深,为北伐提供便利的条件,实现自江陵沿水路北上,经襄阳、南阳等进入淮河流域及黄河流域的战略目标,进而在保障后勤的基础上突破北朝建立的重点防守区。

其三,开挖江陵漕河有利于重点经营江汉及长江流域,有利于稳定东晋动荡不安的政治局势。晋室南渡后,江汉及相应的长江流域成为东晋重要的统治区域。由于巴蜀、湘沅等地潜伏着不服从中央的地方势力,随时有反叛的可能,为此,需要选择适合的地点驻扎一支有威慑力的军事力量。

其四,江汉平原是东晋赋税的重要来源,江陵西接巴蜀,南接湘沅,是控制江汉地区及长流流域的重镇,在此驻扎重兵可有效地控制江汉及长江流域。进而言之,开凿漕河,完善以江陵为中心的水上交通运输体系,旨在控制江汉地区及以江陵控制巴蜀、湘沅等地。因此,继王敦开漕河以后,东晋政权内部的反叛势力多次围绕江陵展开争夺。正是在这样的前提下,建设与破坏并存,江陵成为各种政治势力觊觎的对象。如宋文帝元嘉(424—453)中,

---

① 唐·房玄龄等《晋书·庾亮传》,北京:中华书局1974年版,第1923页。
② 唐·房玄龄等《晋书·天文志中》,北京:中华书局1974年版,第341页。

"通路白湖,下注杨水,以广运漕"①,这一举措从一个侧面证明了江陵战略地位的重要性。反过来讲,因其战略地位重要,江陵成为重点设防区域。如元嘉三十年(453),臧质"自阳口进江陵见义宣"②,密谋讨伐刘劭。阳口(杨口)扼守着江陵漕运咽喉,与江陵互为犄角,两地同时驻扎两支不同隶属关系的精锐之师,宣示了江陵战略地位的重要性。从这样的角度看,如果没有王敦开漕河加强漕运,江陵及长江防务将会削弱,进而会危及东晋及南朝的政治安全。

第三节 邗沟三次改建考述

如果说江陵漕河是东晋在长江流域兴建的标志性工程,那么,在淮河流域及江淮之间整修邗沟则有巩固江淮防线的意图。渡江重建政权以后,东晋在恢复北方旧地及反兼并战争的过程中,分别构建了淮河和江汉两道重要的防线。在这中间,为快速运兵、运粮及构筑稳固的淮河防线,东晋三次重修了邗沟旧道。

邗沟整修主要是在晋穆帝永和五年(349)或永和六年、晋哀帝兴宁二年(364)、晋孝武帝太元十年(385)三个时段。三个时段虽然有不同的整治对象和建设目标,但如果将这三个时段合到一起,则不难发现这是一个相互关联的有连续性的工程。在这中间,通过恢复和提升邗沟的漕运功能,为东晋巩固淮河防线进而北伐奠定了基础。可以说,如果没有重点修复邗沟之举,东晋要想在淮河一线发动北伐之役,或在淮河防线与北朝展开血与火的对峙,将是一句空话。

邗沟整修的第一时段发生在晋穆帝永和五年或永和六年。郦道元记载道:"自永和中,江都水断,其水上承欧阳,引江入埭,六十里至广陵城,楚、汉之间为东阳郡。高祖六年为荆国,十一年为吴城,即吴王濞所筑也。景帝四年,更名江都。武帝元狩三年,更曰广陵。王莽更名郡曰江平,县曰定安。城东水上有梁,谓之洛桥。中渎水自广陵北出武广湖东,陆阳湖西。二湖东西相直五里,水出其间,下注樊梁湖。旧道东北出,至博芝、射阳二湖。西北出夹邪,乃至山阳矣。至永和中,患湖道多风。陈敏因穿樊梁湖北口,下注津湖径渡,渡十二里,方达北口,直至夹邪。"③赵一清注"陈敏因穿樊梁湖北口,下注津湖"语云:"《魏书·蒋济

---

① 北魏·郦道元《水经注·沔水中》,杨守敬、熊会贞疏,段熙仲点校,陈桥驿复校《水经注疏》下册,南京:江苏古籍出版社1989年版,第2407页。
② 梁·沈约《宋书·臧质传》,北京:中华书局1974年版,第1914页。
③ 北魏·郦道元《水经注·淮水》,杨守敬、熊会贞疏,段熙仲点校,陈桥驿复校《水经注疏》下册,南京:江苏古籍出版社1989年版,第2556—2558页。

传》作精湖。湖左,今山阳。"①永和(345—356)是晋穆帝司马聃的年号,共十二年,故"永和中"当为永和五年或永和六年。在这里,郦道元所说的陈敏,虽然与西晋时任广陵度支的陈敏(?—307)同名同姓,但不是同一人。

武广湖又称"武安湖",陆阳湖又称"渌洋湖"或称"绿洋湖",樊梁湖又称"樊良湖"。刘文淇论述道:"武安湖在高邮州西南三十里,渌洋湖在高邮州南三十里,樊良湖在高邮州北二十里,博芝湖在宝应县东南九十里,射阳湖在宝应县东六十里,夹耶未详所在。"②东汉建安以前,此为邗沟通淮的运道。如胡渭引宋代程大昌语云:"邗沟南起江,而北通射阳湖,以抵末口入淮者,吴故渠也。"③针对"江都水断",陈敏开渠改造了邗沟。具体地讲,长江水道南移后,涌入广陵周边的江潮明显减少,乃至于江潮无法达到广陵。为恢复漕运,陈敏开挖了六十里的新航线。新航线自舆县(今江苏仪征)境内引江潮,通往广陵,为了防止航道泄水,陈敏建造了引江潮济运欧阳埭。后人叙述这一航线时除了继续以"邗沟"相称外,又称之为"淮南漕渠",如沈括有"淮南漕渠,筑埭以蓄水"④之说;时至清代,又称"仪证运河",如刘文淇注"晋穆帝永和中,江都水断。其水上承欧阳埭,引江入埭,六十里至广陵城"语有"即今仪征运河"⑤之说。

欧阳埭是建在新开运道上的拦水坝,目的是蓄积江潮,补给航道水位,那么,郦道元所说的"欧阳"即欧阳埭建在什么地方? 由于江淮之间有"欧阳"这一地名的共有四处,为此,前人进行了辨析。如赵一清注《水经注》"自永和中,江都水断,其水上承欧阳"等语时论述道:"江淮之间地名欧阳,见于史者非一处,吴喜使萧道成留军欧阳,在淮阴界。裴?拒长孙稚欲营欧阳,则在寿春境上,萧正美为侯景栅欧阳,断援军,在今真州界,邗沟之所承也。而会稽郡乌程县亦有欧阳。"⑥四处之中,唯有真州(治所在今江苏仪征)境内的"欧阳"与邗沟相关,故可知欧阳埭在真州境内。

欧阳埭建成后,成为漕运咽喉,故建造了"欧阳戍"这一军事要塞。如顾祖禹交代欧阳戍的地理位置时记载道:"在县东北十里。《水经注》:'邗沟水上承欧阳,引江入埭,六十里至广陵城。'宋大明三年竟陵王诞举兵广陵,诏沈庆之讨之。庆之进至欧阳。齐延兴元年萧鸾使王广之袭南兖州刺史安陆王子敬,广之至欧阳,遣部将陈伯之先驱入广陵。"⑦所谓"在县

---

① 清·赵一清《水经注释·淮水》,《四库全书》第 575 册,上海:上海古籍出版社 1987 年版,第 522 页。
② 清·刘文淇《扬州水道记》(赵昌智、赵阳点校),扬州:广陵书社 2011 年版,第 4 页。
③ 清·胡渭《禹贡锥指》(邹逸麟整理),上海:上海古籍出版社 2006 年版,第 194 页。
④ 宋·沈括《梦溪笔谈·官政二》,胡道静《梦溪笔谈校证》,上海:上海古籍出版社 1987 年版,第 432 页。
⑤ 清·刘文淇《道光·重修仪征县志·河渠志》(万仕国整理),扬州:广陵书社 2013 年版,第 187 页。
⑥ 同①。
⑦ 清·顾祖禹《读史方舆纪要·南直五》(贺次君、施和金点校),北京:中华书局 2005 年版,第 1131 页。

东北十里",是指在仪真县城东北十里的地方。刘文淇论述道：

> 晋穆帝永和以前,邗沟水由江都故城(在唐蜀冈,江都县西南四十六里)首受江。《水经注》云："县城临江。应劭《地理风俗记》曰：'县为一都之会,故曰江都也。'县有江水祠,俗谓之伍相庙也。子胥但配食耳。岁三祭,与五岳同,旧江水道也。"汉魏以前,江水皆由此入邗沟。自永和中,江都水断,乃引江入埭,至广陵城。自后,由江达淮,皆由此河。《通鉴》：宋大明三年,竟陵王诞举兵广陵,沈庆之讨之。庆之进至欧阳。齐延兴元年,萧鸾使王广之袭南兖州刺史(南兖州时侨寄广陵)。安陆王子敬,广之至欧阳,遣部将陈伯之先驱入广陵。自是欧阳为城守要地,故又置欧阳戍焉。①

仪真县的基础是唐代的扬子县,唐高宗永淳元年(682)析江都置扬子县,如史有"永淳元年,分江都县置"②之说。时至宋代,宋真宗升建安军为真州,如史有"乾德三年,升为建安军。至道二年,以扬州之六合来属。大中祥符六年,为真州"③之说。马端临考证道："本唐扬州扬子县之白沙镇,南唐改迎銮镇。宋乾德二年,升为建安军。雍熙二年,以永正来属。至道二年,又以六合隶焉。大中祥符六年,建为真州。"④顾祖禹叙述仪真县的历史沿革时指出："汉江都县地,唐扬子县地,地名白沙。五代属永贞县。后唐同光二年吴杨溥如白沙观楼船,更命白沙曰迎銮镇。宋乾德二年升为建安军,大中祥符六年改真州,政和七年赐郡名曰仪真。元至元中曰真州路,寻复为真州,隶扬州路。明初改仪真县,以州治扬子县省入。"⑤顾祖禹叙述白沙镇的地理方位时有"在县城南,滨江。即白沙洲也"⑥之说。根据这一情况,顾祖禹所说欧阳戍"在县东北十里",是以新县城为地理坐标的。

顾祖禹论扬子废县时有"旧城在县东南十五里"⑦之说,又有欧阳埭(欧阳戍)"在县东北十里"(在新县城东北十里)之说。如果将顾祖禹叙述的里程相加的话,欧阳埭应在距离江边的二十五里处。显然,交代的地理方位未必是欧阳埭建造的地方,同时也不符合当时的水文情况。

清人以江都为坐标,提出了欧阳埭在江都县西南的说法。如蒋廷锡论述道："禹时江淮

---

① 清·刘文淇《扬州水道记》(赵昌智、赵阳点校),扬州：广陵书社2011年版,第6页。
② 后晋·刘昫等《旧唐书·地理志三》,北京：中华书局1975年版,第1572页。
③ 元·脱脱等《宋史·地理志四》,北京：中华书局1985年版,第2180—2181页。
④ 元·马端临《文献通考·舆地考四·古扬州》,杭州：浙江古籍出版社1988年版,第2497页。
⑤ 清·顾祖禹《读史方舆纪要·南直五》(贺次君、施和金点校),北京：中华书局2005年版,第1127页。
⑥ 同⑤。
⑦ 同⑤,第1128页。

本不相通,自春秋时,吴伐齐,于广陵城(今扬州府)东南筑邗城,城下掘深沟,谓之邗江。东北通射阳湖(属淮安府山阳县),北至末口入淮,此沟通江淮之故道也。至晋永和中,江都水断乃于欧阳埭(在江都县西南)引江至广陵城,而北出白马湖,合中渎入淮,谓之山阳渎。隋时又开广之,以通战舰。明初陈瑄循故渎开新运河以通漕,此即今之运道也。"①秦蕙田论述道:"至晋永和中江都水断,乃于欧阳埭(在江都县西南)引江,至广陵城而北,出白马湖合中渎以至淮,谓之山阳渎。隋时又开广之,以通战舰。明初陈瑄循故渎开新运河以通漕,即今之运道也。"②鄂尔泰等论述道:"至晋永和中,江都水断,乃于欧阳埭(在江都县西南)引江,至广陵城而北,出白马湖合中渎以至淮,谓之山阳渎。隋时又开广之,以通战舰。明初陈瑄循故渎开新运河以通漕,即今之运道也。"③众口一词,均指出欧阳埭在江都县的西南。以此结合刘文淇欧阳埭"在唐蜀冈,江都县西南四十六里"的观点,可确认欧阳埭在距白沙镇不远的地方。具体地讲,新渠长六十里,减去四十六里,欧阳埭应建在白沙镇东北十四里的地方。

在白沙镇东北建埭的前因是:邗沟的主要补给水源来自淮河,宝应、高邮等地的地势低洼,一旦遇到淮河流量下降,将无法向江都方向提供补给水源,这样一来,需要自江都引江潮补给航道的水位。然而,"江都水断"后,自江都引江潮已不再可能,为恢复漕运需要开辟新航线,选择新的地点引江潮入运。为了引江潮济运,故采取了"引江入埭"的措施。

从水文形势上看,邗沟以广陵和淮阴为两端,一头联系长江,一头联系淮河。扬州虽在长江边上,但属淮河流域。如至德元年(756),唐肃宗在扬州设淮南节度府。又如宋代词人姜夔称扬州为"淮左名都"(《扬州慢》)。以今天的地理言之,扬州的平均海拔高度为四至八米,淮阴的平均海拔高度为八至十二米。古今地理虽有变化,但淮阴的平均海拔高于扬州当不成问题。张尚瑗注"吴城邗,沟通江淮"语云:"《淮水经注》:吴将伐齐,北霸中国,自广陵东南筑邗城,城下掘深沟,谓之韩江,亦曰邗溟沟,自江东北通射阳湖。《地里志》所谓筑水也。筑水,朱谋?谓宜为渠水,北至末口淮。自永和中,江都水断,其水上承淮阳,引江入埭六十里,至广陵城。楚汉之间,为东阳郡。高祖六年,为荆国。十一年,为吴城即吴王濞所筑也。景帝四年,更名江都。武帝元狩三年,更名曰广陵。"④赵一清注"旧江水道也,昔吴将伐齐,北霸中国,自广陵城东南筑邗城,城下掘深沟,谓之韩江,亦曰邗溟沟,自江东北通射阳湖。《地理志》所谓渠水也,西北至末口入淮"时指出:"《汉志》广陵国江都县渠水首受江,北

---

① 清·蒋廷锡《尚书地理今释·禹贡·淮》,《四库全书》第68册,上海:上海古籍出版社1987年版,第238—239页。
② 清·秦蕙田《五礼通考·嘉礼八十》,《四库全书》第140册,上海:上海古籍出版社1987年版,第193页。
③ 清·鄂尔泰等《钦定周官义疏·夏官司马第四之六》,《四库全书》第99册,上海:上海古籍出版社1987年版,第194页。
④ 清·张尚瑗《左传折诸·哀公·吴城?沟通江淮》,《四库全书》第177册,上海:上海古籍出版社1987年版,第514页。

至射阳入湖。《禹贡锥指》曰:阎百诗《四书释地》曰:《左传·哀九年》吴城邗,沟通江淮。杜预明谓于邗江筑城,穿沟东北,通射阳湖,西北至末口入淮,乃引江达淮,与《孟子》排淮入江不合。直至隋文帝开皇七年丁未开山阳渎,炀帝大业元年丁丑开邗沟,皆自山阳(今江苏淮安)至杨子入江,水流与前相反。盖孟子后九百余岁,其言始验。若预为之兆者,亦一异事。又云:《汉志》江都渠水首受江,北至射阳入湖。《水经注》:中渎水首受江,自广陵至山阳入淮,是其水乃自南入北,非自北入南也。且以邗沟既开言之。孟子云:淮注江,非误。然班固言:渠水入湖而不言入淮,颇有分刌。撰《水经》者乃云:淮水过淮阴县北,中渎水出白马湖,东北注之。郦道元遂以此水直至山阳口入淮,而其说牢不可破矣。窃疑高邮、宝应地势最卑,若釜底然。邗沟首受江水,东北流至射阳湖而止。杜预云:自射阳西北至末口入淮,此不过言由江入淮之粮道耳。路可通淮,而水不通淮也。《水经》殆不如《地志》之确。今按:江淮自吴阙邗沟以后,水流径通,但与隋人所开有顺逆之分。胡氏乃云:路可通淮,水不通淮。语亦有病。"①在叙述邗沟与淮河水文关系时,赵一清在充分肯定"邗沟首受江水"的过程中,同时注意到孟子"排淮、泗而注之江"的说法。

由于淮河下行时,一直存在着赵一清所说的"窃疑高邮、宝应地势最卑,若釜底然"的情况,同时又存在着"唐宋以前,扬州地势南高北下,且东西两岸未设堤防"②等情况,这样一来,邗沟行运势必要利用江潮补给航道的水位。尽管如此,邗沟的主要补给水源来自淮河当不成问题,进而言之,孟子所说的"排淮、泗而注之江"对于认识邗沟水文依旧有积极的意义。如钱大昕论述道:

> 问:"淮水为四渎之一,以其独能入海也。淮与江不相入。《孟子》云:'决汝汉,排淮泗而注之江。'先儒以为记者之误,其信然乎?"
> 曰:"汉儒赵邠卿注《孟子》,于此文未尝致疑,宋以后,儒乃疑之。予谓孟子长于《诗》《书》,岂不知读《禹贡》?且生于邹、峄,淮、泗之下流近在数百里之间,何至有误?……"③

江藩论述钱大昕的学术成就时,突出了这一观点并加以引录④。从这样的角度看,如果不能在"江都水断"的情况下兴修新运道及建拦河坝的话,那么,航道无法保持水位,出现干

---

① 清·赵一清《水经注释·淮水》,《四库全书》第575册,上海:上海古籍出版社1987年版,第521—522页。
② 清·刘文淇《扬州水道记》(赵昌智、赵阳点校),扬州:广陵书社2011年版,第1页。
③ 清·钱大昕《潜研堂文集·答问六》,《续修四库全书》第1438册,上海:上海古籍出版社2002年版,第521—522页。
④ 清·江藩《国朝汉学师承记》(钟哲整理),北京:中华书局1983年版,第49页。

浅的情况,将无法进行漕运。

针对"江都水断"等情况,陈敏建成了邗沟至仪真入江的六十里航线和"引江入埭"工程(欧阳埭)。在这中间,开六十里的新运道主要与邗城的地理方位相关,如吴王夫差开邗沟时,建造了邗城这一军事要塞,邗城靠近仪真,当时的邗沟很可能至仪真的旧江口入江。阎若璩论述邗城的地理位置时指出:"其城应在大江滨,今仪真县南有上江口、下江口、旧江口。或者旧江口为吴夫差所穿,故班《志》广陵江都县有渠水首受江是也。第代远,城堙无复余址。乐史云:江都县城临江,今圮于水,江都既尔,邗城可知。"①在开挖六十里新航线的过程中,陈敏利用了邗沟最初的航线。郦道元记载道:"应劭《地理风俗记》曰:县为一都之会,故曰江都也。县有江水祠,俗谓之伍相庙也。子胥但配食耳,岁三祭,与五岳同。旧江水道也。昔吴将伐齐,北霸中国,自广陵城东南筑邗城,城下掘深沟,谓之韩江,亦曰邗溟沟,自江东北通射阳湖。《地理志》所谓渠水也,西北至末口入淮。"②这里所说的"旧江水道",应指邗沟最初的入江水道。也就是说,陈敏开挖新道时,有可能利用了旧有的邗沟水道,并在此基础上兴建了欧阳埭。

除了开新道六十里及建欧阳埭以外,陈敏改造邗沟中段的"湖道"也是永和中取得的重要成果。邗沟是一条以"湖道"为主的航线,湖面风急浪大,给航行带来巨大的风险。如自樊梁湖"东北出,至博芝、射阳二湖",船只行经这一区域时需横渡湖面。然而,湖面开阔,风浪极大,船只经此时常面临着翻覆的危险。更重要的是,船只行经"湖道"时主要采用靠湖堤一侧行驶的航线,受自然条件的支配,"湖道"呈现出曲折迂回的状况。

针对这些情况,陈敏自樊梁湖北口开挖水道,建造自樊梁湖直通津湖(界首湖,在今江苏高邮北、宝应南,因界于两县之间,故名)的航线,如刘文淇有"津湖即界首湖,过津湖即入高邮境"③之说。这条航线开辟后,改善了船只通行时的安全环境,缩短了航程,提高了经济效益,同时形成了自广陵至山阳的复式航线。进而言之,在开挖六十里入江水道的同时,陈敏重点改造了原有的"湖道",建成了"穿樊梁湖北口,下注津湖径渡"的航线。在陈敏兴修改造"湖道"工程以前,自广陵沿邗沟北上至山阳主要由"湖道"构成。具体地讲,沿"湖道"自南向北,中经樊梁湖、武广湖、陆阳湖(三湖在今江苏高邮境内),随后自博芝湖、射阳湖至山阳,再由山阳至淮阴末口(旧址在今江苏淮阴码头镇境内)入淮河。为避开"湖风",陈敏自樊梁湖北口开渠十二里直入津湖,绕开樊梁湖、武广湖、陆阳湖,建立了至山阳的新航线。

---

① 清·阎若璩《尚书古文疏证》(黄怀信、吕翊欣校点),上海:上海古籍出版社2010年版,第831页。
② 北魏·郦道元《水经注·淮水》,杨守敬、熊会贞疏,段熙仲点校,陈桥驿复校《水经注疏》下册,南京:江苏古籍出版社1989年版,第2554—2555页。
③ 清·刘文淇《扬州水道记》(赵昌智、赵阳点校),扬州:广陵书社2011年版,第5页。

第二时段发生在晋哀帝兴宁二年。郦道元记载道："兴宁中,复以津湖多风,又自湖之南口,沿东岸二十里,穿渠入北口,自后行者不复由湖。故蒋济《三州论》曰:淮湖纡远,水陆异路,山阳不通,陈登穿沟,更凿马濑,百里渡湖者也。自广陵出山阳白马湖,径山阳城西,即射阳县之故城也。"①兴宁(363—365)是晋哀帝的年号,共三年,"兴宁中"当为兴宁二年。

刘文淇进一步肯定了"陈登穿沟"之说。刘文淇考证道:"此据《水经注》旧本,近赵一清本云'陈敏穿沟',误矣。陈敏乃晋惠帝太安时人,上距黄初八十年,在蒋济之后,《三州论》不当引之,当作'陈登'。刘宝楠《宝应图经》云'《蒋济传》:作《三州论》以讽帝,帝谓魏文帝,其时不得有陈敏'是也。"②根据这一情况,刘文淇得出的结论是:"汉建安二年,陈登为广陵太守。是时,射阳以南之路不通,所谓'淮湖纡远,水陆异路,山阳不通'者,指此。陈登时,未立山阳郡县,足知此所谓'山阳'即统指射阳以南之山阳渎而言。缘东道不通,故陈登更于西别通运道也。"③刘文淇旁征博引,指出陈敏为陈登之误是有认识价值的。

陈登改造邗沟航线,主要是自津湖至射阳马濑(白马湖,在今江苏淮安南)之间的航线。具体的改线工程是:一是自津湖南口沿东岸开新渠二十里;二是自新渠入樊梁湖(樊良湖,在高邮西北)北口;三是自樊梁湖北口入山阳马濑。郦道元所说的"山阳"是以后世地名相称,指射阳县(治所在今江苏淮安),如史有"汉射阳县地,属临淮郡。晋置山阳郡,改为山阳县"④之说,胡渭有"山阳本汉射阳县,属临淮郡。晋义熙中,改曰山阳县,射阳湖在县东南八十里,县西有山阳渎,即古邗沟"⑤之说。

三湖(津湖、樊梁湖、白马湖)均为淮河下泄过程中形成的湖泊,本身有水道相通,但曲折迂回。改造"湖道"及开辟新航线以后,既缩短了航程,又避开了湖风。刘文淇注"淮湖纡远"语云:"邗沟水自樊良湖不能直达射阳,先东北至博支,又由博支西北至射阳,其道纡曲太甚,所谓'淮湖纡远'也。"⑥检索史料,建安二年(197),陈登任广陵太守,建安五年(200),广陵移治射阳,如史有"广陵太守陈登治射阳"⑦之说。因移治,陈登有条件整治邗沟从津湖到白马湖的运道。刘文淇论述道:"《郡国利病书》云:'马濑,白马湖也。'按,汉建安二年。陈登为广陵太守。是时,射阳以南之路不通,所谓'淮湖纡远,水陆异路,山阳不通'者,指此。

---

① 北魏·郦道元《水经注·淮水》,杨守敬、熊会贞疏,段熙仲点校,陈桥驿复校《水经注疏》下册,南京:江苏古籍出版社1989年版,第2558—2559页。
② 清·刘文淇《扬州水道记》(赵昌智、赵阳点校),扬州:广陵书社2011年版,第5页。
③ 同②。
④ 后晋·刘昫等《旧唐书·地理志三》,北京:中华书局1975年版,第1573页。
⑤ 清·胡渭《禹贡锥指》(邹逸麟整理),上海:上海古籍出版社2006年版,第192—193页。
⑥ 同②。
⑦ 宋·司马光《资治通鉴·汉纪五十五》(邬国义校点),上海:上海古籍出版社1997年版,第557页。

陈登时,未立山阳郡县,足知此所谓'山阳'即统指射阳以南之山阳渎而言。缘东道不通,故陈登更于西别通运道也。其曰'更凿马濑,百里渡湖'者,《说文》:'濑,水流沙上也。'凡濑江濑湖之地,皆谓之沙。登于白马湖滨开凿水道,使白马、津湖相通,遂由白马湖达津湖,而入樊良湖也(津湖即界首湖,过津湖即入高邮境)。自登马濑之后,凡由北而南者,入夹耶,贯射阳,西至白马,渡津湖,入樊良。"①陈登改造"湖道"的工程核心是:自津湖南口开新渠二十里,随后入樊梁湖北口,建立与白马湖相互连接的航线。刘文淇论述道:"足知魏晋以前,白马不能径达于淮也。盖建安以前,由东道者出博芝、射阳、径达夹耶,不由白马。建安以后,由西道者出津湖、白马,又东贯射湖,乃至夹耶。由白马至樊良,不过百里,蒋济《论》所谓'百里渡湖'者也。较诸东道,为径捷矣。"②兴宁二年兴修的邗沟改道工程,实际上是陈登"穿沟"以后的续建工程。可以说,两大工程遥相呼应,与此前的永和中兴修的改道工程相辅相成,进一步降低了"湖道"风险。

第三时段发生在晋孝武帝太元十年。

在王道之的排挤下,谢安出镇广陵步丘后,先筑军事要塞新城,后筑召伯埭。史称:"时会稽王道子专权,而奸谄颇相扇构,安出镇广陵之步丘,筑垒曰新城以避之。帝出祖于西池,献觞赋诗焉。安虽受朝寄,然东山之志始末不渝,每形于言色。及镇新城,尽室而行,造泛海之装,欲须经略粗定,自江道还东。雅志未就,遂遇疾笃。……及至新城,筑垒于城北,后人追思之,名为召伯埭。"③又称:"会稽王道子好专权,复为奸谄者所构扇,与太保安有隙。安欲避之,会秦王坚来求救,安乃请自将救之。壬戌,出镇广陵之步丘,筑垒曰新城而居之。"④司马光将这一事件定在太元十年四月,此为参照坐标,当知太元十年四月谢安筑新城后,又筑召伯埭,故刘文淇有"此邵伯立埭之始"⑤之说。

既然是在新城筑埭,为什么会以"召伯埭"或"邵伯埭"相称?李昉引《晋中兴书》记载道:"谢安筑埭于新城北,百姓赖之,故名召伯埭。"⑥李吉甫引《纪胜扬州》记载道:"邵伯埭,在县东北四十里。晋谢安镇广陵,于城东二十里筑垒,名曰新城。城北二十里有埭,盖安所筑,后人思安,此于召伯,因以立名。"⑦乐史记载道:"邵伯埭,有门斗,县东北四十里,临合渎渠。有小渠,阔六步五尺,东去七里入艾陵湖。按《晋书》:'太元十一年,大傅谢安镇广陵,

---

① 清·刘文淇《扬州水道记》(赵昌智、赵阳点校),扬州:广陵书社2011年版,第5页。
② 同①,第5—6页。
③ 唐·房玄龄等《晋书·谢安传》,北京:中华书局1974年版,第2076—2077页。
④ 宋·司马光《资治通鉴·晋纪二十八》(邹国义校点),上海:上海古籍出版社1997年版,第949—950页。
⑤ 同①,第6页。
⑥ 宋·李昉等《太平御览·地部三十八·堰埭》,北京:中华书局1960年版,第344页。
⑦ 唐·李吉甫《元和郡县图志·淮南道》逸文卷二(贺次君点校),北京:中华书局1983年版,第1072—1073页。

于城东北二十里筑垒,名曰新城。城北二十里筑埭,名邵伯埭。'盖安新筑,即后人追思安德,比于邵伯,因以立名。"①召伯埭又称"召伯堰"。史称:"在江都县东北四十五里,晋谢安镇广陵时所筑,民思其德,比于召公,故名,又名召伯堰。"②埭和堰同义复指,可以互替。谢安筑埭造福于当地,当地人将谢安比作西周时的贤臣召公,"邵""召"同音同义,可互置。为纪念谢安,遂有"邵伯埭""召伯埭""召伯堰"等称。合渎渠是邗沟的别称,与东去七里的艾陵湖相通,艾陵湖不但有补给航道水位及济运的功能,而且本身是邗沟"湖道"的一部分。史称:"艾陵湖,在府东北四十五里,邵伯镇东,北通绿洋湖,西接官河。又府东北五十里,有朱家湖亦通官河。"③"府东北",指在扬州府东北。

召伯埭是一蓄水工程,与"江都水断"(水文变化)后建欧阳埭有直接的关系。刘文淇论述道:"盖自穆帝永和中,江都水断。其水上承欧阳埭,引江入埭,地势南高北下,水易下泄,故安又于步邱之北,筑埭以蓄水也。"④欧阳埭引江潮济运后,邗沟(合渎渠)自召伯埭至江都航段的补给水源主要上承欧阳埭,这一情况一直延续到宋代。如宋真宗一朝,发运使贾宗建议疏浚淮南漕渠(邗沟),废除运道上的诸堰,此举遭到王臻的反对。史称:"中使就营景灵宫、太极观,臻佐助工费有劳,迁殿中侍御史,擢淮南转运副使。时发运司建议浚淮南漕渠,废诸堰,臻言:'扬州召伯堰,实谢安为之,人思其功,以比召伯,不可废也。浚渠亦无所益。'召为三司度支判官,而发运司卒浚渠以通漕,臻坐前异议,降监察御史、知睦州。"⑤王臻因反对贾宗浚淮南漕渠的做法受到了处分,但此时召伯埭并没有拆除。史称:"后徙淮南转运副使,历京西、河东、河北转运使,改江、淮制置发运使。殿直王乙者,请自扬州召伯埭东至瓜州,浚河百二十里,以废二埭。诏瑾规度,以工大不可就,止置闸召伯埭旁,人以为利。"⑥继贾宗以后,王乙再次提出拆除堰埭的主张。这里所说的"废二埭"是指拆除召伯埭和瓜州埭。此时,钟离瑾奉命规划自召伯埭至瓜州的漕路,经过勘察,钟离瑾采取了在召伯埭一旁建闸的措施,保留了这一古迹。进而言之,拆除和保留堰埭的争论,从一个侧面反映了建埭蓄水及维持航道水位是历史的产物,伴随着更先进的复式船闸技术的出现和兴起,拆除堰埭已是必然。

---

① 宋·乐史《太平寰宇记·淮南道一·扬州》(王文楚等校点)第六册,北京:中华书局2007年版,第2447页。
② 明·李贤等《明一统志·扬州府》,《四库全书》第472册,上海:上海古籍出版社1987年版,第283页。
③ 清·赵宏恩等监修《江南通志·舆地地·山川四》,《四库全书》第507册,上海:上海古籍出版社1987年版,第469页。
④ 清·刘文淇《扬州水道记》(赵昌智、赵阳点校),扬州:广陵书社2011年版,第6页。
⑤ 元·脱脱等《宋史·王臻传》,北京:中华书局1985年版,第10009页。
⑥ 元·脱脱等《宋史·钟离瑾传》,北京:中华书局1985年版,第9945页。

尽管如此,召伯埭起到的历史作用不容轻视。具体地讲,谢安建召伯埭并及两面:一是建造拦河坝,通过蓄水维持了航道水位;二是为了防止航道泄水,修筑了河堤。这两者结合在一起,提升了这一航段的漕运能力。李昉引郭缘生《述征记》记载道:"秦梁埭到召伯埭二十里,召伯埭到三枚埭十五里,三枚埭到镜梁埭十五里。"①如果以召伯埭为节点,当知召伯埭南二十里有秦梁埭,召伯埭北十五里有三枚埭,继续向北十五里有镜梁埭,四埭合在一起,涉及的航程有五十里。建造拦河坝的目的是维持水位,防止航道泄水及出现干浅不利于航行的情况。然而,邗沟这一航段的水位落差有限,故不可能在五十里的区间密集地建造四座拦河坝。

那么,堰埭除了指拦河坝以外,又指什么? 一般认为,堰埭除了指拦河坝以外,又指河堤。对此,前人已有充分的认识。潘游龙记载道:"唐李吉甫为淮南节度使,始于湖之东西,亘南北筑平津堰,以防水患。"②从"亘南北筑平津堰"中当知,这里所说的"筑平津堰"指修筑河堤。所谓"以防水患",是指平津堰有加固河堤及束水的功能。如顾炎武论述道:"运河堤自黄浦至界首,长八十里,即唐李吉甫新筑平津堰也。"③史称:"运河堤在宝应自黄浦至界首,得八十里,即唐李吉甫新筑平津堰是也。"④又称:"唐淮南节度使李吉甫虑漕渠庳下不能居水,乃筑堤名曰平津堰,即官河堤。"⑤根据这些论述,可进一步证明"虑漕渠庳下不能居水",指加固河堤防止航道泄水。如果以李吉甫建平津堰为参照坐标,当知谢安筑召伯埭亦有兴修河堤之举。进而言之,尽管不太清楚秦梁埭、三枚埭、镜梁埭建于何时? 但三埭与召伯埭相连,应指兴修河堤。由此及彼,谢安建召伯埭,亦有兴修河堤之举。

此外,在建召伯埭及兴修河堤的过程中,谢安又兴修了艾陵湖的湖堤,如王应麟有"谢安堰艾陵湖"⑥之说。兴修艾陵湖湖堤是建召伯埭的补充工程,此举除了有补给航道水位的功能外,还有两个方面的功能值得关注:一是艾陵湖本身有"北通绿洋湖,西接官河"的航道,通过修筑艾陵湖堤,建成了一条绕过召伯埭,自艾陵湖进入"湖道"的复式航线,这条复式航线可以在主航道干浅时发挥作用;二是修筑艾陵湖湖堤,进一步增强了艾陵湖的蓄水能力,为农田灌溉、排洪防涝等提供了基本保障。如宋理宗一朝,安庆知府黄幹在《代抚州守上奏》中

---

① 宋·李昉等《太平御览·地部三十八·堰埭》,北京:中华书局1960年版,第344页。
② 明·潘游龙辑《康济谱·工曹·水利》,《四库焚毁书丛刊·史部》第7册,北京:北京出版社2000年版,第716—717页。
③ 清·顾炎武《天下郡国利病书》,《四部丛刊·史部》第12册,上海:上海书店1985年版,第30页。
④ 清·徐翴修,乔莱纂《康熙宝应县志·河渠》,康熙二十九年(1690)本。
⑤ 清·杨宜仑修,夏之蓉纂《乾隆高邮州志·堤工》,乾隆四十八年(1783)原修本,嘉庆十八年(1813)增修本。
⑥ 宋·王应麟《通鉴地理通释·三国形势考下》(傅林祥点校),北京:中华书局2013年版,第357页。

写道:"陂塘之利,所以灌注田亩。汉世良吏往往以开渠灌田立名后世,如召伯埭、甘棠湖之类,民到于今称之。"①追溯历史,最初的邗沟以曲折迂回的"湖道"为主,后世水文发生变化后,需要根据新情况重修运道。在这中间,谢安建召伯埭及改造运道主要是由"江都水断"引起的,自建欧阳埭及邗沟改道至仪真入江以后,邗沟水文发生了巨大的变化,为解决航道泄水过快及干浅等问题,谢安通过兴建召伯埭、修筑河堤、修筑湖堤及建蓄水工程,提升了邗沟的通航能力。

---

① 明·杨士奇《历代名臣奏议·荒政》,《四库全书》第440册,上海:上海古籍出版社1987年版,第126页。

第五章　北伐与漕运及河渠建设

黄河中下游地区被游牧民族占领后,恢复故土成为南下士大夫挥之不去的情结。在此基础上,东晋建立了淮河和长江两道防线,以阻止北军南下。与此同时,士大夫不甘心偏居江南,在祖逖、殷浩、桓温、谢玄等的带领下,先后发动了一次又一次的北伐战争。然而,北伐需要举国之力,北方失陷后,东晋地偏一隅、财力有限,根据这一情况,北伐采取了从水上运兵、运粮的措施。之所以这样做,主要有两个原因:一是漕运成本低廉,可以有效地节约战争成本;二是经过历代的建设,水路已成为重要的交通形式。一些沿线城市成为水陆交通枢纽后,可以充分地满足运兵运粮及从其腹地调集粮草的需求。进而言之,在航段节点建立前行据点及快速高效的后勤补给基地,可以最大限度地兑现军事斗争的成果。因此,为北伐而兴修的河渠遂打上了为军事斗争服务的烙印。

第一节　祖逖北伐与漕运考述

司马睿建立东晋政权可上溯到永嘉元年(307),是年九月,司马睿等渡江至建邺(今江苏南京),由此揭开了稳定江东的历史。建兴四年(316)十二月刘曜围长安,晋愍帝被迫出降,至此西晋灭亡。建兴五年(317)四月,在琅琊王氏家族王导、王敦兄弟的拥戴下,司马睿承制称晋王,并改元"建武",建武二年(318)四月,晋愍帝死于汉国的讣告传到江东后,司马睿正式称帝,是为晋元帝,并改元"大兴"。

晋愍帝出降后,北方领土虽然沦陷,但没有完全丧失,如刘琨、段匹䃅、刘翰等继续坚守北方,与"乱华"的游牧民族展开斗争。抓住这一有利时机,祖逖揭开了北伐的序幕,如史有建武元年(317)五月"祖逖攻谯"①之说。

祖逖北伐是在缺少军械、人马和粮草等的背景下进行的。史称:"逖以社稷倾覆,常怀振

---

① 梁·沈约《宋书·五行志二》,北京:中华书局1974年版,第907页。

复之志。……时帝方拓定江南,未遑北伐,逖进说曰:'晋室之乱,非上无道而下怨叛也。由藩王争权,自相诛灭,遂使戎狄乘隙,毒流中原。今遗黎既被残酷,人有奋击之志。大王诚能发威命将,使若逖等为之统主,则郡国豪杰必因风向赴,沈溺之士欣于来苏,庶几国耻可雪,愿大王图之。'帝乃以逖为奋威将军、豫州刺史,给千人禀,布三千匹,不给铠仗,使自招募。仍将本流徙部曲百余家渡江,中流击楫而誓曰:'祖逖不能清中原而复济者,有如大江!'辞色壮烈,众皆慨叹。屯于江阴,起冶铸兵器,得二千余人而后进。"①吴则虞等先生注"屯于江阴"云:"逖既北渡,不得再屯江阴。《建康实录》五、《通志》一二五及《御览》三〇七、《册府》四一三皆作'淮阴',疑是。"②先且不论"屯于江阴"是否是"屯于淮阴"之误,但祖逖北伐自京口渡江,沿邗沟北上至淮阴铸造兵器等当不成问题。如除了《建康实录》《通志》《太平御览》《册府元龟》有祖逖屯于淮阴之说外,王应麟亦有"祖逖屯淮阴"③之说,据此可知,祖逖北伐沿邗沟北上当不成问题。

之所以这样主要基于三个方面的原因:一是祖逖北伐是沿水道从淮河流域进入黄河流域的,率先攻取的战略要地是谯郡(治所在今安徽亳州谯城区)。如果溯江而上至江陵经襄阳等地进入黄河流域,先且不论长江航行风险太大,更重要的是,绕道而行不利于率先夺取谯郡。二是祖逖北伐时缺少粮草、军械、人马等,此时的江淮没有完全失陷,可为祖逖北伐提供必要的粮草、军械、人马等。李吉甫引《纪胜扬州》记载道:"大江,西北自六合县界流入。晋祖逖击楫中流自誓之所,南对丹徒之京口。旧阔四十余里,今阔十八里。魏文帝登广陵观兵,戎卒数十万,旌旗数百里,临江见波涛汹涌,叹曰:'吾骑万队,何所用之。嗟乎,固天地所以限南北也!'"④从"晋祖逖击楫中流自誓之所,南对丹徒之京口"等语中完全可以捕捉到祖逖自京口渡江的信息。三是祖逖十分熟悉江淮之间的水路。史称:"及京师大乱,逖率亲党数百家避地淮泗,以所乘车马载同行老疾,躬自徒步,药物衣粮与众共之,又多权略,是以少长咸宗之,推逖为行主。达泗口,元帝逆用为徐州刺史,寻征军谘祭酒,居丹徒之京口。"⑤在率亲党及族人南下的过程中,祖逖先是率亲党"避地淮泗",后又"达泗口",随后渡江至京口。因熟悉江淮水道,故进军路线自京口渡江入邗沟是必然的选择。

泗口指泗水与淮河交汇的河口,泗水与淮河交汇时有不同的河口。问题是,祖逖所路过的泗口在什么地方?从祖逖先是"避地淮泗"、后"达泗口"等情况看,此处所说的泗口应在淮阴境内。胡渭论述道:"淮、泗之会即角城也。左右两川翼夹,二水决入之所,所谓泗口也。按泗口亦名清口,导淮东会于泗、沂,即是处也。今清河县东南五里有淮阴故城,汉属临淮

---

① 唐·房玄龄等《晋书·祖逖传》,北京:中华书局1974年版,第1694—1695页。
② 同①,第1702页。
③ 宋·王应麟《通鉴地理通释·淮阴》(傅林祥点校),北京:中华书局2013年版,第364页。
④ 唐·李吉甫《元和郡县图志·淮南道》逸文卷二(贺次君点校),北京:中华书局1983年版,第1072页。
⑤ 同①,第1694页。

邳。后汉改属下邳国。晋初为广陵郡,治角城县。故城在县西南,去故淮阳城十八里。"①北方领土沦陷后,泗口成为南北之争的战略要地。如司马光《资治通鉴·晋纪十五·太宁二年》有"后赵将兵都尉石瞻寇下邳、彭城,取东莞、东海,刘遐退保泗口"等语,胡三省注云:"《水经注》:泗水自淮阳城东流,径角城北,而东南流注于淮,谓之泗口。杜佑曰:泗口,在今临淮郡宿迁县界。"②从表面上看,胡三省与胡渭所说不同,实际上是指同一地点,主要是因古今政区变化造成的。

祖逖沿水路南下,经过的泗口在淮阴境内,主要是由当时的水路交通形势决定的。如史家指出:"泗沟,在清河县东八里,或作泗口。晋时,其地为重镇。"③沈炳巽注"淮泗之会即角城也。左右两川,翼夹二水,决入之所,所谓泗口也"等语云:"泗口亦名清口,导淮东会于泗沂,即是处也。今清河县东南五里,有淮阴故城。角城县故城,在清河县西南,去故淮阳城十八里。"④傅泽洪亦指出:"郦注:泗口亦名清口,导淮东会于泗沂,即是处也。今清河县东南五里有淮阴故城,汉属临淮郡,后汉改属下邳国,晋初为广陵郡治。角城县故城,在县西南,去故淮阳城十八里。《寰宇记》云:角城在宿迁县东南一百十里。"⑤前人言之凿凿,可进一步证明泗口是指淮阴境内的泗口。

沿淮泗水道继续北上,可至谯郡。王应麟引《水经》《水经注》"淮水东北至下邳淮阴县西,泗水从西北来流注之。注:淮、泗之会,即角城也。左右两川,翼夹二水,决入之所,谓泗口也"等语云:"泗水又东南得睢水口。泗水又径宿预城之西。梁将张惠绍北入,水军所次,今城在泗水之中。《舆地广记》:宿迁县,秦下相县地。晋元帝督运军储,以为邸阁,因置宿豫县。唐改宿迁。宋朝太平兴国七年属淮阳军。胡文定公曰:欲固下流,必守淮泗。汉条侯击吴、楚,邓都尉曰:使轻兵绝淮泗口,塞吴馕道。条侯从其策。泗水出兖庆府泗水县,至宿迁县入淮。《演繁露》曰:泗即今谓南清河也。《禹贡广记》曰:今盱眙军相对即泗口也。自清河口而上者吕梁,自涡口而上者谯梁,自颍口而上者蔡河。"⑥这条水道在祖逖北伐中发挥了重要作用。

谯郡是祖逖率先夺取的战略要地。谯郡扼守谯梁水道,占领谯郡可实现自谯梁水道深入到黄河流域的战略目标。史称:"初,北中郎将刘演距于石勒也,流人坞主张平、樊雅等在

---

① 清·胡渭《禹贡锥指》(邹逸麟整理),上海:上海古籍出版社2006年版,第616页。
② 宋·司马光著,元·胡三省音注《资治通鉴·晋纪十五》("标点资治通鉴小组"校点),北京:中华书局1956年版,第2920页。
③ 清·赵弘恩等监修,黄之隽等编纂《江南通志·舆地志·山川三》,《四库全书》第508册,上海:上海古籍出版社1987年版,第462页。
④ 清·沈炳巽《水经注集释订讹·淮水》,《四库全书》第574册,上海:上海古籍出版社1987年版,第536页。
⑤ 清·傅泽洪《行水金鉴·淮水》,《四库全书》第581册,上海:上海古籍出版社1987年版,第73页。
⑥ 宋·王应麟《通鉴地理通释·泗口》(傅林祥点校),北京:中华书局2013年版,第365—366页。

谯,演署平为豫州刺史,雅为谯郡太守。又有董瞻、于武、谢浮等十余部,众各数百,皆统属平。逖诱浮使取平,浮谲平与会,遂斩以献逖。帝嘉逖勋,使运粮给之,而道远不至,军中大饥。进据太丘。樊雅遣众夜袭逖,遂入垒,拔戟大呼,直趣逖幕,军士大乱。逖命左右距之,督护董昭与贼战,走之。逖率众追讨,而张平余众助雅攻逖。蓬陂坞主陈川,自号宁朔将军、陈留太守。逖遣使求救于川,川遣将李头率众援之,逖遂克谯城。"①三国时期,曹操改沛国为谯郡,政区属豫州刺史部。在祖逖出征前,"帝乃以逖为奋威将军、豫州刺史"②,至谯后,祖逖通过清除流人武装使谯郡重新纳入东晋的版图。初战告捷后,"帝嘉逖勋,使运粮给之",然而,"道远不至"。郦道元记载道:"泗水又东南得睢水口。泗水又径宿预城之西,又径其城南,故下邳之宿留县也,王莽更名之曰康义矣。晋元皇之为安东也,督运军储,而为邸阁也。"③晋元帝"使运粮给之"主要是到安东(今江苏涟水)取粮。在自行解决粮草不济等问题的过程中,祖逖又进据太丘(今河南永城太丘镇),试图自太丘经汴水进入黄河流域。

占领太丘是祖逖北伐的重要步骤。史称:"逖遣将军卫策邀击于谷水,尽获所掠者,皆令归本,军无私焉。川大惧,遂以众附石勒。逖率众伐川,石季龙领兵五万救川,逖设奇以击之,季龙大败,收兵掠豫州,徙陈川还襄国,留桃豹等守川故城,住西台。逖遣将韩潜等镇东台。同一大城,贼从南门出入放牧,逖军开东门,相守四旬。逖以布囊盛土如米状,使千余人运上台,又令数人担米,伪为疲极而息于道,贼果逐之,皆弃担而走。贼既获米,谓逖士众丰饱,而胡戍饥久,益惧,无复胆气。石勒将刘夜堂以驴千头运粮以馈桃豹,逖遣韩潜、冯铁等追击于汴水,尽获之。豹宵遁,退据东燕城,逖使潜进屯封丘以逼之。冯铁据二台,逖镇雍丘,数遣军要截石勒,勒屯戍渐蹙。候骑常获濮阳人,逖厚待遣归。咸感逖恩德,率乡里五百家降逖。勒又遣精骑万人距逖,复为逖所破,勒镇戍归附者甚多。时赵固、上官巳、李矩、郭默等各以诈力相攻击,逖遣使和解之,示以祸福,遂受逖节度。逖爱人下士,虽疏交贱隶,皆恩礼遇之,由是黄河以南尽为晋土。"④祖逖与石季龙展开激战,迫使石季龙收兵还襄国(旧治在今河北邢台王快镇百泉村一带),所谓"留桃豹等守川故城"是指石季龙留桃豹据守陈川故城蓬陂坞。

在破解困局的过程中,祖逖采取了四个方面的措施:一是在相持中,有意表现出一副粮草充足的模样,以此动摇敌方的军心;二是命韩潜等追击于汴水,断其粮草补给线;三是迅速进驻汴水沿线的重镇,如在命令韩潜屯戍封丘(今河南新乡封丘)的同时,又率大军进驻雍丘(旧治在今河南杞县);四是有效地压缩石勒在河南的战略空间后,祖逖又调解割据势力赵

---

① 唐·房玄龄等《晋书·祖逖传》,北京:中华书局1974年版,第1695页。
② 同①。
③ 北魏·郦道元《水经注·泗水》,杨守敬、熊会贞疏,段熙仲点校,陈桥驿复校《水经注疏》中册,南京:江苏古籍出版社1989年版,第2155页。
④ 同①,第1696页。

固、上官巳、李矩、郭默等之间的矛盾,使其服从节制。杜佑记载道:"十六国后赵石勒将石季龙大掠荆河州而去,留将姚豹守城,住西台。勒将以驴千头运粮以馈姚豹,晋将祖逖遣韩潜、冯铁等追击于汴水,尽获之。姚豹宵遁。"①李吉甫亦记载道:"雍丘故城,今县城是也。春秋时杞国城也,杞为宋灭。城北临汴河。晋永嘉末,镇西将军祖逖为豫州刺史,理于此。逖累破石勒军,由是黄河已南皆为晋土,人皆感悦,逖卒,百姓立祠。"②经此,祖逖成功地收复了黄河以南的失地。

在祖逖北伐及经营黄河以南的过程中,雍丘是战略支撑点。如王应麟论述"晋重镇"时指出:"《通典》:'元帝命祖逖镇雍丘,以合肥、淮阴、寿阳、泗口、角城为重镇。'"③论述雍丘时指出:"晋属陈留(古雍国,杞国)。今属开封府。《郡县志》:'故城北临汴河,祖逖为豫州刺史,治于此。'"④时隔不久,形势发生变化,晋元帝任命戴若思为征西将军,祖逖以为戴若思虽有才望,但无远见卓识,又以为自己殚精竭虑地收复的河南,却得不到朝廷的信任,心中十分不快。与此同时,又听说王敦飞扬跋扈,乃至于朝廷上下矛盾尖锐,因担心发生内乱,北伐难成,遂忧愤成疾。尽管如此,祖逖依旧抱病经营虎牢关。史称:"方当推锋越河,扫清冀朔,会朝廷将遣戴若思为都督,逖以若思是吴人,虽有才望,无弘致远识,且已翦荆棘,收河南地,而若思雍容,一旦来统之,意甚怏怏。且闻王敦与刘隗等构隙,虑有内难,大功不遂。感激发病,乃致妻孥汝南大木山下。时中原士庶咸谓逖当进据武牢,而反置家险厄,或谏之,不纳。逖虽内怀忧愤,而图进取不辍,营缮武牢城,城北临黄河,西接成皋,四望甚远。逖恐南无坚垒,必为贼所袭,乃使从子汝南太守济率汝阳太守张敞、新蔡内史周闳率众筑垒。未成,而逖病甚。先是,华谭、庾阐问术人戴洋,洋曰:'祖豫州九月当死。'初有妖星见于豫州之分,历阳陈训又谓人曰:'今年西北大将当死。'逖亦见星,曰:'为我矣!方平河北,而天欲杀我,此乃不祐国也。'俄卒于雍丘,时年五十六。豫州士女若丧考妣,谯梁百姓为之立祠。册赠车骑将军。王敦久怀逆乱,畏逖不敢发,至是始得肆意焉。"⑤武牢关(虎牢关)北临黄河,西接成皋,扼汴水和黄河。祖逖修缮城池,旨在为北渡黄河收复河北作准备。

后人高度评价了祖逖镇守雍丘的意义。章如愚论述道:"初,元帝命祖逖镇雍丘。逖死,北境渐蹙,于是荆、豫、青、兖四州,又徐州之半陷刘曜、石勒,以合肥、淮阴、寿阳、泗口、角城为重镇。"⑥雍丘失陷是荆、豫、青、兖四州失陷及徐州一半失陷的重要原因,经此,东晋的防

---

① 唐·杜佑《通典·兵十三·绝粮道及辎重》,杭州:浙江古籍出版社1988年版,第847页。
② 唐·李吉甫《元和郡县图志·河南道三》(贺次君点校),北京:中华书局1983年版,第178页。
③ 宋·王应麟《通鉴地理通释·晋重镇》(傅林祥点校),北京:中华书局2013年版,第363页。
④ 宋·王应麟《通鉴地理通释·雍丘》(傅林祥点校),北京:中华书局2013年版,第364页。
⑤ 唐·房玄龄等《晋书·祖逖传》,北京:中华书局1974年版,第1697页。
⑥ 宋·章如愚《群书考索·地理门·州郡类》,《四库全书》第936册,上海:上海古籍出版社1987年版,第804页。

线不得不后撤到合肥、淮阴、寿阳、泗口、角城一线。章如愚论述道:"自江南至于河镇守之地,大抵无江,北则守江南,京口、石头、牛渚、姑孰、浔阳、夏口,江南之镇守也。进而有江北,则广陵、濡须、皖城、郲池、安陆为镇守也。又进而全有淮南,则淮阴、钟离、合肥、寿春、义阳为镇守矣。又进而有淮北,则下邳、彭城、泗口、角城、谯城、垂瓠、白狗堆为镇守矣。又进而全有河南,则东阳、历城、碻磝、滑台、雍丘、荥阳、虎牢、洛阳为镇守矣。自江南而至于河,其镇守可考者如此。"①祖逖北伐失败后,东晋的生存空间被进一步压缩。

第二节 殷浩北伐与淮阴屯田及漕运

祖逖去世后,东晋经王敦、苏峻之乱,后赵连年进攻,中原之地尽失。后赵兵锋直逼江汉,襄阳失守。太尉陶侃派其子陶斌、南中郎将桓宣趁后赵攻江西,收复了襄阳、新野,桓宣镇守襄阳十余年,稳定了江汉局势。陶侃去世后,庾亮为征西将军,驻屯武昌,至此,东晋的外部威胁基本解除。

永和五年(349),中原动荡,东晋萌生了恢复旧土的打算。史称:"及石季龙死,胡中大乱,朝廷欲遂荡平关河,于是以浩为中军将军、假节、都督扬豫徐兖青五州军事。"②司马光记载道:"朝廷闻中原大乱,复谋进取。己丑,以扬州刺史殷浩为中军将军、假节、都督扬、豫、徐、兖、青五州诸军事,以蒲洪为氐王、使持节、征北大将军、都督河北诸军事、冀州刺史、广川郡公,蒲健为假节、右将军、监河北征讨前锋诸军事、襄国公。"③不过,司马光叙述时,将此事定在永和六年(350)。

永和八年(352)一月,殷浩揭开了北伐的序幕。然而,殷浩能力有限,尚未出征已埋下失败的祸根。殷浩出征时,东晋内部矛盾重重,由谁统兵北伐有着严重的分歧。一是东晋内部存在着支持殷浩或支持桓温的两种势力,两种势力相互排斥,给北伐设置了障碍。史称:"时桓温既灭蜀,威势转振,朝廷惮之。简文以浩有盛名,朝野推伏,故引为心膂,以抗于温,于是与温颇相疑贰。会遭父忧,去职,时以蔡谟摄扬州,以俟浩,服阕,征为尚书仆射,不拜。复为建武将军、扬州刺史,遂参综朝权。"④桓温平定蜀地后,权重一时,为防止其坐大,在后来登基的简文帝司马昱的支持下,殷浩"参综朝权",成为牵制桓温的力量。当殷浩受命主持北伐大计时,桓温采取不予配合的态度。二是大战在即,身为统帅的殷浩不但不愿与桓温修好,

---

① 宋·章如愚《群书考索·地理门·要害类》,《四库全书》第936册,上海:上海古籍出版社1987年版,第827—828页。
② 唐·房玄龄等《晋书·殷浩传》,北京:中华书局1974年版,第2045页。
③ 宋·司马光《资治通鉴·晋纪二十》(邬国义校点),上海:上海古籍出版社1997年版,第874页。
④ 同②。

而且拒绝了正确的建议。如孔严劝告殷浩时指出:"比来众情,良可寒心,不知使君当何以镇之。愚谓宜明受任之方,韩、彭专征伐,萧、曹守管籥,内外之任,各有攸司;深思廉、蔺屈身之义,平、勃交欢之谋,令穆然无间,然后可以保大定功也。观顷日降附之徒,皆人面兽心,贪而无亲,恐难以义感也。"①孔严的这段话有四个要点:一是认为当前的首要任务是稳定内部,缓和矛盾;二是北伐时要明确责任,或专管征伐,或负责后勤保障;三是劝告殷浩以历史上的廉颇、蔺相如、陈平、周勃等为榜样,捐弃前嫌,一致对外;四是提醒殷浩注意提防"降附之徒",防止他们再次反叛。上引文字源于司马光《资治通鉴》,司马光引录此语后有"浩不从"②的记载,就是说,殷浩没有接受孔严的建议。不过,《晋书·孔严传》叙述时有"浩深纳之"③之说。如果作一对比,当以司马光的记载更为准确。之所以这样说,可以王羲之给殷浩的书信为参照。史称:"时殷浩与桓温不协,羲之以国家之安在于内外和,因以与浩书以戒之,浩不从。及浩将北伐,羲之以为必败,以书止之,言甚切至。浩遂行,果为姚襄所败。"④王羲之试图调解殷浩和桓温之间的矛盾,但遭到拒绝。

在内部分歧严重的前提下,殷浩贸然出兵,再加上用人不当,给北伐带来了不可估量的损失。司马光记载道:"浩上疏请北出许、洛,诏许之。以安西将军谢尚、北中郎将荀羡为督统,进屯寿春。谢尚不能抚尉张遇,遇怒,据许昌叛,使其将上官恩据洛阳,乐弘攻督护戴施于仓垣,浩军不能进。"⑤张遇据许昌反叛造成的直接后果是:还没与外敌交锋,须先清除来自内部的反叛力量,无形中消耗了军力,乃至于战线不得不向后收缩,如史有"命荀羡镇淮阴,寻加监青州诸军事,又领兖州刺史,镇下邳"⑥之说。

更重要的是,身为统帅的殷浩自以为是,偏听偏信,一再地误判形势,致使北伐从一开始便陷入危机之中。史称:"浩既受命,以中原为己任,上疏北征许洛。……既而以淮南太守陈逵、兖州刺史蔡裔为前锋,安西将军谢尚、北中郎将荀羡为督统,开江西疁田千余顷,以为军储。师次寿阳,潜诱苻健大臣梁安、雷弱儿等,使杀健,许以关右之任。初,降人魏脱卒,其弟憬代领部曲。姚襄杀憬,以并其众,浩大恶之,使龙骧将军刘启守谯,迁襄于梁。既而魏氏子弟往来寿阳,襄益猜惧。俄而襄部曲有欲归浩者,襄杀之,浩于是谋诛襄。会苻健杀其大臣,健兄子眉自洛阳西奔,浩以为梁安事捷,意苻健已死,请进屯洛阳,修复园陵,使襄为前驱,冠军将军刘洽镇鹿台,建武将军刘遯据仓垣,又求解扬州,专镇洛阳,诏不许。浩既至许昌,会张遇反,谢尚又败绩,浩还寿阳。后复进军,次山桑,而襄反,浩惧,弃辎重,退保谯城,器械军

---

① 宋·司马光《资治通鉴·晋纪二十一》(邬国义校点),上海:上海古籍出版社1997年版,第880页。
② 同①。
③ 唐·房玄龄等《晋书·孔严传》,北京:中华书局1974年版,第2060页。
④ 唐·房玄龄等《晋书·王羲之传》,北京:中华书局1974年版,第2094页。
⑤ 同①。
⑥ 同①。

储皆为襄所掠,士卒多亡叛。浩遣刘启、王彬之击襄于山桑,并为襄所杀。"①这一记载叙述了殷浩北伐从开始到失败的全过程,其中有六个方面值得关注:一是殷浩将恢复中原这一宏伟的目标简单化,如夺取许昌和洛阳需要建立两千里以上的运兵、运粮补给线,在国力有限的前提下,东晋承受不起如此巨大的战争消耗;二是殷浩以谢尚、荀羡为督统时,又令其"开江西畤田千余顷,以为军储",使前方将士无法全力以赴,须兼顾后勤补给;三是殷浩收编了一批降将,这些降将本身有矛盾,再加上处置不当,形成相互攻伐的局面;四是凭借假消息,贪功冒进,给北伐带来巨大的损失;五是进军山桑(今安徽蒙城北)后,不敢与叛将姚襄正面交锋,采取"退保谯城"之策,导致"器械军储皆为襄所掠,士卒多亡叛"的恶果;六是为姚襄所败后,又盲目地派遣刘启、王彬至山桑迎击,导致更惨重的失败。如果此时殷浩能及时地回撤及与民休养生息的话,尚有挽回败局的希望,然而,殷浩坚持错误,继续进军,如史有"遣河南太守戴施据石门,荥阳太守刘遂成仓垣"②之说,又有"时殷浩至洛阳修复园陵,经涉数年,屡战屡败,器械都尽"③之说。

其实,姚襄成为重要的反叛力量主要是殷浩一手造成的。史称:"襄少有高名,雄武冠世,好学博通,雅善谈论,英济之称著于南夏。中军将军、扬州刺史殷浩惮其威名,乃因襄诸弟,频遣刺客杀襄,刺客皆推诚告实,襄待之若旧。浩潜遣将军魏憬率五千余人袭襄,襄乃斩憬而并其众。浩愈恶之,乃使将军刘启守谯,迁襄于梁国蠡台,表授梁国内史。襄遣权翼诣浩,浩曰:'姚平北每举动自由,岂所望也。'翼曰:'将军轻纳奸言,自生疑贰,愚谓猜嫌之由,不在于彼。'浩曰:'姚君纵放小人,盗窃吾马,王臣之体固若是乎?'翼曰:'将军谓姚平北以威武自强,终为难保,校兵练众,将惩不恪,取马者欲以自卫耳。'浩曰:'何至是也。'浩遣谢万讨襄,襄逆击破之。浩甚怒,会闻关中有变,浩率众北伐,襄乃要击浩于山桑,大败之,斩获万计,收其资仗。使兄益守山桑垒,复如淮南。浩遣刘启、王彬之伐山桑,襄自淮南击灭之,鼓行济淮,屯于盱眙,招掠流人,众至七万,分置守宰,劝课农桑,遣使建邺,罪状殷浩,并自陈谢。"④姚襄反叛是北伐的重要失败。

北伐失败后,王羲之希望殷浩能从维护大局出发,率军回撤,最大限度地降低损失。如王羲之在给殷浩的书信中写道:"今以区区江左,天下寒心,固已久矣。力争武功,非所当作。自顷处内外之任者,未有深谋远虑,而疲竭根本,各从所志,竟无一功可论,遂令天下将有土崩之势。任其事者,岂得辞四海之责哉!今军破于外,资竭于内,保淮之志,非所复及,莫若还保长江,督将各处复旧镇。自长江以外,羁縻而已。引咎责躬,更为善治,省其赋役,与民

---

① 唐·房玄龄等《晋书·殷浩传》,北京:中华书局1974年版,第2045—2046页。
② 唐·房玄龄等《晋书·穆帝纪》,北京:中华书局1974年版,第198—199页。
③ 唐·房玄龄等《晋书·桓温传》,北京:中华书局1974年版,第2571页。
④ 唐·房玄龄等《晋书·姚襄传》,北京:中华书局1974年版,第2962—2963页。

更始，庶可以救倒悬之急也。使君起于布衣，任天下之重，当董统之任，而败丧至此，恐阖朝群贤未有与人分其谤者。若犹以前事为未工，故复求之分外，宇宙虽广，自容何所！此愚智所不解也。"①王羲之认为，在"疲竭根本""遂令天下将有土崩之势"的背景下，不如即时地收缩防线，万一"保淮之志，非所复及"的话，"莫若还保长江，督将各处复旧镇"。与此同时，王羲之建议殷浩"引咎责躬，更为善治，省其赋役，与民更始，庶可以救倒悬之急也"。客观地讲，王羲之的建议不失为良策，然而，殷浩固执己见，不退反进，令戴施据守汴渠石门、刘遯据守荥阳仓垣，摆出一副继续进取洛阳的势态，如史有"浩屯泗口，遣河南太守戴施据石门，荥阳太守刘遯据仓垣"②之说。

需要补充的是，上引书信来自司马光的《资治通鉴》，叙述其内容时只是择其大要。与之相比，《晋书·王羲之传》有更详细的记载。如王羲之在书信中写道："知安西败丧，公私怏悒，不能须臾去怀。以区区江左，所营综如此，天下寒心，固以久矣。而加之败丧，此可熟念。往事岂复可追，愿思弘将来，令天下寄命有所，自隆中兴之业。政以道胜宽和为本，力争武功，作非所当，因循所长，以固大业，想识其由来也。自寇乱以来，处内外之任者，未有深谋远虑，括囊至计，而疲竭根本，各从所志，竟无一功可论，一事可记，忠言嘉谋弃而莫用，遂令天下将有土崩之势，何能不痛心悲慨也。任其事者，岂得辞四海之责！追咎往事，亦何所复及，宜更虚己求贤，当与有识共之，不可复令忠允之言常屈于当权。今军破于外，资竭于内，保淮之志非复所及，莫过还保长江，都督将各复旧镇，自长江以外，羁縻而已。任国钧者，引咎责躬，深自贬降以谢百姓。更与朝贤思布平政，除其烦苛，省其赋役，与百姓更始。庶可以允塞群望，救倒悬之急。使君起于布衣，任天下之重，尚德之举，未能事事允称。当董统之任而败丧至此，恐阖朝群贤未有与人分其谤者。今亟修德补阙，广延群贤，与之分任，尚未知获济所期。若犹以前事为未工，故复求之于分外，宇宙虽广，自容何所！知言不必用，或取怨执政，然当情慨所在，正自不能不尽怀极言。若必亲征，未达此旨，果行者，愚智所不解也。愿复与众共之。"③这封书信可谓是言辞恳切，在分析形势关注"今军破于外，资竭于内"的同时，提出了"自长江以外，羁縻而已"的解决方案，与此同时，希望殷浩能"修德补阙，广延群贤"，以稳定不利的政局。

王羲之强调"今军破于外，资竭于内，保淮之志，非所复及，莫若还保长江，督将各处复旧镇"，实际上是作最坏的打算，并不是要真正地放弃淮河防线。如王羲之在给会稽王书信中写道："往者不可谏，来者犹可追，愿殿下更垂三思，解而更张，令殷浩、荀羡还据合肥、广陵，许昌、谯郡、梁、彭城诸军皆还保淮，为不可胜之基，须根立势举，谋之未晚，此实当今策之上

---

① 宋·司马光《资治通鉴·晋纪二十一》（邬国义校点），上海：上海古籍出版社1997年版，第882页。
② 同①。
③ 唐·房玄龄等《晋书·王羲之传》，北京：中华书局1974年版，第2094—2095页。

者。若不行此,社稷之忧可计日而待。安危之机,易于反掌,考之虚实,著于目前,愿运独断之明,定之于一朝也。"①王羲之认为,有必要重点建设淮河防线。具体的解决方案是:令殷浩、荀羡率主力后撤到合肥(今安徽合肥)、广陵一线,同时令"许昌、谯郡、梁、彭城诸军皆还保淮"。

王羲之反对殷浩北伐的另一个原因是,王羲之认为:北伐是举一国之力的大事,如不慎重将会耗尽国力,引起内部的动荡。如王羲之指出:"夫庙算决胜,必宜审量彼我,万全而后动。功就之日,便当因其众而即其实。今功未可期,而遗黎歼尽,万不余一。且千里馈粮,自古为难,况今转运供继,西输许洛,北入黄河。虽秦政之弊,未至于此,而十室之忧,便以交至。今运无还期,征求日重,以区区吴越经纬天下十分之九,不亡何待!而不度德量力,不弊不已,此封内所痛心叹悼而莫敢吐诚。"②王羲之的观点是:决胜于千里之外,首先要谋定而动,否则将会失败。如果一味地"征求日重",不顾国力及民力有限这一事实的话,将无法解决漕运中的难题。如王羲之指出:"复被州符,增运千石,征役兼至,皆以军期,对之丧气,罔知所厝。自顷年割剥遗黎,刑徒竟路,殆同秦政,惟未加参夷之刑耳,恐胜广之忧,无复日矣。"③基于这样的原因,王羲之主张放弃北伐。

最后谈一谈殷浩北伐与淮阴及漕运的关系。殷浩北伐是沿邗沟北上的,史有永和二年三月"以前司徒左长史殷浩为建武将军、扬州刺史"④之说,殷浩熟悉江淮水路,以此运兵、运粮势必要重点经营淮阴及淮河防线。

淮阴地处淮南,与寿阳、盱眙、泗口等一道构成淮河防线,可阻止北兵南下。杜佑记载道:"及永嘉南渡,境宇殊狭,九州之地有其二焉。初,元帝命祖逖镇雍丘(建武初,逖北镇守雍丘,今陈留郡县),逖死,北境渐蹙(大兴四年逖死)。于是荆河(自淮北,今汝南、汝阴、南阳等郡以北)、青、兖四州(今东莱、东牟、高密、北海、淄川、济南等郡地)及徐州之半(今彭城、琅琊等郡)陷刘曜、石勒,以合肥(戴若思镇守之)、淮阴(刘隗镇守,即今山阳郡县)、寿阳(祖约镇守,后又陷于石勒,季龙死后复之,即今寿春郡地)、泗口(刘遐镇守,即今临淮郡宿迁县界)、角城(安帝义熙中置,亦在宿迁县界)为重镇。"⑤祖逖北伐失败后,北方领土丧失,东晋被迫退守淮河一线,并在合肥、淮阴、寿春、泗口等地建立防线。

因取道江淮,淮阴成为北伐的战略支撑点。史称:"穆帝永和中,北中郎将荀羡北讨鲜卑,云'淮阴旧镇,地形都要,水陆交通,易以观衅。沃野有开殖之利,方舟运漕,无他屯阻'。

---

① 唐·房玄龄等《晋书·王羲之传》,北京:中华书局1974年版,第2096—2097页。
② 同①,第2096页。
③ 同①,第2095—2096页。
④ 唐·房玄龄等《晋书·穆帝纪》,北京:中华书局1974年版,第192页。
⑤ 唐·杜佑《通典·州郡一·序目上》,杭州:浙江古籍出版社1988年版,第908页。

乃营立城池。"①荀羡进驻淮阴后，建造城池，加强防卫。殷浩北伐时，有"安西将军谢尚、北中郎将荀羡为督统，开江西疁田千余顷，以为军储"②之说，又有"以安西将军谢尚、北中郎将荀羡为督统，进屯寿春"③之说，将这两则记载结合到一起，当知荀羡"开江西疁田千余顷"是指在淮阴垦田。至于为什么有"开江西疁田"之说，姑且存疑，但荀羡在淮阴进行屯垦当不成问题。"疁田"指开沟灌溉后形成的水浇田，淮阴地处淮河下游，水网密布，交通便利，十分适合屯垦和运兵、运粮。杜佑记载道："穆帝时，中郎将荀羡《北征诗序》云：'淮阴旧镇，地形都要，水陆交通，易以观衅。沃野有开殖之利，方舟运漕，无他屯阻。'乃营立城池焉。安帝时，立山阳郡。宋因之。北对清、泗，临淮守险，有阳平石鳖，田稻丰饶。其后侨立兖州。入齐，因以兖州为重镇。"④经过开发，淮阴出现了"田稻丰饶"的景象，为北伐提供了充足的粮草。

南北分治的局面形成后，淮阴成为东晋扼守江淮的门户。如高闾在《论淮南不宜留戍表》中论述道："寿阳、盱眙、淮阴，淮南之源本也。三镇不克其一，而留兵守郡，不可自全明矣。既逼敌之大镇，隔深淮之险，少置兵不足以自固，多留众粮运难可充。又欲修渠通漕，路必由于泗口；溯淮而上，须经角城。淮阴大镇，舟船素畜，敌因先积之资，以拒始行之路。若元戎旋旆，兵士挫怯，夏雨水长，救援实难。忠勇虽奋，事不可济。淮阴东接山阳，南通江表，兼近江都、海西之资，西有盱眙、寿阳之镇。"⑤魏孝文帝太平十九年（495），北魏高闾提出了攻克寿阳、盱眙、淮阴的策略，认为占领并经营淮阴，可以实现饮马长江的战略意图。这虽然是叙述后世的事情，但此时的情况与殷浩北伐时的情况大体相同，故可移来说明殷浩经营淮阴的重要性。高闾提到的"角城"，此时尚未建成军事要塞，如史有"角城令，晋安帝义熙中土断立"⑥之说，胡渭亦论述道："角城县故城在今清河县西南。晋义熙中置。"⑦淮阴、盱眙和寿阳同为淮南重镇，如果淮阴动摇的话，将会撼动东晋的淮河防线，致使北军利用江淮之间的资源沿邗沟而下，威胁到长江防线。

淮阴的北面是泗口，东晋时泗口位于淮河防线的前沿，与淮阴互为掎角。如郦道元记载道："淮、泗之会，即角城也。左右两川，翼夹二水，决入之所，所谓泗口也。"⑧胡渭进一步论述道："淮、泗之会即角城也。左右两川翼夹，二水决入之所，所谓泗口也。按泗口亦名清口，导淮东会于泗、沂，即是处也。今清河县东南五里有淮阴故城，汉属临淮郡。后汉改属下邳

---

① 梁·萧子显《南齐书·州郡志上》，北京：中华书局1972年版，第257页。
② 唐·房玄龄等《晋书·殷浩传》，北京：中华书局1974年版，第2045页。
③ 宋·司马光《资治通鉴·晋纪二十一》（邹国义校点），上海：上海古籍出版社1997年版，第880页。
④ 唐·杜佑《通典·州郡十一·淮阴郡》，杭州：浙江古籍出版社1988年版，第961—962页。
⑤ 北齐·魏收《魏书·高闾传》，北京：中华书局1974年版，第1207页。
⑥ 梁·沈约《宋书·州郡志一》，北京：中华书局1974年版，第1050页。
⑦ 清·胡渭《禹贡锥指》（邹逸麟整理），上海：上海古籍出版社2006年版，第141页。
⑧ 北魏·郦道元《水经注·淮水》，杨守敬、熊会贞疏，段熙仲点校，陈桥驿复校《水经注疏》下册，南京：江苏古籍出版社1989年版，第2552—2553页。

国。晋初为广陵郡,治角城县。故城在县西南,去故淮阳城十八里。《寰宇记》云:角城在宿迁县东南一百十里。"①泗口与淮阴故城相邻,一旦泗口失守,将威胁到淮阴;如果淮阴失守,意味着东晋的淮河防线彻底失守。晋明帝太宁二年(324),兖州刺史刘遐"自彭城移屯泗口"②以后,泗口的战略地位进一步地提升。王应麟论述道:"泗水又东南,得睢水口。泗水又径宿预城之西。梁将张惠绍北入水军所次,今城在泗水之中。《舆地广记》:宿迁县,秦下相县地。晋元帝督运军储以为邸阁,因置宿豫县。唐改宿迁。宋朝太平兴国七年属淮阳军。胡文定公曰:欲固下流,必守淮泗。汉条侯击吴楚。邓都尉曰:使轻兵绝淮泗口,塞吴饟道。条侯从其策。泗水出袭庆府泗水县至宿迁县入淮。《演繁露》曰:泗即今谓南清河也。《禹贡广记》曰:今盱眙军相对即泗口也。自清河口而上者吕梁,自涡口而上者谯梁,自颍口而上者蔡河。"③荀羡"营立城池",目的是以淮阴支援泗口,巩固淮河防线。

事实上,殷浩北伐也是自淮阴经泗口入淮的。史称:"时殷浩镇寿阳,便进据洛,营复山陵。"④自淮阴经泗口入淮后,殷浩沿淮河西行至盱眙,随后至寿阳(寿春),又自寿春北上进驻山桑、谯郡等淮河流域的重镇。随后,又沿谯梁水道等进入汴渠,进而沿黄河入洛口,中经阳渠进据洛阳。史称:"中军将军殷浩帅众北伐,次泗口,遣河南太守戴施据石门,荥阳太守刘遂戍仓垣。"⑤"石门"指汴渠与黄河交汇的河口;"仓垣"指秦汉以降在荥阳境内建造的仓城,同时又是军事要塞。殷浩"次泗口",是以淮阴为前进基地的。在这中间,在荀羡的经营下,淮阴已成为殷浩北伐时重要的战略支撑点。

荀羡经营淮阴,主要与淮阴特殊的交通地理形势相关。如王应麟注荀羡经营淮阴"乃营立城池"时称:"《寰宇记》:故淮阴县城,在山阳县。本朝陈敏曰:'楚州为南北襟喉。长淮二千余里,河道通北方者五:淮、汴、涡、颍、蔡是也。其通南方以入江者,唯楚州运河一处。周世宗自北神堰凿老鹳河,通战舰,入大江,而唐遂失淮南之地。'徐宗偃曰:'山阳,南北必争之地,我得之可以控制山东。'"⑥此处所说的"楚州"指淮阴,从东晋到南宋,形势虽然发生变化,但淮阴始终位于南北要冲,控制着自淮河北上入黄河流域或自黄河流域南下入江的通道。在这中间,无论是东晋北上还是北朝南下,淮阴均是必须重点经营的战略要地。进而言之,东晋渡江自扬州北上必须以淮阴为节点,只有经淮阴入淮,才能将军事斗争的锋芒指向黄河流域及北朝的腹地。反过来讲,北朝军队一旦占领淮阴及突破淮河防线入邗沟,将会直接威胁到长江防线,进而威胁到东晋的安全。

---

① 清·胡渭《禹贡锥指》(邹逸麟整理),上海:上海古籍出版社2006年版,第616页。
② 唐·房玄龄等《晋书·刘遐传》,北京:中华书局1974年版,第2130页。
③ 宋·王应麟《通鉴地理通释·泗口》(傅林祥点校),北京:中华书局2013年版。
④ 唐·房玄龄等《晋书·王彪之传》,北京:中华书局1974年版,第2009页。
⑤ 唐·房玄龄等《晋书·穆帝纪》,北京:中华书局1974年版,第198—199页。
⑥ 宋·王应麟《通鉴地理通释·淮阴》(傅林祥点校),北京:中华书局2013年版,第365页。

第三节　桓温北伐与河渠建设

继殷浩以后,桓温再度北伐,前后共进行三次。在这中间,漕运(运兵运粮)在北伐中发挥了巨大的作用。

追溯桓温北伐的历史,可以上溯到永和五年。史称:"及石季龙死,温欲率众北征,先上疏求朝廷议水陆之宜,久不报。时知朝廷杖殷浩等以抗己,温甚忿之,然素知浩,弗之惮也。以国无他衅,遂得相持弥年,虽有君臣之迹,亦相羁縻而已,八州士众资调,殆不为国家用。声言北伐,拜表便行,顺流而下,行达武昌,众四五万。殷浩虑为温所废,将谋避之,又欲以驺虞幡住温军,内外噂嗒,人情震骇。简文帝时为抚军,与温书明社稷大计,疑惑所由。"①得到后赵石季龙(石虎)死去的消息后,桓温上疏要求北伐,很遗憾,受到殷浩的阻挠。然而,握有军权的桓温不甘心,遂自行征用"八州士众资调",率众自江陵出发"行达武昌",摆出一副不达目的绝不罢休的样子。时任抚军司马昱(后来的简文帝)"与温书明社稷大计",桓温才罢手,但桓温与殷浩之间的矛盾因此加深。

弹劾殷浩后,朝廷大权尽归桓温。史称:"时殷浩至洛阳修复园陵,经涉数年,屡战屡败,器械都尽。温复进督司州,因朝野之怨,乃奏废浩,自此内外大权一归温矣。"②在此背景下,桓温决定北伐。史称:"穆帝永和八年正月乙巳,雨,木冰。是年殷浩北伐,明年军败,十年废黜。又曰,荀羡、殷浩北伐,桓温入关之象也。"③又称:"是后殷浩、桓温、谢尚、荀羡连年征伐。"④据此可知,此次北伐发生在永和十年(354)。

在永和十年的北伐中,桓温采取的战略是直取关中,试图动摇前秦苻健的统治根基,进而在经营关中的过程中形成居高临下之势,然后再谋取关东。史称:"温遂统步骑四万发江陵,水军自襄阳入均口。至南乡,步自淅川以征关中,命梁州刺史司马勋出子午道。"⑤司马光亦记载道:"二月,乙丑,桓温统步骑四万发江陵。水军自襄阳入均口,至南乡,步兵自淅川趣武关,命司马勋出子午道以伐秦。"⑥永和十年二月,桓温自江陵发水陆两路大军。水军自襄阳入均口,至南乡(治所在今河南淅川西南丹江水库内);步军自淅川(今河南南阳淅川)奔武关(在今陕西商洛丹凤东武关河北岸),又令司马勋出子午道(汉中至长安的驿道)。如

---

① 唐·房玄龄等《晋书·桓温传》,北京:中华书局1974年版,第2569—2570页。
② 同①,第2571页。
③ 唐·房玄龄等《晋书·五行志上》,北京:中华书局1974年版,第801页。
④ 梁·沈约《宋书·五行志四》,北京:中华书局1974年版,第954页。
⑤ 同②。
⑥ 宋·司马光《资治通鉴·晋纪二十一》(邹国义校点),上海:上海古籍出版社1997年版,第885页。

果以永和七年(351)四月"梁州刺史司马勋出步骑三万,自汉中入秦川,与苻健战于五丈原,王师败绩"①等为参照,当知司马勋此次出征是自汉中沿子午谷北上入长安的。

在令司马勋出子午道的同时,桓温又出奇兵进攻上洛(郡治在今陕西商洛商州区)。史称:"别军攻上洛,获苻健荆州刺史郭敬,进击青泥,破之。健又遣子生、弟雄众数万屯峣柳、愁思堌以距温,遂大战,生亲自陷阵,杀温将应庭、刘泓,死伤千数。温军力战,生众乃散。雄又与将军桓冲战白鹿原,又为冲所破。雄遂驰袭司马勋,勋退次女娲堡。温进至霸上,健以五千人深沟自固,居人皆安堵复业,持牛酒迎温于路者十八九,耆老感泣曰:'不图今日复见官军!'初,温恃麦熟,取以为军资。而健芟苗清野,军粮不属,收三千余口而还。帝使侍中黄门劳温于襄阳。"②司马光记载道:"桓温别将攻上洛,获秦荆州刺史郭敬,进击青泥,破之。司马勋掠秦西鄙,凉秦州刺史王擢攻陈仓以应温。秦主健遣太子苌、丞相雄、淮南王生、平昌王菁、北平王硕帅众五万军于峣柳以拒温。夏,四月,己亥,温与秦兵战于蓝田。秦淮南王生单骑突陈,出入以十数,杀伤晋将士甚众。温督众力战,秦兵大败。将军桓冲又败秦丞相雄于白鹿原。冲,温之弟也。温转战而前,壬寅,进至灞上。秦太子苌等退屯城南,秦主健与老弱六千固守长安小城,悉发精兵三万,遣大司马雷弱儿等与苌合兵以拒温。三辅郡县皆来降,温抚谕居民,使安堵复业。民争持牛酒迎劳,男女夹路观之,耆老有垂泣者,曰:'不图今日复睹官军!'"③正当收复关中取得关键性的胜利时,终因缺少粮草功亏一篑。

桓温能顺利地进入关中,与令水军进驻均口向不同方向调动兵马及军需物资相关。那么,均口在什么地方?郦道元注《水经》"又东南过涉都城东北"语云:"故乡名也。按《郡国志》筑阳县有涉都乡者也。汉武帝元封元年封南海守降侯子嘉为侯国。均水于县入沔,谓之均口也。"④胡渭论述道:"按涉都城在今谷城县界。均水自南阳府淅川县流径均州,至谷城入汉。今故道已湮。"⑤又考证道:"均水于此入沔,谓之均口,在今谷城县界。均、钧同,或从水作'沟'。《韵会》'均'字下云:隋置均州,取沟水名之。是'沟'即'均'也。史承《水经》之误曰沟口,晋桓温伐秦,水军自襄阳入沟口至南乡是也。或又曰沟均口,齐陈显达攻魏马圈军入沟均口是也。楚通少习,汉入武关,皆在丹水之旁,而南朝北伐,其舟师必由均口而进,可见为南北水陆之孔道。商州西北诸山皆秦岭也,冢领亦秦岭之别名。丹水出其东南,洛水出其东北,中隔一岭,陆行当不甚远。《禹贡》逾洛之道,计无便于此者。以今舆地言之,浮汉水至谷城县东北入均口,溯丹水而上,经淅川、南阳、内乡,抵商州导源之处,越冢领而北,浮

---

① 唐·房玄龄等《晋书·穆帝纪》,北京:中华书局1974年版,第197页。
② 唐·房玄龄等《晋书·桓温传》,北京:中华书局1974年版,第2571页。
③ 宋·司马光《资治通鉴·晋纪二十一》(邹国义校点),上海:上海古籍出版社1997年版,第885页。
④ 北魏·郦道元《水经注·沔水中》,杨守敬、熊会贞疏,段熙仲点校,陈桥驿复校《水经注疏》下册,南京:江苏古籍出版社1989年版,第2355页。
⑤ 清·胡渭《禹贡锥指》(邹逸麟整理),上海:上海古籍出版社2006年版,第549页。

洛水经卢氏、永宁、宜阳、洛阳、偃师至巩县,以达于南河。此荆州之贡道也。"①均口在谷城(今湖北襄阳谷城)界,是舟师北伐的孔道。王鸣盛论述道:"《冯道根传》:'齐建武中,魏孝文攻陷南阳等五郡,明帝遣陈显达争之,师入沟均口。''沟'当作'沟'。'均'字乃后人旁注'沟'字之音,而传写者误入正文。"②均口是"沟口"的别写。自桓温北伐自襄阳入均口以后,均口成为南北朝争夺的战略要地。

综上所述,桓温此次北伐有两条进军线路:一是舟师自襄阳到谷城取道均口,随后经南乡进入汉中,自汉中沿子午道进入关中;一是步军自淅川直扑武关,从武关进入关中。两路大军相互策应,形成包抄关中之势。

桓温第二次北伐发生在永和十二年(356)。此次北伐发生在桓温"欲修园陵,移都洛阳"③的背景下。

北伐的目标发生变化后,桓温进行了新的部署。《晋书·桓温传》云:"温遣督护高武据鲁阳,辅国将军戴施屯河上,勒舟师以逼许洛,以谯梁水道既通,请徐豫兵乘淮泗入河。"④司马光亦记载道:"桓温自江陵北伐,遣督护高武据鲁阳,辅国将军戴施屯河上,自帅大兵继进。"⑤司马光将此次北伐定在永和十二年六月至七月之间。将两则记载联系起来看,此次北伐总结了征伐关中时的经验教训,试图在加强漕运的过程中防止因粮草不济被迫撤兵的事件再度发生。在这中间,桓温采取了四个方面的措施:一是令督护高武占据鲁阳(治所在今河南鲁山尧山),建立自襄阳、南阳北上的前进基地;二是令辅国将军戴施驻屯河上,加强黄河及汴渠运道的防守;三是令驻扎在徐豫的军队沿谯梁水道进入黄河流域;四是自江陵起程,亲率舟师进军许昌、洛阳。

这里有两个问题,需要专门地提出。一是史家所说的"河上",是泛指还是确指?司马光记载道:"燕主俊以段龛方强,谓太原王恪曰:'若龛遣军拒河,不得渡者,可直取吕护而还。'恪分遣轻军先至河上,具舟楫以观龛志趣。龛弟罴,骁勇有智谋,言于龛曰:'慕容恪善用兵,加之众盛,若听其济河,进至城下,恐虽乞降,不可得也。请兄固守,罴帅精锐拒之于河,幸而战捷,兄帅大众继之,必有大功。若其不捷,不若早降,犹不失为千户侯也。'龛不从。罴固请不已,龛怒,杀之。"⑥此事发生在永和十一年(355)十二月(桓温第二次北伐之前),从"恪分遣轻军先至河上,具舟楫以观龛志趣"来看,这里所说的"河上"应是泛指,是指占领黄河渡

---

① 清·胡渭《禹贡锥指》(邹逸麟整理),上海:上海古籍出版社2006年版,第236页。
② 清·王鸣盛《十七史商榷·〈南史〉合〈宋〉〈齐〉〈梁〉〈陈书〉十一》(黄曙辉点校),上海:上海书店出版社2005年版,第507页。
③ 唐·房玄龄等《晋书·桓温传》,北京:中华书局1974年版,第2571页。
④ 同③,第2572页。
⑤ 宋·司马光《资治通鉴·晋纪二十二》(邹国义校点),上海:上海古籍出版社1997年版,第891页。
⑥ 同⑤,第890页。

口。然而,史有"河上堡固先有任子在胡者,皆听两属,时遣游军伪抄之,明其未附。诸坞主感戴,胡中有异谋,辄密以闻"①之说,"河上"很可能指私人武装在黄河岸边建立的城堡。进而言之,"戴施屯河上",既有可能是在水路交通的咽喉黄河岸边扎营,也有可能是因城堡据险而守。

不过,从事理上进行分析,"戴施屯河上"应是据守水陆交通要道,应指某一具体的地点。史有"玄欲令豫州刺史朱序镇梁国,玄住彭城,北固河上,西援洛阳,内藩朝廷"②之说,如以谢玄北伐时"北固河上,西援洛阳"为参照,"戴施屯河上"应是确指,很可能是指敖仓及荥口石门。如郦道元记载道:"济水又东,径敖山北,《诗》所谓薄狩于敖者也。其山上有城,即殷帝仲丁之所迁也。皇甫谧《帝王世纪》曰:仲丁自亳,徙嚣于河上者也,或曰敖矣。秦置仓于其中,故亦曰敖仓城也。济水又东,合荥渎,渎首受河水,有石门,谓之为荥口石门也。"③敖仓位于黄河与汴渠交汇的河口,秦经营关东时,在旧仓的基础上重点建设了敖仓这一储粮的军事要塞。更重要的是,荥口石门与敖仓相近,驻屯敖仓可以有效地控制汴渠及黄河运道。如桓温"勒舟师以逼许洛"时主要走水路,如果不能控制敖仓及荥口石门的话,将无法运兵、运粮至洛阳等地。

在重点经营"河上"的过程中,桓温又"以谯梁水道既通,请徐豫兵乘淮泗入河"。谯梁水道是一条古老的交通线,这条从梁郡(治所睢阳,今河南商丘)到谯郡的航线:一是自淮河经涡水、颍水等可进入黄河运道;一是自淮河入邗沟可进入长江运道。从历史上看,谯梁水道在军事斗争及稳定政治局面方面直接负有特殊的使命。如建安十四年(209)七月,曹操"自涡入淮,出肥水,军合肥"④,在合肥与孙权展开激战。又如黄初六年(225)八月,曹丕率舟师"自谯循涡入淮"⑤,远征孙吴。再如西晋"八王之乱"时,晋王朝利用这一航线"漕运以济中州"⑥。从这样的角度看,桓温利用谯梁水道,加强运兵、运粮,充分利用淮北、淮南两地的资源,为收复中原及洛阳提供了强有力的后勤保障。

耐人寻味的是,桓温自江陵北伐,竟然途经金城。如刘义庆《世说新语·言语》云:"桓公北征,经金城,见前为琅邪时种柳,皆已十围,慨然曰:'木犹如此,人何以堪!'攀枝执条,泫然流泪。"⑦《晋书·桓温传》又云:"温自江陵北伐,行经金城,见少为琅邪时所种柳皆已十

---

① 唐·房玄龄等《晋书·祖逖传》,北京:中华书局1974年版,第1696页。
② 唐·房玄龄等《晋书·谢玄传》,北京:中华书局1974年版,第2083页。
③ 北魏·郦道元《水经注·济水一》,杨守敬、熊会贞疏,段熙仲点校,陈桥驿复校《水经注疏》上册,南京:江苏古籍出版社1989年版,第653—654页。
④ 晋·陈寿《三国志·魏书·武帝纪》(裴松之注),北京:中华书局1959年版,第32页。
⑤ 晋·陈寿《三国志·魏书·文帝纪》(裴松之注),北京:中华书局1959年版,第85页。
⑥ 唐·房玄龄等《晋书·陈敏传》,北京:中华书局1974年版,第2614页。
⑦ 朱铸禹汇校集注《世说新语汇校集注》,上海:上海古籍出版社2002年版,第106页。

围,慨然曰:'木犹如此,人何以堪!'攀枝执条,泫然流涕。于是过淮泗,践北境,与诸僚属登平乘楼,眺瞩中原,慨然曰:'遂使神州陆沈,百年丘墟,王夷甫诸人不得不任其责!'"①前人言之凿凿,桓温行经金城当不成问题。

那么,金城在什么地方?张敦颐记载道:"《建康实录》:金城,吴筑,晋桓温咸康七年出镇江乘之金城。后温北伐经金城,见为琅琊时,所种柳皆十围,因叹曰:'木犹如此,人何以堪!'因攀枝执条,泫然流涕。杨修《金城》诗亦引此为据。又按《古图经》:晋中宗于金城立琅琊郡,温尝为琅琊内史,至咸康七年出镇金城,前云琅琊,盖指此也。今去府城三十五里。"②金城是三国孙吴修筑的军事要塞,在丹阳郡江乘县境内,是长江下游重要的渡口,距吴都建业(今江苏南京)只有三十五里,故有"今去府城三十五里"之说。刘孝标引《桓温别传》云:"温,字元子,谯国龙亢人,汉五更桓荣后也。父彝,有识鉴。温少有豪迈风气,为温峤所知,累迁琅邪内史,进征西大将军,镇西夏。时逆胡未诛,余烬假息。温亲勒郡卒,建旗致讨,清荡伊、洛,展敬园陵。"③桓温北伐时绕道金城,应与招兵买马相关。

根据这一情况,似表明此次北伐的线路是:桓温率舟师顺江而下经金城,至扬州进入邗沟,随后"过淮泗,践北境"。不过,史又有"温遣督护高武据鲁阳"之说。综合这些情况,桓温此次北伐有两路大军:一是出偏师自江陵经襄阳直取鲁阳,为进取许昌作准备;一是亲率舟师沿淮泗北征,同时又"请徐豫兵乘淮泗入河"。也就是说,此次北伐以舟师为主,是自淮泗进入黄河流域的。

客观地讲,因加强漕运建成强有力的后勤补给线,此次北伐较为顺利,在进取洛阳的过程中击溃了姚襄的主力,并收复了大片领土。史称:"师次伊水,姚襄屯水北,距水而战。温结阵而前,亲被甲督弟冲及诸将奋击,襄大败,自相杀死者数千人,越北芒而西走,追之不及,遂奔平阳。温屯故太极殿前,徙入金墉城,谒先帝诸陵,陵被侵毁者皆缮复之,兼置陵令。遂旋军,执降贼周成以归,迁降人三千余家于江汉之间。遣西阳太守滕峻出黄城,讨蛮贼文卢等,又遣江夏相刘岵、义阳太守胡骥讨妖贼李弘,皆破之,传首京都。"④然而,自晋室南渡至永和十二年再度北伐,已过去四十年,人心早已思变。桓温北伐取得战果后,因班师回朝,很快出现了"温还军之后,司、豫、青、兖复陷于贼"⑤的局面。其实,出现这样的结果是必然的。对于老百姓而言,只要能过上好日子,谁统治都一个样。史称:"晋征西大将军桓温自江陵伐襄,战于伊水北,为温所败,率麾下数千骑奔于北山。其夜,百姓弃妻子随襄者五千余人,屯

---

① 唐·房玄龄等《晋书·桓温传》,北京:中华书局1974年版,第2572页。
② 宋·张敦颐《六朝事迹编类》(张忱石点校),北京:中华书局2012年版,第47—48页。
③ 朱铸禹汇校集注《世说新语汇校集注》,上海:上海古籍出版社2002年版,第106页。
④ 同①。
⑤ 同①。

据阳乡,赴者又四千余户。襄前后败丧数矣,众知襄所在,辄扶老携幼奔驰而赴之。时或传襄创重不济,温军所得士女莫不北望挥涕。其得物情如此。先是,弘农杨亮归襄,襄待以客礼。后奔桓温,温问襄于亮,亮曰:'神明器宇,孙策之俦,而雄武过之。'其见重如是。"①桓温虽然战胜姚襄,但洛阳人民依旧愿意跟随姚襄。

晋废帝司马奕太和四年(369)四月,桓温揭开了第三次北伐的序幕。

北方形势变化后,有前燕、前秦、前凉等政权并存,其中,前燕与东晋接壤,对东晋的威胁最大。史称:"太和四年,又上疏悉众北伐。平北将军郗愔以疾解职,又以温领平北将军、徐兖二州刺史,率弟南中郎冲、西中郎袁真步骑五万北伐。百官皆于南州祖道,都邑尽倾。"②桓温领平北将军、徐兖二州刺史及获取南州的粮草及军需物资后是从淮南重镇盱眙或山阳一线出征的。史称:"惠帝之末,兖州阖境沦没石勒。后石季龙改陈留郡为建昌郡,属洛州。是时遗黎南渡,元帝侨置兖州,寄居京口。明帝以郗鉴为刺史,寄居广陵,置濮阳、济阴、高平、太山等郡。后改为南兖州,或还江南,或居盱眙,或居山阳。后始割地为境,常居广陵,南与京口对岸。咸康四年,于北谯界立陈留郡。安帝分广陵郡之建陵、临江、如皋、宁海、蒲涛五县置山阳郡,属南兖州。"③晋室南渡后,先在京口侨置兖州,后又以淮南盱眙、山阳等地为治所。从这样的角度看,桓温以兖州为前进基地是自淮南盱眙、山阳一线发动进攻的。

起初,桓温打算沿水路运兵、运粮,自汴水西入黄河。然而,此时正是枯水季节,汴渠得不到黄河水资源的补给,航道出现了干浅的情况,如史有"太和中,温将伐慕容氏于临漳,超谏以道远,汴水又浅,运道不通。温不从,遂引军自济入河"④等语可证。为此,桓温采取了进军湖陆(今山东鱼台东南)、金乡(今山东金乡)等地的战略。史称:"军次湖陆,攻慕容暐将慕容忠,获之,进次金乡。时亢旱,水道不通,乃凿巨野三百余里以通舟运,自清水入河。"⑤在湖陆打败燕军及俘获慕容忠以后,桓温进军金乡,为自金乡入汴水和黄河与前燕决战作必要的准备。在这中间,针对金乡航道干浅等情况,桓温开桓公沟,打通自金乡至巨野(今山东巨野)入黄河的航线。

开通桓公沟以后,桓温率大军自济水入河直扑黄河北岸的枋头(今河南淇县东)。与此同时,将占领汴渠入河口石门(在今河南荥阳境内)的重任交给了袁真。史称:"暐将慕容

---

① 唐·房玄龄等《晋书·姚襄传》,北京:中华书局1974年版,第2963—2964页。
② 唐·房玄龄等《晋书·桓温传》,北京:中华书局1974年版,第2576页。
③ 唐·房玄龄等《晋书·地理志上》,北京:中华书局1974年版,第420页。
④ 唐·房玄龄等《晋书·郗超传》,北京:中华书局1974年版,第1803页。
⑤ 同②。

垂、傅末波等率众八万距温,战于林渚。温击破之,遂至枋头。先使袁真伐谯梁,开石门以通运。真讨谯梁皆平之,而不能开石门,军粮竭尽。温焚舟步退,自东燕出仓垣,经陈留,凿井而饮,行七百余里。垂以八千骑追之,战于襄邑,温军败绩,死者三万人。温甚耻之,归罪于真,表废为庶人。真怨温诬己,据寿阳以自固,潜通苻坚、慕容暐。"①此前,袁真取得了攻占谯梁二郡及打通谯梁水道的胜利,但在石门遇到了燕将慕容德的殊死抵抗。由于漕运受阻,后勤补给不济,桓温被迫撤退,致使第三次北伐功败垂成。

在这次北伐中,桓温初战取得胜利与漕运相关,同样,失败亦与运兵、运粮通道被掐断相关。进而言之,此次征伐前燕遭受惨败,与桓温贪功冒进、没有一条稳定的漕运通道及后勤补给的航线有直接的关系。司马光叙述这一事件的前因后果时记载道:"大司马温自兖州伐燕。郗超曰:'道远,汴水又浅,恐漕运难通。'温不从。六月,辛丑,温至金乡,天旱,水道绝,温使冠军将军毛虎生凿巨野三百里,引汶水会于清水。虎生,宝之子也。温引舟师自清水入河,舳舻数百里。郗超曰:'清水入河,难以通运。若寇不战,运道又绝,因敌为资,复无所得,此危道也。不若尽举见众直趋邺城,彼畏公威名,必望风逃溃,北归辽、碣。若能出战,则事可立决。若欲城邺而守之,则当此盛夏,难为功力。百姓布野,尽为官有,易水以南必交臂请命矣。但恐明公以此计轻锐,胜负难必,欲务持重,则莫若顿兵河、济,控引漕运,俟资储充备,至来夏乃进兵;虽如赊迟,然期于成功而已。舍此二策而连军北上,进不速决,退必愆乏。贼因此势,以日月相引,渐及秋冬,水更涩滞。且北土早寒,三军裘褐者少,恐于时所忧,非独无食而已。'温又不从。"②在筹划第三次北伐的过程中,有两个问题需要关注:一是如果桓温能虚心地听从郗超的忠告,等待适合漕运的季节来临和积极地寻找战机,完全可以避免急于求成的风险;二是开桓公沟以后,桓温如果能冷静地面对现实并接受郗超的建议,将经营的重点放到河北重镇邺城(今河北临漳西南)方面,进而"顿兵河、济,控引漕运,俟资储充备,至来夏乃进兵"的话,那么,北伐也可能取得成功。遗憾的是,桓温刚愎自用,错失了良机。

桓公沟长达三百多里,是桓温第三次北伐的产物。开通这条航线对于改善黄河中下游地区的水上交通有着特殊的意义。

其一,桓公沟开挖后,建立了济水与黄河相通的新航线。郦道元记载道:"桓温以太和四年,率众北入,掘渠通济。"③所谓"通济",指开挖与济水相接并进入黄河的航线。桓公沟又

---

① 唐·房玄龄等《晋书·桓温传》,北京:中华书局1974年版,第2576页。
② 宋·司马光《资治通鉴·晋纪二十四》(邹国义点校),上海:上海古籍出版社1997年版,第910页。
③ 北魏·郦道元《水经注·济水二》,杨守敬、熊会贞疏,段熙仲点校,陈桥驿复校《水经注疏》上册,南京:江苏古籍出版社1989年版,第722页。

称"桓水""桓河""桓公渎",清水是济水的别称。如李吉甫论述道:"桓水,在县西八十里。晋桓温进军,北次金乡,凿巨野三百里以通舟运,自清水入河。以是桓所凿,故曰桓水,亦曰桓河。"①"县西",指中都县(治所在今山东汶上)西。郦道元记载道:"桓温以太和四年,率众北入,掘渠通济。至义熙十三年,刘武帝西入长安,又广其功。自洪口已上,又谓之桓公渎,济自是北注也。"②胡渭在郦道元的基础上论述道:"自渚迄于北口一百二十里,名曰洪水。桓温以太和四年,率众北入,掘沟通济,故自洪口已上,又谓之桓公渎。济自是北注也。"③桓公沟引济水北注,打通了自汴渠直入黄河以北的水上交通线,进而扩大了漕运的范围。

其二,桓公沟开通后,建立了自济水入菏水的新航线。顾祖禹论述道:"旧志:沟在济宁州西四十里萌山下。晋太和中桓温伐燕,遣冠军将军毛虎生凿巨野通济,水道出此,南入鱼台县界。"④桓公沟北自巨野连接济水,南至鱼台(今山东鱼台)境内可入菏水。菏水是春秋时吴王夫差兴修的河渠,这条河渠沟通了泗水和济水之间的联系。桓公沟北自巨野泽(湖泊,在今山东巨野附近)与济水相接,南至方与县(今山东鱼台西)与菏水相接。郦道元记载道:"菏水又东,与巨野黄水合,菏济别名也。黄水上承巨泽诸陂。泽有濛淀,育陂,黄湖。水东流谓之黄水。又有薛训渚水,自渚历薛村前分为二流,一水东注黄水,一水西北入泽,即洪水也。"⑤随后又记载道:"其水谓之桓公沟,南至方与县,入于菏水。"⑥桓公沟与济水、菏水及黄河相通后,扩大了水运范围。在这中间,由于鄄城、兖州等地农业经济发达,桓公沟为就地取粮支援北伐提供了后勤支援。

其三,巨野是桓公沟入泗入淮及连接济水、黄河等的航段节点,如史有黄河"东南注巨野,通于淮、泗"⑦之说,又有晋安帝义熙十二年(416),刘裕伐后秦姚泓"舟师自淮泗入清,欲溯河西上"⑧之说。自江淮北上可入淮河和泗水,沿泗水至巨野可入济水航线,自济水可入黄河,沿黄河航线可远及洛阳以西的关中。这条通道建立后,为宋代开五丈河、元代开会通河等奠定了坚实的基础。

遗憾的是,时隔四十九年,桓公沟终因缺少疏浚失去漕运能力。如李吉甫记载道:"桓公

---

① 唐·李吉甫《元和郡县图志·河南道六》(贺次君点校),北京:中华书局1983年版,第263页。
② 北魏·郦道元《水经注·济水二》,杨守敬、熊会贞疏,段熙仲点校,陈桥驿复校《水经注疏》上册,南京:江苏古籍出版社1989年版,第722—723页。
③ 清·胡渭《禹贡锥指》(邹逸麟整理),上海:上海古籍出版社2006年版,第602页。
④ 清·顾祖禹《读史方舆纪要·山东四》(贺次君、施和金点校),北京:中华书局2005年版,第1547页。
⑤ 同②,第774—775页。
⑥ 同②,第782页。
⑦ 汉·班固《汉书·沟洫志》,北京:中华书局1962年版,第1679页。
⑧ 北齐·魏收《魏书·崔浩传》,北京:中华书局1974年版,第809页。

沟,源出县理西四十里萌山之下。宋武帝《北征记》曰:'桓公宣武,以太和四年率众平赵、魏时,遣冠军将军毛彪生凿此沟,号曰桓公沟。于今四十九年矣,沟已填塞。公遣宁朔将军朱超更凿石通之。'"①义熙十二年,刘裕征伐后秦姚泓,令朱超疏浚桓公沟,并以此为漕运通道(后勤补给线)进军中原。史称:"泰常元年,司马德宗将刘裕伐姚泓,舟师自淮泗入清,欲溯河西上,假道于国。"②经过疏浚,再次打通了桓公沟这一漕运通道。郦道元记载道:"晋太和中,桓温北伐,将通之,不果而还。义熙十三年,刘公西征,又命宁朔将军刘遵考仍此渠而漕之,始有激湍东注,而终山崩壅塞,刘公于北十里,更凿故渠通之。今则南渎通津,川涧是导耳。"③究竟是朱超还是刘遵考疏浚桓公沟的,郦道元与李吉甫有不同的看法,这里先存疑不论。由此透露的信息是,桓公沟因其特殊的交通地理位置成了战争攻防及争夺的战略要地。

宋文帝刘义隆元嘉七年(430),到彦之率水军攻魏曾取道桓公沟,如史有"三月戊子,遣右将军到彦之北伐,水军入河"④之说;又如针对北兵袭扰刘宋的事件,何承天上御边之策时写道:"又巨野湖泽广大,南通洙、泗,北连青、齐,有旧县城,正在泽内。宜立式修复旧堨,利其埭遏,给轻舰百艘。寇若入境,引舰出战,左右随宜应接,据其师津,毁其航漕。此以利制车,运我所长,亦微彻敌之要也。"⑤这些都在一定程度上传达了桓公沟这一漕运通道的重要性。

第四节　谢玄守江淮与北伐及漕运

谢玄走上历史的舞台发生在"于时苻坚强盛,边境数被侵寇,朝廷求文武良将可以镇御北方者,安乃以玄应举"⑥的背景下。诚如王应麟在《晋宋齐梁陈形势考》中所说:"东南地非偏也,兵非弱也。有人焉,进取而有余;无人焉,自保而不足"⑦这一论述,完全可以移来说明谢玄临危受命时的情况。

谢玄领广陵相监江北诸军事以后,发生了苻坚派兵围襄阳的事件。是时,驻守淮河防线的谢玄在加强防守的同时,派出何谦游击淮泗,以此来牵制苻坚围攻襄阳的兵力。襄阳失陷

---

① 唐·李吉甫《元和郡县图志·河南道六》(贺次君点校),北京:中华书局1983年版,第270—271页。
② 北齐·魏收《魏书·崔浩传》,北京:中华书局1974年版,第809页。
③ 北魏·郦道元《水经注·济水一》,杨守敬、熊会贞疏,段熙仲点校,陈桥驿复校《水经注疏》上册,南京:江苏古籍出版社1989年版,第657—658页。
④ 梁·沈约《宋书·文帝纪》,北京:中华书局1974年版,第78页。
⑤ 梁·沈约《宋书·何承天传》,北京:中华书局1974年版,第1710页。
⑥ 唐·房玄龄等《晋书·谢玄传》,北京:中华书局1974年版,第2080页。
⑦ 宋·王应麟《通鉴地理通释·晋宋齐梁陈形势考》(傅林祥点校),北京:中华书局2013年版,第363页。

后,淮河防线告急,重镇盱眙失陷后,谢玄率军自广陵(治所在今江苏淮安)出征,挽救了败局。史称:"时苻坚遣军围襄阳,车骑将军桓冲御之。诏玄发三州人丁,遣彭城内史何谦游军淮泗,以为形援。襄阳既没,坚将彭超攻龙骧将军戴逯于彭城。玄率东莞太守高衡、后军将军何谦次于泗口,欲遣间使报逯,令知救至,其道无由。……既而盱眙城陷,高密内史毛藻没,安之等军人相惊,遂各散退,朝廷震动。玄于是自广陵西讨难等。何谦解田洛围,进据白马,与贼大战,破之,斩其伪将都颜。因复进击,又破之,斩其伪将邵保。超、难引退。玄率何谦、戴逯、田洛追之,战于君川,复大破之。玄参军刘牢之攻破浮航及白船,督护诸葛侃、单父令李都又破其运舰。难等相率北走,仅以身免。于是罢彭城、下邳二戍。诏遣殿中将军慰劳,进号冠军,加领徐州刺史,还于广陵,以功封东兴县侯。"①在东晋与前秦对峙屡屡失利的关头,谢玄率兵前行,扭转了战局不利的局面。

遗憾的是,战争的天平很快倒向前秦,为结束南北分治的局面,苻坚率军南下,东晋的形势万分危急。史称:"及苻坚自率兵次于项城,众号百万,而凉州之师始达咸阳,蜀汉顺流,幽并系至。先遣苻融、慕容暐、张蚝、苻方等至颍口,梁成、王显等屯洛涧。诏以玄为前锋、都督徐兖青三州扬州之晋陵幽州之燕国诸军事,与叔父征虏将军石、从弟辅国将军琰、西中郎将桓伊、龙骧将军檀玄、建威将军戴熙、扬武将军陶隐等距之,众凡八万。玄先遣广陵相刘牢之五千人直指洛涧,即斩梁成及成弟云,步骑崩溃,争赴淮水。牢之纵兵追之,生擒坚伪将梁他、王显、梁悌、慕容屈氏等,收其军实。坚进屯寿阳,列阵临肥水,玄军不得渡。玄使谓苻融曰:'君远涉吾境,而临水为阵,是不欲速战。诸君稍却,令将士得周旋,仆与诸君缓辔而观之,不亦乐乎!'坚众皆曰:'宜阻肥水,莫令得上。我众彼寡,势必万全。'坚曰:'但却军,令得过,而我以铁骑数十万向水,逼而杀之。'融亦以为然,遂麾使却阵,众因乱不能止。于是玄与琰、伊等以精锐八千涉渡肥水。石军距张蚝,小退。玄、琰仍进,决战肥水南。坚中流矢,临阵斩融。坚众奔溃,自相蹈藉投水死者不可胜计,肥水为之不流。余众弃甲宵遁,闻风声鹤唳,皆以为王师已至,草行露宿,重以饥冻,死者十七八。获坚乘舆云母车,仪服、器械、军资、珍宝山积,牛马驴骡骆驼十万余。"②在谢玄的指挥下,东晋取得了淝水之战(383)的胜利。经此,北方的各种政治势力纷纷叛离前秦苻坚,东晋形势开始好转。

次年即晋孝武帝司马曜太元九年(384),在谢安的举荐下,谢玄率东晋大军揭开了北伐的序幕。谢玄北伐时,谯梁二郡属东晋,兖州属前秦,根据这一形势,谢玄采取了先取兖州的战略。史称:"既而安奏苻坚丧败,宜乘其衅会,以玄为前锋都督,率冠军将军桓石虔径造涡颍,经略旧都。玄复率众次于彭城,遣参军刘袭攻坚兖州刺史张崇于鄄城,走之,使刘牢之守鄄城。"③所谓"径造涡、颍",是指谢玄率军自淮河入谯梁水道后,经涡水、颍水入汴渠及黄河

---

① 唐·房玄龄等《晋书·谢玄传》,北京:中华书局1974年版,第2081页。
② 同①,第2082页。
③ 同①,第2082—2083页。

流域。谢玄之所以选择谯梁水道为挺进中原的路线,是因为这一水道基本上没有遭受破坏,有良好的漕运条件,同时又因为这条水道一头联系江淮及邗沟、一头联系汴渠及黄河航道,经此北伐,可提高运兵、运粮的效率。在这中间,谢玄率大军进驻彭城(今江苏徐州),随后虚晃一枪,将军事斗争的锋芒指向兖州。以"刘牢之守鄄城"为标志,谢玄在加强漕运的过程中取得了平定兖州的胜利。

平定兖州后,为解决运兵、运粮中的难题,谢玄采纳了督护闻人奭的建议。史称:"兖州既平,玄患水道险涩,粮运艰难,用督护闻人奭谋,堰吕梁水,树栅,立七埭为派,拥二岸之流,以利运漕,自此公私利便。"①谢玄"堰吕梁水",旨在建立一条自江淮入汴渠的漕运通道。如李昉引《晋中兴书》曰:"兖州既平,谢玄患水道险涩,粮运艰难,壅吕梁水,立七埭以利运漕。"②所谓"堰吕梁水",是指在吕县(今江苏徐州铜山伊庄吕梁)建堰坝蓄积丁溪水(吕梁水),通过补给泗水改变彭城一带"粮运艰难"的现状。李吉甫记载道:"吕梁,在县东南五十七里。盖泗水至吕县,积石为梁,故号吕梁。"③胡渭进一步论述道:"《元和志》:吕梁在彭城县东南五十七里。按徐州北有吕梁故城。《州志》:吕梁山在州东南五十里山下,即吕梁洪也。"④"堰吕梁水"的地点是在距彭城不远的吕县境内。

所谓"树栅",是指用打桩的方式压缩河道宽度。所谓"立七埭为派,拥二岸之流,以利运漕",是指建堰积蓄吕梁水,将其合为一道,与此同时,将两岸其他河流的水资源截入七埭,抬高河道水位。起初,泗水是一条季节性通航的河流,通过蓄积吕梁水并在"冬春浅涩"时补入,可以冲刷河床中的积沙,为泗水常年通航创造必要的条件。郦道元记载道:"《晋太康地记》曰:水出磐石,《书》所谓泗滨浮磐者也。泗水又东南流,丁溪水注之。溪水上承泗水于吕县,东南流,北带广隰,山高而注于泗川。泗水冬春浅涩,常排沙通道,是以行者多从此溪。即陆机《行思赋》所云乘丁水之捷岸,排泗川之积沙者也。晋太元九年,左将军谢玄于吕梁,遣督护闻人奭,用工九万,拥水立七埭,以利运漕者。"⑤吕梁水是泗水的支流,在吕县注入泗水。谢玄兴建吕梁七埭后,打通了自彭城一带入泗水入汴渠,再入黄河的航线。

吕梁七埭是谢玄建立泗水航线的重要工程。开通自彭城沿泗水北上至兖州的航线对于谢玄经营兖州有着特殊的意义。这条航线开辟后,扩大了为军事斗争服务的漕运范围。杜佑注"兖州旧为济河之间"语考证道:"孔安国云:'东南据济,西北距河。'《禹贡》云:'导沇水东流为济,入于河,溢为荥,东出于陶丘北,又东至于菏,又东北会于汶,又北东入于海。'颜师古云:'导沇流而为济,截河又为荥泽,陶丘在济阴定陶西南。菏即菏泽。过菏泽又与汶水

---

① 唐·房玄龄等《晋书·谢玄传》,北京:中华书局1974年版,第2083页。
② 宋·李昉等《太平御览·地部三十八·堰埭》,北京:中华书局1960年版,第344页。
③ 唐·李吉甫《元和郡县图志·河南道五》(贺次君点校),北京:中华书局1983年版,第225页。
④ 清·胡渭《禹贡锥指》(邹逸麟整理),上海:上海古籍出版社2006年版,第141页。
⑤ 北魏·郦道元《水经注·泗水》,杨守敬、熊会贞疏,段熙仲点校,陈桥驿复校《水经注疏》下册,南京:江苏古籍出版社1989年版,第2148—2149页。

会,北折而东入海也。'按:沇水出今河南府王屋县山,东流济源县而名济水。荥泽在今荥阳郡荥泽县也。定陶,今济阴郡也。菏泽在今鲁郡县。汶水,今鲁郡莱芜县。然济水因王莽末旱,渠涸不复截河过。今东平、济南、淄川、北海界中有水流入于海,谓之清河,实菏泽、汶水合流,亦曰济河,盖因旧名,非本济水也。诸家所说地理者,皆云今清河郡,《禹贡》冀州之域。又按:《禹贡》云:'洛汭自大伾北过洚水,至于大陆,北播为九河而入海。'"①通过夺取兖州,谢玄建立了后勤补给中继站,初步解除了挺进中原时的后顾之忧。

建立吕梁七堰除了重点引吕梁水入泗外,汶水亦是重要的补给水源。在引汶入泗的过程中,谢玄以巨野沟为节点建立了泗水新航道与菏水、济水、桓公沟等之间的互通关系。胡渭论述道:"郦道元云:汶水自桃乡四分(桃乡故城在今汶上县东北四十里),谓之四汶口(今东平州东戴村坝即四汶口之地),其左二水双流,西南径无盐、东平陆(今汶上县治即东平陆故城),又西合为一水,西南入茂都淀,淀水西南出,谓之巨野沟,又西南入桓公河;次一汶西径寿张故城东,遂为泽渚,盖即今南旺北湖也。三汶皆在汶上县界。其右一汶西南流径无盐故城南,又西南径寿张故城北,又西南入济,此汶在东平州界,即旧注安山湖合济水者也。茂都淀水西南出为巨野沟,则泽在南旺之西,虽相去不远,而湖之不得即为泽也,明矣。"②自彭城入泗水可入巨野沟,巨野沟是巨野泽的一部分,自巨野沟北上可进入菏水、济水、桓公沟等。在这中间,泗水新航线将兖州等地串连在一起,为北伐调集不同区域的物资及漕运开辟了新途径。

这条新航线开通后,重新建立了与济水(清水)、菏水、桓公沟、汴渠、黄河等互通的航线,同时与谯梁水道、汴渠、黄河串连在一起,为北伐提供了不同的漕运通道。史称:"又进伐青州,故谓之青州派。遣淮陵太守高素以三千人向广固,降坚青州刺史苻朗。又进伐冀州,遣龙骧将军刘牢之、济北太守丁匡据碻磝,济阳太守郭满据滑台,奋武将军颜雄渡河立营。坚子丕遣将桑据屯黎阳。玄命刘袭夜袭据,走之。丕惶遽欲降,玄许之。丕告饥,玄馈丕米二千斛。又遣晋陵太守滕恬之渡河守黎阳,三魏皆降。以兖、青、司、豫平,加玄都督徐、兖、青、司、冀、幽、并七州军事。"③夺取兖州以后,谢玄又挥师北进,顺势占领了青州。王应麟在"吕梁七堰"条中记载道:"《谢玄传》"玄既克符坚,乘衅攻坚之兖州,刺史张崇于鄄城走之(太元九年九月辛卯)。兖州既平,玄患水道险涩,粮运艰阻,用督护闻人奭谋,堰吕梁水,植栅,立七堰,为派拥二岸之流,以利运漕,公私利便。又进伐青州,故谓之青州派。"④占领青州后,谢玄将军事斗争的矛头指向冀州(黄河以北的广大区域)。在这中间,谢玄派兵重点把守黄河运道上的碻磝(今山东茌平西南)、滑台(今河南滑县)等战略要地,同时攻占黎阳(今河南

---

① 唐·杜佑《通典·州郡二·序目下》,杭州:浙江古籍出版社1988年版,第912页。
② 清·胡渭《禹贡锥指》(邹逸麟整理),上海:上海古籍出版社2006年版,第126页。
③ 唐·房玄龄等《晋书·谢玄传》,北京:中华书局1974年版,第2083页。
④ 宋·王应麟《玉海·地理·陂塘堰湖堤埭》,南京:江苏古籍出版社1990年版。

浚县)等漕运重镇。经此,取得了"三魏皆降"的战果。

收复河北及平定三魏后,谢玄上疏朝廷,提出加强河北防务的主张。史称:"玄上疏以方平河北,幽冀宜须总督,司州县远,应统豫州。以勋封康乐县公。玄请以先封东兴侯赐兄子玩,诏听之,更封玩豫宁伯。复遣宁远将军吞演伐申凯于魏郡,破之。玄欲令豫州刺史朱序镇梁国,玄住彭城,北固河上,西援洛阳,内藩朝廷。朝议以征役既久,宜置戍而还,使玄还镇淮阴,序镇寿阳。会翟辽据黎阳反,执滕恬之,又泰山太守张愿举郡叛,河北骚动,玄自以处分失所,上疏送节,尽求解所职。诏慰劳,令且还镇淮阴,以朱序代镇彭城。"①在这中间,谢玄提出了"豫州刺史朱序镇梁国,玄住彭城,北固河上,西援洛阳"的主张,可惜,"朝议以征役既久,宜置戍而还"为由,放弃了这一正确的主张,反而"使玄还镇淮阴,序镇寿阳",放弃了河北,导致河北再度骚动,致使一度大好的形势再度丧失。

客观地讲,谢玄北伐成功与加强运兵、运粮,寻求多元化的漕运途径,改变单一地依靠谯梁水道进行漕运的局面息息相关。如谢玄"堰吕梁水"以后,打通了自谯梁水道入泗水,自泗水入涡水,颍水等,再入汴渠及黄河的通道;同时也打通了自泗水入汴渠及黄河,或自泗水入桓公沟入济水再入黄河的通道,可以说,多条航线并存,为其重点经营河北及中原提供了便利的漕运通道。

从大的方面讲,谢玄北伐的进军路线与桓温第二次和第三次北伐大体相同。如桓温第二次北伐采取了先收复淮北,以淮北为补给基地,自谯梁水道挺进中原的战略战术及进军路线。又如第三次北伐时,桓温以兖州、淮北为前进基地:一是建立了自谯梁水道入汴渠再入黄河的航线;二是建立了桓公沟与菏水、济水、泗水、汴渠和黄河互通的航线。同时建立两条后勤补给线,旨在通过提升漕运能力为逐鹿中原服务。谢玄北伐时,政治形势发生了很大的变化。此时,淮北在东晋的掌控之下,兖州在前秦的掌控之下,根据这一形势,谢玄以淮北为前进基地,进驻彭城后,先把军事斗争的锋芒指向兖州一带。从表面上看,谢玄北伐的经营策略与桓温多有不同,其实,本质是一致的,均采用了先经营淮北和兖州、后经营中原的战略。具体地讲,如果谢玄沿谯梁水道贸然进入汴渠再入黄河的话,由于兖州等地被前秦掌控,很容易出现腹部受敌的被动局面。为此,谢玄采取了先经营兖州,在解除后顾之忧的基础上再经营中原的战略。在这中间,谢玄"堰吕梁水"为经营兖州、青州等地及收复河北奠定了坚实的基础。

需要补充的是,东晋北伐除桓温第一次北伐自江陵进取关中外,祖逖、殷浩、桓温、谢玄北伐主要是从水路及沿谯梁水道进行的。在这中间,虽有桓温开桓公沟和谢玄建泗水新航线之举,但汴渠始终是北伐不可或缺的漕运通道。

汴渠的基础是鸿沟,鸿沟自荥阳引河开渠,东行经浚仪(今河南开封)等地,分别与淮河

---

① 唐·房玄龄等《晋书·谢玄传》,北京:中华书局1974年版,第2083页。

支流颍水、涡水、睢水、泗水等相通,由此构成了自淮河深入黄河的航线。史称:"汉明帝时,乐浪人王景、谒者王吴始作浚仪渠,盖循河沟故渎也。渠成流注浚仪,故以浚仪县为名。灵帝建宁四年,于敖城西北垒石为门,以遏渠口,故世谓之石门。渠外东合济水,济与河、渠浑涛东注,至敖山北,渠水至此又兼邲之水,即《春秋》晋、楚战于邲。邲又音汳,即'汴'字,古人避'反'字,改从'汴'字。渠水又东经荥阳北,旃然水自县东流入汴水。郑州荥阳县西二十里三皇山上,有二广武城,二城相去百余步,汴水自两城间小涧中东流而出,而济流自兹乃绝。唯汴渠首受旃然水,谓之鸿渠。东晋太和中,桓温北伐前燕,将通之,不果。义熙十三年,刘裕西征姚秦,复浚此渠,始有湍流奔注,而岸善溃塞,裕更疏凿而漕运焉。隋炀帝大业三年,诏尚书左丞相皇甫谊发河南男女百万开汴水,起荥泽入淮千余里,乃为通济渠。又发淮南兵夫十余万开邗沟,自山阳淮至于扬子江三百余里,水面阔四十步,而后行幸焉。自后天下利于转输。昔孝文时,贾谊言'汉以江、淮为奉地',谓鱼、盐、谷、帛,多出东南。至五凤中,耿寿昌奏:'故事,岁增关东谷四百万斛以给京师。'亦多自此渠漕运。"①胡渭论述道:"自荥阳引河,后递加疏导,枝津交络,名称互见,使人目眩心摇。今综其大略,以蒗荡渠为主。《水经注》云:渠水自河与济乱流,东径荥泽北,东南分济,历中牟县之圃田泽,与阳武分水,又东为官渡水,又东至浚仪县,左则故渠出焉。秦始皇二十二年,王贲断故渠,引水东南出,以灌大梁,谓之梁沟。世遂目故渠曰阴沟,而以梁沟为蒗荡渠。阴沟东南至大梁城,合蒗荡渠,其东导者为汳水(《汉志》作'卞水'。《说文》作'汳'。后人恶'反'字,因改为'汴'。郦云:济水又兼'邲'目。《春秋·宣公十二年》:晋楚战于邲,即是水也。音卞,京相璠曰在敖北),至蒙县为获水,又东至彭城县入泗。蒗荡渠自大梁城南,南流为鸿沟,项羽与汉约中分天下,指是以为东西之别。故苏秦说魏曰'大王之地南有鸿沟'是也。鸿沟又兼沙水之目。沙水东南流,至新阳县为百尺沟,注于颍水(汉汝南郡有新阳县,当在今陈州界)。此即班固所谓'狼荡渠首受泲,东南至陈入颍'者也,其一水自百尺沟分出,东南流至义城县西,而南注淮(义城今怀远),谓之沙汭。《左传·昭二十七年》:楚子常以舟师及沙汭而还,即此也。沙水所出又有睢水、涡水。睢水自陈留县首受,东南流,至下相县入泗(下相今宿迁)。涡水自扶沟县首受,东南流,至义城县南而东注淮。以上诸渠,同源于出河之济(石门水)。故言鸿沟者,则指此为鸿沟;言蒗荡渠者,指此为蒗荡;言汴水者,指此为汴水;言浚仪渠者,指此为浚仪渠;皆以下流之目,追被上源也。此外有济隧,上承河水于卷县北河,南流与出河之济会,自于岑造八激堤,而其流遂断。"②鸿沟(渠水、鸿渠、蒗荡渠)与睢水、涡水、沙水、颍水、沛水(济水)、泗水、淮河等相通,不论桓温、谢玄选择什么样的进军路线,汴渠始终是必须利用的漕运通道。

自谢玄建吕梁七埭后,泗水航线在东晋经营齐鲁时发挥了重要作用。史称:"四月,舟师

---

① 元·脱脱等《宋史·河渠志三》,北京:中华书局1985年版,第2318—2319页。
② 清·胡渭《禹贡锥指》(邹逸麟整理),上海:上海古籍出版社2006年版,第596—597页。

发京都,溯淮入泗。五月,至下邳,留船舰辎重,步军进琅邪。所过皆筑城留守。鲜卑梁父、莒城二戍并奔走。……公亲鼓之,贼乃大破。超遁还广固。获超马、伪辇、玉玺、豹尾等,送于京师。斩其大将段晖等十余人,其余斩获千计。明日,大军进广固,既屠大城。超退保小城。于是设长围守之,围高三丈,外穿三重堑。停江、淮转输,馆谷于齐土。抚纳降附,华戎欢悦,援才授爵,因而任之。七月,诏加公北青、冀二州刺史。超大将垣遵、遵弟苗并率众归顺。"①晋安帝义熙五年(409)四月,南燕慕容超犯境,刘裕奉命讨伐。在讨伐的过程中,刘裕经邗沟入淮至下邳(今江苏邳州),随后,在南燕都城广固(今山东青州西北)展开决战,取得了消灭南燕的胜利。在这中间,刘裕利用了谢玄兴修的泗水航线。之所以这样说,是因为史述中有"停江、淮转输,馆谷于齐土"语。当时的情况是,广固没有现成的漕运通道,转运来自江淮的粮草须经泗水新航线。

从历时的角度看,桓温、谢玄等为北伐开挖的桓公沟、泗水新航线是北方河渠建设的重要收获。如郦道元记载道:"《十三州志》曰:寿张有蚩尤祠。又北,与济渎合。自渚迄于北口,一百二十里,名曰洪水。桓温以太和四年,率众北入,掘渠通济。至义熙十三年,刘武帝西入长安,又广其功。自洪口已上,又谓之桓公渎,济自是北注也。"②桓公沟通济并将航线延长到寿张(治所在今山东梁山寿张集)境内,为元代开山东运河会通河创造了必要的条件。又如谢玄兴修的泗水新航线,成为元明两代开京杭大运河山东航段的重要基础。从这样的角度看,桓公沟、泗水新航线在历史的进程不但没有淹没,而是在新形势下获得了新生。

谢玄开辟的泗水新航线既是东晋北伐时不可或缺的漕运通道,同时也是南朝在淮河、黄河交汇处攻防时必须重点关心的航线。如果以宋文帝刘义隆元嘉二十七年(450)为节点,此前,南朝与北朝的攻防线集中在黄河流域;此后,转移到淮河与黄河交汇处。进而言之,元嘉二十七年北伐失败后,南北双方的攻防线开始转移到淮河和黄河交汇处。以此为节点,一是结束了南朝在黄河流域开挖或整修河渠的历史;二是谢玄开挖的泗水新航线成为南北对峙时重点攻防的对象。如宋明帝泰始二年(466),宋将沈攸之进军彭城时一度"等米船在吕梁"③。第二年的秋天,"太宗复令攸之进围彭城。攸之以清、泗既干,粮运不继,固执以为非宜,往反者七。上大怒,……攸之惧,乃奉旨进军"④。所谓"清、泗既干",是指济水(清水)、泗水航道干涸。其实,"清、泗既干"只是沈攸之故意止步不前的借口,否则,随后不会有"奉旨进军"之举。这一情况从一个侧面说明了,政治形势发生变化后,泗水新航线是重要的漕运通道。

---

① 梁·沈约《宋书·武帝纪上》,北京:中华书局1974年版,第15—16页。
② 北魏·郦道元《水经注·济水二》,杨守敬、熊会贞疏,段熙仲点校,陈桥驿复校《水经注疏》上册,南京:江苏古籍出版社1989年版,第722—723页。
③ 梁·沈约《宋书·沈攸之传》,北京:中华书局1974年版,第1929页。
④ 同③,第1930页。

事实上,当南北对峙的攻防线转移到黄淮交汇处时,泗水新航线连接济水、菏水、桓公沟、汴渠、黄河等,以徐州、吕梁为代表的航段节点势必会成为战争双方争夺的对象。如陈宣帝太建九年(577),北周灭齐后将军事斗争的锋芒指向徐、兖二州。为了改变不利的局面,陈宣帝决定以攻代守,令吴明彻北伐。史称:"会周氏灭齐,高宗将事徐、兖,九年,诏明彻进军北伐,……明彻军至吕梁,周徐州总管梁士彦率众拒战,明彻频破之,因退兵守城,不复敢出。明彻仍连清水以灌其城,环列舟舰于城下,攻之甚急。周遣上大将军王轨将兵救之。轨轻行自清水入淮口,横流竖木,以铁锁贯车轮,遏断船路。诸将闻之,甚惶恐,议欲破堰拔军,以舫载马。马主裴子烈议曰:'若决堰下船,船必倾倒,岂可得乎? 不如前遣马出,于事为允。'适会明彻苦背疾甚笃,知事不济,遂从之,乃遣萧摩诃帅马军数千前还。明彻仍自决其堰,乘水势以退军,冀其获济。及至清口,水势渐微,舟舰并不得渡,众军皆溃,明彻穷蹙,乃就执。"① 吴明彻占据吕梁后与周军在徐州一带展开争夺一事表明,泗水新航线涉及漕运及运兵、运粮的大事。在军力不济的情况下,吴明彻大败是必然的。然而,如果泗水新航线不被切断的话,很可能出现另外的局面。这一事件透露的信息是,伴随着南北对峙的攻防线向淮河与黄河交汇处转移,谢玄开辟的泗水航线已成为战争双方争夺的对象,因漕运吕梁、徐州等地的战略地位也日益彰显。

---

① 唐·姚思廉《陈书·吴明彻传》,北京:中华书局1972年版,第163—164页。

第三编　南北朝编

概 述

以刘裕建宋为标志,历史进入到南北朝时期。

南北朝时期,军事斗争是政治斗争的最高形式,政权建设以军事斗争为先导,形成了不同的特点。具体地讲,北魏在东进及南下的过程中,采取了改农田为牧场的措施,试图在保证军需的过程中迅速地兑现军事斗争的成果,入主中原后,在汉化的过程中充分认识到农耕的重要性,为此,魏孝文帝于太和九年(485)颁布"均田令",从法律的层面承认农耕存在的合理性,进而在统治区域内兴修河渠,在征伐宋、齐、梁、陈的过程中从水路运兵、运粮。这一时期,与北朝相对应的南朝政权有宋、齐、梁、陈,为瓦解北军南下的攻势,南朝各政权积极地兴修河渠,为发展农业和水上交通等采取了一系列的措施。

这一时期的河渠建设显示出四个特点:一是河渠建设分别在游牧民族和农耕民族等两大统治区域内进行;二是河渠建设表现出为军事斗争服务的特征,形成了建设与破坏共存的态势;三是在发展水上交通的过程中,一些水陆交通枢纽的形成促进了不同区域之间的经济交流及商贸往来,为某些区域及城市成为商品集散地创造了必要的条件;四是河渠建设促进了政权建设,水上交通的兴起改变了城市布局,带动了沿岸地区的城市建设和发展。进而言之,透过河渠建设,可以进一步了解社会经济发展、不同区域间的经济交流、城市建设等方面的运动轨迹和动态。

南北分治应以晋室南下渡江为起点,在游牧民族的打击下,晋室仓皇南下,已揭开南北朝对峙的序幕。南北朝对峙是中国社会最混乱的时期,在长达二百七十多年的时间里,南北政权不断地更迭,致使军事斗争成为政治斗争的最高形式。在这中间,不同的政权出于为现实政治服务的需要虽多有兴修河渠之举,但建设与破坏同步,相关地区的河渠建设在相对停滞的状态中艰难地进行。进而言之,南北朝时期,河渠建设的速度明显地放缓,出现这样的情况固然与南北分治不可能在更大的范围内进行河渠建设相关,而且与战争直接阻止经济建设的步伐等也相关,但河渠建设速度放缓后,对恢复北方自然生态的作用是显而易见的,甚至可以说,如果没有自然生态的恢复,隋王朝要想引水入运和兴修贯穿南北的通济渠、永济渠等是不可能的。从这样的角度看,北魏在黄河流域兴建千里牧场,虽然破坏了农耕民族建立的生产秩序,但对于恢复黄河流域的自然生态是有益的。

第一章 北魏的河渠建设与漕运

游牧民族是马背上的民族。在征伐及入主中原的过程中,北魏采取了毁农田建牧场的措施,这一政策推行后:一方面扩大了游牧民族生存和活动的空间;另一方面为建立以鲜卑拓跋人为主体的军事贵族统治集团提供了强有力的支撑。然而,伴随着北魏政权不断拓展的历史,当从事农业生产的农耕民族不得不接受北魏统治时,势必要冲击到游牧民族建立的生产秩序,甚至会引起结构上的变化。在这一过程中,农耕民族与游牧民族在生活方式和生产方式上的碰撞在潜移墨化中引起北魏统治集团内部的变化。

第一节 牧马与恢复黄河生态

毁农田建牧场是北魏攫取战争资源的重要手段。北魏是游牧民族建立的政权,在征伐的过程中,需要大量的战马用于保持军事斗争的优势,同时也需要牧场来保证日常生活的需要。客观地讲,在农耕民族的生活区域建牧场,自然是破坏了农耕民族赖以生存的家园,给农耕民族带来了难以承受的苦难。不曾料想的是,这一举措虽然残酷地破坏了农耕文明造就的以一家一户为基本单位、以耕与织为核心的自给自足的生产方式,甚至摧毁了农耕民族赖以存在的家园,但黄河中下游地区的植被却因此得到了某种程度的恢复。黄河流域的植被得到部分恢复后,黄河流域水土流失得到了一定程度上的控制,在这样的前提下,黄河溃溢和改道迁徙的事件明显地减少,黄河下行时河道进入了相对稳定的时期。客观地讲,这一情况的存在是发人深省的,给后世提出了如何合理利用黄河水资源的大问题。

追溯历史,北魏毁农田建牧场,发生在魏太武帝拓跋焘取河西及关中之时,此后,这一政策在更大的范围得到推广。《魏书·食货志六》云:"世祖之平统万,定秦陇,以河西水草善,乃以为牧地。畜产滋息,马至二百余万匹,橐驼将半之,牛羊则无数。高祖即位之后,复以河阳为牧场,恒置戎马十万匹,以拟京师军警之备。每岁自河西徙牧于并州,以渐南转,欲其习水土而无死伤也,而河西之牧弥滋矣。"①这一记载有四个要点:一是始光四年(427),魏太武帝拓跋焘占领夏国都城统万城(今陕西靖边东北)及平定秦陇(今陕西和甘肃)以后,在河西建牧场;二是河西建牧场后,"畜产滋息",出现了"马至二百余万匹,橐驼将半之,牛羊则无数"的局面,为北魏征伐提供了充足的生活资料和军备物资;三是魏高祖(魏孝文帝)即位后,将河西牧场拓展到河阳(今河南孟县西),"以拟京师军警之备";四是为防止战马因水土不服而死亡的情况发生,采取了每年自河西转牧并州(治所在山西太原)并逐步向南放牧的措施。

稍后,以《魏书·食货志六》为依据,杜佑记载道:"太武帝平统万赫连昌,定陇右秃发、沮渠等,河西水草善,乃以为牧地,六畜滋息,马三百余万匹,駞驼将半之,牛则无数。孝文帝迁洛阳之后,复以河阳为牧场,恒置戎马十万匹,以拟京师军警之备。每岁自河西徙牧于并州,渐南,欲其习水土而无死伤也,而河西之牧滋甚。"②这一叙述可补充《魏书·食货志六》中的缺失:一是魏太武帝攻破统万城及平定赫连昌以后,又消灭了盘踞在陇右的南凉秃发和北凉沮渠等政权;二是魏孝文帝在河阳建立牧场,发生在迁都洛阳以后。魏孝文帝迁都洛阳完成于太和十八年(494),以此为节点,孝文帝颁布了一系列的汉化政策。

如果以《魏书·食货志六》和杜佑的记载为依据,结合其他史料,还有五个方面值得关注。

其一,从魏太武帝到魏孝文帝,中经魏文成帝拓跋濬、魏献文帝拓跋弘等数朝,如果以魏孝文帝太和十八年为下限的话,起码说,北魏改农田为牧场的行为在近七十年的时间里得到了全面的落实。魏太武帝和魏孝文帝是北魏两个有作为的皇帝,受生活方式、思维惯性的制约和支配,以游牧为主体的生活方式、生产方式等在国家政治中占有不可动摇的地位。

其二,军马是游牧民族进行军事扩张的重要武器,北魏十分重视军马,甚至将放牧军马视为立国之本。史称:"冬十有一月己酉,行幸椒杨,驱野马于云中,置野马苑。"③王应麟记载道:"元魏太武太延二年冬,于云中置野马苑。"④太延二年(436),魏太武帝拓跋焘在云中(治所在今内蒙古托克托东北)建野马苑,旨在通过驯化野马为南下服务。如章如愚引《吴衡进图》云:"魏孝文于并州置牧场,马大蕃息,今之河东路是也。"⑤除了在云中驯服野马外,魏孝文帝又在并州等地放牧军马。

---

① 北齐·魏收《魏书·食货志六》,北京:中华书局1974年版,第2857页。
② 唐·杜佑《通典·职官七·太仆卿》,杭州:浙江古籍出版社1988年版第150页。
③ 北齐·魏收《魏书·世祖纪上》,北京:中华书局1974年版,第87页。
④ 宋·王应麟《玉海·兵制·马政一》,南京:江苏古籍出版社1990年版。
⑤ 宋·章如愚《群书考索续集·财用门》卷四六,《四库全书》第937册,上海:上海古籍出版社1987年版。

其三,重点奖励献马者和牧马者。史称:"吴提上下感德,故朝贡焉。世祖厚宾其使而遣之……吴提遣其兄秃鹿傀及左右数百人来朝,献马二千匹,世祖大悦,班赐甚厚。"①延和三年(434),在亟须军马的关口,秃鹿傀献军马二千匹,因而受到魏世祖的奖励。史称:"时仍迁洛,敕福检行牧马之所。福规石济以西、河内以东,拒黄河南北千里为牧地。事寻施行,今之马场是也。及从代移杂畜于牧所,福善于将养,并无损耗,高祖嘉之。寻补司卫监。从驾豫州,加冠军将军、西道都将、假节、征虏将军。领精骑一千,专殿驾后。未几,转骁骑将军,仍领太仆、典牧令。从驾征南阳,兼武卫将军。"②因善于养马,宇文福受到了孝文帝的表彰和信任,担任要职后,继续领太仆、典牧令。事实上,军马除了可以为发动大规模的战争提供必要的资源外,更重要的是,军马在预警及防止外敌入侵方面有着不可替代的作用。杜佑记载道:"马铺,每铺相去三十里,于要路山谷间,牧马两匹,与游奕计会。有事警急,烟尘入境,即奔驰报探。"③可以说,军马是北魏政权建设的一部分。王应麟记载道:"平朔方、陇右,以河西水草善,以为牧地,马三百余万匹,橐驼半之。孝文复以河阳为牧场,戎马十万匹。岁自河西徙牧并州,渐南,欲其习水土(马之盛无如后魏)。太和二年,龟兹献龙马。十五年冬,二千石考上上者,赐乘黄马一匹。"④平定朔方、陇右等地后,魏世祖干脆把河西建成牧场。此后,孝文帝又以河阳为军马放养基地,从而出现了"马之盛无如后魏"的局面。特别是在官吏考核时,最大的奖励是"赐乘黄马一匹"(奖励品质优良罕见的黄色骏马)。

其四,北魏放养军马,采取官养和民养相互配合的机制。王应麟论述道:"古者牧养之马,有养之官,有藏之于民。官民通牧者,周也。牧于民而用于官者,汉也。牧于官而给于民者,唐也。"⑤游牧民族的生活习性虽然不同于农耕民族,但均认识到马匹在冷兵器战争中的重要性。从"以河西水草善,乃以为牧地。畜产滋息"等语看,北魏牧马与农耕民族没有两样,均采取了"藏之于民"的方法。此外,从"云中置野马苑"及在河阳设马场"以拟京师军警之备"等情况看,优质军马主要采用官养之法。遗憾的是,伴随着北魏走向衰败,长期建立起来的牧马制度遂走向衰败。史称:"正光以后,天下丧乱,遂为群寇所盗掠焉。"⑥从表面上看,牧马制度遭受破坏是因群寇盗掠造成的,其实,是因北魏自身衰败造成的。具体地讲,魏明帝元诩正光(520—525)以后,北魏已陷入动荡之中。

其五,经过长期间的努力,时至魏孝文帝迁都洛阳时,黄河两岸已建成千里牧场,如史有

---

① 北齐·魏收《魏书·蠕蠕传》,北京:中华书局1974年版,第2294页。
② 北齐·魏收《魏书·宇文福传》,北京:中华书局1974年版,第1000—1001页。
③ 唐·杜佑《通典·兵五·守拒法》,杭州:浙江古籍出版社1988年版,第801页。
④ 宋·王应麟《玉海·兵制·马政一》,南京:江苏古籍出版社1990年版。
⑤ 同④。
⑥ 北齐·魏收《魏书·食货志六》,北京:中华书局1974年版,第2857页。

"福规石济以西、河内以东,拒黄河南北千里为牧地"①之说。由此提出的问题是,在扩大疆域及南进的过程中,因军马在实施快速推进的战略中有着特殊的作用,这样一来,在经营四方的过程中势必要以陆路进攻为主。然而,伴随着领土不断地扩大,当黄河流域的农业资源成为国用的主要资源时,当汉化成为北魏不得不考虑的问题时,当南下征伐南朝不得不依靠水路时,兴修河渠及发展漕运势必要被提到议事日程。

那么,北魏建立的牧场究竟有多大的规模?或者说游牧民族占据黄河两岸后,有多少农田改成牧场?毁坏了多少农田?由于文献缺载,似乎很难找到准确的数字。不过,从宋神宗熙宁三年(1070)秘书丞侯叔献给朝廷的上疏中似乎可以捕捉到相关的线索。如侯叔献在上疏中明确地写道:"汴岸沃壤千里,而夹河公私废田,略计二万余顷,多用牧马。计马而牧,不过用地之半,则是万有余顷常为不耕之地。观其地势,利于行水。欲于汴河两岸置斗门,泄其余水,分为支渠,及引京、索河并三十六陂,以灌溉田。"②宋代汴渠的基础是隋代的通济渠,以荥口为起点至盱眙入淮河,全长六百五十公里。这里透露的信息有三:一是北魏时期的牧场已建到淮河沿线,即将兴建牧场的范围从黄河中下游地区延展到了淮河流域;二是汴渠两岸的牧场只是北魏千里牧场的一部分,这里面不包括河西、秦陇、云中、并州、河阳等地;三是游牧民族和农耕民族创造了不同的文明形态,在强弱转化的过程中有着不同的冲突方式。在这中间,生产方式、生活方式是两种文明冲突的外化形式,并且在冲突和同化的过程中演化为毁农田为牧场和改牧场为农田这一反复的过程。进而言之,如果从晋元帝司马睿南渡算起的话,中经南北分治到隋唐统一再到分裂,从五代十国政权并立到北宋再到宋神宗熙宁三年,在七百五十多年中,农耕民族在黄河中下游地区占据了绝对的统治时间。具体地讲,从隋文帝重建农耕民族的政权到宋神宗熙宁三年,在长达约五百年的时间里伴随着游牧民族政权向西向北退却的历史,黄河中下游地区的农业经济得到了全面的恢复,在这样的前提下,大部分的牧场经过改造又再度成为农田。然而,发人深省的是,汴渠两岸依旧有二万余顷的牧场。这一事实充分说明当一种文明战胜另一种文明或取得绝对优势时,被遮蔽的文明依旧有生存的空间或顽强地留下痕迹。

北魏将农田改为牧场主要是出于生活习性和传统方面的考虑。如为了解决北马水土不服等难题,北魏采取了"自河西徙牧于并州,渐南"的措施。其实,在南进的过程中不仅仅是北马水土不服,长期生活在干旱或半干旱地带的鲜卑人本身也存在着无法适应中原气候的大问题。史称:"恂不好书学,体貌肥大,深忌河洛暑热,意每追乐北方。中庶子高道悦数苦言致谏,恂甚衔之。高祖幸嵩岳,恂留守金墉,于西掖门内与左右谋,欲召牧马轻骑奔代,手刃道悦于禁中。领军元俨勒门防遏,夜得宁静。厥明,尚书陆琇驰启高祖于南,高祖闻之骇

---

① 北齐·魏收《魏书·宇文福传》,北京:中华书局1974年版,第1000页。
② 元·脱脱等《宋史·河渠志五》,北京:中华书局1985年版,第2367页。

惋,外寝其事,仍至汴口而还。"①由于适应不了河洛一带的暑热天气,太子拓跋恂乘高祖南行之际,竟然杀掉阻挠者,私自逃往代地(今山西朔州一带)。这一事件表明,当游牧民族的统治区域扩大到农耕民族居住的中心区域时,生活习惯及气候等势必会引起两种生活方式的外部冲突。在这中间:一方面,以游牧民族为统治力量的政权,要想适应新的环境需要有一个过程;另一方面,要想彻底地改变农耕民族的生活习性及生产习惯自然是困难的。

毁农田建牧场实际上是一柄双刃剑,利害各半。有利的一面是:毁农田建牧场,适应了游牧民族的生活及生产需要,为北魏扩张政治版图奠定了坚实的基础。不利的一面是:当农耕民族的生活区域纳入北魏的版图后,因破坏了其既有生活和生产方式,遂给北魏的政治统治带来了诸多不稳定的因素。如赵翼论述道:"元初起兵朔漠,崇以畜牧为业,故诸将多掠人户为奴,课以游牧之事,其本俗然也。及取中原,亦以掠人为事,并有欲空中原之地以为牧场者。耶律楚材当国时,将相大臣有所驱获,往往寄留诸郡,楚材因括户口,并令为民,匿占者死。立法未尝不严,然诸将恃功牟利,迄不衰止,而尤莫甚于阿尔哈雅(旧名阿里海涯)豪占之多。"②赵翼虽然是在叙述元代的事情,但完全可以移来说明北魏入主中原时的情况。

第二节　刁雍兴修河渠与发展农业及漕运

游牧文明与农耕文明碰撞的必然结果是:一方面,游牧民族需要把农田改造为牧场,来满足其生活需要;另一方面,又不得不给守望在故土的农耕民族保留部分的生活和生产空间,以缓和日益尖锐的民族矛盾。可以说,北魏进取中原是一个毁灭与建设并存的过程。在这中间,占据统治地位的游牧民族虽然不愿意发自内心地关心农耕民族的生活,但出于统治方面的需要又不得不默认农耕文明存在的合理性。

黄河中下游地区为北魏掌控后,在破坏水利工程设施的同时,又不得不接受农耕文明的成果。可以说,北魏统一北方的过程既是游牧民族占领统治制高点的过程,也是游牧文明与农耕文明两种生活方式冲突和混融的过程。在这中间,当农耕文明造就的生产方式在北魏统治区域得到进一步的肯定时,势必要在统治者的内部发出兴修河渠、发展漕运的声音。

北魏的河渠建设是在改变生活方式及汉化的进程中进行的。针对镇守边关中的困难,薄骨律镇将刁雍提出了兴修河渠及发展漕运的主张。具体地讲,魏太武帝太平真君五年(444),刁雍提出了开挖河渠、发展农业的方案,试图通过灌溉农田、提高农业单位面积产量

---

① 北齐·魏收《魏书·孝文五王传》,北京:中华书局1974年版,第588页。
② 清·赵翼《廿二史札记·元初诸将多掠人为私户》卷三十,王树民《廿二史札记校证》,北京:中华书局1984年版,第703页。

等达到就近取粮以固边防的目的。如在给朝廷的上疏中,刁雍指出:"夫欲育民丰国,事须大田。此土乏雨,正以引河为用。观旧渠堰,乃是上古所制,非近代也。富平西南三十里,有艾山,南北二十六里,东西四十五里,凿以通河,似禹旧迹。其两岸作溉田大渠,广十余步,山南引水入此渠中。计昔为之,高于水不过一丈。河水激急,沙土漂流,今日此渠高于河水二丈三尺。又河水浸射,往往崩颓。渠溉高悬,水不得上。虽复诸处按旧引水,水亦难求。今艾山北,河中有洲渚,水分为二。西河小狭,水广百四十步。臣今求入来年正月,于河西高渠之北八里、分河之下五里,平地凿渠,广十五步,深五尺,筑其两岸,令高一丈。北行四十里,还入古高渠,即循高渠而北,复八十里,合百二十里,大有良田。计用四千人,四十日功,渠得成讫。所欲凿新渠口,河下五尺,水不得入。今求从小河东南岸斜断到西北岸,计长二百七十步,广十步,高二丈,绝断小河。二十日功,计得成毕,合计用功六十日。小河之水,尽入新渠,水则充足,溉官私田四万余顷。一旬之间,则水一遍;水凡四溉,谷得成实。官课常充,民亦丰赡。"①在调查研究的基础上,刁雍提出了开渠灌溉农田的主张,由于这一主张有稳定社会秩序等积极的建设作用,因而受到了魏太武帝拓跋焘的重视。如拓跋焘在回复刁雍的诏书中写道:"卿忧国爱民,知欲更引河水,劝课大田。宜便兴立,以克就为功,何必限其日数也。有可以便国利民者,动静以闻。"②此举开启了北魏在边地开渠灌溉农田的先河。从魏太武帝答复刁雍的诏令中可知,北魏已认识到开渠灌溉农田及发展农业的重要性,因"可以便国利民",为此,魏太武帝授权刁雍"动静以闻"。这一事件表明,为巩固政权及有效地控制疆土,游牧民族已改变原有的生活方式,承认农耕文明的合理性。

太平真君七年(446),刁雍再次上疏朝廷,提出在太平真君五年开挖河渠的基础上重修河渠、拓宽运道和发展漕运的主张。史称:"七年,雍表曰:'奉诏高平、安定、统万及臣所守四镇,出车五千乘,运屯谷五十万斛付沃野镇,以供军粮。臣镇去沃野八百里,道多深沙,轻车来往,犹以为难。设令载谷,不过二十石,每涉深沙,必致滞陷。又谷在河西,转至沃野,越度大河,计车五千乘,运十万斛,百余日乃得一返,大废生民耕垦之业。车牛艰阻,难可全至,一岁不过二运,五十万斛乃经三年。臣前被诏,有可以便国利民者动静以闻。臣闻郑、白之渠,远引淮海之粟,溯流数千,周年乃得一至,犹称国有储粮,民用安乐。今求于牵屯山河水之次,造船二百艘,二船为一舫,一船胜谷二千斛。一舫十人,计须千人。臣镇内之兵,率皆习水。一运二十万斛。方舟顺流,五日而至,自沃野牵上,十日还到,合六十日得一返。从三月至九月三返,运送六十万斛。计用人功,轻于车运十倍有余,不费牛力,又不废田。'诏曰:'知欲造船运谷,一冬即成,大省民力,既不费牛,又不废田,甚善。非但一运,自可永以为式。今别下统万镇出兵以供运谷,卿镇可出百兵为船工,岂可专废千人?虽遣船匠,犹须卿指授,未

---

① 北齐·魏收《魏书·刁雍传》,北京:中华书局1974年版,第867—868页。
② 同①,第868页。

可专任也。诸有益国利民如此者,续复以闻。'"①是时,高平、安定、统万及薄骨律镇北方四镇由刁雍节制,其中,薄骨律镇是四镇的核心。对此,前人有充分的认识,杜佑论述道:"薄骨律镇,今灵武郡。高平,今平凉郡。安定即今郡。统万,今朔方郡也。……在今平凉郡高平县,今笄头山,语讹亦曰汧屯山,即牵屯山。"②薄骨律镇是北魏设置的军镇,镇治在今宁夏灵武西南的古黄河沙洲上。刁雍发展漕运的主张受到魏太武帝拓跋焘的充分肯定和支持。出现这样的情况是必然的,因为游牧民族占据农耕民族的栖息地以后,开始改变本身的生活、生产方式,逐渐认识到发展漕运的重要性。

一般认为,薄骨律城的基础是夏人赫连氏的果城。果城有"赫连果城""统万城"等称谓,是夏王赫连勃勃建造的夏国都城。如郦道元记载道:"河水又北,有薄骨律镇城,在河渚上,赫连果城也。桑果余林,仍列洲上。但语出戎方,不究城名。访诸耆旧,咸言故老宿彦云:赫连之世,有骏马死此,取马色以为邑号,故目城为白马骝。韵转之谬,遂仍今称,所未详也。"③按照郦道元的说法,薄骨律城得名是由"白马骝"讹传而来。

其实,薄骨律城作为西北的战略要地,有着久远的历史。如李吉甫叙述夏州赫连果城的行政区划沿革时论述道:"《禹贡》雍州之域。春秋及战国时属魏。秦并天下,置三十六郡,属上郡。汉武帝分置朔方郡。后汉建武二十年罢,二十七年复置。灵帝末,羌胡为乱,塞下皆空。至晋末,赫连勃勃于今州理僭称大夏,……勃勃杀高平没奕(干)并其众,自称天王,于朔水之北,黑水之南,营起都城,即今州理是也,名曰统万城。至子昌,为魏太武帝所灭,置统万镇。孝文帝太和十一年,改置夏州,隋大业元年以为朔方郡。隋末为贼帅梁师都所据,贞观二年讨平之,改为夏州,置都督府。天宝元年改为朔方郡,乾元元年复为夏州。"④按照这一说法,春秋战国时期,赫连果城一带已有政区建制。稍后,秦并天下,赫连果城一带已直属中央管辖。时至汉武帝一朝,在打击匈奴的过程中,赫连果城的战略地位进一步彰显。此后,赫连果城为游牧民族占领,东晋末年,赫连勃勃营造统万城;始光四年,魏太武帝翦灭夏国,为巩固边防在统万城设立军镇统万镇;魏孝文帝太和十一年(487),以统万镇为夏州治所,如史有"赫连屈子所都,始光四年平,为统万镇,太和十一年改置。治大夏"⑤之说;隋炀帝大业元年(605),改夏州为朔方郡;唐太宗贞观二年(628),改朔方郡为夏州;唐玄宗天宝元年(742),改夏州为朔方郡。

刁雍开挖河渠进行漕运和扩大种植面积发展农业,主要是为守卫河西边镇(宁夏河套地

---

① 北齐·魏收《魏书·刁雍传》,北京:中华书局1974年版,第868—869页。
② 唐·杜佑《通典·食货十·漕运》,杭州:浙江古籍出版社1988年版,第56页。
③ 北魏·郦道元《水经注·河水三》,杨守敬、熊会贞疏,段熙仲点校,陈桥驿复校《水经注疏》上册,南京:江苏古籍出版社1989年版,第206页。
④ 唐·李吉甫《元和郡县图志·关内道四》(贺次君点校),北京:中华书局1983年版,第99—100页。
⑤ 北齐·魏收《魏书·地形志下》,北京:中华书局1974年版,第2628页。

区)服务的。统万城濒临黄河,与朔水等相通,有自然天成的水运条件。刁雍任薄骨律镇将一职时,节制回乐(今陕西富平),回乐位于关中平原和陕北高原交界处,这一地理位置决定了回乐在保证边镇薄骨律城后勤补给方面的重要地位。具体地讲,回乐濒临黄河,有艾山旧渠等可供灌溉农田时使用,如果加以利用的话,完全可将其改造为可以通航的河渠。在这样的背景下,刁雍在旧渠的基础上整修河渠,建立了从回乐到薄骨律城的漕运通道。这条河渠开挖后,从水上加强了河西与关中地区的联系。刁雍是深得北魏君主信任的名将,同时也是进入北魏统治高层的汉人代表,某种意义上讲,开渠发展农业及漕运虽说是刁雍个人的主张,但更多地表达了北魏统治集团内部汉臣发出的声音。这一事件传达的重要信息是:在扩张及征伐的过程中,北魏统治集团内部的构成开始发生某些变化。北魏统治者在不同的程度上表示了支持河渠建设和发展漕运的立场,甚至可以说,北魏重新审视和肯定河渠的综合功能,在一定程度上修正着对农业文明的看法。

需要补充的是,杜佑、马端临等均将刁雍上书朝廷的时间(提出发展漕运的时间)定为北魏孝文帝太和七年(483),如杜佑有"孝文太和七年,薄骨律镇将刁雍上表"[①]等语,马端临亦有"孝文太和七年,薄骨律镇将刁雍上表"[②]等语。马端临的观点来自杜佑,但杜佑的观点是错误的。检索文献发现,刁雍在魏献文帝皇兴三年(469)以前已致仕,并于魏孝文帝太和八年(484)去世。史称:"皇兴中,雍与陇西王源贺及中书监高允等并以耆年特见优礼,锡雍几杖,剑履处殿,月致珍羞焉。……太和八年冬卒,年九十五。赐命服一袭,赗帛五百匹,赠仪同三司、冀州刺史、将军如故,谥曰简。"[③]又称:"皇兴中,雍与陇西王源贺及中书监高允等并以耆年特见优礼,锡雍几杖,剑履上殿,月致珍羞焉。……太和八年,卒,年九十五,谥曰简。"[④]在这样的背景下,刁雍不可能以九十四岁的高龄镇守薄骨律城,更何况,此前刁雍已经致仕。进而言之,刁雍开挖河渠和发展河西农业及漕运应发生在魏太武帝拓跋焘太平真君年间(440—451)。

刁雍是在什么地方兴修有灌溉和漕运等综合功能的河渠的?李吉甫叙述灵州回乐行政区划的历史沿革时记载道:"本汉富平县地,属北地郡,在今县理西南富平故城是也。后周置回乐县,枕黄河。后魏刁雍为薄骨律镇将,上表请开富平西三十里艾山旧渠,通河水,溉公私田四万余顷,人大获其利。孝文太(和)[平真君]七年,雍又上表论漕运:'奉诏,平高、安定、统万(平高今属原州,安定今泾州,统万今夏州)及臣所守四镇,出车五千乘,运谷五十万斛,付沃野镇以供军粮。臣镇去沃野镇八百里,道多深沙,轻车往来,犹以为难。今载谷二十五

[①] 唐·杜佑《通典·食货十·漕运》,杭州:浙江古籍出版社1988年版,第56页。
[②] 元·马端临《文献通考·国用考三·漕运》,杭州:浙江古籍出版社1988年版,第240页。
[③] 北齐·魏收《魏书·刁雍传》,北京:中华书局1974年版,第871页。
[④] 唐·李延寿《北史·刁雍传》,北京:中华书局1974年版,第948页。

斛,每至深沙,必致滞陷。又谷在河西,转至沃野,越渡大河,计五千乘运十万斛,百余日乃得一返,大废生人耕垦之业,车牛艰阻,难可全至。一岁不过二运,五十万斛,乃经三年。臣闻郑、白之渠,远引淮、海之粟,溯流数千里,周年乃得一至,犹称国有储粮,人用安乐。今求于婢崦山(在今原州平高县,即今笄头山,语讹。亦曰沂屯山,即牵(右加女)屯(右加山)河水之次,造船二百艘,二船为一舫,一舫乘二千斛,一舫十人,计须千人。臣镇内之兵卒皆习水,一运二十万斛,方舟顺流,五日而至自沃野,牵上十日还到,合六十日,得一返。从三月至九月三返,运送六十万斛,计用人工,轻于车运十倍有余,不费牛力,又不废田。'孝文帝善之,下诏曰:'非但一运,自可永以为式。'"①撇开李吉甫将刁雍开漕渠的时间误认为孝文帝太和七年不论,当知刁雍开渠:一是利用了艾山旧渠;二是开挖的河渠在回乐东与黄河相连。从地理形势上看,回乐位于关中平原与陕北黄土高原交界的地带,且黄河流经这一地区,开挖与黄河相接的河渠有利于发展漕运。

艾山旧渠是关中重要的灌溉渠,究竟是何时开挖的?文献缺载,似乎说不清楚。胡渭叙述薄骨律镇城与艾山渠之间的关系时论述道:"城在河渚上,赫连果园也。唐朔方节度治所。《元和志》:灵州理回乐县,本汉富平县,县枕黄河。后魏刁雍为薄骨律镇将,上表请开富平西三十里艾山旧渠,通河水,溉公私田四万余顷,人大获其利。又薄骨律渠,在县南六十里,溉田千余顷。灵武县东南至灵州十八里。黄河自回乐县界流入。汉渠在县南五十里,从汉渠北流四十余里始为千金大陂,其左右又有胡渠、御史、百家等八渠,溉田五百余顷。按五代唐长兴中,朔方帅张希崇亦引河渠兴屯田,以省漕运,民夷爱之。今灵州所境田多沃饶,恒无叹涸之患,赖黄河之灌溉也。"②艾山旧渠有久远的历史,如胡渭将回乐境内的河渠统称为"汉渠"。从传世文献记载的情况看,汉代兴修河渠及建设水利工程应发生在汉武帝一朝以后。其中,汉武帝亲赴瓠子口治理黄河是西汉兴修水利工程的重要节点,经此,出现了"自是之后,用事者争言水利"③的局面。进而言之,兴修艾山旧渠的时间似乎可以上溯到汉武帝一朝。当时的情况是,汉武帝为发展富平一带(河西地区)的农业,开挖了具有灌溉功能的河渠。

---

① 唐·李吉甫《元和郡县图志·关内道四》(贺次君点校),北京:中华书局1983年版,第93—94页。
② 清·胡渭《禹贡锥指》(邹逸麟整理),上海:上海古籍出版社2006年版,第416页。
③ 汉·司马迁《史记·河渠书》,北京:中华书局1982年版,第1414页。

第二章 孝文帝迁都与漕运

在政权统治的核心区域向黄河中下游区域延展及汉化的过程中,北魏开始兴修河渠及发展农业,从而改变了原有的生活方式及赋税征收方式。一般来说,北魏赋税征收方面的变化应以魏太武帝一朝为起点,至魏孝文帝一朝,赋税征收出现了以农业赋税征收以主的局面。

第一节 孝文帝南征与漕运

在入主中原的过程中,北魏遇到了以什么样的生活方式及生产方式进行政治统治方面的问题。在不断地向汉民族主要生活居住区推进的过程中,北魏既需要推行汉化政策,让鲜卑人与汉族人混融;与此同时,又需要保留鲜卑人的生活习惯及生产方式。在这中间,从刁雍在边镇开渠发展农业及进行漕运,到魏孝文帝下诏关注六镇及黄河中下游地区的农田水利建设,北魏走过了一个从轻视农业到给农业以一定的发展空间的历程。具体地讲,如果以刁雍开渠兴修水利及发展漕运为起点,那么,到了魏孝文帝一朝,鲜卑拓跋部与汉民族则正式走向融合。

北魏基本完成统一北方的大业后,魏孝文帝清楚地意识到仅仅依靠马背上的民族统治农耕民族是欠缺的。进而言之,农耕民族(汉民族)在统治区域内占主导性地位时,如果不关心这一族群的利益,那么,政治统治将不会稳定。为改变这一局面,魏孝文帝决心依靠汉族大臣进行政治改革,推行俸禄制、均田制、三长制等。然而,这些政策的推行遭到鲜卑贵族的强烈反对,为了摆脱鲜卑贵族的制衡,魏孝文帝做出了迁都洛阳的决定,决心到汉文化发达的中心地区推行汉化政策。在这中间,魏孝文帝一方面延续毁农田为牧场的旧法,另一方面又兴修农田水利设施,从而最大程度地改变了鲜卑拓跋部原有的生产及生活方式。如史有太和十二年(488)五月,魏孝文帝"诏六镇、云中、河西及关内六郡,各修水田,通渠溉灌"[①],此举在恢复六镇、云中、河西及关中农业生产的同时,实现了将农业纳入国家赋税征收范围

---

① 北齐·魏收《魏书·高祖纪下》,北京:中华书局1974年版,第164页。

的目标。

迁都是一个极为复杂的过程。为防止节外生枝,魏孝文帝决定以举兵声讨南齐为借口,率领鲜卑贵族离开经营以久的国都平城(今山西大同)南下。史称:"高祖初谋南迁,恐众心恋旧,乃示为大举,因以胁定群情,外名南伐,其实迁也。旧人怀土,多所不愿,内惮南征,无敢言者,于是定都洛阳。"①从表面上看,这一做法旨在迫使远离故土的鲜卑贵族接受迁都洛阳的事实,但同时也包含了强制鲜卑人改变生活习惯及生产方式的意图。史称:

> 后高祖外示南讨,意在谋迁,斋于明堂左个,诏太常卿王谌,亲令龟卜,易筮南伐之事,其兆遇《革》。高祖曰:"此是汤武革命,顺天应人之卦也。"群臣莫敢言。澄进曰:"《易》言革者更也。将欲应天顺人,革君臣之命,汤武得之为吉。陛下帝有天下,重光累叶。今日卜征,乃可伐叛,不得云革命。此非君人之卦,未可全为吉也。"高祖厉声曰:"《象》云'大人虎变',何言不吉也!"澄曰:"陛下龙兴既久,岂可方同虎变!"高祖勃然作色曰:"社稷我社稷,任城而欲沮众也!"澄曰:"社稷诚知陛下之社稷,然臣是社稷之臣子,豫参顾问,敢尽愚衷。"高祖既锐意必行,恶澄此对,久之乃解,曰:"各言其志,亦复何伤!"车驾还宫,便召澄。未及升阶,遥谓曰:"向者之《革卦》,今更欲论之。明堂之忿,惧众人竞言,阻我大计,故厉色怖文武耳,想解朕意也。"乃独谓澄曰:"今日之行,诚知不易。但国家兴自北土,徙居平城,虽富有四海,文轨未一,此间用武之地,非可文治,移风易俗,信为甚难。崤、函帝宅,河、洛王里,因兹大举,光宅中原,任城意以为何如?"澄曰:"伊洛中区,均天下所据。陛下制御华夏,辑平九服,苍生闻此,应当大庆。"高祖曰:"北人恋本,忽闻将移,不能不惊扰也。"澄曰:"此既非常之事,当非常人所知,唯须决之圣怀,此辈亦何能为也?"高祖曰:"任城便是我之子房。"加抚军大将军、太子少保,又兼尚书左仆射。及驾幸洛阳,定迁都之策,高祖诏曰:"迁移之旨,必须访众。当遣任城驰驿向代,问彼百司,论择可否。近日论《革》,今真所谓革也,王其勉之。"既至代都,众闻迁诏,莫不惊骇。澄援引今古,徐以晓之,众乃开伏。澄遂南驰还报,会车驾于滑台。高祖大悦曰:"若非任城,朕事业不得就也。"从幸邺宫,除吏部尚书。②

按照魏孝文帝的想法,举族南征的目的是为了实现移都洛阳这一战略目标。然而,在举族南下途经邺城(今河北临漳)时,崔光等提出了定都邺城的主张。李昉《太平御览》引《后魏书》云:"文帝太和十八年卜迁都,经邺,登铜雀台。御史崔光等曰:'邺城平原千里,漕运

---

① 北齐·魏收《魏书·李冲传》,北京:中华书局1974年版,第1183页。
② 北齐·魏收《魏书·任城王传》,北京:中华书局1974年版,第464—465页。

四通,有西门使起旧迹,可以饶富。在德不在险,请都之。'孝文曰:'君知其一,未知其二,邺城非长久之地,石虎倾于前,慕容灭于后,国富主奢暴,成速败,且西有柱人山,东有列人县,北有柏人城,君子不饮盗水恶其名也。'遂止。"①崔光等大臣劝谏的前提是魏孝文帝"经邺,登铜雀台"。这里隐藏的潜台词是:一是邺城是曹魏旧都,有理想的建都条件;二是邺城"漕运四通",有四通八达的航运条件;三是邺城有良好的农业生产条件,自战国西门豹兴修水利起,邺城已成为重要的农业产区;四是邺城虽无险可守,但自古有建都"在德不在险"之说,试图以此来坚定魏孝文帝建都邺城的决心。然而,魏孝文帝早有移都洛阳的打算,为此,遂以后赵石虎、前燕慕容亡于此,又以其地周边有不吉利的地点为由,提出反对意见。

此次南征的过程实际上是迁都的过程,但对于迁都到什么地方大家有不同的看法。史称:"初,神武自京师将北,以为洛阳久经丧乱,王气衰尽,虽有山河之固,土地褊狭,不如邺,请迁都。魏帝曰:'高祖定鼎河洛,为永永之基,经营制度,至世宗乃毕。王既功在社稷,宜遵太和旧事。'神武奉诏,至是复谋焉。遣三千骑镇建兴,益河东及济州兵,于白沟房船不听向洛,诸州和籴粟运入邺城。魏帝又敕神武曰:'王若厌伏人情,杜绝物议,唯有归河东之兵,罢建兴之戍,送相州之粟,追济州之军,令蔡俊受代,使邸珍出徐,止戈散马,各事家业。脱须粮廪,别遣转输,则谗人结舌,疑悔不生。王高枕太原,朕垂拱京洛,终不举足渡河,以干戈相指。王若马首南向,问鼎轻重,朕虽无武,欲止不能,必为社稷宗庙出万死之策。决在于王,非朕能定,为山止篑,相为惜之。'魏帝时以任祥为兼尚书左仆射,加开府,祥弃官走至河北,据郡待神武。魏帝乃敕文武官北来者任去留,下诏罪状神武,为北伐经营。神武亦勒马宣告曰:'孤遇尔朱擅权,举大义于四海,奉戴主上,义贯幽明。横为斛斯椿谗构,以诚节为逆首。昔赵鞅兴晋阳之甲,诛君侧恶人,今者南迈,诛椿而已。'以高昂为前锋,曰:'若用司空言,岂有今日之举!'司马子如答神武曰:'本欲立小者,正为此耳。'"②司马光记载道:"初,丞相欢以为洛阳久经丧乱,欲迁都于邺,帝曰:'高祖定鼎河、洛,为万世之基;王既功存社稷,宜遵太和旧事。'欢乃止。至是复谋迁都,遣三千骑镇建兴,益河东及济州兵,拥诸州和籴粟,悉运入邺城。帝又敕欢曰:'王若厌伏人情,杜绝物议,唯有归河东之兵,罢建兴之戍,送相州之粟,追济州之军。使蔡儁受代,邸珍出徐,止戈散马,各事家业,脱须粮廪,别遣转输。则谗人结舌,疑悔不生,王高枕太原,朕垂拱京洛矣。王若马首南向,问鼎轻重,朕虽不武,为社稷宗庙之计,欲止不能。决在于王,非朕能定,为山止篑,相为惜之。'欢上表极言宇文泰、斛斯椿罪恶。"③邺城是重要的迁都之地,但这一方案遭到魏孝文帝的否决。

所谓"卜迁都",只不过是假借神的旨意来否决以邺城为都的主张,表达迁都洛阳符合神

---

① 宋·李昉等《太平御览·州郡部七·河北道上》,北京:中华书局1960年版,第782页。
② 唐·李百药等《北齐书·神武纪下》,北京:中华书局1972年版,第16页。
③ 宋·司马光《资治通鉴·梁纪十二》(邬国义校点),上海:上海古籍出版社1997年版。

的旨意的政治诉求。在这中间,尽管魏孝文帝没有采纳崔光等定都邺城的建议,但可以看到的是:此时在北魏统治集团的上层已出现以农业立国和发展漕运的声音,而且这一声音越来越大,并且成为主导性的意见。这样一来,遂为魏孝文帝迁都洛阳及进行政治改革铺平了道路。"文帝太和十八年卜迁都。经邺,登铜雀台"应发生在太和十七年(493)。如史有"父奂及兄弟并为萧赜所杀,肃自建业来奔。是岁,太和十七年也。高祖幸邺,闻肃至,虚襟待之,引见问故"①等语。太和十七年九月庚午,魏孝文帝已从邺城到达洛阳,故史有"庚午,幸洛阳,周巡故宫基趾"②之说。

如果说行经邺城时崔光发展漕运的主张还没有受到魏孝文帝的重视,那么,北魏迁都洛阳后,关心漕运已成为北魏君臣的共识。如韩显宗在上疏中写道:"端广衢路,通利沟渠,使寺署有别,四民异居,永垂百世不刊之范,则天下幸甚矣。"③韩显宗上疏的时间发生在太和十八年(494),即魏孝文帝移都洛阳的当年。司马光叙述此事时有"魏主如洛阳西宫。中书侍郎韩显宗上书陈四事"等语,其中,包括了"端广衢路,通利沟渠"④的主张;袁枢亦有"明帝建武元年春正月乙亥,魏主如洛阳西宫。中书侍郎韩显宗上书陈四事"等语,同样包括了"端广衢路,通利沟渠"⑤等方面的内容。韩显宗上疏后,魏孝文帝"颇纳之"⑥。也就是说,魏孝文帝充分认识到韩显宗建议的合理性,并多有采纳。

韩显宗的意见虽然受到魏孝文帝的重视,但游牧民族擅长马战,因此战马在战争中依旧占据主导地位。此时正是宇文福在黄河两岸建千里牧场,初步解决北马南迁水土不服及大批死亡之时。史称:"每岁自河西徙牧于并州,以渐南转,欲其习水土而无死伤也,而河西之牧弥滋矣。"⑦为保证北马适应中原地区及黄河南北两岸的水土,北魏采取了"以渐南转"的办法。然而,河西地区靠近北地,两者的自然环境相差不大,因此没能彻底解决北马放牧中原及黄河南北两岸遇到的水土不服及大量死亡的问题。史称:"十七年,车驾南讨,假冠军将军、后军将军。时仍迁洛,敕福检行牧马之所。福规石济以西、河内以东,拒黄河南北千里为牧地。事寻施行,今之马场是也。及从代移杂畜于牧所,福善于将养,并无损耗,高祖嘉之。"⑧宇文福之所以受到魏孝文帝的特别嘉奖,主要的原因是"善于将养"。进而言之,北马南养始终是北魏无法解决的难题,经过不断地探索,宇文福终于成功地解决了北马放养在黄

---

① 北齐·魏收《魏书·王肃传》,北京:中华书局1974年版,第1407页。
② 北齐·魏收《魏书·高祖纪下》,北京:中华书局1974年版,第173页。
③ 北齐·魏收《魏书·韩显宗传》,北京:中华书局1974年版,第1339页。
④ 宋·司马光《资治通鉴·齐纪五》(邬国义校点),上海:上海古籍出版社1997年版,第1259页。
⑤ 宋·袁枢《通鉴纪事本末·魏迁洛阳》,北京:中华书局1964年版,第1765页。
⑥ 同③。
⑦ 北齐·魏收《魏书·食货志》,北京:中华书局1974年版,第2857页。
⑧ 北齐·魏收《魏书·宇文福传》,北京:中华书局1974年版,第1000页。

河两岸容易死亡的难题。在这样的背景下,要想魏孝文帝完全接受韩显宗的意见自然有难度。

不过,伴随着北魏在南进的过程中控制兖、豫等地的进程,把南北对峙的攻防线成功地推进到淮泗一线,形势开始发生变化。如太和十九年(495),魏孝文帝巡幸徐州后为了表示支持漕运,决定乘船经泗水入黄河,从黄河入洛水还都洛阳。出于安全方面的考虑,成淹以"黄河浚急,虑有倾危"为由,坚决反对魏孝文帝泛舟黄河还都洛阳的举动。史称:"高祖幸徐州,敕淹与闾龙驹等主舟楫,将泛泗入河,溯流还洛。军次碻磝,淹以黄河浚急,虑有倾危,乃上疏陈谏。高祖敕淹曰:'朕以恒代无运漕之路,故京邑民贫。今移都伊洛,欲通运四方,而黄河急浚,人皆难涉。我因有此行,必须乘流,所以开百姓之心。知卿至诚,而今者不得相纳。'敕赐骅骝马一匹、衣冠一袭。除羽林监,领主客令,加威远将军。"①魏孝文帝打算"泛泗入河,溯流还洛"的目的是要"开百姓之心",即迎合统治区域内农耕民族发展农业、兴修河渠的心理,后因"黄河浚急"打消了从水路回洛阳的念头,甚至还打消了建立以洛阳为中心的"通运四方"的水上交通的想法。这一事件的发生虽十分偶然,但从深层看,主要是游牧民族占据中原后没有真正地认识到发展漕运在稳定国家政治方面的重要作用。尽管如此,从"朕以恒代无运满之路,故京邑民贫"等语中不难发现,此时孝文帝已认识到漕运的政治意义和经济价值。

成淹是北魏主张发展漕运的重要人物。史称:"于时宫殿初构,经始务广,兵民运材,日有万计,伊洛流渐,苦于厉涉,淹遂启求,敕都水造浮航。高祖赏纳之,意欲荣淹于众,朔旦受朝,百官在位,乃赐帛百疋,知左右二都水事。世宗初,司徒、彭城王勰曰:'先帝本有成旨,淹有归国之诚,兼历官著称,宜加优陟。高祖虽崩,诏犹在耳。'乃相闻选曹,加淹右军,领左右都水,仍主客令。复授骁骑将军,加辅国将军,都水、主客如故。淹小心畏法,典客十年,四方贡聘,皆有私遗,毫厘不纳,乃至衣食不充,遂启乞外禄。景明三年,出除平阳太守,将军如故。还朝,病卒。赠本将军、光州刺史,谥曰定。"②又称:"于时宫殿初构,运材日有万计。伊、洛流渐,苦于厉涉。淹遂启求敕都水造浮航。帝赏纳之,意欲荣淹于众。朔旦受朝,百官在位,乃赐帛百匹,知左右二都水事。"③在营造洛阳的过程中,成淹立下了大功。

魏孝文帝充分认识到漕运在战争中的作用,甚至提拔了主张漕运的李冲。史称:"高祖自邺还京,泛舟洪池,乃从容谓冲曰:'朕欲从此通渠于洛,南伐之日,何容不从此入洛,从洛入河,从河入汴,从汴入清,以至于淮?下船而战,犹出户而斗,此乃军国之大计。今沟渠若须二万人以下、六十日有成者,宜以渐修之。'冲对曰:'若尔,便是士无远涉之劳,战有兼人之

---

① 北齐·魏收《魏书·成淹传》,北京:中华书局1974年版,第1754页。
② 同①,第1754—1755页。
③ 唐·李延寿《北史·成淹传》,北京:中华书局1974年版,第1700—1701页。

力.'迁尚书仆射,仍领少傅。改封清渊县开国侯,邑户如前。"①又如太和十九年,孝文帝下达了"曲赦徐、豫二州,其运漕之士,复租赋三年"②的诏令,明确表达了鼓励漕运的思想。

孝文帝的这些举动,为崔亮正式提出"议修汴蔡二渠"创造了必要的条件。史称:"寻除散骑常侍,仍为黄门。迁度支尚书,领御史中尉。自迁都之后,经略四方,又营洛邑,费用甚广。亮在度支,别立条格,岁省亿计。又议修汴蔡二渠,以通边运,公私赖焉。"③从"公私赖焉"当知,崔亮整治汴河、蔡河的主张得到了实施。然文献缺载,如何兴修的情况无法得知。这一事件从一个侧面反映了北魏一直在有限度地兴修河渠,并发展漕运。

第二节 孝文帝建漕运中转仓

起初,北魏征调赋税入京或转运军用物资至前线,交通工具以牛车为主。之所以出现这样的情况,与他们长期以来形成的生活传统相关。进而言之,能否及时地改变游牧民族的生活传统一直是北魏无法解开的心结。具体地讲,出于对传统的坚守,北魏统治者不愿轻易地走一条自我放弃的道路。可以说,这种复杂而矛盾的心态,在薛钦提出造船发展漕运的主张引起朝廷热烈讨论的情况中得到了充分的体现。

针对"京西水次汾华二州、恒农、河北、河东、正平、平阳五郡年常绵绢及赀麻皆折公物,雇车牛送京。道险人弊,费公损私"的情况,三门都将薛钦提出了造船进行漕运的主张。薛钦在给朝廷的上疏中写道:"计京西水次汾华二州、恒农、河北、河东、正平、平阳五郡年常绵绢及赀麻皆折公物,雇车牛送京。道险人弊,费公损私。略计华州一车,官酬绢八匹三丈九尺,别有私民雇价布六十四;河东一车,官酬绢五匹二丈,别有私民雇价布五十匹。自余州郡,虽未练多少,推之远近,应不减此。今求车取雇绢三匹,市材造船,不劳采斫。计船一艘,举十三车,车取三匹,合有三十九匹,雇作手并匠及船上杂具食直,足以成船。计一船剩绢七十八匹,布七百八十匹。又租车一乘,官格四十斛成载;私民雇价,远者五斗布一匹,近者一石布一匹。准其私费,一车布远者八十匹,近者四十匹。造船一艘,计举七百石,准其雇价,应有一千四百匹。今取布三百匹,造船一艘并船上覆治杂事,计一船有剩布一千一百匹。又其造船之处,皆须锯材人功,并削船茹,依功多少,即给当州郡门兵,不假更召。汾州有租调之处,去汾不过百里,华州去河不满六十,并令计程依旧酬价,车送船所。船之所运,唯达雷

---

① 北齐·魏收《魏书·李冲传》,北京:中华书局1974年版,第1185页。
② 北齐·魏收《魏书·高祖纪下》,北京:中华书局1974年版,第177页。
③ 北齐·魏收《魏书·崔亮传》,北京:中华书局1974年版,第1477页。

陂。其陆路从雷陂至仓库,调一车雇绢一匹,租一车布五匹,则于公私为便。"①薛钦根据水运和陆运时的不同情况,强调了造船、发展水上交通可以将经济效益最大化的前景。具体地讲,在周密计算的基础上,薛钦认为牛车运输"官酬"耗费太大,漕运可以大大地节约费用,形成"公私为便"的局面。

薛钦的上疏像投下的重磅炸弹,引起北魏统治集团的热烈讨论。如尚书度支郎中朱元旭认为:"效立于公,济民为本;政列于朝,润国是先。故大禹疏决,以通四载之宜;有汉穿引,受纳百川之用。厥绩显于当时,嘉声播于图史。今校薛钦之说,虽迹验未彰,而指况甚善。所云以船代车,是其策之长者。若以门兵造舟,便为阙彼防御,无容全依。宜令取雇车之物,市材执作,及仓库所须,悉以营办。七月之始,十月初旬,令州郡纲典各受租调于将所,然后付之。十车之中,留车士四人佐其守护。粟帛上船之日,随运至京,将共监慎,如有耗损,同其倍征。河中缺失,专归运司。输京之时,听其即纳,不得杂合,违失常体。必使量上数下,谨其受入,自余一如其列。计底柱之难,号为天险,迅惊千里,未易其功。然既陈便利,无容辄抑。若效充其说,则附例酬庸,如其不验,征填所损。今始开创,不可悬生减折,具依请营立。一年之后,须知赢费。岁遣御史校其虚实,脱有乖越,别更裁量。"②朱元旭充分肯定了薛钦的观点,认为"以船代车"是长远之计,同时提出了修改方案(具体的造船方法和解运方法)。北魏本身是游牧民族,在不断南下将农耕民族居住地纳入版图的过程中,逐步形成了游牧与农耕混融的局面,在这样的背景下,讨论"以船代车"是必然的。

尚书崔休肯定了薛钦、朱元旭等发展漕运的观点。他指出:"刳木为舟,用兴上代;凿渠通运,利尽中古。是以漕挽河渭,留侯以为伟谈;方舟蜀汉,郦生称为口实。岂直张纯之奏,见美东都;陈勰之功,事高晋世。其为利益,所从来久矣。案钦所列,实允事宜;郎中之计,备尽公理。但舟楫所通,远近必至,苟利公私,不宜止在前件。昔人乃远通褒斜以利关中之漕,南达交广以增京洛之饶。况乃漳洹夷路,河济平流,而不均彼省烦,同兹巨益。且鸿沟之引宋卫,史牒具存;讨虏之通幽冀,古迹备在。舟车省益,理实相悬;水陆难易,力用不等。昔忝东州,亲径□验,斯损益不可同年而语。请诸通水运之处,皆宜率同此式。纵复五百、三百里,车运水次,校计利饶,犹为不少。其钦所列州郡,如请兴造。东路诸州皆先通水运,今年租调,悉用舟楫。若船数有阙,且赁假充事,比之僦车,交成息耗。其先未通流,宜遣检行,闲月修治,使理有可通,必无壅滞。如此,则发召匪多,为益实广,一尔暂劳,久安永逸。"③崔休以汉晋漕运为例,强调了漕运的好处,提出了"东路诸州皆先通水运"的建议,主张采用循序

---

① 北齐·魏收《魏书·食货志》,北京:中华书局1974年版,第2858—2859页。
② 同①,第2859页。
③ 同①,第2859—2860页。

渐进的方法,在有水运条件的州郡"悉用舟楫"(先行推广)。

尚书录、高阳王雍,尚书仆射李崇等奏曰:"运漕之利,今古攸同,舟车息耗,实相殊绝。钦之所列,关西而已,若域内同行,足为公私巨益。谨辄参量,备如前计,庶征召有减,劳止小康。若此请蒙遂,必须沟洫通流,即求开兴修筑。或先以开治,或古迹仍在,旧事可因,用功差易。此冬闲月,令疏通咸讫,比春水之时,使运漕无滞。"① 王雍、李崇等人的态度更为积极,主张立即实施,并着手疏浚河渠。

在这场争论中,薛钦的意见得到了充分的肯定,没有人继续反对。如果说此时还有什么不同的意见,那就是在薛钦的基础上提出具体的实施方案。薛钦的主张得到了魏孝文帝的支持,然而,"诏从之,而未能尽行也"②。出现这种现象是必然的。主要有三方面原因:一是积极肯定薛钦主张的均为汉臣,北魏的政治体制是军政合一,各地的军政大权基本上控制在鲜卑贵族的手中,鲜卑贵族没有强烈的发展漕运的诉求,因此执行起来势必会遇到层层的阻力;二是魏孝文帝本人也没有立即推行漕运的坚决意志,一直处于摇摆不定的状态,这样一来,发展漕运的主张得不到全面地贯彻和执行是必然的;三是北魏一直没有河渠建设的具体规划,只是让各地自行进行,由于缺少必要的保障措施和行政命令,行动起来必然会层层打折扣。

追究北魏统治者在漕运方面的暧昧态度,关键与游牧民族长期形成的生活方式相关。推行汉化之策后,形势虽发生了变化,但鲜卑贵族的生活习性没有改变,在这样的背景下,北魏最高统治者魏孝文帝遂有了既希望发展农业和漕运,同时又不敢轻言兴修河渠和发展漕运的复杂心态。客观地讲,"未能尽行"又是件好事,自汉武帝大兴开挖河渠及灌溉农田之举后,无限制地取水黄河或取水黄河支流是黄河成为"病河"的直接原因。据不完全的统计,西汉时期黄河决口共十一次,其中大部分发生在汉武帝兴修河渠之后。之所以出现这样的现象,主要是因为取水黄河开渠后,黄河的流速大大地放缓,乃至于泥沙淤积导致河床抬高。如汉武帝元光三年(前132),黄河在瓠子决口后,直到汉武帝元封二年(前109)才堵上决口。游牧民族南下东进后,将黄河中下游地区的农田改为牧场,为这一区域的植被恢复创造了良好的条件。这一时期,因很少开挖河渠或开挖河渠量小,为黄河保持一定的水能冲刷河床中的泥沙创造了必要的条件。在长达二百多年的时间里,黄河安流不再泛滥,甚至一直维持到唐末,这与不开挖或不再大量地从黄河取水及黄河生态的恢复有直接的关系。如果不是朱温为对付沙陀骑兵三次决河、以水代兵的话,那么,黄河安流的情况可能会更加持久。从这样的角度看,北魏不开挖河渠或持审慎的态度少开挖河渠未必是坏事。反过来讲,黄河正是

---

① 北齐·魏收《魏书·食货志》,北京:中华书局1974年版,第2860页。
② 同②。

有了这样的恢复期,才使隋王朝统一中国后大规模地进行河渠建设成为可能。

迁都洛阳是北魏汉化的关键性步骤,迁都洛阳后,形势发生了大的变化。史称:"今洛阳基址,魏明帝所营,取讥前代。伏愿陛下,损之又损。顷来北都富室,竞以第宅相尚,今因迁徙,宜申禁约,令贵贱有检,无得逾制。端广衢路,通利沟渠,使寺署有别,四民异居,永垂百世不刊之范,则天下幸甚矣。"①这一记载大体上道出了当时的实情。杨衒之指出:"昭仪寺有池,京师学徒谓之翟泉也。衒之按:杜预注《春秋》云:'翟泉在晋太仓西南。'按晋太仓在建春门内,今太仓在东阳门内,此地今在太仓西南,明非翟泉也。后隐士赵逸云:'此地是晋侍中石崇家池,池南有绿珠楼。'于是学徒始寤,经过者想见绿珠之容也。"②这一记载虽然是叙述洛阳翟泉的情况,但因翟泉与北魏太仓相邻,故可移来说明北魏洛阳太仓的情况。

伴随着成为占据黄河中下游地区的主导力量的历史,北魏开始认识到农业及屯田在"积为边备"的作用和漕运在巩固政权和军事斗争中的地位。具体地讲,为了提高运兵、运粮的效率,北魏在黄河沿线建造了一批漕运中转仓。史称:"自徐扬内附之后,仍世经略江淮,于是转运中州,以实边镇,百姓疲于道路。乃令番戍之兵,营起屯田,又收内郡兵资与民和籴,积为边备。有司又请于水运之次,随便置仓,乃于小平、石门、白马津、漳涯、黑水、济州、陈郡、大梁凡八所,各立邸阁,每军国有须,应机漕引。自此费役微省。"③此后,杜佑亦记载道:"后魏自徐扬内附之后(徐州即今彭城,扬州即今寿州),仍代经略江淮,于是转运中州,以实边镇,百姓疲于道路。有司请于水运之次,随便置仓,乃于小平、石门、白马津、漳涯、黑水、济州、陈郡、大梁凡八所,各立邸阁。每军国有须,应机漕引,自此费役微省。"④"徐扬内附",是指东晋退守淮河一线后,徐州(治所在今江苏徐州)、扬州(治所在今安徽寿县)被并入北魏的版图。在"经略江淮"的过程中,北魏采取了加强中州转运"以实边镇"的措施。如为解决征战中的运粮难题,北魏采取了屯田、收取兵资、和籴等措施,与此同时,又在黄河沿岸建造了小平、石门、白马津、漳涯、黑水、济州、陈郡、大梁八座水次仓(邸阁),以供中转。

当然,北魏的河渠建设虽说集中在孝文帝一朝,并不是说北魏其他时期没有作为。如魏孝明帝元诩孝昌元年(525),为了打败裴邃,崔孝芬有"从弘农堰渠山道南入"之举。史称:"孝昌初,萧衍遣将裴邃等寇淮南。诏行台郦道元、都督河间王琛讨之,停师城父,累月不进。敕孝芬持节赍齐库刀,催令赴接,贼退而还。荆州刺史李神俊为萧衍遣将攻围,诏加孝芬通直散骑常侍,以将军为荆州刺史,兼尚书、南道行台,领军司,率诸将以援神俊,因代焉。于

---

① 北齐·魏收《魏书·韩显宗传》,北京:中华书局1974年版,第1338—1339页。
② 北魏·杨衒之《洛阳伽蓝记·城内》卷一。
③ 北齐·魏收《魏书·食货志》,北京:中华书局1974年版,第2858页。
④ 唐·杜佑《通典·食货十·漕运》,杭州:浙江古籍出版社1988年版,第55页。

时,州郡内戍悉已陷没,且路由三鸦,贼已先据。孝芬所统既少,不得径进,遂从弘农堰渠山道南入,遣弟孝直轻兵在前,出贼不意,贼便奔散,人还安堵。肃宗嘉劳之,并赉马及绵绢等物。"①通过兴修河渠,迅速地运兵、运粮,为夺取战争的胜利奠定了基础。又如魏孝明帝时,裴延俊在渔阳燕郡(郡治雍奴,今天津武清)任上兴修河渠,提高了当地的农业生产水平。史称:"范阳郡有旧督亢渠,径五十里;渔阳燕郡有故戾陵诸堰,广袤三十里。皆废毁多时,莫能修复。时水旱不调,民多饥馁,延俊谓疏通旧迹,势必可成,乃表求营造。遂躬自履行,相度水形,随力分督,未几而就。溉田百万余亩,为利十倍,百姓至今赖之。又命主簿郦恽修起学校,礼教大行,民歌谣之。在州五年,考绩为天下最。"②这一作为表明游牧民族入主中原后开始关注到农业生产的重要性。

除了北魏有开挖河渠发展农业和漕运的举措外,北朝的其他政权基本上不太关心河渠建设。当然,并不是说完全没有。具体地讲,东魏在邺城兴修了万金渠,如史有"天平中,决漳水为万金渠,今世号天平渠"③之说。天平(534—537)是东魏孝静帝的年号,"天平中",当为天平二年(535)。从整体上看,北朝各政权建设河渠的规模不大,甚至基本上处于停滞状态。史称:"坚南伐司马昌明,戎卒六十万,骑二十七万,前后千里,旗鼓相望。坚至项城,凉州兵始达咸阳,蜀汉之军,顺流而下,幽冀之众,至于彭城,东西万里,水陆齐进,运漕万艘,自河入石门,达于汝颍。"④苻坚征伐东晋,虽有"水陆齐进,运漕万艘"之举,但主要是利用旧有的漕运通道,故可忽略不论。

第三节 重修千金堨及九龙渠

北魏孝文帝元宏重修千金堨及九龙渠共有两次:第一次发生在太和五年(481),第二次发生在太和七年(483)。

先看一看北魏太和五年重修千金堨及九龙渠的情况。千金堨在保证漕运、发展洛阳农业及维护洛阳的经济繁华等方面有着不可替代的作用。郦道元记载道:"朝廷太和中修复故堨。按千金堨石人西胁下文云:若沟渠久,疏深引水者,当于河南城北石碛西,更开渠北出,使首狐丘,故沟东下,因故易就,碛坚便时,事业已讫,然后见之。加边方多事,人力苦少,又渠堨新成,未患于水,是以不敢预修通之,若于后当复兴功者,宜就西碛。故书之于石,以遗

---

① 北齐·魏收《魏书·崔孝芬传》,北京:中华书局1974年版,第1266—1267页。
② 北齐·魏收《魏书·裴延俊传》,北京:中华书局1974年版,第1529页。
③ 北齐·魏收《魏书·地形志上》,北京:中华书局1974年版,第2456页。
④ 北齐·魏收《魏书·苻坚传》,北京:中华书局1974年版,第2077页。

后贤矣。虽石碛沦败,故迹可凭,准之于文,北引渠东合旧渎。旧渎又东,晋惠帝造石梁于水上。按桥西门之南颊文称:晋元康二年十一月二十日,改治石巷水门,除竖枋,更为函枋,立作覆枋屋,前后辟级续石障,使南北入岸,筑治漱处,破石以为杀矣。到三年三月十五日毕讫,并纪列门广长深浅于左右,巷东西长七尺,南北龙尾广十二丈,巷渎口高三丈,谓之皋门桥。潘岳《西征赋》曰:秣马皋门,即此处也。"①郦道元是北魏人,早年曾随魏孝文帝北巡,如有"余以太和中从高祖北巡"②语可作证明。"太和"是北魏孝文帝的年号,共有九年,这里所说的"太和中"指太和五年,如顾祖禹有"后魏太和五年又尝修治,亦谓之九曲渎"③之说。九龙渠又称"九曲渎",据此可证,太和五年北魏孝文帝有重修九龙渠之举。

从"晋元康二年十一月二十日"等语可知,北魏"太和中修复故堨"是以晋惠帝元康二年（292）兴修九龙渠为基础的。重修千金堨及九龙渠以后,提高了洛阳的农田灌溉水平,恢复了洛阳的水上交通秩序。王应麟记载道:"朝廷太和中（元魏）修复故堨,晋造石渠于水上。"④经过历代不断地修缮,由阳渠及五龙渠扩展而来的九龙渠,除了可通过洛水进入黄河航线外,还可沿着新开的河渠避开黄河从洛阳到许昌。在这中间,从洛阳到许昌的河渠开挖后,在保证漕运和农田灌溉等前提下,建立了一条通往东南的复式航线。这条复式航线在加强洛阳与黄河、淮河漕运的同时,为隋代建立洛阳这一水陆交通枢纽奠定了坚实的基础。

再来看看北魏太和七年重修九龙渠的情况。这一时期的重要成果是在修复千金堨的基础上,将九龙渠的改建工程重点放在开挖"湖沟"方面。所谓开挖"湖沟",是指将洛阳城西的涧水（"死谷"之水）引入运道,建造从谷水入瀍水的漕运通道。这一通道建成后,改变了原有的引水、蓄水和补水等结构。后世叙述兴修五龙渠的历史时,一度出现了将曹魏"太和"与北魏"太和"混为一谈的情况。

其实,曹魏太和五年陈协"堰谷水"与北魏太和七年"造沟以通水,东西十里,决湖以注瀍水"是两个不同的兴修工程。顾祖禹论述道:"涧水,在府西。源出渑池县之白石山,东流经新安县东而合谷水。谷水出渑池县南山中谷阳谷,东北流经新安县南,又东而与涧水会,自是遂兼谷水之称,又东历故洛阳城广莫门北,又东南出上东门外石桥下而会于洛水,此魏、晋以后之谷水也。周时涧水本在王城西入洛,故《洛诰》云:'涧水东,瀍水西。'周灵王时谷、洛斗,毁王宫,亦在王城西,自此涧水更名谷水。《水经注》:'河南城西北谷水之右有石碛,

---

① 北魏·郦道元《水经注·谷水》,杨守敬、熊会贞疏,段熙仲点校,陈桥驿复校《水经注疏》中册,南京:江苏古籍出版社1989年版,第1382—1383页。
② 北魏·郦道元《水经注·漾水》,杨守敬、熊会贞疏,段熙仲点校,陈桥驿复校《水经注疏》中册,南京:江苏古籍出版社1989年版,第1683页。
③ 清·顾祖禹《读史方舆纪要·河南三》（贺次君、施和金点校）,北京:中华书局2005年版,第2231页。
④ 宋·王应麟《玉海·地理·河渠》,南京:江苏古籍出版社1990年版,第426—427页。

碛南出为死谷,北出为湖沟。魏太和七年暴水流高三丈,此地下,停流以成湖渚,造沟以通水,东西十里,决湖以注瀍水。'然则谷水入瀍而经城北,自元魏时始也。"①从周灵王"壅谷水"起,洛阳城西的"死谷"已成为湖泊,不再有下行水道。为了改变这一局面,利用洛阳城西的水资源,将"死谷"之水引入运道成为北魏重修九龙渠的重要举措。胡渭在顾祖禹的基础上进一步论述道:"《谷水注》云:河南城西北,谷水之右有石碛,碛南出为死谷,北出为湖沟。魏太和七年,暴水流高三丈,此地下停流以成湖渚,造沟以通水,东西十里,决湖以注瀍水。按曹魏明帝、元魏孝文帝皆有太和年号,明帝之太和终于六年。故《方舆纪要》谓谷水入瀍,经城北,自元魏始。然瀍水出谷城山,东南流,至王城东北而南入于洛。周灵王壅谷使东注,势必与之合。韦昭云'谷在王城之北,东入于瀍'是也。其元魏所决者,碛北之湖水耳。涧、瀍之合,实不自元魏时始也。"②"涧、瀍之合"虽然在北魏之前已经发生,但开挖"湖沟"自"死谷"通瀍水却始于北魏太和七年。

洛阳城西的"死谷"之水主要来自涧水,周室东迁后,涧水始有"谷水"之称。如《尚书·禹贡》虽有"伊、洛、瀍、涧,既入于河"之说,但"无谷水之目"③。孔颖达注《尚书·禹贡》"伊、洛、瀍、涧,既入于河"等语云:"《地理志》云:伊水出弘农卢氏县冢熊耳山,东北入洛。洛水出弘农上洛县冢领山,东北至巩县入河。瀍水出河南谷城县潜亭北,东南入洛。涧水出弘农新安县,东南入洛。《志》与《传》异者,熊耳山在陆浑县西,冢领山在上洛县境之内,沔池在新安县西、谷城潜亭北,此即是河南境内之北山也。《志》详而《传》略,所据小异耳。伊、瀍、涧三水入洛,合流而入河,言其不复为害也。"④《汉书·地理志上》有"卢氏,熊耳山在东。伊水出,东北入洛,过郡一"⑤等语,故"冢"实为"东"字之误。进而言之,"伊水出弘农卢氏县冢熊耳山"应为"伊水出弘农卢氏县东熊耳山"。胡渭论述道:"涧、谷二源至新安东而合流,自下得通称,古谓之涧,周室东迁,谓之谷,而涧之名遂晦。"⑥涧水和谷水至新安(今河南新安)东合流后,可称"涧水"或"谷水"。从地理方位上看,涧水、瀍水合流在洛阳王城的北面。胡渭考证道:

《洛诰》:周公曰:"我乃卜涧水东、瀍水西,惟洛食",谓王城也。"我又卜瀍水

---

① 清·顾祖禹《读史方舆纪要·河南三》(贺次君、施和金点校),北京:中华书局2005年版,第2230—2231页。
② 清·胡渭《禹贡锥指》(邹逸麟整理),上海:上海古籍出版社2006年版,第246页。
③ 同②,第247页。
④ 清·阮元《十三经注疏·尚书正义》,北京:中华书局1980年版,第149页。
⑤ 汉·班固《汉书·地理志上》,北京:中华书局1962年版,第1549页。
⑥ 同②,第248页。

东,亦惟洛食",谓下都也。《汉志》:瀍水出河南谷城县替亭北,东南入洛。《后汉志》:瀍水出河南谷城县,刘昭引《博物记》曰:出替亭山(《括地志》云:故谷城在河南县西北十八里苑中,西临谷水。《左传》:定八年,周大夫儋翩叛,单于伐谷城,即此。汉置谷城县。魏省入河南县。自故县西北又三十二里有谷城山,东连孟津县界,即《博物记》所谓替亭山也)。《水经》:瀍水出河南谷城县北山,东与千金渠合,又东过洛阳县南,又东过偃师县,又东入于洛。《注》云:县北有潜亭,瀍水出其北梓泽中,历泽东而南,水西有一原,其上平敞,古旧(替,讹为"旧")亭之处。潘安仁《西征赋》所谓"越街邮"者也。瀍水又东南流,注于谷。谷水自千金堨东注,谓之千金渠也。渭按:王城即郏邑,汉为河南县,其故城在今洛阳县西北(《后汉志》云:河南,周公所城洛邑也。春秋时谓之王城。刘昭引《博物记》曰:王城方七百二十丈,郭方一十里,南望洛水,北至郏山。《地道记》曰:去洛城四十里)。下都即成周,汉为洛阳县,河南郡治,其故城在今洛阳县东北二十里(《后汉志》云:洛阳,周时号成周。刘昭引《帝王世纪》曰:城东西六里,南北九里。《元和志》引华延儁《洛阳记》曰:东西七里)。二城东西相去四十里,而今洛阳县居其中(隋大业初,营新都,始移二县于都城内。金又省河南入洛阳)。古时,涧水经河南故城西入洛,瀍水经河南故城东入洛,故涧水东、瀍水西为王城,而瀍水东为下都。

《洛诰》之文甚明也。自周灵王壅谷水,使东出于王城之北,则其势必入于瀍水,而合流历王城之东,以南注于洛。时二水犹未经洛阳城也。迨东汉建都于此,自河南县东十五里之千金堨,引水绕都城南北以通漕,而瀍水始与谷水俱东注矣。古时瀍不合涧,亦不过洛阳县南,而东至偃师也。①

北魏太和七年开"湖沟",引"死谷"之水入瀍,洛阳水文发生了新的变化。如郦道元注《水经》洛水"又东北过河南县南"时记载道:"《地记》曰:洛水东北过五零陪尾北,与涧瀍合。是二水东入千金渠,故渎存焉。"②杨守敬注释"五零陪尾"时考证道:"朱《笺》曰:旧本作倍。守敬按:明抄本作陪。五零陪尾无考。"③胡渭引《地记》进一步论述道:"以今舆地言之,洛水自洛南县北,又东径河南府卢氏县南(卢氏在府西南三百四十里),又东北径永宁县南(永宁在府西南二百里。本汉渑池县之南境),又东北径宜阳县北(宜阳在府西南七十里),又东入

---

① 清·胡渭《禹贡锥指》(邹逸麟整理),上海:上海古籍出版社2006年版,第245—246页。
② 北魏·郦道元《水经注·洛水》,杨守敬、熊会贞疏,段熙仲点校,陈桥驿复校《水经注疏》中册,南京:江苏古籍出版社1989年版,第1312—1313页。
③ 同②,第1313页。

洛阳县界,径河南故城南,《经》所谓'又东会于涧、瀍'也。自周灵王壅谷水,使东出王城北,合瀍水,南入洛,而城西之涧水遂为死谷。及汉明帝复竭涧、瀍二水,使出洛阳故城北为千金渠,又东过偃师县南,东入于洛(偃师在府东七十里)。而《禹贡》'东会涧、瀍'之旧迹,无复有存焉者矣。"①在开"湖沟"以前,涧水与瀍水相合是在洛阳的北面。兴修周阳渠以后,洛阳城西面的涧水(谷水)成为"死谷"。北魏太和七年开"湖沟"入瀍水改变了九龙渠在洛阳城西的运道。

---

① 清·胡渭《禹贡锥指》(邹逸麟整理),上海:上海古籍出版社2006年版,第634页。

第三章　南朝漕运与南北之争

南朝兴修河渠的历史可以上溯到三国孙吴时期。如赤乌八年(245),孙权为避开长江风险,兴修破冈渎,建立了吴郡、会稽郡与建业的联系。在这基础上,东晋及宋、齐、梁、陈加强运道建设,极大地提升了建康一带的漕运能力,同时加强了建康与吴越旧地的政治、经济等方面的联系。

第一节　刘宋建康漕运

东晋以降,宋、齐、梁、陈围绕着建康兴修了与之相关的漕运通道。

刘宋一朝,疏浚了建康以东的秦淮河。史称:"是冬,浚淮,起湖熟废田千余顷。"①"是冬",指宋文帝刘义隆元嘉二十二年(445)的冬天。联系下文看,"浚淮"指疏浚湖熟(今江苏南京江宁湖熟镇)一带的秦淮河。湖熟地近方山埭,是破冈渎入建康的关键性航段,通过疏浚,提高了这一航段的漕运能力。所谓"起湖熟废田千余顷",是指浚疏湖熟一带的秦淮河以后原先被淹没的农田获得了重新耕种的机会。故许嵩又有"是冬,浚淮,起湖熟田千余顷"②之说。湖熟一带农田增加后,在安置流民中发挥了重要作用。如周应合叙述湖熟(姑熟)历史沿革时记载道:"宋元嘉二十二年,浚淮,起湖熟废田千余顷。二十八年,徙越城流人、淮南流人于姑孰,皆此地。《元和郡国志》云:在旧江宁县东南七十里。今在上元县丹阳乡,去县五十里。淮水北,古城犹在。永平县(永安、永世),汉元封中置,属丹阳郡,寻废。吴分溧阳,复置改曰永安。孙休封弟谦为永安侯,孙皓封孙洪为永平侯,晋武又改永世,惠帝分置平陵并永世,凡六县属义兴郡,寻复旧名,宋省入溧阳。"③通过安置流民,湖熟一带成为建康周边

---

① 唐·李延寿《南史·宋本纪中》,北京:中华书局1975年版,第49页。
② 唐·许嵩《建康实录》(张忱石点校),北京:中华书局1986年版,第442页。
③ 宋·周应合《景定建康志·疆域志一》,《四库全书》第489册,上海:上海古籍出版社1987年版,第10页。

的重要粮仓。

此后,宋文帝兴修了玄武湖北堤。史称:"是岁,大有年。筑北堤,立玄武湖于乐游苑北,兴景阳山于华林园,役重人怨。"①"是岁"指元嘉二十三年(446)。"北堤"指玄武湖北面的湖堤。联系"兴景阳山于华林园"等语看,兴修北堤的初衷是建造皇家苑囿。

北堤是鸡鸣埭的原型,鸡鸣埭初称"湖北埭",在玄武湖北。追溯历史,宋文帝"筑北堤",实际上是晋元帝司马睿"筑长堤"的延续。许嵩记载道:"是岁,创北湖,筑长堤,以壅北山之水,东自覆舟山西,西至宣武城六里余。"②周应合亦记载道:"大兴三年,始创北湖,筑长堤,以壅北山之水,东自覆舟山西,至宣武城六里余。"③大兴三年(320),晋元帝扩大了北湖(玄武湖)的水面。通过"筑长堤",整修了北湖湖堤及与秦淮河相关的河堤,如有"东自覆舟山西,西至宣武城六里余"之说。"北山"是钟山(紫金山)的别称。"壅北山之水"是指建造堰埭,控制北山青溪诸水注入北湖的流量。北堤和长堤的地理方位一致,可以说,宋文帝"筑北堤"是晋元帝"筑长堤"的后续工程,两者之间有着某种内在的联系。

前人论述建造湖北埭的历史时主要有两种说法。一是认为晋代已有湖北埭。李昉等记载道:"《晋书》:武帝尝幸琅琊城,宫人常从,早发至湖北埭,鸡始鸣,今呼为鸡鸣埭。"④一是叶庭珪引录《舆地志》记载道:"《南史》:宋帝数幸琅邪城,早发至湖北埭,鸡始鸣,故呼为鸡鸣埭。"⑤这两种说法均有缺陷,为防止以讹传讹,现辨析如下。

一是《晋书》有二十多种,但大都散佚并失传,因而不知李昉所引出自何人编撰的《晋书》?如果以今本《晋书》为准,则不见晋武帝有"早发至湖北埭"之举,因此,湖北埭不可能建于晋初(晋武帝司马炎之时);二是叶庭珪引录《舆地志》时以《南史》为依据,出现了"宋帝数幸琅邪城,早发至湖北埭,鸡始鸣,故呼为鸡鸣埭"等语,结合萧子显《南齐书·皇后传》、李延寿《南史·后妃传》中的记载看,叶庭珪所录的文字当为"齐武帝数幸琅邪城"之误。如在叶庭珪据《舆地志》引录的《南史》中,不见刘宋诸帝"早发至湖北埭"的记载,只有齐武帝"早发至湖北埭"的记载。齐武帝即位时上距刘宋只有四年,至此才见湖北埭的记载,似可知湖北埭建成的时间不长。根据这一情况,东晋以前湖北埭尚不存在,齐武帝早游钟山时已经存在。以此为上下限,湖北埭建造的时间应在东晋至刘宋之间。

检索文献,晋元帝一朝有建造北湖长堤之举,宋文帝一朝有建造北堤之举。张敦颐论述道:"按《建康实录》:吴后主皓宝鼎元年,开城北渠,引后湖水流入新宫,巡绕殿堂,穷极伎

---

① 唐·李延寿《南史·宋本纪中》,北京:中华书局1975年版,第50页。
② 唐·许嵩《建康实录》(张忱石点校),北京:中华书局1986年版,第135页。
③ 宋·周应合《景定建康志·山川志二》,《四库全书》第489册,上海:上海古籍出版社1987年版,第74页。
④ 宋·李昉等《太平御览·羽族部五·鸡》,北京:中华书局1960年版,第4071页。
⑤ 宋·叶庭珪《海录碎事·河海门》,《四库全书》第921册,上海:上海古籍出版社1987年版,第111页。

巧。至晋元帝始创为北湖。故《实录》云：元帝大兴三年创北湖，筑长堤，以遏北山之水，东至覆舟山，西至宣武城。又按《南史》：宋文帝元嘉二十三年筑北堤，立玄武湖于乐游苑之北，湖中亭台四所。后黑龙见于于湖侧，春秋使道士祠之。至孝武大明五年，常阅武于湖西。七年，又于此湖大阅水军。按《舆地志》云：齐武帝亦常理水军于此，号曰昆明池。故沈约《登覆舟山》诗'南瞻储胥馆，北眺昆明池'，盖谓此也。又于湖侧作大窦，通水入华林园天渊池，引殿内诸沟经太极殿，由东、西掖门下注城南堑，故台中诸沟水常萦流迴转，不舍昼夜。又按《南史》：元嘉二十三年开真武湖，文帝于湖中立方丈、蓬莱、瀛洲三神山，尚书右仆射何尚之固谏，乃止。今《图经》云：湖中有蓬莱、方丈、瀛洲三神山，不知何所据也。本朝天禧四年改为放生池，其后废湖为田，中开十字河，立四斗门，以泄湖水，跨河为桥，以通往来。今城北十三里有古池，俗呼为后湖，见作大军教场处是也。"①北湖在六朝皇宫的北面（皇宫的背后），又称"后湖"，后改称"玄武湖""真武湖"。筑长堤发生在晋元帝扩大北湖规模之时，元嘉二十三年，在长堤的基础上，宋文帝修筑了北堤，并大兴土木扩建了皇家苑囿，此后，齐武帝进一步扩建苑囿，并在此检阅水军和游赏。史称："上数游幸诸苑囿，载宫人从后车。宫内深隐，不闻端门鼓漏声，置钟于景阳楼上，宫人闻钟声，早起装饰。至今此钟唯应五鼓及三鼓也。车驾数幸琅邪城，宫人常从，早发至湖北埭，鸡始鸣。"②李延寿《南史·后妃传上》有相同的文字，从齐武帝"早发至湖北埭"的记载中依稀可辨湖北埭与长堤及北堤的关系。起初，兴修玄武湖长堤（北堤）是为了建造供帝王游的苑囿。如果说晋元帝"筑长堤"只是修筑湖堤的话，那么宋文帝"筑北堤"则表明修筑湖堤与建造宫苑有直接的关系。经过多次修筑，北湖与北山（钟山）已成为著名的游览区。

刘宋建造北堤除了与游赏相关外，还因扩大北湖可为建康运渎、东渠、潮沟等提供了充足的补给水源。如许嵩记载道："冬十一月，诏凿东渠，名青溪，通城北堑潮沟。"③赤乌四年（241）十一月，孙权下令兴修东渠（青溪），该渠位于城北，且通过潮沟引北湖（后湖）之水补给运渎、东渠等，如顾祖禹叙述潮沟时有"吴赤乌中所凿。引江潮抵青溪接秦淮水，西通运渎，北连后湖"④之说。张敦颐记载道："《建康实录》：青溪有桥，名募士桥，桥西南过沟有埭，名鸡鸣埭，齐武帝早游钟山，射雉至此，鸡始鸣。《图经》云：今在青溪西南潮沟之上。又按《南史》：齐武帝永明中，散游幸诸苑，载宫人从车至内，深隐不闻端门鼓漏声，置钟景阳楼上，应五鼓及三鼓。宫人闻钟声，并早起妆饰。帝数幸琅琊城，宫人常从，早发至湖北埭，鸡始鸣，故呼为鸡鸣埭。若尔其埭又当近北。父老传曰，今清化市真武庙侧是其处也。二埭恐皆

---

① 宋·张敦颐《六朝事迹编类·玄武湖》（张忱石点校），北京：中华书局2012年版，第44—45页。
② 梁·萧子显《南齐书·皇后传》，北京：中华书局1972年版，第391页。
③ 唐·许嵩《建康实录》（张忱石点校），北京：中华书局1986年版，第49页。
④ 清·顾祖禹《读史方舆纪要·南直二》（贺次君、施和金点校），北京：中华书局2005年版，第958页。

当时所历,始两存之。"①周应合亦记载道:"鸡鸣埭。《建康实录》:'青溪有桥,名募士桥。桥西南过沟有埭,名鸡鸣埭。齐武帝早游钟山,射雉至此,鸡始鸣。'《图经》云:'今在青溪西南,潮沟之上。'又按《南史》:'齐武帝数幸琅邪城,宫人常从,早发至湖北埭,鸡始鸣,故呼为鸡鸣埭。'若尔,其埭又当近北。"②根据这些记载当知:一是六朝在建造苑囿时疏浚了后湖(北湖);二是大兴三年,晋元帝扩大北湖面积及筑长堤以后,北湖一带成为著名的苑囿;三是鸡鸣埭的得名与齐武帝游幸苑囿相关;四是鸡鸣埭与潮沟相通,自潮沟可入青溪(东渠),并与运渎相连,在为其补给水源的过程中提升了建康周边的漕运能力。进而言之,自孙吴开运渎、东渠、潮沟以后,潮沟始有引玄武湖补给东渠、运渎及城濠的功能。在北湖的北侧筑埭,既可控制补入东渠、运渎等的流量,又可保证位于南面的建康的安全。

大明八年(464)正月,宋孝武帝刘骏下诏曰:"东境去岁不稔,宜广商货。远近贩鬻米粟者,可停道中杂税。其以仗自防,悉勿禁。"③"东境"指建康以东的周边区域,有入破冈渎联系三吴的商贸通道。自宋孝武帝下诏后,这一商贸制度为后世所遵守。如马端临进一步记载道:"宋孝武大明八年,诏:'东境去岁不稔,宜广商贾,远近贩鬻米粟者,可停道中杂税。'自东晋至陈,西有石头津,东有方山津,各置津主一人,贼曹一人,直水五人,以检察禁物及亡叛者。荻炭鱼薪之类过津,并十分税一以入官。淮水北有大市百余,小市十余所,大市备置官司,税敛既重,时甚苦之。"④顾祖禹亦记载道:"杜佑曰:'东晋至陈,西有石头津,东有方山埭,各置津主一人,贼曹一人,直水五人,以简察禁物。'齐武帝为太子时,自晋陵、武进拜陵还,是当时往来水道也。"⑤因此路商税征收低于"淮水北"(自建康入江通往三吴的水路),方山埭势必要成为商贸繁华的重地。

方山埭既是破冈渎通往三吴的起点,同时又是征收商税的关卡,因而成为各种政治势力问鼎建康时争夺的战略要地。史称:"劭遣人焚烧都水西装及左尚方,决破柏冈、方山埭以绝东军。"⑥方山埭的战略地位从中可窥一斑。周应合记载道:"方山埭。《建康实录》:'吴赤乌八年,使校尉陈勋发屯田兵于方山南,截淮立埭,号方山埭。'又按《南史》:'湖熟县方山埭高峻,冬月行旅以为难。齐明帝使沈瑀修之,瑀乃开四洪,断行客就作三日便办。'"⑦顾祖禹亦记载道:"吴大帝时,为方士葛玄立观方山。宋元嘉末何尚之请致仕,退居方山。齐武帝尝

---

① 宋·张敦颐《六朝事迹编类·鸡鸣埭》(张忱石点校),北京:中华书局2012年版,第105—106页。
② 宋·周应合《景定建康志·疆域志二》,《四库全书》第489册,上海:上海古籍出版社1987年版,第40—41页。
③ 梁·沈约《宋书·孝武帝纪》,北京:中华书局1974年版,第134页。
④ 元·马端临《文献通考·征榷考一·征商关市》,杭州:浙江古籍出版社1988年版,第144页。
⑤ 清·顾祖禹《读史方舆纪要·南直二》(贺次君、施和金点校),北京:中华书局2005年版,第962页。
⑥ 梁·沈约《宋书·二凶传》,北京:中华书局1974年版,第2434页。
⑦ 同②,第41页。

幸焉,欲立方山苑,不果。梁绍泰二年,齐兵至秣陵故治,陈霸先周文育屯方山以御之。既而齐人跨淮立桥栅度兵,夜至方山,进入倪塘,建康震骇。"①方山埭是建康的门户,一旦动摇,将直接威胁到建康。

此外,刘宋代晋以后,毗陵郡(晋陵郡)的治所始终在丹徒和京口之间徘徊。在这中间,丹徒及京口独特的地理位置再度受到重视,史称:"自秦郡县天下,罢侯置守,历代因之。京口在前汉属会稽郡,后汉、三国皆属吴郡,晋自毗陵郡隶扬州。凡为刺守者,虽统京口,然不独京口之地,故略而不书。自元帝渡江,置徐、兖州,处遗黎,而京口乃为刺史治所。南东海、南兰陵等郡皆隶焉。其或刺史领兵出讨,则京口尝置留局,而徐、兖二州刺史,又多以一人兼领(按《寰宇记》《姑孰志》并引《吴志》云:'南徐州刺史,或镇下邳,或镇姑孰,皆置留局于京口。'今以《晋史》及《通鉴》考之,桓温刺徐兖,镇姑孰。郗昙、范汪、荀羡、庾希刺徐兖,镇下邳。而刁彝、王坦之又以徐兖刺史镇广陵,盖京口自有留局也。故褚衰求留镇广陵,而诏使还镇京口。庾希镇下邳,而盗北府军资。谓此)。若晋陵郡虽隶扬州,考之《宋志》,自武帝太康二年,曾以郡治丹徒,后暂还毗陵。至怀帝永嘉五年以后,安帝义熙九年以前,治所不在丹徒,则在京口。故南渡后领徐州刺史者,多带扬州之晋陵,而督晋陵郡,必以扬州为别。然丹徒自丹徒,京口自京口,相去虽近,而各自为治所。故晋陵郡多治丹徒,刺史多治京口,不可便以丹徒为京口也。宋始加徐州曰南徐,晋陵隶焉。刺史之职,实仍旧制。宋、齐以后,又有行南徐州事、南兰陵太守,皆以长史、司马领之;而太守或兼行州事,则并统于刺史者也。"②自晋武帝太康二年(281)立毗陵郡后,其治所一直在丹徒和京口之间徘徊不定。

第二节　齐梁陈与建康漕运

齐明帝一朝,沈瑀重修了湖熟境内的方山埭和赤山塘。史称:"湖熟县方山埭高峻,冬月,公私行侣以为艰难,明帝使瑀行治之。瑀乃开四洪,断行客就作,三日立办……明帝复使瑀筑赤山塘,所费减材官所量数十万,帝益善之。"③这一记载透露了两个信息:一是方山埭是出入建康的水陆码头,是交通要道;二是赤山塘(赤山湖)既是破冈渎的补给水源,同时又有灌溉农田的作用。

兴修方山埭以后,沈瑀整修了赤山塘。如周应合记载道:"事迹。石迈《古迹编》曰:

---

① 清·顾祖禹《读史方舆纪要·南直二》(贺次君、施和金点校),北京:中华书局2005年版,第946页。
② 元·俞希鲁《至顺镇江志·刺守》,南京:江苏古籍出版社1999年版,第587—588页。
③ 唐·姚思廉《梁书·沈瑀传》,北京:中华书局1973年版,第768页。

赤山湖,在上元、句容两县之间,溉田二十四埠,南去百步,有盘石,以为水疏闭之节。《南史·沈瑀传》:明帝复使筑赤山塘,所费减材官所量数十万,即此湖塘也。唐麟德中,令杨延嘉因梁故堤置,后废。"①沈瑀重修赤山塘,完全可以视为刘宋"浚淮,起湖熟废田千余顷"的后续工程。所谓"赤山湖,在上元、句容两县之间",是指从湖熟到赤山塘一带。这一区域既是南朝的屯田区和流民安置区,同时也是建康的粮仓,兴修赤山塘这一水利工程在稳定政治局势方面有着特殊的作用。周应合又记载道:"栢岗埭,赤山湖埭也。《宋·元凶传》:决破栢岗、方山埭,以绝东军,亦曰百岗堰。"②顾祖禹进一步记载道:"宋元凶劭之乱,随王诞遣军自会稽向建康,败劭于曲阿,劭因缘淮树栅,决破栢冈、方山埭以绝东军,盖断运道以拒之也。"③赤山塘的重修直接关系到破冈渎的漕路安全,同时关系到建康的安全。

入梁以后,漕路兴修的重点转向了建康一带的秦淮河。史称:"庚寅,新作缘淮塘,北岸起石头迄东冶,南岸起后渚篱门迄三桥。"④许嵩记载道:"九年,新作缘淮塘,北岸起石头迄东冶,南岸起后渚篱门,连于三桥。"⑤天监九年(445),梁武帝兴修缘淮塘,加固了秦淮河贯穿建康的河堤。其中,北堤以石头城为起点,以东冶为终点;南堤以后渚篱门为起点,以三桥为终点。

东冶初指东冶城,又指东冶亭。如司马光《资治通鉴·齐纪二》有"左军将军刘明彻免官、削爵,付东冶"等语,胡三省音注:"建康有东、西二冶,今冶城即其地,亦曰东冶亭。"⑥顾祖禹交代冶城历史沿革时指出:"本吴冶铸处,六朝时有东西二冶,以有罪者配焉。"⑦冶城,初为孙吴冶铸及锻造兵器的城池。周应合考证道:"冶亭在冶城。考证:宋义熙十一年刘钟领石头戍事,屯冶亭。今即冶城楼所在之处。东冶亭。旧志云:在城东八里。续志云:在城东二里汝南湾,西临淮水。今此亭在半山旁,有瑞麦知稼。二亭。考证:晋太元中,三吴士大夫于汝南湾东南置亭,为饯送之所,西临淮水。即当时冶处。"⑧又记载道:"按:建康有冶亭

---

① 宋·周应合《景定建康志·山川志二》,《四库全书》第489册,上海:上海古籍出版社1987年版,第75页。
② 宋·周应合《景定建康志·疆域志二》,《四库全书》第489册,上海:上海古籍出版社1987年版,第41页。
③ 清·顾祖禹《读史方舆纪要·南直二》(贺次君、施和金点校),北京:中华书局2005年版,第962页。
④ 唐·姚思廉《梁书·武帝纪中》,北京:中华书局1973年版,第49页。
⑤ 唐·许嵩《建康实录》(张忱石点校),北京:中华书局1986年版,第676页。
⑥ 宋·司马光著,元·胡三省音注《资治通鉴·齐纪二》("标点资治通鉴小组"校点),北京:中华书局1956年版,第4270页。
⑦ 同③,第936页。
⑧ 宋·周应合《景定建康志·城阙志三》,《四库全书》第489册,上海:上海古籍出版社1987年版,第156页。

在冶城，又有东冶亭在秦淮上，皆六朝士大夫饯送之所。"①随后交代冶亭的地理方位时指出："《金陵故事》：导疾，迁冶于县东七里。六朝有东、西冶，每遇警急，出二冶囚徒。又有东冶亭，晋太元七年立，在县东八里，为士大夫饯别之所。"②冶城不仅仅是士大夫送别之处，同时还是军事要塞，如史有"宋义熙十一年，刘钟领石头戍事，屯冶亭是也"③之说。

后渚篱门分别指秦淮河后渚和三桥篱门。顾祖禹交代后渚与篱门的关系时记载道："在府西南。秦淮别渚也。梁天监八年新作缘淮塘，南岸自后渚迄于三桥。三桥在今府治东南，时有三桥篱门。"④加固秦淮河南岸，与防止秦淮河泛滥威胁建康的安全有直接的关系。周应合记载道："徐爰《释问》云：淮水西北贯都，吴时夹淮立栅，宋元嘉中浚淮，起湖熟废田千余顷。梁作缘淮塘，北岸起石头迄东冶，南岸起后渚篱门迄三桥，以防淮水泛溢。大抵六朝都邑，以秦淮为固，有事则沿淮拒守。今淮水贯城中，东西由上下水门以达于江，盖水之故道也。"⑤宋代马之纯在《秦淮》一诗中吟唱道："城中那有大川行，惟有秦淮入帝城。十里牙樯并锦缆，万家碧瓦与朱甍。船多直使水无路，人闹不容波作声。流到石头方好去，望中渺渺与云平。"⑥这一记载揭示了秦淮河与建康之间的关系。

在加固秦淮河堤的同时，梁王朝又沿秦淮河兴修了行马道。周应合记载道："梁天监九年，新作缘淮塘，北岸起石头迄东冶，南岸起后渚篱门达于三桥，作两重栅，皆施行马。至南唐时，置栅如旧。"⑦同时又引马之纯诗作补充说明道："六朝何处立都城，十里秦淮城外行。上设浮航如道路，外施行马似屯营。关防直可防津渡，缓急徒能御寇兵。非是后来试想改筑，如何今日作陪京。"⑧秦淮河沿岸的行马道建成后，可迅速地调兵，从而加固了建康城防。

秦淮河沿岸的马道又称"马栅"。顾祖禹论述道："孙吴至六朝，都城皆去秦淮五里。吴时夹淮立栅十余里，史所称栅塘是也。梁天监九年新作缘淮塘，北岸起石头迄东冶，南岸起后渚篱门迄三桥，以防泛滥。又作两重栅，皆施行马，时亦呼为马栅。秦淮上自石头至方山

---

① 宋·周应合《景定建康志·疆域志二》，《四库全书》第489册，上海：上海古籍出版社1987年版，第22页。
② 宋·周应合《景定建康志·城阙志一》，《四库全书》第489册，上海：上海古籍出版社1987年版，第116页。
③ 清·赵弘恩等监修，黄之隽等编纂《江南通志·舆地志》，《四库全书》第508册，上海：上海古籍出版社1987年版，第2页。
④ 清·顾祖禹《读史方舆纪要·南直二》（贺次君、施和金点校），北京：中华书局2005年版，第961页。
⑤ 宋·周应合《景定建康志·山川志二》，《四库全书》第489册，上海：上海古籍出版社1987年版，第73页。
⑥ 同⑤，第73—74页。
⑦ 宋·周应合《景定建康志·山川志三》，《四库全书》第489册，上海：上海古籍出版社1987年版，第92页。
⑧ 同⑦。

运渎,总二十四渡,皆浮航往来,亦曰二十四舫,惟大航用杜预河桥之法,遇警急即撤桥为备。自杨吴时改筑金陵城,乃贯秦淮于城中。今秦淮二源合流入方山埭,自方山之冈陇两崖北流,经正阳门外上方桥,又西入上水门北,经大中桥与城濠合,又西接淮清桥与清溪合,又南经武定桥而西,历桐树湾,穿锁淮、饮虹上下二浮桥,北通斗门桥,合运渎出下水门,经石头城入江,绵亘萦纡于京邑之内。"①马栅与秦淮河相互配合,丰富了建康的城防体系,与此同时,秦淮河与青溪(清溪)、运渎等相通,构成了建康完整的漕运体系。

继天监九年兴修缘淮塘以后,梁王朝又在破冈渎的基础上兴修了上容渎。史称:"高宗数南巡,自镇江至江宁,江行险,每由陆。诏改通水道,议凿句容故破冈渎,攀桂相其地势,谓茅山石巨势高,纵成渎,非设闸不可成,储水多劳费。请从上元东北摄山下,凿金乌珠刀枪河故道,以达丹徒,工省修易。遂监其役,渎成,谓之新河,百年来赖其利便,攀桂亦因获优擢。"②这虽是说明清代恢复破冈渎漕运的情况,但也可移来说明梁兴修上容渎的原因。当时,每到冬春枯水季节,句容中道水位下降、航道干浅。为恢复漕运,梁太子萧纲在运道的南面开凿上容渎,采取"顶上分流"(自高处引水)和沿途建埭之策,改造了破冈渎旧有的运道。许嵩叙述破岗渎的历史变迁时论述道:"其渎在句容东南二十五里,上七埭入延陵界,下七埭入江宁界。初,东郡船不得行京行江也。晋、宋、齐因之。梁避太子讳,改为破墩渎,遂废之。而开上容渎,在句容县东南五里,顶上分流,一源东南三十里,十六埭,入延陵界;一源西南流,二十五里,五埭注句容界。上容渎西流入江宁秦淮。"③在梁太子萧纲开上容渎以前,破冈渎一直是建业(建康)不可或缺的漕运通道。为了提高破冈渎的运力,萧纲兴修上容道的重点工程主要集中在破冈渎的最高点句容境内,在此基础上向东西两个方向分水。此外,破冈渎又称"句容中道",这一情况表明:兴修新的漕运通道并不是完全废弃旧道,只是部分地改造了句容境内的破冈渎航线。在改造旧道的过程中,萧纲建造了二十一座上埭和下埭,在这些堰埭中,利用了原有的旧埭。新运道开辟后,句容中道的部分航线日趋衰落。

时至陈霸先建立陈王朝时,上容渎出现了堙塞的情况。许嵩记载道:"后至陈高祖即位,又堙上容,而更修破岗。至隋平陈,乃诏并废此渎。"④上容渎堙塞,亟须重修,或许是因为耗资巨大,陈霸先采取了恢复破冈渎运道的方案。周应合综合前代文献记载道:"长溪埭,在城南五十里,阔二丈。堰秣陵浦水,通秦淮破岗埭。按《建康实录》:'吴大帝赤乌八年,使校尉陈勋作屯田,发兵三万凿句容中道,至云阳,以通吴会船舰,号破岗渎。上下一十四埭,上七

---

① 清·顾祖禹《读史方舆纪要·南直二》(贺次君、施和金点校),北京:中华书局2005年版,第951页。
② 赵尔巽等《清史稿·章攀桂传》,北京:中华书局1977年版,第13884页。
③ 唐·许嵩《建康实录》(张忱石点校),北京:中华书局1986年版,第53页。
④ 同③。

埭入延陵界,下七埭入江宁界,于是东郡船舰不复行京江矣。晋宋齐因之,梁以太子名纲乃废破岗渎,而开上容渎,在句容县东南五里。顶上分流,一源东南流三十里十六埭,入延陵界;一源西南流,二十六里五埭,注句容界。上容渎西流入江宁秦淮。至陈霸先又埋上容渎,而更修破岗渎。隋既平陈,诏并废之。'"①长溪埭属下七埭,无论梁修上容渎,还是陈重修破冈渎,都是将长溪埭作为利用对象,这一情况表明,梁修上容渎不是彻底地废弃破冈渎旧道,只是对部分运道进行了改造。

建都建康需要加强漕运通道建设,南朝重点兴修及改造破岗渎虽是为了避开长江风险,但更重要的是为了重建从三吴到建康的漕运秩序,防止淮河防线失守后漕运通道被掐断。史称:"江南运河,自杭州北郭务至谢村北,为十二里洋,为塘栖,德清之水入之。逾北陆桥入崇德界,过松老抵高新桥,海盐支河通之。绕崇德城南,转东北,至小高阳桥东,过石门塘,折而东,为王湾。至皂林,水深者及丈。过永新,入秀水界,逾陡门镇,北为分乡铺,稍东为绣塔。北由嘉兴城西转而北,出杉青三闸,至王江泾镇,松江运艘自东来会之。北为平望驿,东通莺脰湖,湖州运艘自西出新兴桥会之。北至松陵驿,由吴江至三里桥,北有震泽,南有黄天荡,水势澎湃,夹浦桥屡建。北经苏州城东鲇鱼口,水由鳌塘入之。北至枫桥,由射渎经浒墅关,过白鹤铺,长洲、无锡两邑之界也。锡山驿水仅浮瓦砾。过黄埠,至洛社桥,江阴九里河之水通之。西北为常州,漕河旧贯城,入东水门,由西水门出。嘉靖末防倭,改从南城壕。江阴,顺塘河水由城东通丁堰,沙子湖在其西南,宜兴钟溪之水入之。又西,直渎水入之,又西为奔牛、吕城二闸,常、镇界其中,皆有月河以佐节宣,后并废。其南为金坛河,溧阳、高淳之水出焉。丹阳南二十里为陵口,北二十五里为黄泥坝,旧皆置闸。练湖水高漕河数丈,一由三思桥,一由仁智桥,皆入运。北过丹徒镇有猪婆滩,多软沙。丹徒以上运道,视江潮为盈涸。过镇江,出京口闸,闸外沙堵延袤二十丈,可藏舟避风,由此浮于江,与瓜步对。自北郭至京口首尾八百余里,皆平流。历嘉而苏,众水所聚,至常州以西,地渐高仰,水浅易泄,盈涸不恒,时浚时壅,往往兼取孟渎、德胜两河,东浮大江,以达扬、泰。"②这一史述虽然是叙述明代以后的江南漕运形势,但它与南朝漕运(从建康到三吴的漕运)情况大体相当。进而言之,三吴漕运秩序的改变与建设丹徒水道和破冈渎有着特殊的关系。在这中间,运渎、东渠、潮沟等与破冈渎实现互通后,避开了长江风险,全面提升了建业与外界联系的水上交通运输能力。

---

① 宋·周应合《景定建康志·疆域志二》,《四库全书》第489册,上海:上海古籍出版社1987年版,第41页。

② 清·张廷玉等《明史·河渠志四》,北京:中华书局1974年版,第2103—2104页。

第三节　江淮攻防与漕运

　　苻坚建元十九年（383），苻坚远征东晋，双方在淮南寿阳淝水爆发了大战。史称："坚南伐司马昌明，戎卒六十万，骑二十七万，前后千里，旗鼓相望。坚至项城，凉州兵始达咸阳，蜀汉之军，顺流而下，幽冀之众，至于彭城，东西万里，水陆齐进，运漕万艘，自河入石门，达于汝颍。"①为保障八十七万大军的日常开支，苻坚采取了加强漕运的措施，进而形成了"水陆齐进，运漕万艘"的局面。与此同时，谢玄率八万北府兵屯守淮南，同样需要建立一条从淮南深入到江南腹地的粮草补给线。此役苻坚虽然失败了，甚至引起北方的分裂，不过分化后的北方政权继续处于攻势。换言之，此后东晋政权后继者宋、齐、梁、陈虽有北伐之举，但基本上处于守势。

　　从南北纷争的大势上看，北方游牧民族一直处于强势，乃至于战争的天平一再地向他们倾斜。在完全占领黄河中下游地区以后，游牧民族又占领了淮北，随后淮南成为南北双方的重要攻防线。史有"寿阳、盱眙、淮阴，淮南之本原也"②之说，为保长江以南的安全，南朝在淮河下游的南岸以寿阳、盱眙、淮阴为支撑点构筑了江淮防线。进而言之，中原衣冠南渡后，游牧民族不断地向东向南推进，淮南成为双方反复争夺的战略要地。

　　太和十九年（495），南征失败后，回撤时魏孝文帝打算在在淮南建军事堡垒。按照魏孝文帝的构想，如果能在淮南建立军事堡垒的话，那么日后南征时将会有效地节约资源，如可以在富庶的淮南就地征集粮草等。然而，这一意见受到了反对。如高闾上表时说："《兵法》：'十则围之，五则攻之。'向者国家止为受隆之计，发兵不多，东西辽阔，难以成功。今又欲置戍淮南，招抚新附。昔世祖以回山倒海之威，步骑数十万，南临瓜步，诸郡尽降，而盱眙小城，攻之不克。班师之日，兵不戍一城，土不辟一廛，夫岂无人？以为大镇未平，不可守小故也。夫壅水者先塞其原，伐木者先断其本。本原尚在而攻其末流，终无益也。寿阳、盱眙、淮阴，淮南之本原也。三镇不克其一，而留守孤城，其不能自全明矣。敌之大镇逼其外，长淮隔其内；少置兵则不足以自固，多置兵则粮运难通。大军既还，士心孤怯，夏水盛涨，救援甚难。以新击旧，以劳御逸，若果如此，必为敌擒，虽忠勇奋发，终何益哉！且安土恋本，人之常情。昔彭城之役，既克大镇，城戍已定，而不服思叛者犹逾数万。角城蕞尔，处在淮北，去淮阳十八里，五固之役，攻围历时，卒不能克。以今准昔，事兼数倍。天时向热，雨水方降，愿陛

---

① 北齐·魏收《魏书·苻坚传》，北京：中华书局1974年版，第2077页。
② 宋·司马光《资治通鉴·齐纪六》（邬国义校点），上海：上海古籍出版社1997年版，第1269页。

下踵世祖之成规,旋辕返斾,经营洛邑,蓄力观衅,布德行化,中国既和,远人自服矣。"①南征夺取了部分淮南土地后,魏孝文帝打算"置戍淮南,招抚新附"(巩固战果),针对这一情况,高闾提出了反对。高闾的反对有三个理由。一是早年魏世祖曾率大军南下,"以回山倒海之威,步骑数十万,南临瓜步;诸郡尽降,而盱眙小城,攻之不克",只因没有攻克盱眙,只得放弃整个淮南。二是"寿阳、盱眙、淮阴,淮南之本原",三地互为犄角,如果不能完全攻克的话,即便是在此地建造军事堡垒,受诸多因素的制约,也将无法守住。进而言之,如果不顾一切一定要"置戍淮南"的话,势必会出现"少置兵则不足以自固,多置兵则粮运难通"的局面。三是粮草补给线拉长以后,还会出现"大军既还,士心孤怯;夏水盛涨,救援甚难"的困境。高闾反对"置戍淮南"的理由核心内容是:在无法全面掌控淮南的大前提下,将会导致漕运不利及后勤补给线拉长的后果。

追溯历史,魏孝文帝打算在淮南"置戍"一事发生在"魏久攻钟离不克,士卒多死。三月,戊寅,魏主如邵阳,筑城于洲上,栅断水路,夹筑二城。萧坦之遣军主裴叔业攻二城,拔之"②的背景下。魏孝文帝的本意是:通过"置戍"为今后的南征提供支持,其中,包括就地征用粮草等军用物资。然而,当淮南重镇均在南朝的的控制之下,仅靠"置戍"根本无法在淮南站稳脚跟。

因此,高闾的意见得到尚书令陆睿的全力支持。如陆睿上表亦云:"长江浩荡,彼之巨防。又南土昏雾,暑气郁蒸,师人经夏,必多疾病。而迁鼎草创,庶事甫尔,台省无论政之馆,府寺靡听治之所,百僚居止,事等行路,沉雨炎阳,自成疠疫。且兵徭并举,圣王所难。今介胄之士,外攻寇仇,羸弱之夫,内勤土木,运给之费,日损千金。驱罢弊之兵,讨坚城之虏,将何以取胜乎?陛下去冬之举,正欲曜武江、汉耳,今自春几夏,理宜释甲。愿早还洛邑,使根本深固,圣怀无内顾之忧,兆民休斤板之役,然后命将出师,何忧不服。"③此时,魏内政面临极大的困难,再加上南征时遇到的困难,可谓是矛盾空前尖锐,在这种情形下,出征不利后再不及时撤兵,由此带来的后果将不堪设想。此番南征失败最重要的原因与后勤补给线太长及粮草供应不足相关,在此基础上,出现了"介胄之士,外攻寇仇,羸弱之夫,内勤土木,运给之费,日损千金"的局面。进而言之,漕运成功是直接关系到南征成功的大事。在陆睿的支持下,高闾的意见得到了落实,如有"魏主纳其言"④之说。

齐明帝建武四年(497),即魏孝文帝太和二十一年(497),南北双方战事再起。司马光记载道:"将军王昙纷以万余人攻魏南青州黄郭戍,魏戍主崔僧渊破之,举军皆没。将军鲁康

---

① 宋·司马光《资治通鉴·齐纪六》(邬国义校点),上海:上海古籍出版社1997年版,第1269页。
② 同①。
③ 同①。
④ 同①。

祚、赵公政将兵万人侵魏太仓口,魏豫州刺史王肃使长史清河傅永将甲士三千击之。康祚等军于淮南,永军于淮北,相去十余里。永曰:'南人好夜斫营,必于渡淮之所置火以记浅处。'乃夜分兵为二部,伏于营外,又以瓠贮火,密使人过淮南岸,于深处置之,戒曰:'见火起,则亦然之。'是夜,康祚等果引兵斫永营,伏兵夹击之,康祚等走趣淮水。火既竞起,不知所从,溺死及斩首数千级,生擒公政,获康祚之尸以归。豫州刺史裴叔业侵魏楚王戍,肃复令永击之。永将心腹一人驰诣楚王戍,令填外堑,夜伏战士千人于城外。晓而叔业等至城东,部分将置长围。永伏兵击其后军,破之。"①这场战争有不同的导火线和不同的爆发地点,其中重要的战场在淮南。

改朝换代后,南北战争继续进行。史称:"萧衍遣其将康绚于浮山堰淮以灌扬徐。除宝夤使持节、都督东讨诸军事、镇东将军以讨之。寻复封梁郡开国公,寄食济州之濮阳。熙平初堰既成,淮水滥溢,将为扬徐之患,宝夤于堰上流,更凿新渠,引注淮泽,水乃小减。乃遣轻车将军刘智文、虎威将军刘延宗率壮士千余,夜渡淮,烧其竹木营聚,破贼三垒,杀获数千人,斩其直阁将军王升明而还,火数日不灭。衍将垣孟孙、张僧副等水军三千,渡淮,北攻统军吕匜。宝夤遣府司马元达、统军魏续年等赴击,破之,孟孙等奔退。乃授左光禄大夫、殿中尚书。宝夤又遣军主周恭叔率壮士数百,夜渡淮南,焚贼徐州刺史张豹子等十一营,贼众惊扰,自杀害者甚众。宝夤还京师,又除使持节、散骑常侍、都督荆□东洛三州诸军事、卫将军、荆州刺史。不行,复为殿中尚书。"②梁武帝萧衍天监十五年(516),即魏孝明帝熙平元年,梁武帝萧衍遣康绚于浮山堰淮淹扬、徐两地,与此同时,北魏宝夤南下征梁,在这中间,双方在浮山围绕着堰淮与反堰淮展开了激烈的斗争。所谓"宝夤于堰上流,更凿新渠,引注淮泽,水乃小减。乃遣轻车将军刘智文、虎威将军刘延宗率壮士千余,夜渡淮,烧其竹木营聚,破贼三垒"是指北魏先是凿新渠减少水势;随后,"衍将垣孟孙、张僧副等水军三千,渡淮,北攻统军吕匜。宝夤遣府司马元达、统军魏续年等赴击,破之";之后,北魏在淮南一线与梁展开大战。从南北朝直到宋代,自北向南的水上交通线必走盱眙。这里所说的"夜渡淮南"当指寿阳、盱眙之间的某一地方。从地理方位上看,自淮阴北上似乎可走下相(今江苏宿迁)。如李吉甫记载道:"淮水,入县境南,与楚州山阳县分中流为界。"③"山阳县"是唐县,唐代山阳县实为此前的淮阴县。所谓"与楚州山阳县分中流为界",实际上是指淮阴与下相以淮河为分界线。不过,自下相至淮阴不是当时主要的交通线,究其原因,当与这一区域水网密布阻碍交通有直接的关系。

为了有效地探索沿淮南下的路径,北军试图开辟自泗水经下相入淮的路径。如魏孝明

---

① 宋·司马光《资治通鉴·齐纪七》(邬国义校点),上海:上海古籍出版社1997年版,第1280页。
② 北齐·魏收《魏书·萧宝夤传》,北京:中华书局1974年版,第1316页。
③ 唐·李吉甫《元和郡县图志·河南道五》(贺次君点校),北京:中华书局1983年版,第231页。

帝正光中(520—525),魏齐王镇徐州,立大堨,遏水西流。郦道元记载道:"沭水又南径建陵山西。魏正光中,齐王之镇徐州也,立大堨,遏水西流,两渎之会,置城防之,曰曲沭戍。自堨流三十里,西注沭水旧渎,谓之新渠。旧渎自厚丘西南出,左会新渠,南入淮阳宿预县,注泗水。"①曲沭戍是魏军为南下建造的军事堡垒,其中,"自堨流三十里,西注沭水旧渎",又"南入淮阳宿预县"。宿预县既指秦汉时期的下相,同时又指今天的宿迁。郦道元记载道:"应劭曰:相水出沛国相县,故此加下也,然则相又是睢水之别名也。东南流入于泗,谓之睢口。"②李吉甫又记载道:"下相故城,在县西北七十里。秦故县也,项羽即下相人也。应劭曰:'相水出沛国,故曰下相。'"③相县(治所在今安徽淮北)通过相水与下相相连,相水是泗水的支流。从下邳到下相可走相水,如胡渭有"舟者相水势缓急可行"④语可证。

开辟自下相入淮的新航线后,南北双方除了在寿阳、盱眙等地发生大战外,隔淮河与淮阴相望的角城也成了重要的战场。史称:"明年,虏寇淮阳,围角城。先是上遣军主成买戍角城,谓人曰:'我今作角城戍,我儿当得一子。'或问其故。买曰:'角城与虏同岸,危险具多,我岂能使虏不敢南向?我若不没虏,则应破虏。儿不作孝子,便当作世子也。'至虏围买数重,上遣领军将军李安民为都督救之。敕盘龙曰:'角城涟口,贼始复进,西道便是无贼,卿可率马步下淮阴就李领军。钟离船少,政可致衣仗数日粮,军人扶淮步下也。'买与虏拒战,手所伤杀无数,晨朝早起,手中忽见有数升血,其日遂战死。盘龙子奉叔单马率二百余人陷阵,虏万余骑张左右翼围绕之,一骑走还,报奉叔已没。盘龙方食,弃箸,驰马奋矟,直奔虏阵,自称'周公来'!虏素畏盘龙骁名,即时披靡。时奉叔已大杀虏,得出在外,盘龙不知,乃冲东击西,奔南突北,贼众莫敢当。奉叔见其父久不出,复跃马入阵。父子两匹骑,萦搅数万人,虏众大败。"⑤对于南朝而言,夺取角城对于保淮南重镇淮阴有特殊的意义。进而言之,保住淮阴等于保住淮南;保住淮南可保长江。反过来说,如果北朝攻下淮阴,意味着寿阳、盱眙等便不攻自破,与此同时,还可获取涟口一带的海盐资源充当军用。

自开辟自泗水入淮的航线后,角城成为绕开寿阳、盱眙等军事重镇,南北双方反复争夺。史称:"角城戍主举城降魏;秋,八月,丁酉,魏遣徐州刺史梁郡王嘉迎之。又遣平南将军郎大檀等三将出朐城,将军白吐头等二将出海西,将军元泰等二将出连口,将军封延等三将出角

---

① 北魏·郦道元《水经注·沭水》,杨守敬、熊会贞疏,段熙仲点校、陈桥驿复校《水经注疏》中册,南京:江苏古籍出版社1989年版,第2198—2199页。
② 北魏·郦道元《水经注·睢水》,杨守敬、熊会贞注、段熙仲点校、陈桥驿复校《水经注疏》中册,南京:江苏古籍出版社1989年版,第2027页。
③ 唐·李吉甫《元和郡县图志·河南道五》(贺次君点校),北京:中华书局1983年版,第231页。
④ 清·胡渭《禹贡锥指》(邹逸麟整理),上海:上海古籍出版社2006年版,第265页。
⑤ 梁·萧子显《南齐书·周盘龙传》,北京:中华书局1972年版,第544页。

城,镇南将军贺罗出下蔡,同入寇。"①齐高帝建元二年(480),角城戍主降魏,为声援角城戍主,魏除了派徐州刺史亲自迎接外,又派数路大军出朐城、出海西、出连口(涟口)等进行策应。在这样的背景下,齐与魏争夺角城的战争再度爆发。

几经争夺,角城再度为齐掌控。史称:"角城戍将张蒲,因大雾乘船入清中采樵,潜纳魏兵。戍主皇甫仲贤觉之,帅众拒战于门中,仅能却之。魏步骑三千余人已至堑外,淮阴军主王僧庆等引兵救之,魏人乃退。"②齐武帝永明六年(488),角城再度燃起了战火。此次齐军占了上风。齐军争夺角城的原因有二:一是夺取角城,可减轻守淮阴的压力;二是守住角城,可威慑涟口,为夺取涟口(产盐之地)作必要的准备。自汉以后,盐一直是重要的军用物资。

北军南下,除了有自淮河入江的进军线路外,还有自南阳入襄阳、自襄阳入汉入江的水上交通线。如陆睿有"陛下去冬之举,正欲曜武江、汉耳"③语,史称:"萧鸾雍州刺史曹虎据襄阳请降,诏刘昶、薛真度等四道南伐,车驾亲幸悬瓠。间谍表曰:'洛阳草创,虎既不遣质任,必非诚心,无宜轻举。'高祖不纳。虎果虚诈,诸将皆无功而还。"④撇开诈降不论,当知襄阳是南北必争之地。当时,从中原到东南的道路主要有两条:一是走淮南,二是走襄阳。走襄阳的线路是这样的:先至南阳,随后从南阳到襄阳,再从襄阳入汉入江,然后顺流而下抵建康。不过,南北之争时的主战场是在淮南,故这里略去不论。

---

① 宋·司马光《资治通鉴·齐纪一》(邬国义校点),上海:上海古籍出版社1997年版,第1227页。
② 宋·司马光《资治通鉴·齐纪二》(邬国义校点),上海:上海古籍出版社1997年版,第1239页。
③ 宋·司马光《资治通鉴·齐纪六》(邬国义校点),上海:上海古籍出版社1997年版,第1269页。
④ 北齐·魏收《魏书·高闾传》,北京:中华书局1974年版,第1206—1207页。

主要参考文献

[1] 白寿彝.中国交通史[M].商务印书馆,1993.

[2] 班固.汉书[M].北京:中华书局,1962.

[3] 陈经.陈氏尚书详解[M].//四库全书:第59册.上海:上海古籍出版社,1987.

[4] 陈桥驿.中国运河开发史[M].北京:中华书局,2008.

[5] 陈寿.三国志[M].北京:中华书局,1959.

[6] 陈耀文.天中记[M].//四库全书:第965册.上海古籍出版社,1987.

[7] 程大昌.禹贡论[M]//四库全书:第56册.上海:上海古籍出版社,1987.

[8] 程嗣功修.万历应天府志[M].汪宗伊,王一化等纂.南京出版社,2011.

[9] 丁福保.全汉三国晋南北朝诗[M].中华书局,1959.

[10] 董仲舒.春秋繁露[M].上海:上海古籍出版社,1989.

[11] 杜佑.通典[M].杭州:浙江古籍出版社,1988.

[12] 鄂尔泰,等.周官义疏[M]//四库全书:第99册.上海:上海古籍出版社,1987.

[13] 樊珣.绛岩湖记[M]//董诰等.全唐文.北京:中华书局,1983.

[14] 范晔.后汉书[M].李贤等,注.北京:中华书局,1965.

[15] 房玄龄,等.晋书[M].北京:中华书局,1974.

[16] 傅泽洪.行水金鉴[M]//四库全书:第581册.上海:上海古籍出版社,1987.

[17] 顾栋高,等.河南通志[M].王士俊等,监修//四库全书:第536册.上海:上海古籍出版社,1987.

[18] 顾起元.客座赘语[M].孔一,校点.上海:上海古籍出版社,2012.

[19] 顾炎武.历代帝王宅京记[M]//四库全书:第572册.上海:上海古籍出版社,1987.

[20] 顾祖禹.读史方舆纪要[M]//贺次君,施和金,点校.北京:中华书局,2005.

[21] 杭世骏.三国志补注[M]//四库全书:第254册.上海:上海古籍出版社,1987.

[22] 郝经.续后汉书[M]//四库全书:第386册.上海:上海古籍出版社,1987.

[23] 和珅,等.钦定大清一统志[M]//四库全书:第474册.上海:上海古籍出版社,1987.

[24] 洪兴祖.楚辞补注[M].白化文等,点校.北京:中华书局,1983.

[25] 胡道静.梦溪笔谈校证[M].上海:上海古籍出版社,1987.

[26] 胡三省.通鉴释文辩误[M]//四库全书:第312册.上海:上海古籍出版社,1987.

[27] 胡三省.资治通鉴音注[M]."标点资治通鉴小组",校点.北京:中华书局,1956.

[28] 胡适.黄省曾刻的〈水经注〉的十大缺陷[M]//胡适全集:第17卷.合肥:安徽教育出版社,2003.

[29] 胡渭.禹贡锥指[M].邹逸麟,整理.上海:上海古籍出版社,2006.

[30] 皇甫冉.泊丹阳与诸人同舟至马林溪遇雨[M]//全唐诗.北京:中华书局,1960.

[31] 黄盛璋.关中农田水利的历史发展及其成就[M]//历史地理论集.北京:人民出版社,1982.

[32] 黄镇成.尚书通考[M]//四库全书:第62册.上海:上海古籍出版社,1987.

[33] 嵇璜,刘墉,等.钦定续通典[M]//四库全书:第639册.纪昀等,校订.上海:上海古籍出版社,1987.

[34] 纪昀,等.钦定四库全书总目[M].四库全书研究所,整理.北京:中华书局,1997.

[35] 江藩.国朝汉学师承记[M].钟哲,整理.北京:中华书局,1983.

[36] 蒋廷锡.尚书地理今释[M]//四库全书:第68册.上海:上海古籍出版社,1987.

[37] 乐史.太平寰宇记[M].王文楚等,点校.北京:中华书局,2007.

[38] 李百药,等.北齐书[M].北京:中华书局,1972.

[39] 李步嘉.越绝书校释[M].北京:中华书局,2013.

[40] 李昉.太平御览[M].北京:中华书局,1960.

[41] 李吉甫.元和郡县图志[M].贺次君,点校.北京:中华书局,1983.

[42] 李嘉佑.送樊兵曹潭州谒韦大夫[M]//全唐诗.北京:中华书局,1960.

[43] 李健超.成国渠及沿线历史地理初探[J].西北大学学报:哲学社会科学版,1977(1).

[44] 李贤.大明一统志[M].三秦出版社,1990.

[45] 李贤,等.明一统志[M]//四库全书:第472册.上海:上海古籍出版社,1987.

[46] 李延寿.北史[M].北京:中华书局,1974.

[47] 李延寿.南史[M].北京:中华书局,1975.

[48] 郦道元.水经注[M]//四库全书:第573册.上海:上海古籍出版社,1987.

[49] 刘文淇.道光重修仪征县志[M].万仕国,整理.扬州:广陵书社,2013.

[50] 刘文淇.扬州水道记[M].赵昌智,赵阳,点校.扬州:广陵书社,2011.

[51] 刘昫,等.旧唐书[M].北京:中华书局,1975.

[52] 陆广微.吴地记[M].曹林娣,校注.南京:江苏古籍出版社,1999.

[53] 陆游.渭南文集[M]//陆放翁全集.北京:中国书店,1986.

[54] 马端临.文献通考[M].杭州:浙江古籍出版社,1988.

[55] 倪涛.六艺之一录[M]//四库全书:第831册.上海:上海古籍出版社,1987.

[56] 欧阳忞.舆地广记[M].李勇先,王小红,校注.成都:四川大学出版社,2003.

[57] 潘宏恩.京杭大运河镇江段文化遗产保护与利用研究[J].淮阴师范学院学报:哲学社会科学版,2014.

[58] 潘游龙.康济谱[M]//四库焚毁书丛刊:第7册.北京:北京出版社,2000.

[59] 彭大翼.山堂肆考[M]//四库全书:第975册.上海:上海古籍出版社,1987.

[60] 钱大昕.潜研堂文集[M]//续修四库全书:第1438册.上海:上海古籍出版社,2002.

[61] 秦蕙田.五礼通考[M]//四库全书:第140册.上海:上海古籍出版社,1987.

[62] 丘浚.大学衍义补[M].林冠群,周济夫,点校.北京:京华出版社,1999.

[63] 阮元.十三经注疏[M].北京:中华书局,1980.

[64] 沈炳巽.水经注集释订讹[M]//四库全书:第574册.上海:上海古籍出版社,1987.

[65] 沈翼机,等.浙江通志[M]//四库全书:第520册.嵇曾筠等,修.上海:上海古籍出版社,1987.

[66] 沈约.宋书[M].北京:中华书局,1974.

[67] 施宿,等.会稽志[M]//四库全书:第486册.上海:上海古籍出版社,1987.

[68] 司马光.资治通鉴[M]//四库全书:第305册.上海:上海古籍出版社,1987.

[69] 司马光.资治通鉴[M].邬国义,点校.上海:上海古籍出版社,1997.

[70] 司马迁.史记[M].北京:中华书局,1982.

[71] 宋濂,等.元史[M].北京:中华书局,1976.

[72] 宋敏求.长安志[M]//四库全书:第587册.上海:上海古籍出版社,1987.

[73] 孙承泽.春明梦余录[M]//四库全书:第868册.上海:上海古籍出版社1987.

[74] 脱脱,等.宋史[M]北京:中华书局,1985.

[75] 王存.元丰九域志[M].王文楚,魏嵩山,点校.北京:中华书局,1984.

[76] 王谠.唐语林[M]//唐语林校证.周勋初,点校,北京:中华书局,1987.

[77] 王符.潜夫论[M]//诸子集成:第8册.上海:上海书店1986.

[78] 王鸣盛.十七史商榷[M].黄曙辉,点校.上海:上海书店出版社,2005.

[79] 王溥.唐会要[M].北京:中华书局,1955.

[80] 王钦若,等.册府元龟[M].北京:中华书局,1960.

[81] 王象之.舆地纪胜[M].北京:中华书局,1992.

[82] 王应麟.困学纪闻[M].栾保群等,校点.上海:上海古籍出版社,2008.

[83] 王应麟.通鉴地理通释[M]//四库全书:第31册.上海:上海古籍出版社,1987.

[84] 王应麟.玉海[M].南京:江苏古籍出版社,1990.

[85] 魏收.魏书[M].北京:中华书局,1974.

[86] 魏嵩山.太湖流域开发探源[M].南昌:江西教育出版社,1993.

[87] 魏徵,等.隋书[M].北京:中华书局,1973.

[88] 吴澄.书纂言[M]//四库全书:第61册.上海:上海古籍出版社,1987.

[89] 吴曾.能改斋漫录[M].上海:上海古籍出版社,1979.

[90] 夏力恕,等.湖广通志[M]//四库全书:第534册.迈柱等,监修.上海:上海古籍出版社,1987.

[91] 萧常.续后汉书[M]//四库全书:第384册.上海:上海古籍出版社,1987.

[92] 萧子显.南齐书[M].北京:中华书局,1972.

[93] 辛德勇.隋唐时期陕西航运之地理研究[J].陕西师范大学学报(哲学社会科学版),2008(06).

[94] 许嵩.建康实录[M].张忱石,点校.北京:中华书局,1986.

[95] 阎若璩.尚书古文疏证[M].黄怀信,吕翊欣,校点.上海:上海古籍出版社,1987.

[96] 杨士奇.历代名臣奏议[M]//四库全书:第440册.上海:上海古籍出版社,1987.

[97] 杨守敬,熊会贞.水经注疏[M].段熙仲,点校.陈桥驿,复校.南京:江苏古籍出版社,1989.

[98] 杨万兵.《玉海》版本流传考述[J].大学图书情报学刊,2008:2.

[99] 杨勇.洛阳伽蓝记校笺[M].北京:中华书局,2006.

[100] 姚思廉.陈书[M].北京:中华书局,1972.

[101] 叶庭珪.海录碎事[M]//四库全书:第921册.上海:上海古籍出版社,1987.

[102] 于敏中.日下旧闻考[M].北京:北京古籍出版社,1981.

[103] 俞希鲁.至顺镇江志[M].杨积庆等,校点.南京:江苏古籍出版社,1999.

[104] 袁珂.山海经校注[M].上海:上海古籍出版社,1980.

[105] 袁枢.通鉴纪事末末[M].北京:中华书局,1964.

[106] 张敦颐.六朝事迹编类[M].张忱石,点校.北京:中华书局,2012.

[107] 张国维.吴中水利全书[M]//四库全书:第578册.上海:上海古籍出版社,1987.

[108] 张内蕴,周大韶.三吴水考[M]//四库全书:第577册.上海:上海古籍出版社,1987.

[109] 张强.道德伦理的政治化与秦汉统治术[J].北京大学学报,2003:2.

[110] 张强.帝王思维与阴阳五行思维模式[J].晋阳学刊,2001:2.

[111] 张强.董仲舒的天人理论与君权神授[J].江西社会科学,2002:2.

[112] 张强.江苏运河文化遗存调查与研究[M].南京:江苏人民出版社,2016.

[113] 张强.司马迁的通变观与五德终始说[J].南京师范大学学报,2005:4.

[114] 张强.阴阳五行说的历史与宇宙生成模式[J].湖北大学学报,2001:5.

[115] 张尚瑗.左传折诸[M]//四库全书:第177册.上海:上海古籍出版社,1987.

[116] 张廷玉.明史[M].北京:中华书局,1974.

[117] 张铉.至大金陵新志[M]//四库全书:第492册.上海:上海古籍出版社,1987.

[118] 张学峰.六朝建康都城圈的东方——以破冈渎的探讨为中心[J].魏晋南北朝隋唐史资料,2015(2).

[119] 章潢.图书编[M]//四库全书:第969册.上海:上海古籍出版社,1987.

[120] 章如愚.群书考索[M]//四库全书:第936册.上海:上海古籍出版社,1987.

[121] 章如愚.群书考索续集[M]//四库全书:第937册.上海:上海古籍出版社,1987.

[122] 赵尔巽,等.清史稿[M]北京:中华书局,1977.

[123] 赵弘恩,黄之隽,等.江南通志[M]//四库全书:第508册.上海:上海古籍出版社,1987.

[124] 赵晔.吴越春秋[M].苗麓,校点.南京:江苏古籍出版社,1999.

[125] 赵一清.水经注释[M]//四库全书:575册.上海:上海古籍出版社,1987.

[126] 赵翼.廿二史札记校证[M].北京:中华书局,1984.

[127] 郑樵.通志[M].杭州:浙江古籍出版社,1988.

[128] 周应合.景定建康志[M]//四库全书:第489册.上海:上海古籍出版社,1987.

[129] 朱铸禹,等.世说新语汇校集注[M].上海古籍出版社,2002.

后　记

掐指一算，这本书已断断续续写了二十年。古人云：十年磨一剑。然而，我用二十年的时间才勉强完成，内心多有苍凉之感。在这期间，运河学由冷门成为热门，由邹逸麟先生总主编的《中国运河志》业已出版发行。

我是学古代文学的，之所以要跨界，是因为古人一向把史学视为文学的一部分。近代以后，国人以西方的文学观为标杆，开始把史学从文学中剥离出来，不过，文学史家叙述文学史时，依旧把文学发生的历史追溯到史学那里。可以说，如果没有《尚书》《周易》《春秋》《左传》《战国策》《史记》等支撑的话，先秦及秦汉文学将无法正确地叙述和书写。更重要的是，要想深入地研究古代作家并揭示其作品的内涵，需要关注特定时代的政治、经济、军事、文化等。也就是说，史学既是中国古代文学的一部分，也是古代文学研究的必要手段及武器，正因为如此，我干脆把运河和漕运纳入自己的研究范围。

撰写《中国运河与漕运研究》，得到诸多师友的帮助和关心。首先，要感谢文史大家卞孝萱先生。卞先生与胡阿祥兄主编《国学四十讲》（湖北人民出版社2008年版）以后，立即把《新编国学三十讲》提上了议事日程。在先生的安排下，我承担了撰写《运河学》的任务。很显然，先生这样做是为了奖掖后进，提升我的研究能力。自此，运河及漕运成为我进行科学研究的重要方面。可惜，卞先生已于2009年9月作古，无法看到此书了。其次，要感谢美学家吴功正先生。在我生病期间，吴先生经常打电话问候。令人感动的是，此时吴先生已到了生命的最后关头，还在全力修订他从先秦到明清多卷本的断代美学史著作，同时依旧不忘关心晚生。还要感谢小说研究大家萧相恺先生，在我生病期间，萧先生不时地打电话问候。在我生病期间，莫砺锋先生和程章灿先生代表南京大学中国古代文学和古代文献专业同人对我表示了慰问和关怀。要感谢汤漳平先生、徐志啸先生、林家骊先生、黄灵庚先生、赵敏俐先生、姚小鸥先生、党圣元先生、曹书杰先生、姚文放先生、李昌集先生、马亚中先生、方铭先生、徐兴无先生、吴兆路先生、黄震云先生、骆冬青先生、程国赋先生、方向东先生、多洛肯先生、韩璞庚先生、李静先生、王占通先生、赵辉先生、任刚先生、程杰先生、刘士林先生、范子晔先生、张新科先生、李浩先生等,他们都给予了我极大的关心、支持和帮助。还要感谢出版社的薛春民先生、冀彩霞女士、孙蓉女士、雷丹女士、王骞先生、李江彬女士、王冰先生等,他们在这本书的出版过程中,付出了极大的心血和努力。最后特别要感谢的是陕西师范大学教授朱士光先生、南京大学教授范金民先生,他们在本书申请2019年国家出版基金项目时写了推荐意见。

总之,需要感谢的师友太多了,正是因为有了你们的关心,此书才得以付梓。

张 强

2019年1月20日

QUEENS VILLAGE & VICINITY
皇后区及相邻地形平面图

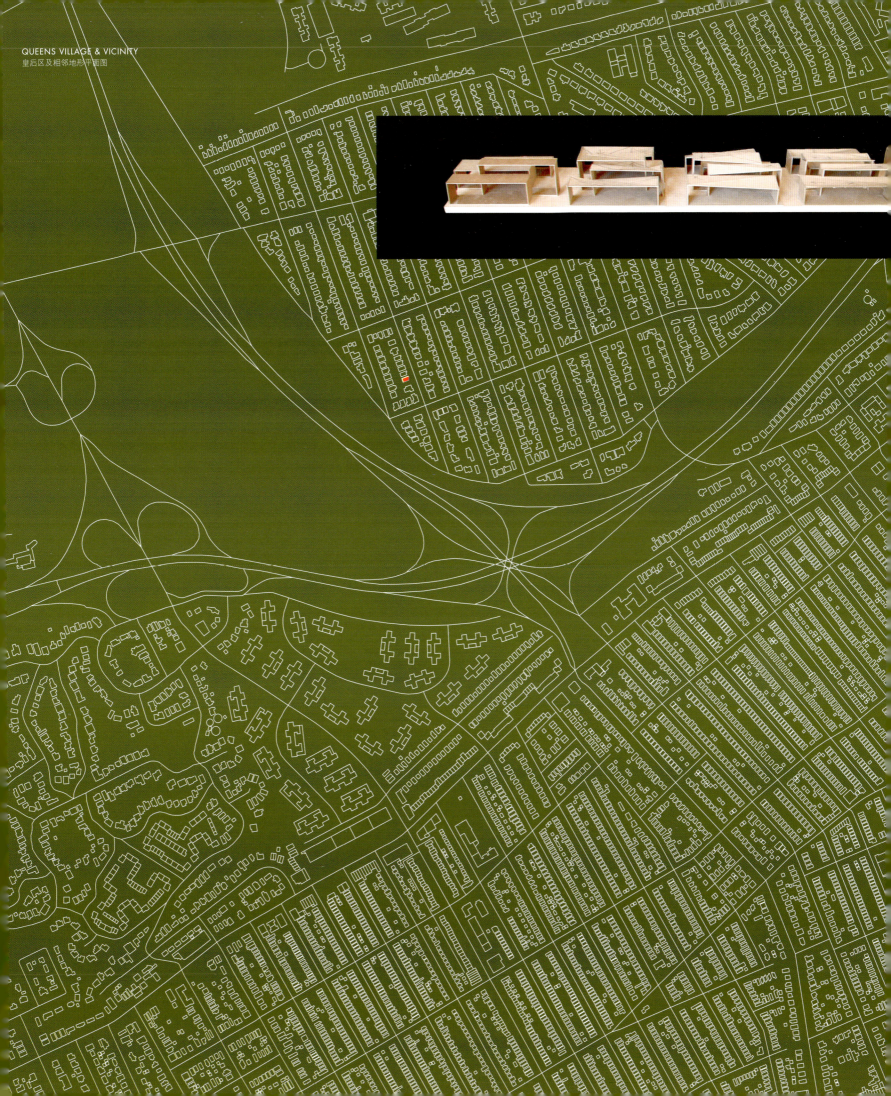

东西两面上过了釉,这样就可以透进阳光和空气。南北两面是上斜混凝土铺就的,这是用于结构支撑并且可以保护隐私,南、北面还有用于安装房间所有管道的空腔。由钢管结构、金属板和绝缘无缝铜构成的屋顶有着褶皱,这样不仅可以导水并且对连续的大跨度起着加固的作用。屋顶由紧密相连的区域组成,这些区域沿着较小的空间缓缓倾斜,阻挡着太阳光线。

与相邻住宅使用的材料——乙烯基墙板、仿造砖外墙以及黑色的沥青屋顶——对应,这栋住宅使用的是明亮的大玻璃、没有开口的密闭粗糙的上斜混凝土墙壁和带有水锈的铜板,所有的这些都构成了竖向的条纹和午后深深的阴影区。

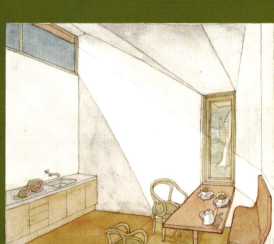

SLOPING CEILINGS BAFFLE INCOMING LIGHT
光线从倾斜的屋顶进入室内

地板把不同的空间连接起来
DISJOINED SPACE HELD TOGETHER BY FLOOR SURFACE

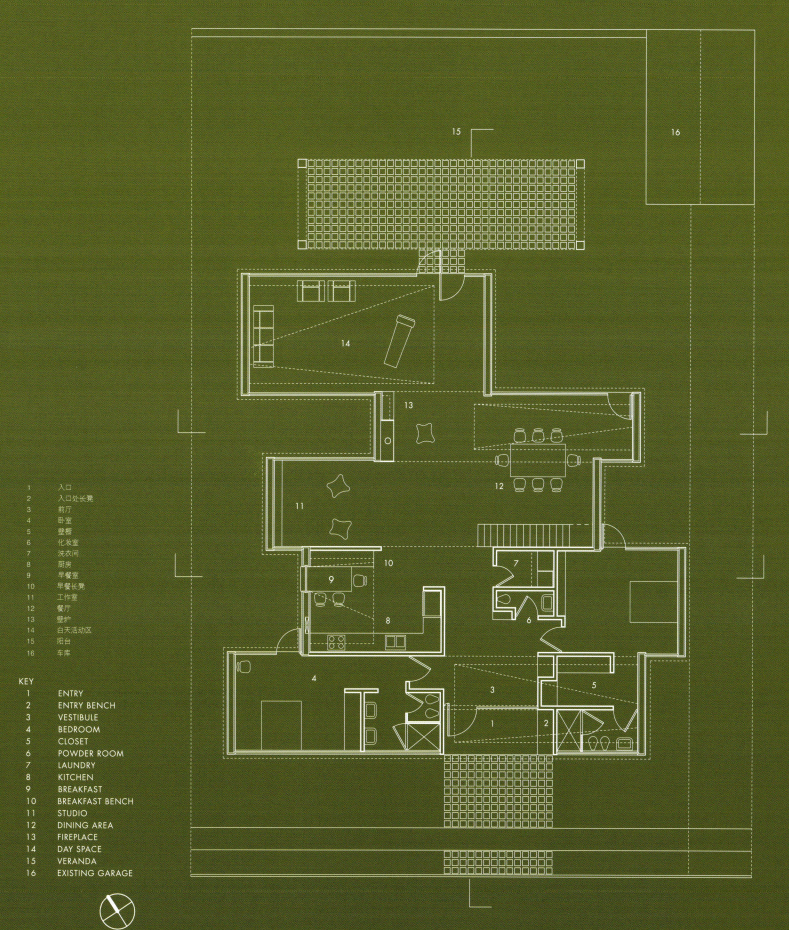

1. DIAGONAL VIEWS	2. SPACE OF FLEXIBLE INHABITATION	3. VISUAL PROTECTION	4. LIGHT BAFFLE	5. COMPRESSIBLE PROPORTIONS	6. TILT-UP
对角视线	灵活的居住空间	视觉蔽护	光线的遮挡	压缩比例	斜顶建造

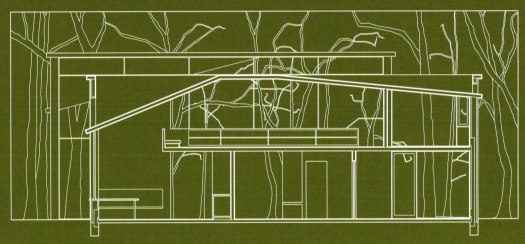

厨房和书房交汇处剖面
CROSS SECTION THROUGH KITCHEN & LIBRARY

CROSS SECTION THROUGH DINING AREA & FIREPLACE
壁炉和餐厅交汇处剖面

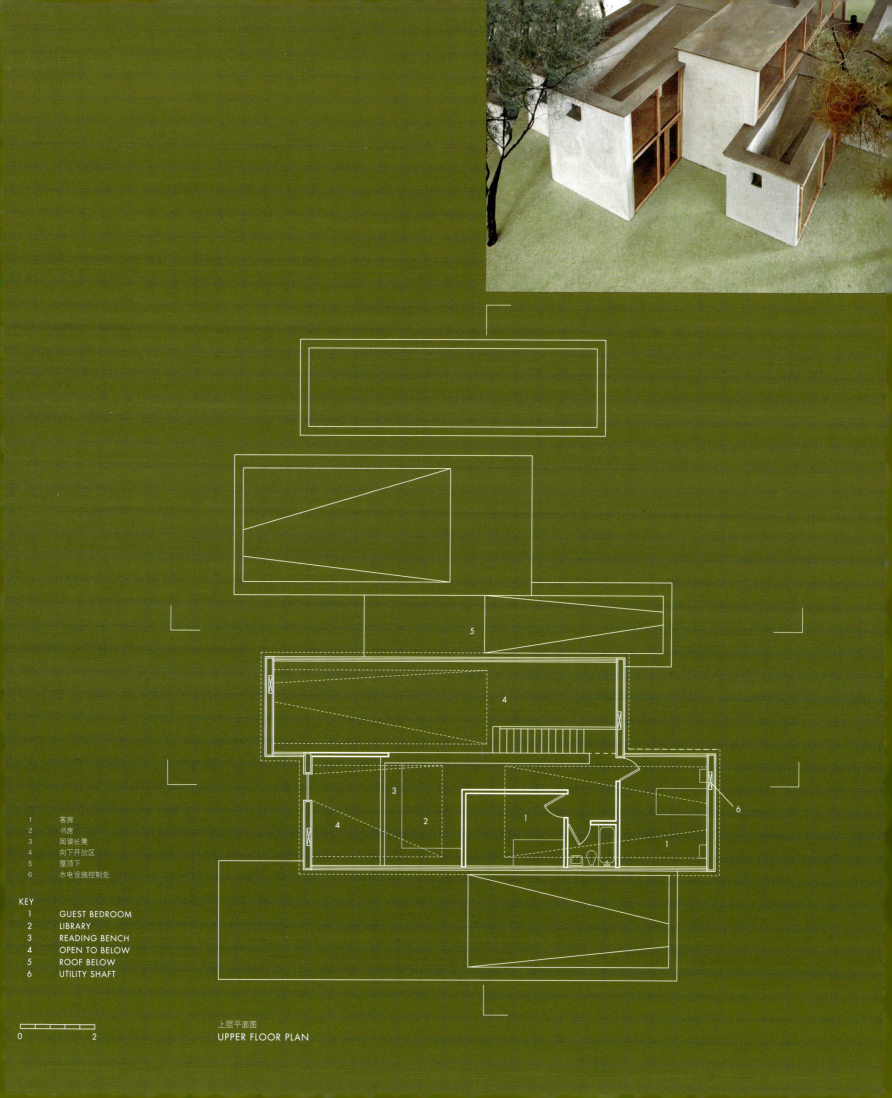

KEY
1 GUEST BEDROOM
2 LIBRARY
3 READING BENCH
4 OPEN TO BELOW
5 ROOF BELOW
6 UTILITY SHAFT

上层平面图
UPPER FLOOR PLAN

从街对面看到的住宅
VIEW FROM ACROSS STREET

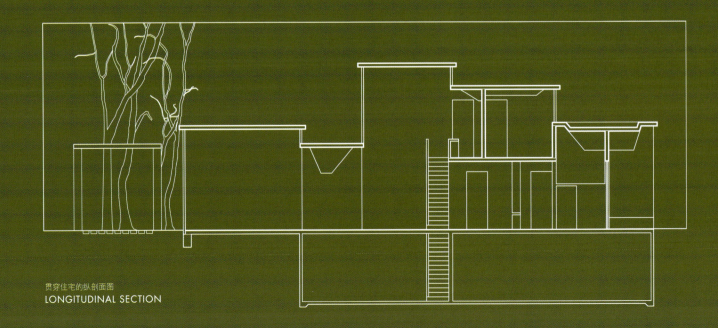

贯穿住宅的纵剖面图
LONGITUDINAL SECTION

PERSPECTIVE HIDES & THEN REVEALS INTERIOR SPACES
既隐藏又透露的室内空间透视图

ADVANCING AND RECEDING DISPLACEMENTS ALLOW SPACES FOR INHABITATION
进与退的空间转换使住宅更加适于居住

VILLA OF THE EXCLUDED MIDDLE

Set atop a hill on a five-acre site overlooking a farming reserve near the Atlantic coast of Long Island, this house will be used as a weekend retreat for a busy New York City family. Designed around two absences, one concrete and the other conceptual, the house is made up of two halves flanking a central court which is created as if cut by extraction, allowing the landscape to run through and defining an exclusion of form and defined use. The notion of absence, as if contradicting the Law of the Excluded Middle, also known as the Law of not-neither, characterizes the space with a conspicuous ambiguity, belonging not entirely to the inside nor to the outside, allowing it to become part of the house and, at the same time, remain as yet another instance in a landscape defined as a series of distinctive exterior areas which can be accessed and inhabited. These areas include an orchard, a pool area, tennis field, and a pond.

The house is divided in two halves: one contains living spaces, kitchen, bedrooms, and the other a playroom, a guest apartment, a garage and a covered porch. The two halves are connected by an underground passage which also serves as a wine storage cave.

To preserve a character of austere simplicity, the exterior walls offer an introspective arrangement of window openings on solid walls, while the "cut" surfaces facing the central court are liberally glazed to allow free passage from indoor to outdoor and to allow vast diagonal panoramas of the park and the farming reserve visible from the house interior. To relive the flatness of the "cut" facades, oversized curved doors sculpt the light into surfaces of chiaroscuro and swing to become adjustable light reflectors and buffers.

排中别墅

该别墅位于长岛的大西洋沿岸的一个山顶上，占地五英亩，山下是一片农田。这栋别墅是纽约家庭的周末娱乐场所。房屋环绕两个中间区：一个是具体的，一个是概念性的。房屋由两部分组成，这两部分的中间是一个院子，院子好像是通过抽取切割而成的，从院子就可以看到外面的景色，它有着独特的外形和确定的用途。中间区的概念看起来和排中法或双否定法相抵触，它的特点是一块界限很模糊的空间，这块空间既不是完全私有也不是完全公有，这使得它在被私人使用的同时也可以被公用。这些区域包括一个果园、一个游泳池、网球场和一个池塘。

住宅被分成两部分：一部分包括起居室、厨房和卧室，另一部分包括娱乐室、客房、车库和一个带屋顶的走廊。这两部分通过地下通道相连，地下通道同时也是储藏酒的地方。

为了保持其简朴的特性，正对中心庭院的外墙切口被上釉以作为进出的通道，这样使得从屋内就可以欣赏到公园及农田的对角全景，外墙上同时还开有窗口。为了显示切面的平坦性，超大的弧形门将阳光导入到明暗相间的平面上，使得其成为光反射器和缓冲器。

LIVING ROOM
客厅

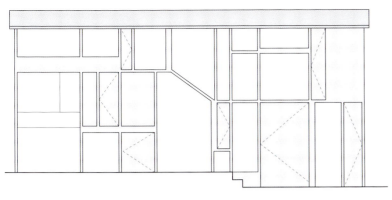

COURT EAST ELEVATION
庭院东侧立面

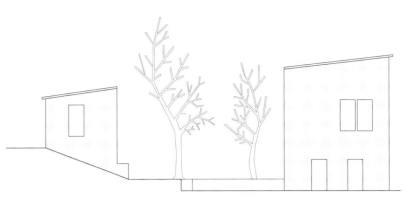

SOUTH ELEVATION
南侧立面

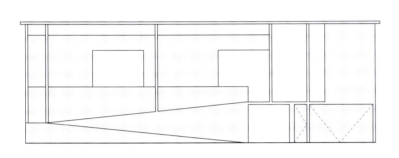

COURT WEST ELEVATION
庭院西侧立面

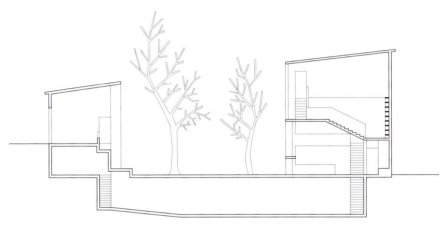

SECTION LOOKING NORTH
北向的剖面

1	门廊
2	入口
3	前厅
4	餐厅
5	厨房
6	起居室
7	庭院
8	娱乐室
9	储藏室
10	车库

KEY
1	PORTE COCHERE
2	ENTRY
3	VESTIBULE
4	DINING ROOM
5	KITCHEN
6	LIVING ROOM
7	COURT
8	PLAY ROOM
9	STORAGE
10	GARAGE

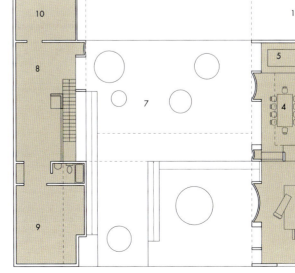

GROUND FLOOR   底层平面

DINING ROOM
餐厅

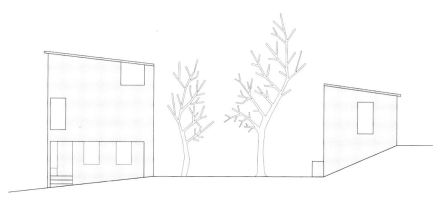

NORTH ELEVATION
北立面

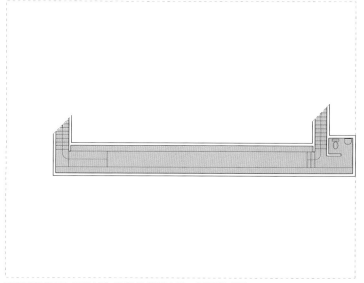

UNDERGROUND PASSAGE / WINE STORAGE   地下通道／酒窖

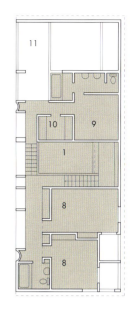

SECOND FLOOR PLAN
二层平面图

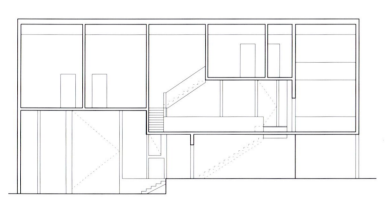

SECTION LOOKING WEST 西向的剖面图

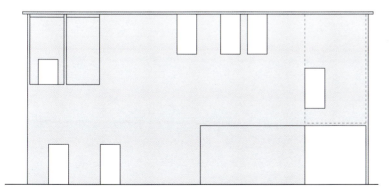

EAST ELEVATION 东立面

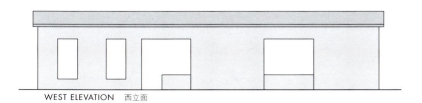

WEST ELEVATION 西立面

MEZZANINE PLAN
夹层平面图

0   10

		KEY	
1	向下开放区	1	OPEN TO BELOW
2	学习室	2	STUDY
3	书房	3	LIBRARY
4	露台	4	TERRACE
5	客起居室	5	GUEST LIVING ROOM
6	客卧室	6	GUEST BEDROOM
7	侧廊	7	PORCH
8	卧室	8	BEDROOM
9	主卧室	9	MASTER BEDROOM
10	壁橱	10	CLOSET
11	露台	11	TERRACE

VIEW FROM PORCH
側廊

70 - 79

NINE SQUARE SKY
Chile

九宫格的天空
智利

NINE SQUARE SKY proposes a prototypical housing quarter for 152 families in a typical 100m x 100m block characteristic of all Chilean cities. To be developed within policies of subsidized housing currently in place in the country which provide a minimum home with potential for expansion without burdening occupants with debt. The project would offer each family a basic minimal unit of 30m² and the possibility of doubling that space by adding an occupant-built expansion on the roof. The units are laid out in rows that, by virtue of vertical displacements, allow thru-passage of light, air and people in all directions, creating nine urban gardens to be designed and built by the neighbors.

Interconnected gardens, arcades and portals, are possible within the limited budget thanks to standardized construction and a simple row-housing arrangement. Most potential dwellers would be displaced farmers moving into the city seeking opportunity. In the neighbor-tended gardens they would find means to utilize their skills to grow tomatoes, onions, avocados and chirimoyas. The project can be built using a kit of six prefabricated concrete parts. The light Chilean sand and white concrete will define a palette to match the soft tans of the ever-present Andean horizon to the east. Atop each unit a terrace awaits pergolas and expansions which can be predictably akin to the colorful vernacular architecture made of painted wood or corrugated metal encountered throughout Chile. At inception, the project provides a simple armature for a do-it-yourself environment, a city-making kit for a community of would-be architects.

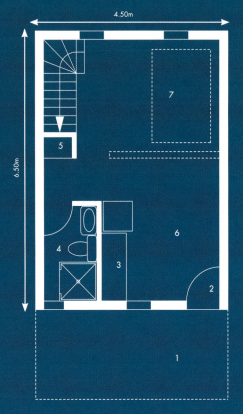

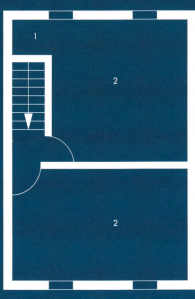

MAIN UNIT / APPROX. 30m²
主要户型／大约30m²
KEY
1 OWNER DELIMITED FRONTYARD/ ELEVATED WALKWAY
2 ENTRY
3 KITCHEN
4 BATHROOM
5 STORAGE
6 MAIN SPACE
7 FUTURE SMALL WORKSHOPS

POSSIBLE ADDITION / APPROX. 30m²
可能的附加户型／大约30m²
KEY
1 STROAGE   1 储藏间
2 BEDROOM   2 卧室

INITIAL HOUSE AND FUTURE GROWTH
首期住宅和未来发展

1 房主的住宅前庭和步行区
2 入口
3 厨房
4 浴室
5 储藏间
6 主区域
7 未来的小工作间

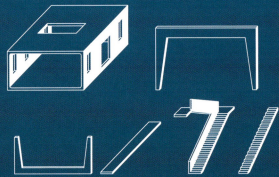

KIT OF 6 PARTS:
PREFABRICATED MODULAR SYSTEM INCLUDES DOOR AND WINDOW FRAMES, ELECTRICAL BOXES AND CONDUIT. CONCRETE THICKNESS RANGES BETWEEN 20 AND 30CM. SIGNIFICANT ECONOMY OF CONSTRUCTION IF MANY ARE BUILT, CAST IN FACTORY AND DRY-ASSEMBLED ON SITE.

包含6个部分的组件：
包括门和窗户框架的预制构件系统，电气箱和管道，厚度在20cm到30cm之间的混凝土板，建造的经济性，工厂的浇注系统和工地的烘干设备。

Although the project could be built in any city of Chile, some aspects of the site are known with precision: the gridded space of the surrounding urban environment and the limpid thin air of the Andean sky. These certainties provide guidance for the creation of a meaningfully articulated set of urban spaces which fit well in the existing city while providing a gradation of scale that can bring a person from the extension of urban spaces to the intimacy of the home.

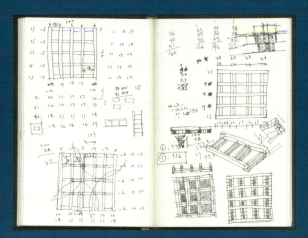

SOUTH VIEW FROM STREET
面向大街的南侧外观

WEST VIEW FROM STREET
面向大街的西侧外观

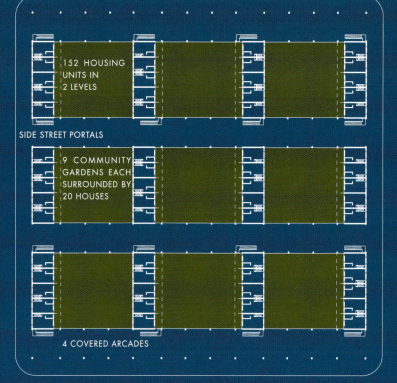

152 HOUSING UNITS IN 2 LEVELS

SIDE STREET PORTALS

9 COMMUNITY GARDENS EACH SURROUNDED BY 20 HOUSES

4 COVERED ARCADES

LOWER LEVEL / PLANTA BAJA 低层平面

0   25

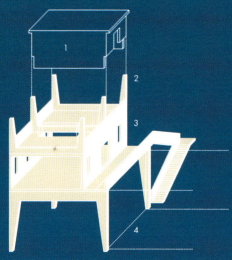

ASSEMBLED KIT AND ADDITION BY OWNER
房主可自主装配的附件

KEY
1 ADDITION BY OWNER
2 "STRUCTURAL ARMS" ALLOW EVEN INEXPERIENCED BUILDERS TO COMPLETE THEIR OWN EXPANSIONS
3 MAIN [INITIAL] UNIT PROVIDED WITH ROOF HATCH TERRACE ACCESS
4 LOW UNIT SIDE WALL WILL PROVIDE DIAPHRAGM EARTHQUAKE RESISTANCE TO HIGH UNIT

1 房主的附件
2 结构臂可以使得房主以低廉的造价对房屋进行扩建
3 屋顶平台和主单元相连
4 低单元侧墙可在地震时为高位单元提供防御

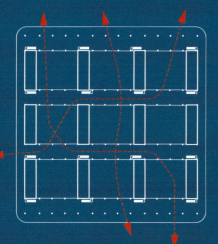

MASSING PERMEABILITY ALLOWS FREEDOM OF LIGHT, AIR AND PEOPLE MOVEMENT
建筑良好的渗透性可让光线、空气以及人自由穿行其中

ACCESS TO NATURAL LIGHT AND AIR AFFORDED BY NARROW BUILDING SECTION AND WIDE GARDENS
狭长形的建筑剖面和宽大的花园使自然光和空气能够成功进入

每一个正方形的花园周围设置了20栋住宅
EACH OF THE NINE SQUARE GARDENS IS SURROUNDED BY 20 HOUSES

SECTION LOOKING EAST / SECCION ESTE
东侧剖面图

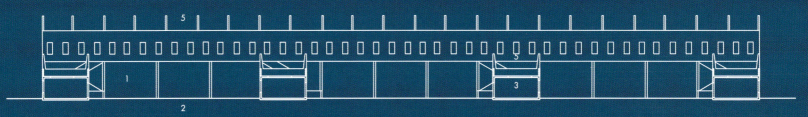

SECTION LOOKING NORTH / SECCION NORTE
北侧剖面图

KEY
1. COVERED ARCADES
2. COMMUNITY SQUARE
3. GROUND FLOOR UNITS
4. SECOND FLOOR UNITS
5. TERRACES / FUTURE EXPANSION

1. 加盖的拱廊
2. 社区广场
3. 底层单元
4. 第二层单元
5. 露台和未来扩建区

0　　50

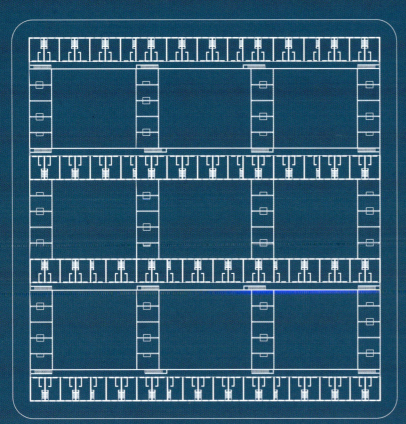

HIGHER LEVEL / PLANTA ALTA　高层平面

INTEGRATION OF URBANIZATION AND HOUSE CONSTRUCTION AT NO ADDITIONAL COST BY OWNER-TENDED COMMUNITY SQUARES
住宅建造与城市发展的结合设计可使房主减少在社区公摊面积上的费用支出

POPLARS, VINES, WILLOWS, PEBBLES, TOMATOES AND MOUNDS
白杨树、葡萄树、柳树、鹅卵石、番茄和土丘

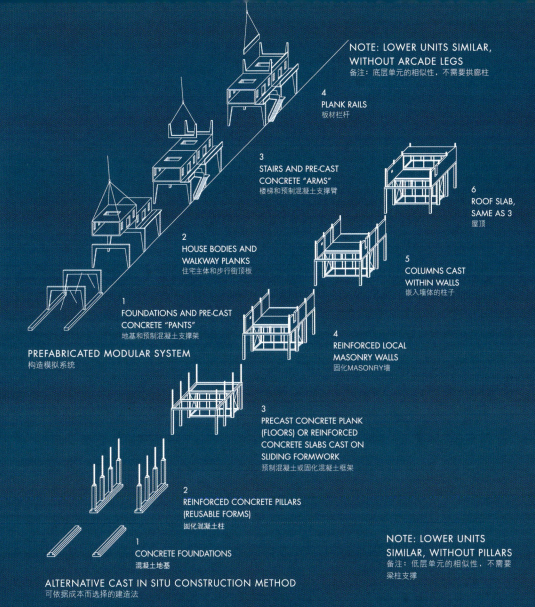

NOTE: LOWER UNITS SIMILAR, WITHOUT ARCADE LEGS
备注：底层单元的相似性，不需要拱廊柱

4 PLANK RAILS
板材栏杆

3 STAIRS AND PRE-CAST CONCRETE "ARMS"
楼梯和预制混凝土支撑臂

6 ROOF SLAB, SAME AS 3
屋顶

2 HOUSE BODIES AND WALKWAY PLANKS
住宅主体和步行街顶板

5 COLUMNS CAST WITHIN WALLS
嵌入墙体的柱子

1 FOUNDATIONS AND PRE-CAST CONCRETE "PANTS"
地基和预制混凝土支撑架

PREFABRICATED MODULAR SYSTEM
构造模拟系统

4 REINFORCED LOCAL MASONRY WALLS
固化MASONRY墙

3 PRECAST CONCRETE PLANK (FLOORS) OR REINFORCED CONCRETE SLABS CAST ON SLIDING FORMWORK
预制混凝土或固化混凝土框架

2 REINFORCED CONCRETE PILLARS (REUSABLE FORMS)
固化混凝土柱

1 CONCRETE FOUNDATIONS
混凝土地基

ALTERNATIVE CAST IN SITU CONSTRUCTION METHOD
可依据成本而选择的建造法

NOTE: LOWER UNITS SIMILAR, WITHOUT PILLARS
备注：低层单元的相似性，不需要梁柱支撑

九宫格的天空是在100m × 100m的面积上为152户居民建立的一个原型住宅，这样的面积是智利所有城市的一个特点。这个项目是在政策允许的范围内开发的，即在不增加住户负债的情况下，为最小的家庭提供扩大居住面积的潜力。这个项目将为每个家庭提供最小30m²的单元，而且住户还可以通过屋顶平台将居住面积扩大一倍。这些单元是成排排列的，这样可以通过垂直方向的位移带进阳光、气流和人在各个方向上通过。在单元的周围设计建造九个城市花园。

由于采用标准的建造方法及简单的单元排列、相互连接的花园、拱廊和大门的建造被控制在有限的预算中。有可能成为这种单元住户的对象是从农村到城市寻找机会的农民。在附近的花园里，他们可以种植西红柿、洋葱、鳄梨树和番荔枝。工程可以用六个混凝土预制构件建成。智利浅色的流沙和白色的混凝土与东面棕褐色的安第斯山脉对应起来。在每一个单元的屋顶上都为藤架预留有位置并且可以被扩大。这种扩张的建筑类似于智利通常见到的用着色木板或瓦楞铁建成的乡土建筑。开始，工程为自建环境提供了一个简单的钢筋架，也就是一套用于建筑的工具。

虽然这个项目可以建在智利任何一个城市，但是这个地点是尤其合适之处，城市环境周围的格子空间和安第斯山脉清澈的天空，这些都为建造一系列具有明确意义的城市空间提供了条件，这一系列建筑在扩大城市规模的同时与现有的城市结构相融合。

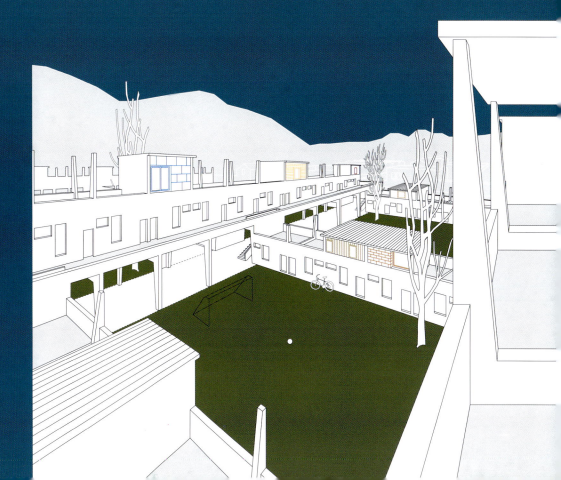

NIGHT VIEW OF GARDEN WITH SOUTHERN CROSS
花园南侧夜景

ARCADES PROVIDE PROTECTION FROM INCLEMENT WEATHER AND PLACES FOR STREET MARKETS
连体拱廊可为极端的气候条件提供保护，并可成为社区的自由市场

ARCADES ARE THE ENTRIES AND VESTIBULES TO A LARGER HOUSE OWNED BY ALL
连体拱廊和前厅为所有房主共有

80 - 91

ARCHITETTURA POVERA: WALL OF LESSONS
Rhode Island School of Design, Providence, Rhode Island

贫困建筑：教学墙
罗得岛设计学院，普罗维登斯，罗得岛州

Between March 20 and April 9 of 2004, OBRA Architects exhibited three projects at Rhode Island School of Design's BEB Gallery. RISD has offered minimal exhibition expenses and generous student labor to help install the work. The exhibit is to be entitled ARCHITETTURA POVERA in the spirit of the guiding principles of experimentation unhindered by style and complete openness towards materials and processes which characterized the "Arte Povera" movement of the late 60's and early 70's in Italy.

The work is surrounded by an eight-foot Wall of Lessons constructed of 3/32" thick luan plywood interlocking units. Over the course of two months, 5,690 units were produced in our workshop and then shipped in boxes from New York to be assembled by RISD students. Units on the outer perimeter of the wall are etched with brief "lessons"; thereby the physical effort of assembling the wall is itself an educational experience, providing a glimpse of accumulated thoughts and ideas in which the works were created. Handmade lamps constructed from lampholder taps with extension wiring hang from existing track fixtures, brought down to the level of the museum table on which the works are displayed. The table supports are made from additional luan units extending from and interlocked with the wall, and carry thin luan plywood tables. The perforated surface allows light and sound to escape, encircling and demarcating the space while casting shadows on the walls beyond.

Luan plywood has been chosen for its low cost, lightweight and structural behavior, its color and texture, and its material nature unadorned by ornamental pigmentation or surface finish. Its low density also facilitates the speed of lasercutting technology which is affected by both thickness and density of materials. The pieces have been lasercut for speed, precision and economy, the burned edges revealing the quality of congealed energy, the nature of all things. Coated with linseed oil, they lend a fourth dimension to the space, one that can only be experienced with the nose.

从2004年3月20日到4月9日，OBRA事务所在罗得岛设计学院的BEB展览馆展出了3个项目。罗得岛设计学院提供了有限的展览费用并且邀请了许多学生志愿者装配作品。这个展览被命名为"贫困建筑"，这体现意大利20世纪60年代末70年代初的"贫困艺术"运动的特点，即不为形式所束缚的原则以及对材料和工程的开放性。

作品被一个8英尺高的教学墙所环绕，教学墙是由厚度为3/32"的夹板连接部件建造而成。展览的前两个月，5 690个部件就已经在我们的车间被制作完成并用箱子海运到罗得岛设计学院，由学生进行装配。外围墙上刻有简短的"教学"字样，这样的话装配墙本身就是一种学习过程，因为这反映了创作作品的一种思想累积过程。由灯头和电线组成的手工制作灯连在原有的线路固定物上，并且被悬挂于陈放作品的工作台上方。工作台支架是由与墙壁连锁的夹板构件制成并且支撑着由薄夹板构成的工作台。教学墙带有穿孔的表面可以通过光线和声音，并且在将阴影投射到墙上的同时包围并划分空间。

选择夹板是基于以下的原因：经济性、轻便性及良好的结构性能；颜色和纹理以及它没有被装饰染色的材料特性。它的低密度特性可以加快激光切割的速度，因为这种切割技术受到材料厚度和密度的影响。这些部件被激光快速、准确、经济地切割，焦化的边沿反映了所有事物所具有的凝固的能量特性。在夹板的表面涂有亚麻油，它们为空间提供了另一种只有通过鼻子才能感觉到的维度。

展开的学习墙
WALL OF LESSONS UNFOLDED

The pedagogic nature of the exhibit's setting presented a special opportunity to explore an ethical alternative to the current dominant trends in architectural "education" and "practice." Arte Povera's disdain for added artistic gloss and pretensions of conceptual superiority resonate with the idea of an architecture that, while oblivious of stylistic trends and superficial embrace of technologically determined programs, tries to transcend the limitations of a utilitarian conscience of contemporary society. Architettura Povera seeks to shed light on the mysteries of perceived reality, lifting the veil of objectification that weighs on all things to reveal their substantial vitality. The work aspires to be an architecture that can bring "inert" things to life.

The contents and media of these architectural proposals: the red dirt and conical baobab tree trunks of South Africa, the rain creating mud at the edge between the natural and the manmade in Mexico, and the southern sky framed by the spontaneous architecture and rudimentary functionality of the houses in Chile, seem fitting elements in a laboratory of Architettura Povera.

FULL-SIZE MOCKUP
足尺的实物模型

3/4英寸比例模型
3/4 INCH SCALE MODEL

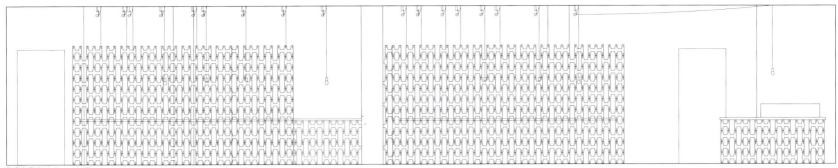

ELEVATION A　A立面

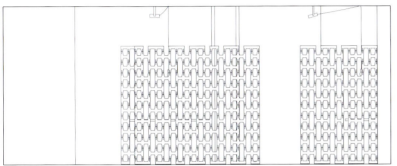

ELEVATION B　B立面

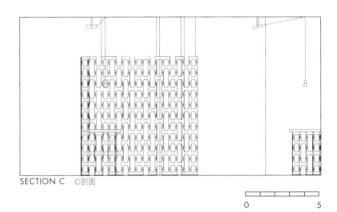

SECTION C　C剖面

GALLERY SECTION AND ELEVATIONS
画廊剖面和立面

展览布置方法的教育性展现了一种与目前建筑教育和实践的主流趋势不相容的对伦理的探索。贫困艺术这种潮流不屑于采用额外的艺术装饰，也并不自称其设计思想体现了超乎寻常的概念，于是它摒弃了风格化的趋势和对由技术决定的方案的草率的接受。"贫困建筑"试图探索现实世界的神秘性，揭开笼罩在所有事物表面的客观性的面纱，展示事物最真实的生命力。这件作品就是这样一类可以化腐朽为神奇的建筑。

这些建筑方案的内容和表现方法是：南非的红土和圆锥形的猴面包树干，介乎于天然与人造之间的由墨西哥的雨水产生的泥浆以及智利由自然建筑和住宅附加功能所构成的南部的天空，这些都表现了"贫困建筑"的特性。

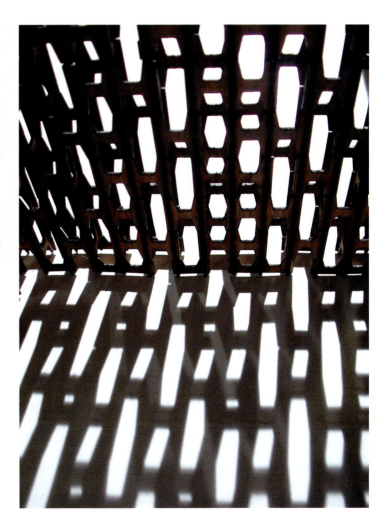

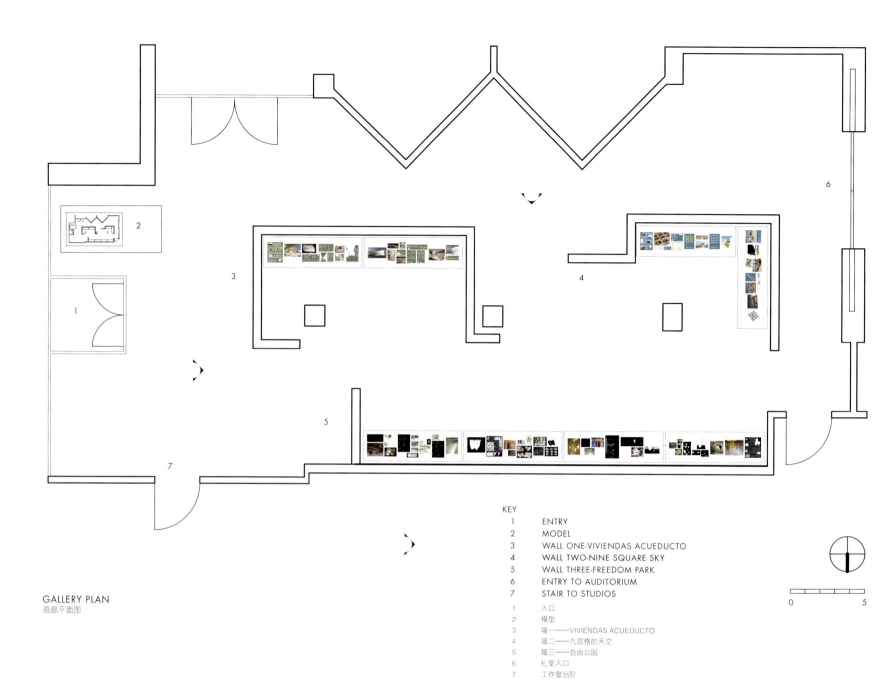

GALLERY PLAN
画廊平面图

KEY
1 ENTRY
2 MODEL
3 WALL ONE-VIVIENDAS ACUEDUCTO
4 WALL TWO-NINE SQUARE SKY
5 WALL THREE-FREEDOM PARK
6 ENTRY TO AUDITORIUM
7 STAIR TO STUDIOS

1 入口
2 模型
3 墙一——VIVIENDAS ACUEDUCTO
4 墙二——九宫格的天空
5 墙三——自由公园
6 礼堂入口
7 工作室台阶

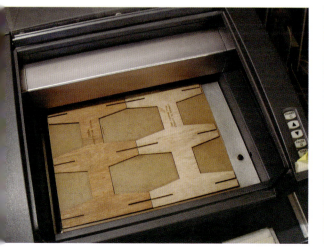

罗得岛设计学院教学墙的安装说明

一共有四种板型：单板、双板、单盖板和双盖板，其中单板和双板也称为整体板。

一高度：南、北两面墙是带有两个盖子(顶部和底部)的10块整体板，东、西两面由11块整体板组成；南、北两面的工作台支架由带有两个盖子的3块整体板组成，东、西两面的工作台支架由4块整体板组成。

一外表墙的双板上是刻有文字的。由于在墙角处只有一半的双板露在外面，就把有文字的那一半露在外面。

一与墙面垂直的连接板由单板和单盖板组成并且没有出现在夹板装配图中。

一在夹角处（两个墙面之间、墙面与工作台支架之间或者两个工作台支架之间90°处），双板与单板交替使用，见参考文献中的部分模型。

一与工作台支架相连的所有3个墙面，墙一、墙二、墙三的最底下两层是要最先安装的。然后检查每一个夹板的位置是否与装配图一致。注意墙外层的双板是刻有文字的，而且夹角处是单板和双板交替使用的。

RISD WALL OF LESSONS ASSEMBLY INSTRUCTIONS

- There are four types of panels, which are referred to as SINGLES, DOUBLES, SINGLE CAPS and DOUBLE CAPS. The SINGLES and DOUBLES are also called wholes.

- Height: Walls running North-South will have 10 wholes with 2 caps (base and top), walls running East-West will have 11 wholes; Table supports running North-South will have 3 wholes with 2 caps (base and top), table supports running East-West will have 4 wholes.

- All the DOUBLES on the exterior face of the walls should be the etched pieces. At the corners, when only half of the DOUBLES are visible, use those with the text on the visible side.

- The connecting panels, which run perpendicular to the main wall surfaces, consist of SINGLES and SINGLE CAPS and are not shown on the panel assembly plans.

- At the corners (where two walls, wall and table support, or two table supports meet at 90 degree angle), the DOUBLES and SINGLES alternate. See the partial model for reference.

- The bottom two rows should be assembled first for all of wall one, wall two, and wall three with the associated table supports. Then check to make sure every panel location matches the plan. Make sure that the DOUBLES on the exterior side of walls are etched, and the corners have alternating SINGLES and DOUBLES.

92 - 99

IN DETAIL: NEW YORK WORKS
Brooklyn, Manhattan, Long Island

细部：纽约的工作
布鲁克林，曼哈顿，长岛

The images herein describe aspects of a number of modest residential renovation projects executed in New York since the year 2000, office interiors and houses, as well as a larger residential project currently under construction in Long Island. This last project was designed as a collaboration between Steven Holl Architects and OBRA Architects, while its development, detailing and construction supervision are the responsibility of OBRA Architects.

The work of renovations has provided an opportunity to reflect upon the relationship between interiors and the larger surrounding site that is beyond the scope of the project. The experience is not unlike that of the amputee who continues to feel the presence of a missing limb.

This absence is made present in the design of these interiors by focusing on the procurement and manipulation of exterior light and the dissemination of it through the space in chiaroscuros, washes of diffuse color, and simple reflection. And also by configuring

STEAM 雾气

SHELF 搁板

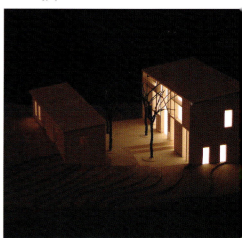

BACKYARD 后院天井

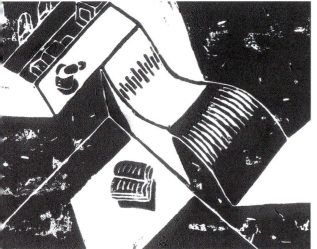

DAYBED 坐卧两用沙发

spaces and, sometimes, cutting openings in the fabric of a building, to define long perspectives of rooftop watertower formations, an Ailanthus tree in an adjacent vacant lot, or a blank expanse of maroon brick wall across the block.

Venturing deeper into the human body/building fabric metaphor, the projects strive to find unsuspected ways of inhabiting the space – sometimes as a polite critique of aspired-to-lifestyles – while privileging with design attention the material points of contact between body and matter: doorknobs, benches, lamps, pulls. When devising construction details for the larger project one could regard them as ideal souls, each the intuitive offspring of the project's conceptual genesis, each derived from it by a process of teleological miniaturization and developed in consultation with attendant technologies.

MOONLIGHT 月光

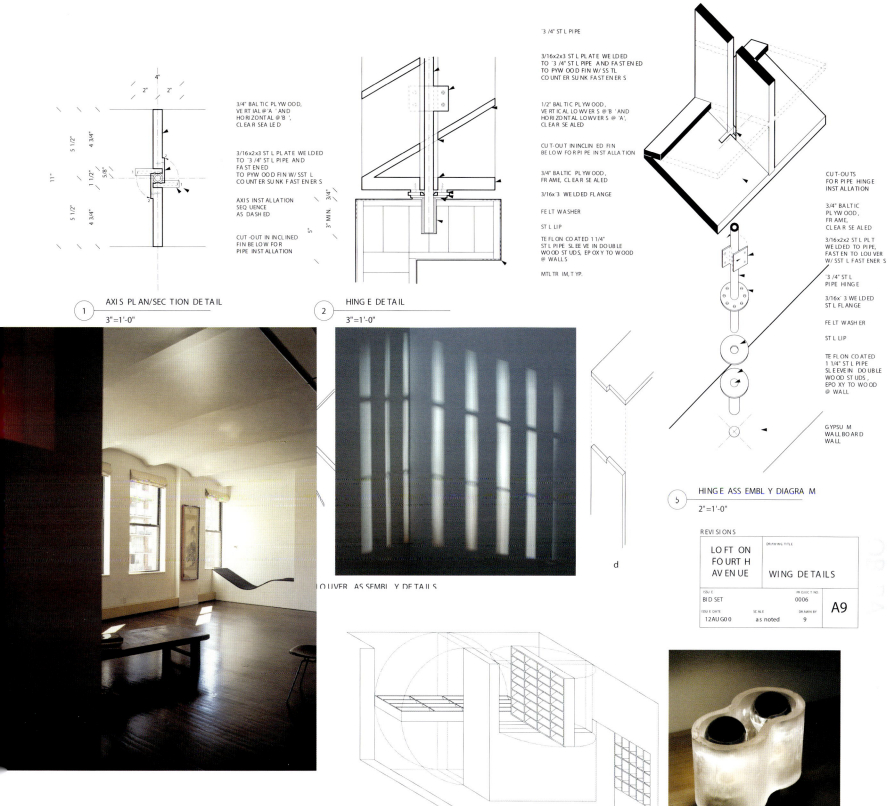

这里描述的是2000年以来纽约的普通住宅的翻新工程、办公室内部、住宅以及位于长岛正在建设中的大型住宅工程。后面提及的工程是由斯蒂文·霍尔（Steven Holl）事务所与OBRA事务所联合设计的，但是具体的开发、细部设计及建造监理是由OBRA事务所负责的。

翻新工程可以提供改善室内与周围大环境关系的一个机会。这就好像截肢者不是要面对失去肢体的现实。

这种关系的缺乏体现在室内空间设计中经由室外光线的捕捉以及通过明暗搭配、颜色协调和简单的反射或漫射来传播外部光线。也强调通过空间的组织和偶尔在建筑结构上的开口来形成对屋顶水塔形状、附近空地上的臭椿树或者穿过街区的栗色砖墙的空白地带的纵向透视。

这些项目藉着进一步深入人体／材质间的暗喻性来尽力寻找未知的空间居住方式——有时是对生活方式的渴求的一种委婉的批判——同时设计优先考虑身体与物体接触之处：门把手、凳子、灯和拉手。在设计大型工程的细部时，人们可以把这些细部看成是理想的灵魂，每一个都是整个工程总体实现的直观的产物，每一个都是目标缩小化的过程，每一个都是在与之相伴随的技术基础上发展起来的。

DOOR PULL 门拉手

壁柜 CLOSET

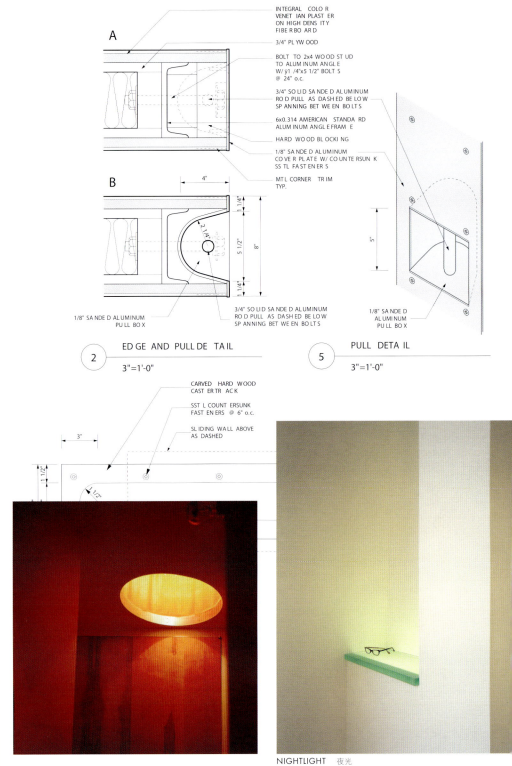

NIGHTLIGHT 夜光

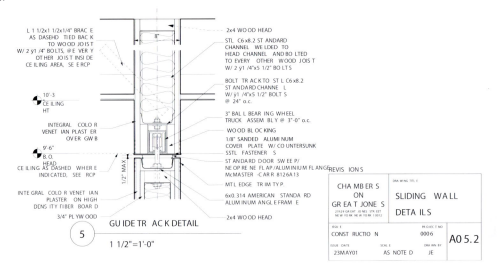

WAITING ROOM　等候室

OFFICES　办公室

STORAGE　储藏室

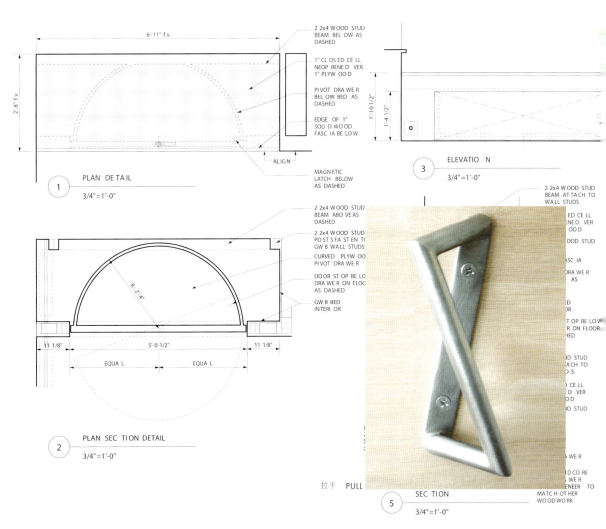

1　PLAN DETAIL　3/4"=1'-0"

2　PLAN SECTION DETAIL　3/4"=1'-0"

3　ELEVATION　3/4"=1'-0"

拉手 PULL

5　SECTION　3/4"=1'-0"

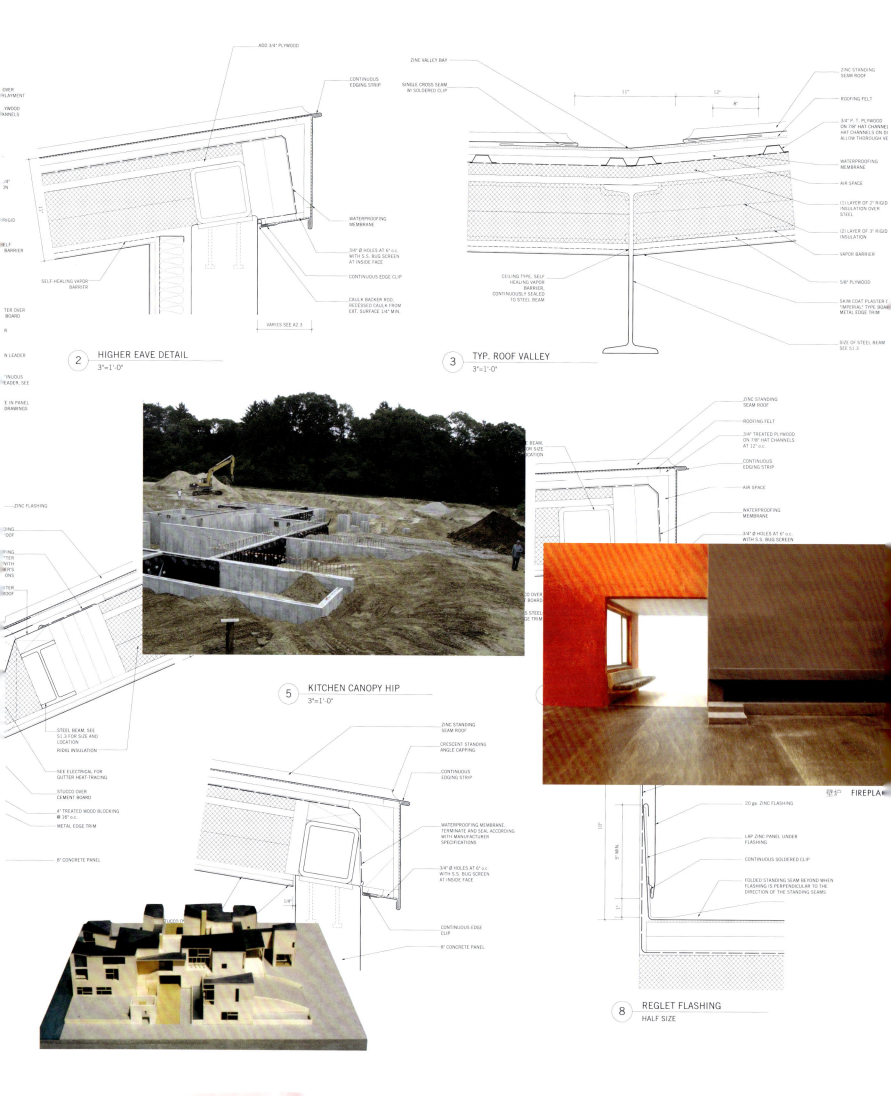

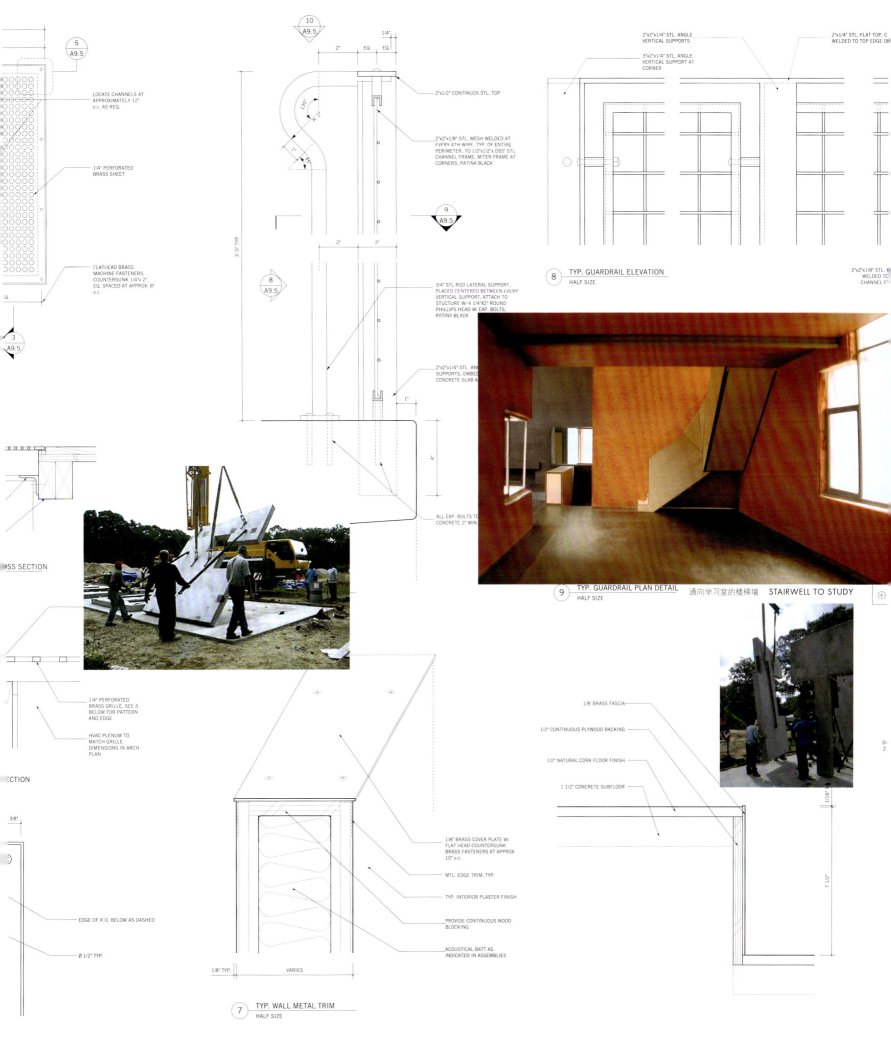

CASA EN LA FINCA
San Juan, Argentina

葡萄园之屋
圣胡安,阿根廷

String theory is experimentally unverifiable due to the infinitely small size of its realm of speculation. To escape this cycle of pure theory we propose a HOUSE OF MULTIPLE DIMENSIONS, one that is intended for actual construction, closing the circle of thought and matter.

The house is set in an orchard on a remote vineyard by the highest mountains of the Andes, which layer the horizon with ever-receding multiple boundaries. The spaces of the house are arranged around circular courtyards where trees of the orchard continue to grow. The courtyards provide light, ventilation, and individual exterior spaces of privacy away from other occupants of the house. Their reverse is the convexity of chiaroscuro along which the interior spaces flow into each other.

The courtyards are both exterior and interior, places you have to exit to enter and enter to exit. Their spatial ambiguity is matched by a temporal one: the concave surfaces are sculpted by the sunlight in seemingly repetitive patterns day after day, year after year, a recurrent cycle that seems to suggest that perhaps we could return to our past. But in each courtyard, a tree grows imperceptibly, every second setting a linear sequence, moving inevitably towards the future.

细绳理论由于其思考领域的无限小，因此在实验方法论的角度是无从考证的。为了避免这种纯理论的循环过程，我们提出了可以实际建造的多维住宅，这接近于思想与物质的循环。

住宅位于安第斯山脉最高山峰上的一个葡萄园中，山峰通过不断后退的多重边界将地平线分为多个层次。住宅位于圆形的果园中，园子里果树富有活力。果园提供了光线、通风以及与其他人相隔离的私人外部空间。果园的另一面就是明暗搭配的凸形结构，沿着这个凸形结构就是相互联系的内部空间。

果园既是室外也是室内，让你有以退为进，以进为退的感觉。空间上的模糊性与时间上的模糊性是相配合的：光线形成的凹面似乎日复一日、年复一年重复着同一种图案，这种周期性的循环让我们有一种可以回到过去的感觉。但是果园中的每一棵树都在缓慢地生长着，每一秒的转动都表示向着将来推进了一步。

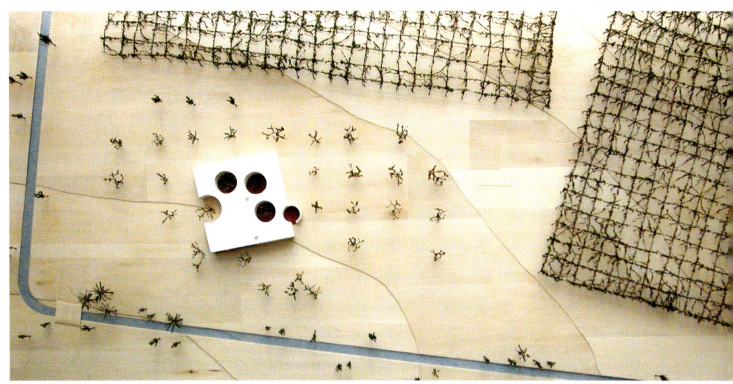

SITE MODEL WITH ORCHARD AND VINEYARDS
带果园和葡萄园的地形模型

东院
EAST COURTYARD

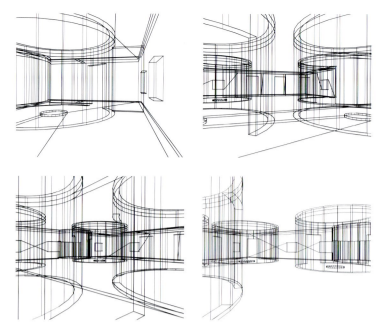

光影的周期变化
RECURRENT TEMPORALITY

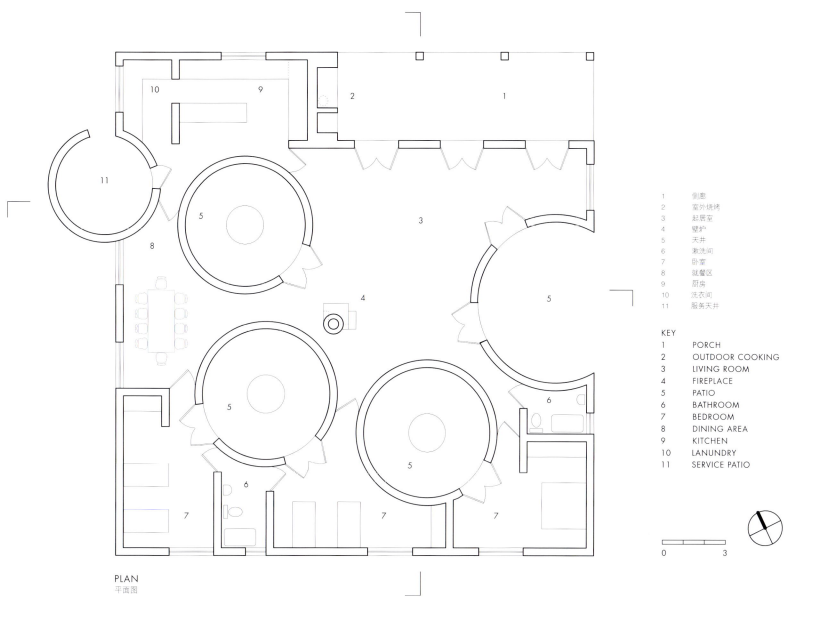

PLAN
平面图

	中文	KEY	
1	侧廊	1	PORCH
2	室外烧烤	2	OUTDOOR COOKING
3	起居室	3	LIVING ROOM
4	壁炉	4	FIREPLACE
5	天井	5	PATIO
6	漱洗间	6	BATHROOM
7	卧室	7	BEDROOM
8	就餐区	8	DINING AREA
9	厨房	9	KITCHEN
10	洗衣间	10	LANUNDRY
11	服务天井	11	SERVICE PATIO

按照细绳理论,如果原子的尺寸等同于太阳系,那么"细绳"的尺寸应该等同于树
IN STRING THEORY IF AN ATOM WERE THE SIZE OF THE SOLAR SYSTEM, A "STRING" WOULD BE THE SIZE OF A TREE

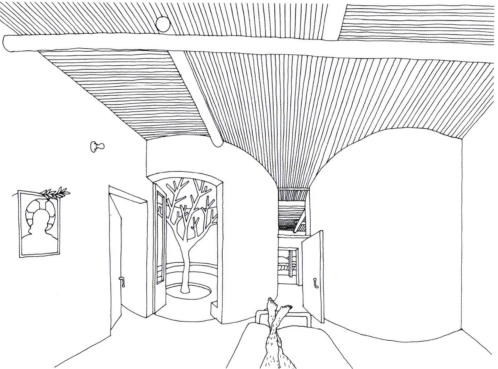

树木生长的周期变化
LINEAR TEMPORALITY

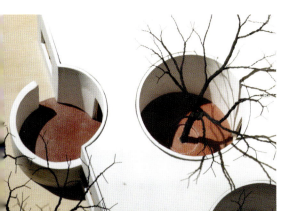

WEST COURTYARD
西院

FLOORS OF BURGUNDY GRAPE RED-STAINED CONCRETE, WALLS OF ADOBE WHITEWASHED COBALT BLUE, COLOR OF THE FURTHEST MOUNTAIN HORIZON
酒红色混凝土地板，白色涂料混合钴蓝色墙面，深远的山区色彩

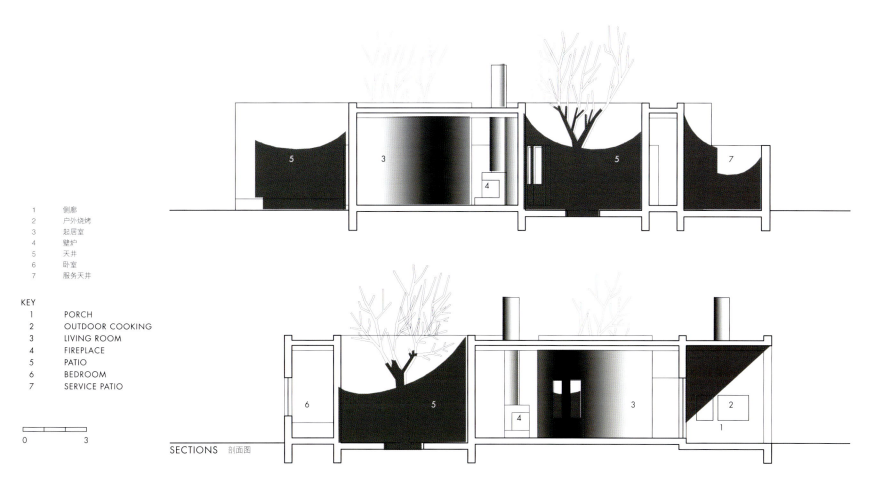

1	侧廊
2	户外烧烤
3	起居室
4	壁炉
5	天井
6	卧室
7	服务天井

KEY
1 PORCH
2 OUTDOOR COOKING
3 LIVING ROOM
4 FIREPLACE
5 PATIO
6 BEDROOM
7 SERVICE PATIO

SECTIONS 剖面图

CANE-RED MAT ROOF TOPPED WITH MUD AND SUPPORTED BY POPLAR TREE TRUNKS AS BEAMS

110 - 123

TITTOT GLASS ART MUSEUM
Taipei, Taiwan

琉园水晶艺术博物馆
台北，中国台湾

TITTOT AND THE WORLD

The Tittot Glass Art Museum will be a narration in space telling the story of Tittot and the universal significance of glass art. The construction of the museum is an important moment to define Tittot in the collective imagination as a crucial presence in the international glass art community. The project will find its narrative substance in the very ethos of Glass Art, coalescing as another recognizable attribute of Tittot, Taipei and Taiwan while capturing the deep and enduring potential of the institution's cultural significance.

TITTOT AND TAIPEI

The success of the project hinges on the quality of its urban setting. Interlocking with the museum in an interdependent relationship, the site design proposed here enlists the bucolic potential of the park and the dynamic vitality of metropolitan transportation to redefine the area as a possible week-long urban attraction for both visitors and city dwellers.

Park sectors given to the happiness of the city will be defined through earth mounds and bowls, water and trees. The Tai-chi Grove; the Hill of Kites; the Pond of Cranes; Karaoke Island; the Weiichi Forest and others will be episodes of many a pleasant afternoon in town. In such occasions, park and museum will be visited, one to engage the senses in the shared joyous outdoor activities, the other seeking to immerse the soul in the impenetrable silent space of glass beauty.

琉园和世界

琉园水晶艺术博物馆是对空间的一个表述，讲述着琉园和玻璃艺术绝对的重要性。博物馆的建造具有重要的意义：它的建成标志着琉园成为世界玻璃艺术的一个重要组成部分。博物馆通过玻璃艺术的特质，作为琉园的一个标志属性的聚合性；台北和台湾来体现着其叙述的内容，同时也日渐显现其文化上的重要性以及深奥且久远的潜力。

琉园和台北

博物馆的成功是由其城市背景决定的。设计方案将公园的田园风景和台北大城市交通所体现的动态生命力与博物馆结合起来，三者间产生了相互衬托的关系，使得该地区对游客和居民都具有很强的城市吸引力。

公园通过土堤、保龄球、溪水和树木为城市提供了娱乐空间。练太极拳的小树林，放风筝的小山，有鹤的池塘，卡拉OK厅，下围棋的树林和其他景色都是快乐的城市下午的景象。这种场合下，对公园和博物馆的参观为人们提供了两种不同的感觉：公园让人参与了快乐的户外活动，博物馆则让人们在玻璃的幽深美景中陷入灵魂的冥思。

VIEW FROM AIRLINER LANDING AT TAIPEI AIRPORT
从台北机场起飞的航班上看琉园艺术博物馆

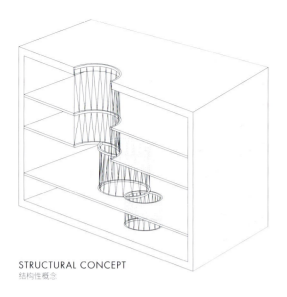

STRUCTURAL CONCEPT
结构性概念

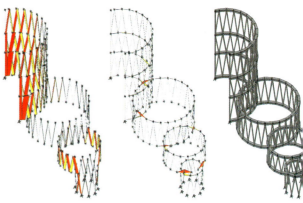

STRUCTURAL ANALYSIS MODELS
STRUCTURAL ENGINEER: GUY NORDENSON AND ASSOCIATES
结构分析模型

WELLS OF LIGHT

Glass and Architecture share a capacity to capture light in space. In glass such capacity is experienced with the exacting purity of an arrested liquid, wrapping itself in diaphanous diffraction and translucent reflections that suggest multidimensional mysteries of space.

In the Tittot Museum, sunlight entering through circular openings on the roof of the building push light wells deep into the structure reaching every exhibition space. Contained within etched cylindrical glass lanterns, these shafts of light define the interior spaces of exhibition and when intersected by an exterior wall reveal fractures where the force of the light pushing to enter, seems to bend the glass into the building. Like air bubbles trapped in a cast of glass, the lanterns sparkle with captured light through the spaces of the galleries implanting guiding markers in the journeys through the exhibits.

采光井

玻璃和建筑都有捕捉空间中光线的能力。但玻璃的这种能力与其透明度有密切关系：透明的玻璃可以衍射光线，半透明的则会反射光线，反映了空间复杂的神秘性。

在琉园水晶艺术博物馆，通过屋顶的一个圆形开口，光线照射到博物馆的每一个展览空间。光柱被圆柱形磨砂玻璃所包围，这些光柱照射到展品的内部，并且当被外墙所分割时形成了不连续的光线，通过光线，其效果就好像把玻璃制品弯曲着镶在建筑中一样。好像一片玻璃中的气泡一样，穿过博物馆空间的光线照射在灯罩上，而后照亮了参观路线中的导向标志。

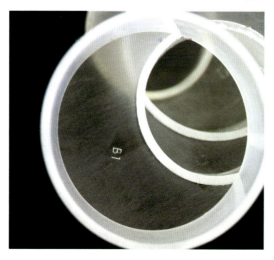

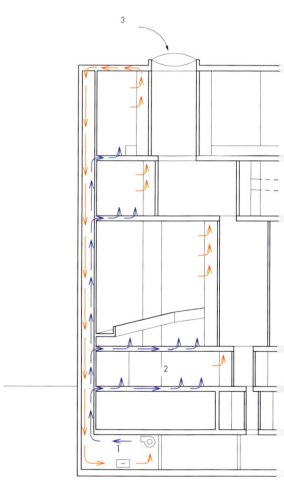

KEY
1 MECHANICAL AIR DISTRIBUTION
2 TEMPERED AIR SUPPLY
3 ETFE LENS PRESSURIZED BY PHOTOVOLTAIC POWER

1 机械动力气流
2 惰性气流供应
3 光电气压

气流循环图
AIR DISTRIBUTION DIAGRAM
MECHANICAL ENGINEER: ARUP NEW YORK

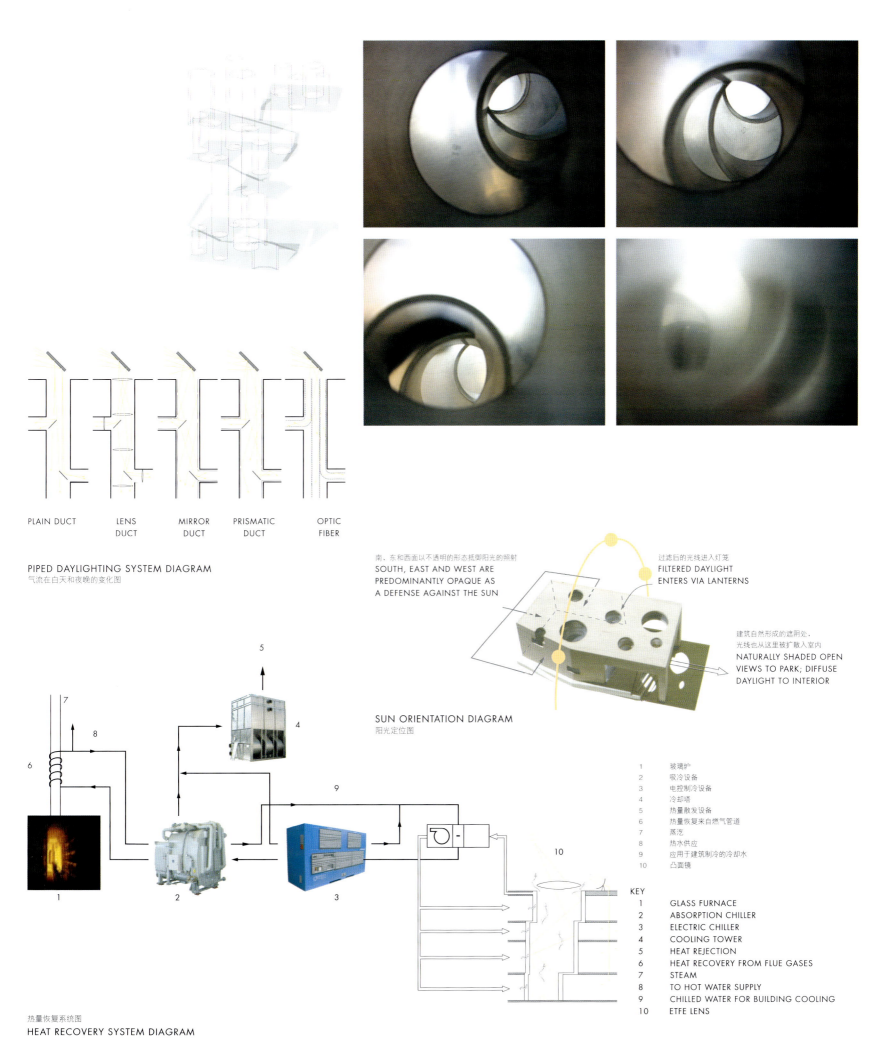

| PLAIN DUCT | LENS DUCT | MIRROR DUCT | PRISMATIC DUCT | OPTIC FIBER |

PIPED DAYLIGHTING SYSTEM DIAGRAM
气流在白天和夜晚的变化图

SOUTH, EAST AND WEST ARE PREDOMINANTLY OPAQUE AS A DEFENSE AGAINST THE SUN
南、东和西面以不透明的形态抵御阳光的照射

FILTERED DAYLIGHT ENTERS VIA LANTERNS
过滤后的光线进入灯笼

NATURALLY SHADED OPEN VIEWS TO PARK; DIFFUSE DAYLIGHT TO INTERIOR
建筑自然形成的遮阴处. 光线也从这里被扩散入室内

SUN ORIENTATION DIAGRAM
阳光定位图

KEY
1 玻璃炉
2 吸冷设备
3 电控制冷设备
4 冷却塔
5 热量散发设备
6 热量恢复来自燃气管道
7 蒸汽
8 热水供应
9 应用于建筑制冷的冷却水
10 凸面镜

1 GLASS FURNACE
2 ABSORPTION CHILLER
3 ELECTRIC CHILLER
4 COOLING TOWER
5 HEAT REJECTION
6 HEAT RECOVERY FROM FLUE GASES
7 STEAM
8 TO HOT WATER SUPPLY
9 CHILLED WATER FOR BUILDING COOLING
10 ETFE LENS

热量恢复系统图
HEAT RECOVERY SYSTEM DIAGRAM

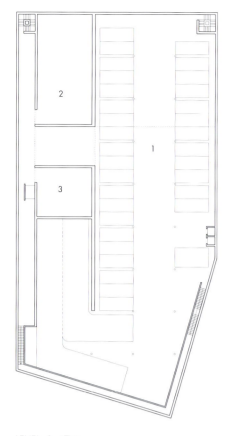
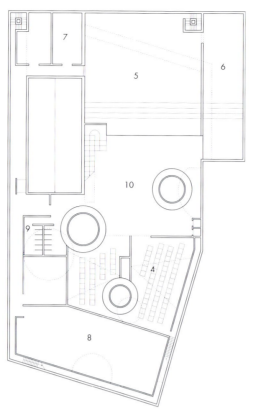
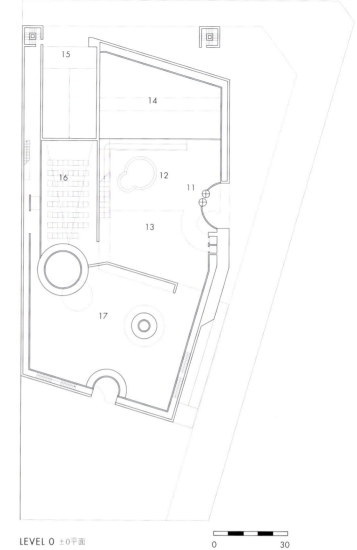

LEVEL -8 -8平面　　　　　　LEVEL -4 -4平面　　　　　　LEVEL 0 ±0平面

KEY

1	PARKING	1	停车场
2	MECHANICAL SPACE BELOW	2	机械空间
3	HALL	3	厅堂
4	LESSONS	4	教室
5	HOT SHOP	5	热饮店
6	COLD SHOP	6	冷饮店
7	SOUVENIR / SHOP STORAGE	7	商店储藏间
8	COLLECTION STORAGE	8	收藏品储藏间
9	RESTROOMS	9	休息室
10	LOWER LOBBY	10	低层大厅
11	ENTRY	11	入口
12	TICKETS / INFORMATION	12	检票处和问讯处
13	LOBBY	13	大厅
14	OPEN TO SHOP DEMONSTRATION AREA BELOW	14	商店管理处上空
15	PARKING ENTRY	15	停车场入口
16	LECTURES	16	讲演厅
17	MUSEUM SHOP	17	博物馆商店

SECTION 剖面图

1	停车场	
2	讲演厅	
3	教室	
4	上层大厅	
5	临时展览区	
6	办公室	
7	画廊	
8	其他展览区	

KEY

1	PARKING
2	LECTURES
3	CLASSROOMS
4	UPPER LOBBY
5	TEMPORARY EXHIBITION
6	OFFICE
7	GALLERY
8	OTHER EXHIBITION

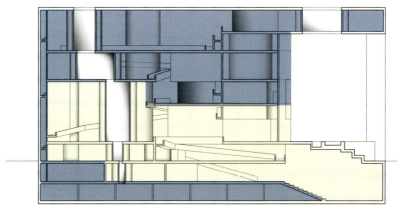

BUILDING WITHIN A BUILDING
楼中楼

24 HOUR CITY

Upon entering the museum, the tall space of the Lobby mediates between city and Art, acting as a prologue to collections and exhibits. Surrounded by the museum Gift Shop, the Restaurant and Café, the Banquet Space / Fashion Gallery and by the Auditorium and Demonstration Areas, this suite of spaces will function as a building within a building, providing the capability of staying open late into the night while the galleries are closed. In Taipei, famed for its late night vitality, such arrangement promises to forge a strong link between the life of the museum and the life of the city.

24小时城市

走进博物馆，宽阔的大厅作为参观收藏品和展品的一个起点，成为城市与艺术之间的媒介。大厅的周围是博物馆的礼品商店、餐馆和咖啡厅、宴会厅、造型走廊、音乐厅和演示厅，这些地方在晚上展览室关闭之后还会继续开放到深夜。由于台北有不夜城的美名，这种布局使得博物馆的生活与城市生活产生了联系。

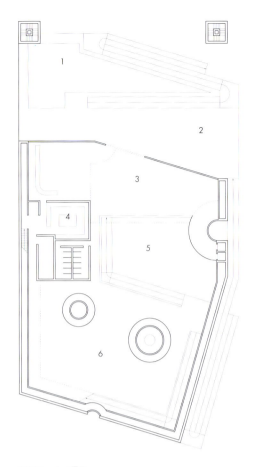
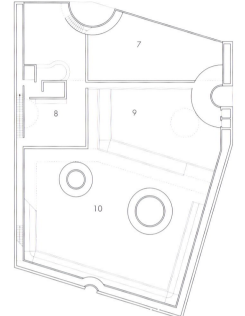
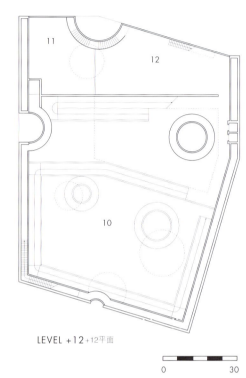

LEVEL +4 +4平面　　　　　　　　　　LEVEL +9 +9平面　　　　　　　　　　LEVEL +12 +12平面

KEY
1　REFLECTIVE POND　　　　　　　　　　1　反射池
2　AL FRESCO DINNING　　　　　　　　　2　壁画墙
3　CAFE/RESTARANT　　　　　　　　　　3　咖啡馆和餐馆
4　KITCHEN　　　　　　　　　　　　　　4　厨房
5　OPEN TO LOBBYT BELOW　　　　　　　5　大厅上空
6　TEMPORARY EXHIBIT/MULTIPLE USE SPACE　6　临时展区和综合使用区
7　OPEN TO RESTAURANT BELOW　　　　　7　餐馆上空
8　OFFICE　　　　　　　　　　　　　　　8　办公室
9　OPEN TO LOBBYT BELOW　　　　　　　9　大厅上空
10　OPEN TO TEMPORARY EXHIBIT GARLLERY BELOWKEY　10　临时展厅上空
11　OPEN TO OFFICE BELOW　　　　　　　11　办公室上空
12　GARLLERY　　　　　　　　　　　　　12　画廊

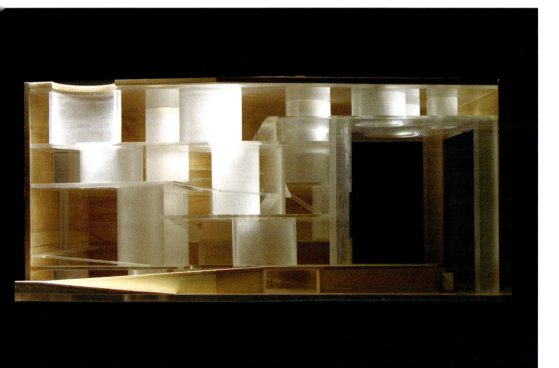

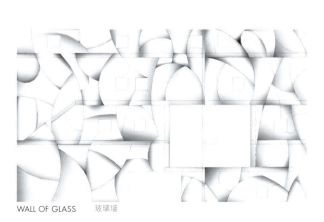

WALL OF GLASS　玻璃墙

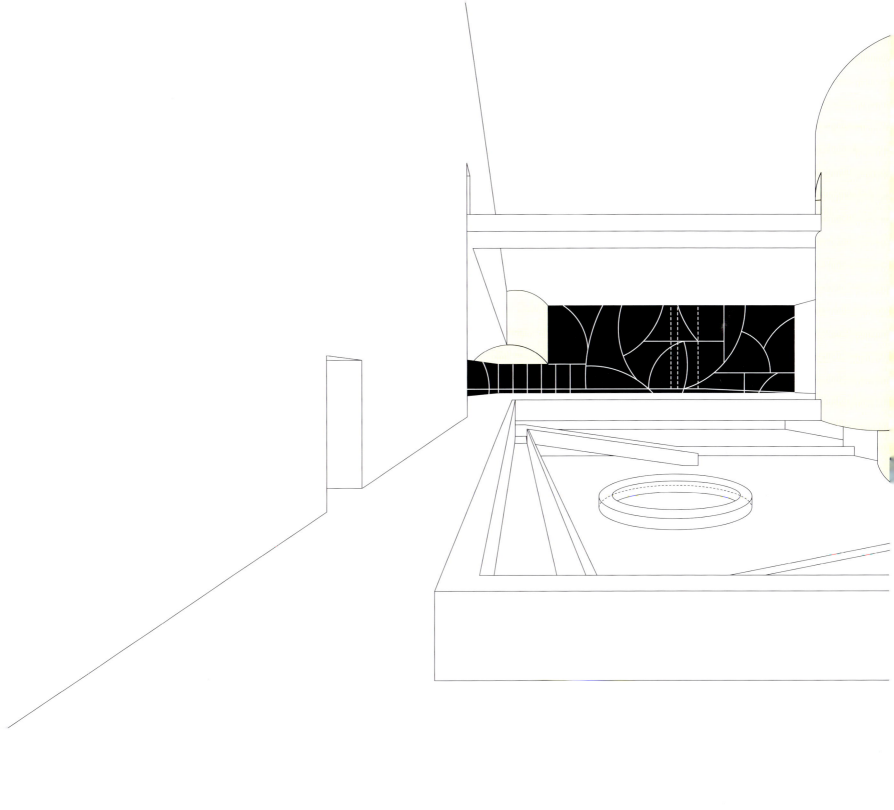

JOURNEY

These wells of light, with diameters between 5 and 12 meters, compress and dilate the space surrounding them into galleries of different sizes, allowing the optimal exhibition of works with very different space requirements. The museum then becomes the ideal environment for the exhibit of works of very different characteristics, from the exquisitely detailed pieces in Tittot's own collection, to casts by Stanislav Libensky & Jaroslava Brychtova or suspended blown chandeliers by Dale Chihuly. Defining continuity of sequence that evokes thematic connections, a fluid journey through the galleries is effected through a series of gentle ramps. This permits for the adequate presentation of individual pieces while allowing the overall experience of the entire collection, providing depth to the appreciation of beauty within precisely defined rooms that yet, have no beginning and no end.

The broad footprint of the building intermittently pierced by the descending shafts of light will allow a wide range of curatorial freedom, ensuring the open ended flexibility to adjust the exhibits to future changes in the collection or the periodical cycle of exhibition of pieces in museum storage.

The journey's end is marked by arrival at the top-level gallery. Suspended over a large void of exterior space, and with light entering through cast glass lenses inserted in the floor slab, this will be a dramatic space of reversed shadows. When hollow supports are used, the exhibited pieces can be made to glow with a light that emanates from the density of their own interior matter.

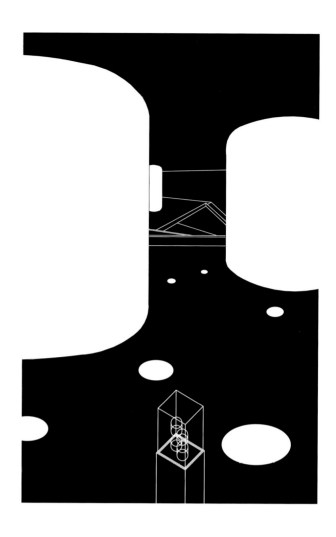

旅程

这些采光井直径从5m到12m不等。它们将周围的空间压缩或扩大到不同大小的展览厅，这样就可以根据不同空间的需求产生最佳的展览效果。这样博物馆成为具有不同特性展品的理想的展览环境，如琉园本身的馆藏精品：从史坦尼斯拉夫·里宾斯基（Stanislay Libensky）和亚若斯拉娃·布里其托娃（Jaroslava Brychtova）的作品，或者是戴尔·旭乎里（Dale Chihuly）的悬吊灯。参观的顺序保证了主题的关联性，而且通过博物馆温和灯光的参观顺序并不是一成不变的。这样就允许在欣赏整个展品的同时也可以充分欣赏个体的展示，使得人们可以在无尽的恰当空间中充分欣赏美丽的展品。

被向下的光线偶尔穿过的建筑宽阔底座可以赋予管理人员充分的自由，保证开口可以灵活地根据将来展品的变化做出调整或周期性的展示博物馆储藏的收藏品。

当走到顶层展览室时就到了参观的终点。展览室悬在外部空间之上,透过压铸玻璃透镜的光线照射在房间的地板上。这是展现逆向阴影的舞台空间。当使用中空的支柱时，展品就随着内部的发光物质所发出的光线闪耀。

采光井图
LANTERN DIAGREMS

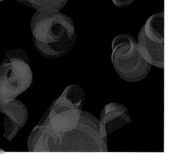 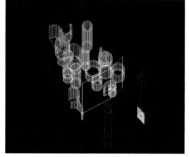 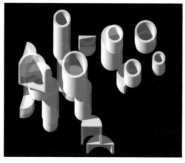 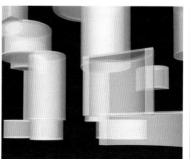 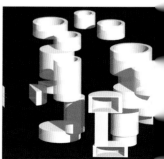

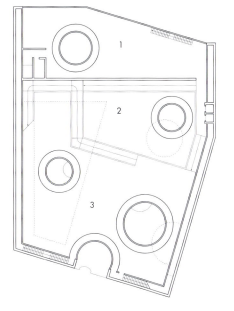
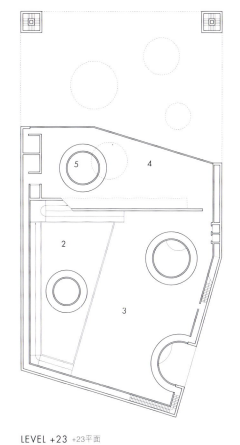
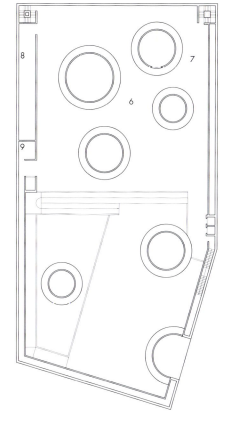

LEVEL +17 +17平面　　　　　　　　　LEVEL +23 +23平面　　　　　　　　　LEVEL +27 +27平面

0　　30

KEY
1 OFFICE　　　　　　　　　　　　　　　1 办公室
2 OPEN TO GALLERY　　　　　　　　　　2 通向画廊
3 GALLERY　　　　　　　　　　　　　　　3 画廊
4 MASTERPIECES GARLLERY　　　　　　 4 大师作品陈列馆
5 DEEP MEDITATION ROOM　　　　　　　5 深思室
6 OTHER EXHIBITIONS　　　　　　　　　6 其他展览区
7 SPECIAL/STRANGE GLASS SHOWROOM　 7 特别和异型玻璃展示厅
8 TEMPORARY EXHIBITION / FASHION GALLERY　8 临时展区和时尚画廊
9 COLLECTION STORAGE　　　　　　　　9 收藏品储藏室

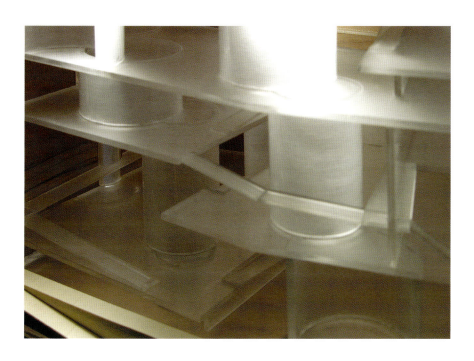

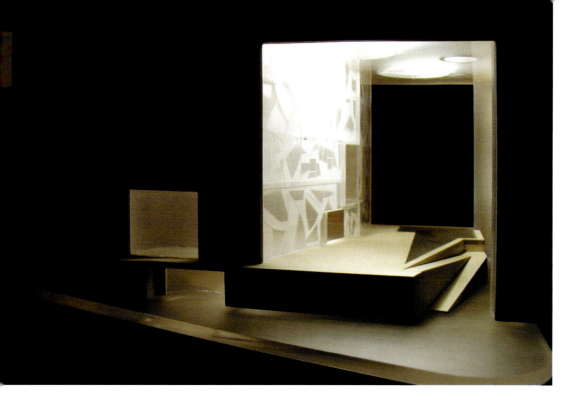

A LANTERN IN TAIPEI

To the North of the building under the protection of the suspended gallery, an elevated plaza acts as expansion space for the museum's restaurant and café. Rising four meters above street level and connected to the sidewalks through gently sloping ramps, this plaza will become a destination for alfresco dining with views of the park above the surrounding traffic. In the evenings, an etched cast glass wall projects the velvety glow of the museum lights into the void created between the plaza below and the suspended gallery above, shining on the city, the beacon of Tittot's urban lantern.

台北的灯笼

在被悬挂的展览室保护下的建筑的北面，一个高高的广场成为博物馆餐厅和咖啡厅的扩展空间。离地面4m并且缓慢倾斜的坡道与人行道相连，这个广场成为理想的露天就餐场所。从这里不仅可以欣赏到公园的景色，还可以避开周围的繁杂的交通。晚上，玻璃墙将博物馆柔和的灯光照射在底层广场和被悬挂的展览室之间的空气中，照耀着城市，成为琉园城市灯光的一个标志。

1	停车场
2	储藏间
3	教室
4	下层大厅
5	热饮店
6	上层大厅
7	礼品商店
8	临时展区和时尚画廊
9	咖啡馆和餐馆
10	壁画墙
11	办公室
12	画廊
13	其他展览区
14	深思室
15	珍宝展示厅

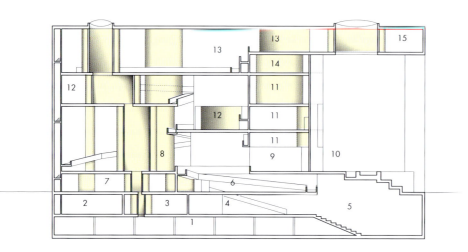

KEY	
1	PARKING
2	STORAGE
3	CLASSROOMS
4	LOWER LOBBY
5	HOT SHOP
6	UPPER LOBBY
7	GIFT SHOP
8	TEMPORARY EXHIBITION / FASHION GALLERY
9	RESTAURANT / CAFE
10	AL FRESCO DINNING
11	OFFICE
12	GALLERY
13	OTHER EXHIBITION
14	DEEP MEDITATION ROOM
15	RARE EXHIBITS SHOWROOM

SECTION 剖面图

OBRA ARCHITECTS
New York, New York

OBRA 建筑师
纽约市，纽约州

OBRA ARCHITECTS

LIST OF WORKS: OBRAS
[year indicates date of inception]

2004	Tittot Glass Art Museum, Taipei, Taiwan
2004	Rockville Center Apartments, Rockville Center, New York
2004	Casa en la Finca, San Juan, Argentina
2004	Architettura Povera Wall of Lessons, Providence, Rhode Island
2003	Nine Square Sky, Chile
2003	Freedom Park Museum and Memorial, Pretoria, South Africa, Winner
2002	Villa of the Excluded Middle, Southampton, New York
2002	Viviendas Acueducto, Guanajuato, Mexico
2002	Grand Egyptian Museum, Giza, Egypt
2001	Motion Technology Manufacturing Facility & Offices, Port Washington, New York
2002	Pittsburgh Manufacturing Offices, Pittsburgh, Pennsylvania
2001	New Tomihiro Museum of Shi-Ga, Azuma Village, Japan
2001	Aalborg Aqua Centre, Aalborg, Denmark
2001	House in Queens, Queens Village, New York
2001	Flemington Jewish Community Center, Flemington, New Jersey
2001	Unreal Sequences Residence, Brooklyn, New York
2001	Offices at 315 Church, New York, New York
2000	The Seung Laboratory for Theoretical Neurobiology, MIT, Cambridge, MA
2000	Residence on Great Jones, New York, New York
2000	Medical Offices in Tribeca, New York, New York
2000	Loft on Fourth Avenue, New York, New York
2000	Loft in Chelsea, New York, New York
2000	The Future of Urban Life in Sunset Park, Gowanus Expressway, Brooklyn, New York
1997	College of Architecture and Landscape Architecture, University of Minnesota, Design Consultant for Steven Holl Architects
1994	San Jose Veterans Memorial, San Jose, California with Manhattan Projects
1993	Margarit Family Residence, San Juan, Argentina
1988	San Juan Expo Pavilion, San Juan, Argentina

AWARDS GRANTS + HONORS

2005	Emerging Voices, Architectural League of New York
2004	Chicago Athenaeum American Architecture Awards, Freedom Park
2004	Chicago Athenaeum American Architecture Awards, Nine Square Sky
2004	Shinkenchiku Residential Design Competition, Honorable Mention
2004	Invited Competition, TITTOT Glass Art Museum, Taipei, Taiwan, Second Place
2003	Winner, Freedom Park Competition, Pretoria, South Africa
2002	ACADIA Digital Design Exhibit, "Hybrid Modeling," Honorable Mention

EXHIBITIONS

Winter 2005	[forthcoming] TITTOT Glass Art Museum Exhibition, Taipei, Taiwan
January 2005	American Architecture Awards Exhibit, Chicago Athenaeum
Nov 2004	AIA ACADIA Fabrication Conference Exhibit, Toronto, Canada
Mar 2004	OBRA Architects: Architettura Povera, Rhode Island School of Design, Department of Architecture, Providence, Rhode Island
Oct 2003	Freedom Park Exhibition, Sandton Convention Centre, Johannesburg, South Africa

LECTURES

Mar 2005	Emerging Voices, Architectural League of New York
Sept 2004	Architecture of Resistance, VIIIth International DOCOMOMO Conference, Columbia University
Sept 2004	Lecture, Universidad de Chile, Santiago, Chile
Sept 2004	Lecture, Universidad Diego Portales, Santiago, Chile
Sept 2004	Lecture, Universidad Nacional de San Juan, San Juan, Argentina
Apr 2004	Lecture, New Jersey Institute of Technology School of Architecture
Apr 2004	Lecture, Social xCHANGE Symposium, Rhode Island School of Design, Department of Architecture, Providence, Rhode Island
Oct 2003	Lecture, Cranbrook Academy of Art, Bloomfield Hills, MI
2002	Detailing, University of Minnesota College of Architecture and Landscape Architecture
1999	Lecture, University of Minnesota College of Architecture and Landscape Architecture
1993	Lecture, Universidad Nacional de San Juan, Argentina

PUBLICATIONS

Fabrication: Acadia 2004 Conference Proceedings, S. Williamson, P. Beesley, and N. Cheng, Editors, Association for Computer Aided Design in Architecture, Toronto, Canada, 2005

Japan Architect, Yearbook 2004, Winners in the Shinkenchiku Residential Design Competition 2004, Volume 56, Winter 2005

Cientochenta (180), Special Edition, Publication of the Universidad Diego Portales, December 2004

Celine Pinet, "Architectural Fabrications," ArchitectureWeek, Dec 2004

1000 Architects, Robyn Beaver, Editor, The Images Publishing Group Pty Ltd., Victoria Australia, 2004

Sean O'Toole, "Long Walk to Freedom Park," Art South Africa Magazine, Volume 2, Issue 3, Autumn 2004

Sue Williamson on Cape Town, Contemporary Magazine, London, February 2004

Architecture, "Behind the Scenes," by Emilie Sommerhoff, May 2003

Surface, "Special Report: Forms of the Future, Watch 'Em Run," Issue 29

"San Jose Veterans Memorial Competition," Competitions Magazine, Summer 1994

Pablo Castro, "The Model Apartment," Interior Design, Madrid, Spain, 1990

Pablo Castro, Series of 32 articles published weekly in Diario de Cuyo, San Juan, Argentina, 1988

PABLO CASTRO

2005	Architect-in-Residence, Cranbrook Academy of Art, Architecture Department
2003	Society of Architectural Historians de Montêquin Senior Fellow
2002-present	Studio Instructor, Pratt Institute Graduate School of Architecture
2002	Visiting Instructor, Continuing Professional Studies, University of Minnesota CALA
2000	Established OBRA Architects, New York, New York
1999	Cass Gilbert Visiting Professor, University of Minnesota College of Architecture and Landscape Architecture
1995-2000	Steven Holl Architects
1995	Studio Instructor, New York Institute of Technology
1994	Established Manhattan Projects, New York, New York
1989-1992	Richard Meier & Partners
1989	Columbia University Graduate School of Architecture, Planning & Preservation, M.S.
1987	Universidad Nacional de San Juan, Argentina, Architect
1986-1987	Adjunct Professor, Universidad Nacional de San Juan, Argentina

JENNIFER LEE

2005	Architect-in-Residence, Cranbrook Academy of Art, Architecture Department
2003	Society of Architectural Historians de Montêquin Senior Fellow
2002-present	Studio Instructor, Pratt Institute Graduate School of Architecture
2000	Established OBRA Architects, New York, New York
1997-2000	Steven Holl Architects
1997	Ralph Appelbaum Associates
1997	Cooper Union School of Architecture, B Arch
1996	Smith-Miller + Hawkinson Architects
1995	Simon Ungers Architect
1994	Habitat for Humanity
1993-1997	Irwin S. Chanin School of Architecture Archives, Cooper Union
1990	Boorim Architects, Seoul Korea
1990	Harvard University, B A cum laude
1987	Harvard College Scholar

CREDITS

VIVIENDAS ACUEDUCTO
Guanajuato, Mexico
Project Team: Pablo Castro, Jennifer Lee, Benjamin Bruesser, Carla Fuquene-Pena, Sun-Young Lee, Masahiro Shinohara
Photos: Adriana Miranda

FREEDOM PARK MUSEUM AND MEMORIAL
Pretoria, South Africa
Project Team 2nd Stage: Pablo Castro, Jennifer Lee, Akira Gunji, Sun-Young Lee, Adriana Miranda, Pauline Santoso, Masahiro Shinohara, Clara Ha
Project Team 1st Stage: Pablo Castro, Jennifer Lee, Carla Fuquene-Pena, Adriana Miranda, Masahiro Shinohara
Structural Engineer: Guy Nordenson and Associates, Guy Nordenson
Mechanical Engineer: Arup New York, Mahadev Raman, Simba Maphosa
Editor/Curatorial Consultant: Kim Shkapich
Quantity Surveyor: Hamlyn Gebhardt Quantity Surveyors, Tony Gebhardt
Photos: Adriana Miranda

HOUSE IN QUEENS
Queens Village, New York
Project Team: Pablo Castro, Jennifer Lee, Cordula Braun, Jerome Engelking, Hisa Matsunaga, Carlos Salinas Weber
Structural Engineer: Guy Nordenson Associates, Chris Diamond

VILLA OF THE EXCLUDED MIDDLE
Southampton, New York
Project Team: Pablo Castro, Jennifer Lee, Benjamin Bruesser, Jerome Engelking, Carla Fuquene-Pena, Masahiro Shinohara

NINE SQUARE SKY
Chile
Project Team: Pablo Castro, Jennifer Lee, Benjamin Bruesser, Adriana Miranda, Masahiro Shinohara
Structural Engineer: Robert Silman Associates, Nat Oppenheimer
Photos: Adriana Miranda

ARCHITETTURA POVERA WALL OF LESSONS

Providence, Rhode Island
Project Architect: Kaon Ko
Project Team: Pablo Castro, Jennifer Lee, Akira Gunji, Betsy Irwin, David Karlin, Richard Knox, Megumi Mieno, Adriana Miranda, Michelle Rosenberg, Masahiro Shinohara, Kim Shkapich
RISD Participants: Anthony Acciavatti, Myles Bennett, Jenny Chou, Geraldo Dannemann, Arthur Furman, Steve Haardt, Eva Huang, Sejung, Kim, Tighe Lanning, Brennan McGrath, Angel Steger, Zac Stevens, Shane Zhou
Photos: Adriana Miranda

LOFT IN CHELSEA
New York, New York
Project Team: Pablo Castro, Jennifer Lee, Alex Kiss, Hisa Matsunaga, Carlos Salinas Weber

LOFT ON FOURTH AVENUE
New York, New York
Project Team: Pablo Castro, Jennifer Lee, Kristina Kaza, Hisa Matsunaga, Carlos Salinas Weber
Structural Engineer: Robert Silman Associates, Nat Oppenheimer

RESIDENCE ON GREAT JONES
New York, New York
Project Team: Pablo Castro, Jennifer Lee, Jerome Engelking, Kristina Kaza, Hisa Matsunaga, Carlos Salinas Weber
Structural Engineer: Robert Silman Associates, Nat Oppenheimer
Structural Consultant: Henlia Chen

MEDICAL OFFICES IN TRIBECA
New York, New York
Project Team: Pablo Castro, Jennifer Lee, Carlos Salinas Weber

UNREAL SEQUENCES RESIDENCE
Brooklyn, New York
Project Team: Pablo Castro, Jennifer Lee, M. Luciana Collevecchio, Jerome Engelking, Carlos Salinas Weber, Mersiha Veledar, Doug Woo, Yana Yelina

PITTSBURGH MANUFACTURING OFFICES
Pittsburgh, Pennsylvania
Project Team: Pablo Castro, Jennifer Lee, Jerome Engelking, Hisa Matsunaga

LONG ISLAND RESIDENCE
Old Westbury, New York
Design: Steven Holl Architects with OBRA Architects
Project Architect: Pablo Castro
Project Team: Jennifer Lee, Kaon Ko, Philip Berkowitsch, Yooseung Moon, Michelle Rosenberg, Masahiro Shinohara

CASA EN LA FINCA
San Juan, Argentina
Project Team: Pablo Castro, Jennifer Lee, Kaon Ko, Yooseung Moon, Angel Steger

TITTOT GLASS ART MUSEUM
Taipei, Taiwan
Project Team: Pablo Castro, Jennifer Lee, Shin Kook Kang, Kaon Ko, Satoi Akimoto, Philip Berkowitsch, Akira Gunji, Shu-Chun Huang, Melanie Ide, Gary Liao, Rong-Hui Lin, Gary Owen, Kim Shkapich, Therese Soderlund, Danielle Viehl, Jessica von Bachelle
Structural Engineer: Guy Nordenson and Associates, New York
Mechanical Engineer: Arup New York, Mahadev Raman

图书在版编目(CIP)数据

OBRA建筑师／蓝青主编，美国亚洲艺术与设计协作联盟(AADCU).
北京：中国建筑工业出版社，2005
（美国当代著名建筑设计师工作室报告）
ISBN 7-112-07394-4

Ⅰ.O... Ⅱ.蓝... Ⅲ.建筑设计－作品集－美国－现代 Ⅳ.TU206

中国版本图书馆CIP数据核字(2005)第043133号

责任编辑：张建　黄居正

美国当代著名建筑设计师工作室报告
OBRA建筑师

美国亚洲艺术与设计协作联盟(AADCU)
蓝青　主编

*

中国建筑工业出版社 出版、发行(北京西郊百万庄)
新 华 书 店 经 销
北京华联印刷有限公司印刷

*

开本：880×1230毫米　1/12　印张：11
2005年8月第一版　　2005年8月第一次印刷
定价：**109.00**元
ISBN 7-112-07394-4
　　　　(13348)

版权所有　翻印必究
如有印装质量问题，可寄本社退换
（邮政编码　100037）
本社网址：http://www.china-abp.com.cn
网上书店：http://www.china-building.com.cn

OBRA 建筑师
Report / 2005

Acknowledgements
This publication has been made possible with the help and cooperation of many individuals and institutions. Grateful acknowledgement is made to OBRA Architects, for its inspiring work and for its kind support in the preparation of this book on OBRA for the AADCU Book Series of Contemporary Architects Studio Report In The United States.

©OBRA Architects
©All rights reserved. No part of this publication may be reproduced, stored in a retrieval system or transmitted in any form or by means, electronic, mechanical, photocopying, recording or otherwise, without the permission of AADCU.

Office of Publications:
United Asia Art & Design Cooperation
www.aadcu.org
info@aadcu.org

Project Director:
Bruce Q. Lan

Coordinator:
Robin Luo

Edited and published by:
Beijing Office, United Asia Art & Design Cooperation
bj-info@aadcu.org

China Architecture & Building Press
www.china-abp.com.cn

In Collaboration with:
OBRA Architects
www.obraarchitects.com

d-Lab & International Architecture Research

School of Architecture, Central Academy of Fine Arts

Curator/Editor in Chief:
Bruce Q. Lan

Book Design:
OBRA + Design studio/AADCU

Cover photo credits:
Adriana Miranda

ISBN: 7-112-07394-4

©本书所有内容均由原著作权人授权美国亚洲艺术与设计协作联盟编辑出版，并仅限于本丛书使用。任何个人和团体不得以任何形式翻录。

出版事务处：
亚洲艺术与设计协作联盟／美国
www.aadcu.org
info@aadcu.org

编辑与出版：
亚洲艺术与设计协作联盟／美国
bj-info@aadcu.org

中国建筑工业出版社／北京
www.china-abp.com.cn

协同编辑：
OBRA 建筑师
www.obraarchitects.com

国际建筑研究与设计中心/美国

中央美术学院建筑学院/北京

主编：
蓝青

协调人：
洛宾·罗/斯坦福大学

书籍设计：
OBRA + Design studio/AADCU

封面图片摄影：
Adriana Miranda